SQL Server 2019 SHUJUKU YINGYONG JIAOCHENG

# SQL Server 2019 数据库应用教程

◇主 编 蒋 辉
◇副主编 刘金美 杨慧珠 尹 倩

重庆大学出版社

## 内容提要

本书是根据高校非计算机专业学生教学的实际情况进行编写的,系统介绍了数据库基础知识、关系数据库基础、关系数据库规范化理论、SQL Server 2019 基础、SQL Server 数据库建立及操作、结构化查询语言 SQL、索引与视图、T-SQL 程序设计、数据库应用系统开发与设计,最后以"大学教学管理系统"为例,详细给出了设计的步骤,包括需求分析、总体设计、详细设计、软件实现等。通过这一案例的学习,使学生初步掌握开发应用程序的基本方法、步骤和原理。本书的每一章后面均提供相应的习题供读者练习。

本书可作为高等学校非计算机专业数据库管理系统课程的教材,也可作为计算机初学者学习参考用书。

**图书在版编目(CIP)数据**

SQL Server 2019 数据库应用教程 / 蒋辉主编. --
重庆:重庆大学出版社,2021.7
ISBN 978-7-5689-2739-0

Ⅰ.①S⋯ Ⅱ.①蒋⋯ Ⅲ.①关系数据库系统—教材
Ⅳ.①TP311.132.3

中国版本图书馆 CIP 数据核字(2021)第 123087 号

**SQL Server 2019 数据库应用教程**
主 编 蒋 辉
副主编 刘金美 杨慧珠 尹 倩
策划编辑:范 琪

责任编辑:付 勇 版式设计:范 琪
责任校对:王 倩 责任印制:张 策

\*

重庆大学出版社出版发行
出版人:饶帮华
社址:重庆市沙坪坝区大学城西路 21 号
邮编:401331
电话:(023) 88617190 88617185(中小学)
传真:(023) 88617186 88617166
网址:http://www.cqup.com.cn
邮箱:fxk@cqup.com.cn(营销中心)
全国新华书店经销
重庆芸文印务有限公司印刷

\*

开本:787mm×1092mm 1/16 印张:24.75 字数:574 千
2021 年 7 月第 1 版 2021 年 7 月第 1 次印刷
印数:1—3 000
ISBN 978-7-5689-2739-0 定价:65.00 元

# 前　言

　　"SQL Server 2019 数据库应用教程"是普通高等院校非计算机专业的计算机公共课程,同时也是计算机等级考试的课程之一。结合我校培养计划,我们将其作为经济及管理专业的重要专业基础课程。随着计算机应用技术的发展,非计算机专业所涉及的各类知识与数据库和程序设计关联性及应用性也越来越强。对于初学者来讲,从应用系统过渡到自己动手开发系统,具有一定的难度,往往不适应数据库系统开发的基本思想,对具体的设计任务感觉无从下手。特别是部分应用型高校课程在授课学时不足的情况下,在保证教学进度的同时,对各知识点的综合应用及系统训练稍显不足,为进一步提高"数据库管理系统"这门课的教学质量,提高学生计算机等级考试的通过率,故利用我校进行校精品课程建设的契机,组织了具有丰富教学经验的教师,合力编写了本书。

　　本书共分为 9 章。内容主要包括数据库基础知识、关系数据库基础、关系数据库规范化理论、SQL Server 2019 基础、SQL Server 数据库建立及操作、结构化查询语言 SQL、索引与视图、T-SQL 程序设计、数据库应用系统开发与设计。最后以"大学教学管理系统"为例,详细给出了设计的步骤,包括需求分析、总体设计、详细设计、软件实现等。通过这一案例的学习,使学生初步掌握开发应用程序的基本方法、步骤和原理。

　　本书特点如下所述。

　　1.面向学科发展的前沿,适应当前社会对应用型人才的培养要求。本书根据教育部"十三五"国家级规划教材应用型本科教育的指导思想编写,系统、全面地研究和借鉴了国内外相关教材先进的教学方法,并结合国内应用型本科院校教学实际和先进的教学成果编写而成,具有较强的实用性和可操作性。本书与当前的就业市场结合紧密,内容以基本理论为基础,反映基本理论和原理的综合应用,重视实践和应用环节。

　　2.反映教学需要,促进教学发展。本书从实际应用的角度出发,主要介绍怎样用系统提供的可视化工具来实现各种操作,采用"案例教学法"将教学和实用技术相结合,理论联系实际,由浅入深,循序渐进,以实例讲解相关内容,使学生在学习过程中边学边用,学以致用。

　　3.实施精品战略,突出重点,保证质量。本书概念清晰易懂,语言表达精炼,理论与应用紧密结合,在具体章节中,结合所讲述的关键技术和难点,精选极富价值的示例。章末设置了有针对性的习题,以巩固所学基本概念,培养学生的实际动手能力,增强对基本概念的理解和实际应用能力,是学习数据库的难得的参考教材。

4.融入思政元素。本书在编写过程中把马克思主义立场观点方法的教育与科学精神的培养相结合,以提高学生正确认识问题、分析问题和解决问题的能力。强化学生工程伦理教育,培养学生精益求精的大国工匠精神,激发学生科技报国的家国情怀和使命担当。

本书是由南京航空航天大学金城学院"数据库管理系统"课程组老师编写。在编写过程中得到了航空运输与工程学院领导的支持和同仁们的帮助,在这里一并表示感谢!第1章、第2章由杨慧珠编写;第3章由杨慧珠、尹倩共同编写;第4章、第8章由蒋辉编写;第5章、第6章由刘金美编写;第7章由尹倩编写;第9章由蒋辉、刘金美共同编写;最后由蒋辉负责全书的统稿工作。

由于作者的水平有限,书中难免存在疏漏之处,敬请广大读者指正。

编　者

2021 年 4 月

# 目　录

# 第1章 数据库基础知识

习近平同志指出："大数据是信息化发展的新阶段。随着信息技术和人类生产生活交汇融合，互联网快速普及，全球数据呈现爆发增长、海量集聚的特点，对经济发展、社会治理、国家管理、人民生活都产生了重大影响。"[①] 1946 年计算机发明后不久，人们就遇到了管理大量数据的问题，由此诞生了数据库技术。数据库技术产生于 20 世纪 60 年代末，是数据管理的最新技术，是计算机科学与技术的重要分支。数据库技术是信息系统的核心和基础，它的出现极大地促进了计算机应用向各行各业的渗透。数据库的建设规模、数据库信息量的大小和使用频度已成为衡量一个国家信息化程度的重要标志。数据库技术是现代信息科学与技术的重要组成部分，是计算机数据处理与信息管理系统的核心。本章主要介绍数据库、数据库系统、数据库管理系统、数据模型等基本概念以及它们之间的相互关系，并着重介绍了关系模型、关系、元组、属性、域等基本概念以及关系数据库和关系运算在 SQL Server 2019 中的体现。

## 1.1　计算机数据管理技术的发展

数据库技术是应数据管理任务的需要而产生的。最初主要用来处理数据密集型的应用，例如飞机订票系统、银行信息系统、部门财务系统、情报检索系统等。

数据库管理系统涉及的数据量巨大，且数据需要长期保存并可以被许多应用程序所共享。那么如何对这种大量的、持久的、共享的数据进行管理，从 20 世纪 50 年代末以来就一直是计算机科学技术领域中的重要研究课题。

### 1.1.1　数据、信息与数据处理

#### 1）数据与信息

数据（Data）是数据库中存储的基本对象。所谓数据就是用于表达、描述、记录客观事物属性，能被接收、识别和存储的某种物理符号。事物可以是可触及的对象（一名学生、一本书、一棵树、一个零件等），也可以是抽象事件（一次球赛、一次演出等），还可以是事物之间的联系（一张借书卡、订货单等）。

数据的概念包括两个方面：数据内容与数据形式。数据内容是指所描述的客观事物的具体特性，数据形式是指数据内容存储在媒体上的具体形式，数据经过数字化后存入计算机。数据的表现形式主要有数字、文字、声音、图像、视频、学生的档案记录（2015023112，

---

① 2017 年 12 月 8 日，习近平在中共中央政治局第二次集体学习时强调。

王静,女,1995-05-01,信息工程学院)等。例如某人的出生日期可以表示为:1995年5月1日,也可以表示为"05/01/1995",其含义并没有改变。

信息(Information)是指经过加工处理后,能影响人类行为,具有特定形式的有用数据。即信息是数据的内涵,是数据的语义解释。

数据与信息是两个相互联系又相互区别的概念。信息是有用的数据,数据是信息的具体表现形式。信息是通过数据符号来传播的,数据如不具有知识性和有用性,则不能称其为信息。

2)数据处理

数据处理就是将数据转换为信息的过程。数据处理实质上就是利用计算机对各种类型的数据进行处理。它包括对数据的采集、整理、存储、分类、排序、检索、维护、加工、统计和传输等一系列操作过程。

> 数据处理的目的:获得有用的数据——信息。

从数据处理的角度而言,信息是一种被加工成特定形式的数据,这种数据形式对数据接收者来说是有意义的。信息处理应该是为了产生信息而处理数据,处理数据的目的是获得信息,通过分析和筛选信息可以产生决策。数据处理的目的就是从大量的、原始的数据中获得所需的资料,并提取有用的数据成分,作为行动和决策的依据。如"2021年硕士研究生将扩招30%",对接受者有意义,使接受者据此作出决策。在人们的日常生活中,如财政、金融、证券、审计、人力资源等都离不开数据处理。

在计算机中,一般使用计算机外存储器来存储数据,通过计算机软件来管理数据,通过应用程序来对数据进行加工处理。

## 1.1.2 数据管理技术的发展

习近平同志强调:"大数据发展日新月异,我们应该审时度势、精心谋划、超前布局、力争主动,深入了解大数据发展现状和趋势及其对经济社会发展的影响,分析我国大数据发展取得的成绩和存在的问题,推动实施国家大数据战略,加快完善数字基础设施,推进数据资源整合和开放共享,保障数据安全,加快建设数字中国,更好服务我国经济社会发展和人民生活改善。"[①]计算机在数据管理方面经历了由低级到高级的发展过程。它随着计算机硬件、软件技术和计算机应用范围的发展而不断发展。多年来,数据管理经历了人工管理、文件系统、数据库系统、高级数据库系统管理以及新兴数据管理5个发展阶段。

1)人工管理阶段

20世纪50年代中期以前,计算机主要用于科学计算。从硬件看,外存只有磁带、卡片、纸带等,没有磁盘等直接存取设备。从软件看,没有操作系统,没有数据管理软件,软件只有汇编语言(用户也用机器指令编码)。数据由计算或处理它的程序自行携带。数

---

① 2017年12月8日,习近平在中共中央政治局第二次集体学习时强调。

据处理的方式基本上是批处理。数据和应用程序之间的关系如图 1.1 所示。

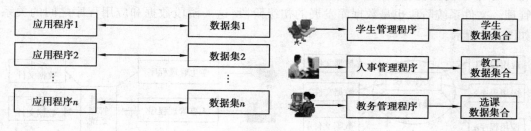

**图 1.1 人工管理数据与程序的关系**

这一时期数据管理的特点如下：

①数据不能被长期保存。任务完成后,数据随着应用程序从内存一起释放。在 20 世纪 50 年代中期之前,通常只有信息的研究机构才拥有计算机,当时由于存储设备(纸带、磁带)的容量空间有限,都是在做实验的时候暂存实验数据,做完实验就把数据结果打在纸带上或者磁带上带走,所以一般不需要将数据长期保存。

②应用程序管理数据。数据并不是由专门的应用软件来管理,而是由使用数据的应用程序自己来管理。作为程序员,在编写软件时既要设计程序逻辑结构,又要设计物理结构以及数据的存取方式。

③数据不能共享。数据是面向应用的,一组数据只能对应一个程序,一个程序中的数据无法被其他程序使用,使得程序与程序之间存在大量的重复数据,称为数据冗余。

④数据不独立。数据是对应某一应用程序的,数据由应用程序自行管理。应用程序不仅要规定数据的逻辑结构,还要阐明数据在存储器上的存储地址。当数据发生改变时,应用程序也要随之改变。人工管理阶段数据的存储过程如图 1.2 所示。

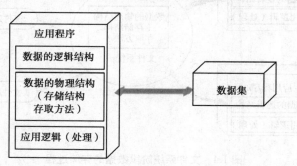

**图 1.2 人工管理阶段数据的存储过程**

2)文件系统阶段

20 世纪 50 年代末至 60 年代中后期,计算机开始大量地用于管理中的数据处理工作。此时,计算机的存储设备也不再是磁带和卡片了,硬件方面有了磁盘、磁鼓等直接存储设备,软件方面出现了高级语言和操作系统,操作系统中有了专门的数据管理软件,一般称为文件系统,操作系统中的文件系统是专门管理外存储器的数据管理软件。

文件系统一般由三部分组成:与文件管理有关的软件、被管理的文件以及实施文件管理所需的数据结构。文件系统阶段存储数据就是以文件的形式来存储,由操作系统统一管理。文件系统阶段也是数据库发展的初级阶段,这一阶段数据和应用程序之间的关系如图1.3所示。

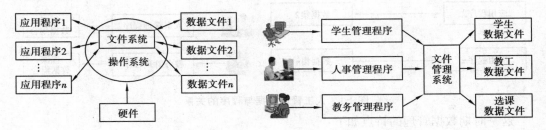

图1.3　文件系统中程序和数据的关系

这一时期数据管理的特点如下:

①数据可长期保存。数据以数据文件的形式长期保存在外存储器上可被多次存取,数据文件按名访问,按记录存取。数据文件形式多样化,包括索引文件、链接文件、直接存取文件、倒排文件等。

②程序与数据有了一定的独立性。程序与数据分开存储,有了程序文件与数据文件的区别,应用程序按文件名就可访问数据文件,不必关心数据在存储器上的位置、输入/输出方式等。数据的逻辑结构与存储(物理)结构由文件系统进行转换,数据在存储上的改变不一定反映在程序上。文件系统阶段数据的存储过程如图1.4所示。

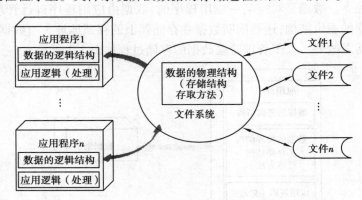

图1.4　文件系统阶段数据的存储过程

③通过文件系统提供存取方法,支持对文件的基本操作(增加、删除、修改、查询等),用户程序不必考虑物理细节。数据的存取基本上以记录为单位。

④数据的独立性低。由于应用程序对数据的访问基于特定的结构和存取方法,当数据的逻辑结构发生改变时,必须修改相应的应用程序。

⑤数据的共享性差,存在数据冗余及数据的不一致。一个数据文件对应一个或几个用户程序,还是面向应用的,具有一定的共享性;但是文件系统中的数据文件基本是为了满足特定业务领域或某部门的专门需要而设计的,大多数情况下,一个应用程序对应一个数据文件,当不同的应用程序处理的数据包含相同的数据项时,通常是建立各自的数据文

件,从而产生大量的数据冗余。当一个数据文件的数据项被更新,而其他数据文件中相同的数据项没有被更新时,将造成数据的不一致。

3)数据库系统阶段

20世纪60年代后期以后,计算机管理的对象规模越来越大,应用范围也越来越广,数据量急剧增长,同时多种应用、多种语言互相覆盖、共享数据集合的要求越来越强烈,因此数据库技术便应运而生,出现了统一管理数据的专门软件系统——数据库管理系统。

数据库技术的主要目的是有效地管理和存取大量的数据资源,包括提高数据的共享性,使多个用户能够同时访问数据库中的数据;减小数据的冗余度,以提高数据的一致性和完整性;提供应用程序与数据的独立性,从而减少应用程序的开发和维护代价。

为数据库的建立、使用和维护而配置的软件称为数据库管理系统(Database Mangement System,DBMS)。在计算机软件体系中,DBMS建立在操作系统之上,程序员可以用它来设计数据库(Database,DB)。数据和应用程序之间的关系如图1.5所示。

**图1.5　数据库系统中数据与程序的关系**

用数据库系统来管理数据比文件系统更具有明显的优点,从文件系统到数据库系统,标志着数据库管理技术的飞跃。此阶段的特点如下:

①数据结构化。数据库中的数据是有结构的,这种结构由数据库管理系统所支持的数据模型表现出来。数据库系统不仅可以表示事物内部各数据项之间的联系,而且可以表示事物与事物之间的联系,从而反映出现实世界事物之间的联系。因此,任何数据库管理系统都支持一种抽象的数据模型。数据结构既是数据库的主要特征之一,也是数据库系统与文件系统的本质区别。

②数据共享性高、冗余少且容易扩充。数据共享是指多个用户可以同时存取数据库数据而互不影响。数据库系统从整体角度看待和描述数据,数据不再面向某个应用而是面向整个系统,因此数据可以被多个用户、多个应用共享使用,容易增加新的应用,所以数据的共享性高且容易扩充。数据共享可以大大减少数据冗余,节约存储空间,还可以避免数据之间的不相容性与不一致性。

③具有较高的数据独立性。数据独立是指数据与应用程序之间彼此独立,它们之间不存在相互依赖的关系,应用程序不必随数据存储结构的改变而改变。在数据库系统中,数据库管理系统提供映像功能,实现了应用程序对数据的总体逻辑结构、物理存储结构之间较高的独立性。用户只以简单的逻辑结构来操作数据,无须考虑数据在存储器上的物理位置与结构。数据库系统中数据的存储过程如图1.6所示。

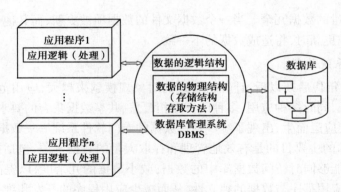

**图 1.6 数据库系统中数据的存储过程**

④实现了统一的数据控制功能。数据由 DBMS 统一管理和控制。数据库系统提供了各种控制功能,保证了数据的并发控制、安全性、完整性及可恢复性。数据库作为多个用户和应用程序的共享资源,允许多个用户同时访问。并发控制可以防止多用户访问数据时产生的数据不一致性。安全性可以防止非法用户存取数据。完整性可以保证数据的正确性和有效性。可恢复性是系统出现故障时,将数据恢复到最近某个时刻的正确状态。

### 4) 高级数据库系统管理阶段

20 世纪 70 年代,层次、网状、关系三大数据库系统奠定了数据库技术的概念、原理和方法。从 20 世纪 80 年代以来,数据库技术在商业领域的巨大成功刺激了其他领域对数据库技术需求的迅速增长,随着计算机技术和应用的不断发展,数据处理的规模也迅速扩大,在常规数据库系统技术应用的基础上,又出现了一些新的数据处理方式—高级数据库技术。主要有并行数据库系统、分布式数据库系统、面向对象数据库系统等。

#### (1)并行数据库系统

并行数据库系统(Parallel Database System,PDS)是在并行机上运行的具有并行处理能力的数据库系统,是数据库技术与并行计算技术结合的产物。并行数据库系统利用并行计算机技术使数个、数十、甚至成百上千台计算机协同工作,实现并行数据管理和并行查询功能,提供一个高性能、高可靠性、高扩展性的数据库管理系统,能够快速查询大数据量并处理大量事务。并行数据库的目标是通过多个处理结点并行执行数据库任务,以提高整个数据库系统的性能和可用性,如图 1.7 所示。

从硬件结构来看,根据处理机与磁盘及内存的相互关系可以将并行计算机分为 3 种基本的架构,即共享内存(Shared-Memory,SM)、

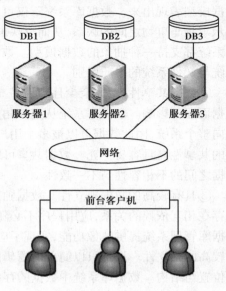

**图 1.7 并行数据库系统**

共享磁盘(Shared-Disk,SD)、无共享(Shared-Nothing,SN),如图1.8所示。

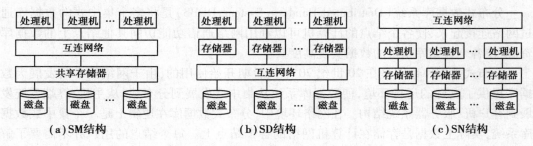

（a）SM结构　　　　　　　（b）SD结构　　　　　　　（c）SN结构

**图1.8　并行数据库系统硬件结构**

共享内存SM结构,又可称为完全共享型(Shared-Everything),由多个处理机、一个共享内存和多个磁盘存储器构成。IBM/370、VAX是其代表。

共享磁盘SD结构,由多个具有独立内存的处理机和多个磁盘构成,每个处理机都可以读写任何磁盘,多个处理机和磁盘存储器由高速通信网络连接。每个处理机有自己的私有内存,但能访问所有磁盘。IBM的Sysplex和早期的VAX簇是其代表。

无共享资源SN结构,由多个处理节点构成,每个处理节点都具有自己独立的处理机、内存和磁盘存储器,多个处理机节点由高速通信网络连接。SN结构中所有磁盘和内存分散给各处理机,每个处理机只能直接访问其私有内存和磁盘,各自都是一个独立的整体,处理机间由一公共互连网络联接,Teradata的DBC/1012、Tandem的Nonstop SQL是典型代表。

并行数据库系统的特点如下:

①高性能。并行数据库系统通过将数据库管理技术与并行处理技术有机结合,发挥多处理机结构的优势,从而提供比相应的大型机系统要高得多的性能价格比和可用性。例如,通过将数据库在多个磁盘上分布存储,利用多个处理机对磁盘数据进行并行处理,从而解决磁盘"I/O"瓶颈问题。通过开发查询间并行性(不同查询并行执行)、查询内并行性(同一查询内的操作并行执行)以及操作内并行性(子操作并行执行)大大提高查询效率。

②高可用性。并行数据库系统可通过数据复制来增强数据库的可用性。这样,当一个磁盘损坏时,该盘上的数据在其他磁盘上的副本仍可供使用,且无须额外开销(与基于日志的恢复不同)。数据复制还应与数据划分技术相结合以保证当磁盘损坏时系统仍能并行访问数据。

③可扩充性。数据库系统的可扩充性指系统通过增加处理和存储能力而平滑地扩展性能的能力。理想情况下,并行数据库系统应具有两个方面的可扩充性优势:线性伸缩和线性加速。

（2）分布式数据库系统

集中式数据库系统是将数据集中在一个数据库中,数据在逻辑上和物理上都是集中存储的,所有的用户在存取和访问数据时,都要访问这个数据库。例如,一个银行储蓄系统,如果系统的数据存放在一个集中式数据库中,则所有储户在存款和取款时都要访问这个数据库。这种方式访问方便,但通信量大,速度慢。

分布式数据库系统(Distributed Database System,DDBS)是将多个集中式的数据库通过网络连接起来,使各个结点的计算机可以利用网络通信功能访问其他结点上的数据库资源,使各个数据库系统的数据实现高度共享。

分布式数据库系统是在20世纪70年代后期开始使用的,由于网络技术的发展为数据库提供了良好的运行环境,使数据库系统从集中式发展到分布式,从主机/终端系统发展到客户机/服务器系统结构。在网络环境中,分布式数据库在逻辑上是一个集中式数据库系统,实际上数据是存储在计算机网络的各个结点上。每个结点的用户并不需要了解他所访问的数据究竟在什么地方,就如同使用集中式数据库一样,因为在网络上的每个结点都有自己的数据库管理系统,都具有独立处理本地事务的能力,而且这些物理上分布的数据库又是共享的资源。分布式数据库特别适合地理位置分散的部门和组织机构,如铁路民航订票系统、银行业务系统等。允许各个部门将其常用的数据存储在本地,实施就地存放本地使用,从而提高响应速度,降低通信费用。

分布式数据库系统如图1.9所示。DDBS包含分布式数据库管理系统(DDBMS)和分布式数据库(DDB)。在分布式数据库系统中,一个应用程序可以对数据库进行透明操作,数据库中的数据分别在不同的局部数据库中存储、由不同的DBMS进行管理、在不同的机器上运行、由不同的操作系统支持、被不同的通信网络连接在一起。基本思想是将原来集中式数据库中的数据分散存储到多个通过网络连接的数据存储节点上,以获取更大的存储容量和更高的并发访问量。

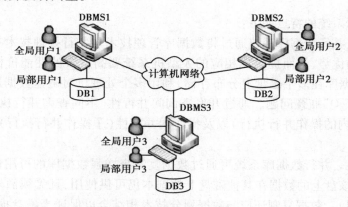

图1.9  分布式数据库系统

分布式数据库系统与集中式数据库系统相比具有可扩展性,通过增加适当的数据冗余,在不同的场地存储同一数据的多个副本,从而提高系统的可靠性。其原因是:①提高系统的可靠性及可用性。当某一场地出现故障时,系统可以对另一场地上的相同副本进行操作,不会因一处故障而造成整个系统的瘫痪。②提高系统性能。系统可以根据距离选择离用户最近的数据副本进行操作,减少通信代价,改善整个系统的性能。

分布式数据库系统的特点如下:

①独立透明性。数据独立性是数据库方法追求的主要目标之一,分布透明性指用户

不必关心数据的逻辑分区,不必关心数据物理位置分布的细节,也不必关心重复副本(冗余数据)的一致性问题,同时也不必关心局部场地上数据库支持哪种数据模型。分布透明性的优点是很明显的,有了分布透明性,用户的应用程序书写起来就如同数据没有分布一样,当数据从一个场地移到另一个场地时不必改写应用程序。当增加某些数据的重复副本时也不必改写应用程序。数据分布的信息由系统存储在数据字典中。用户对非本地数据的访问请求由系统根据数据字典予以解释、转换、传送。

②复制透明性。用户不用关心数据库在网络中各个节点的复制情况,被复制的数据的更新都由系统自动完成。在分布式数据库系统中,可以把一个场地的数据复制到其他场地存放,应用程序可以使用复制到本地的数据在本地完成分布式操作,避免通过网络传输数据,提高了系统的运行和查询效率。但对于复制数据的更新操作,需要涉及对所有复制数据的更新。

③易于扩展性。在大多数网络环境中,单个数据库服务器最终会不满足使用。如果服务器软件支持透明的水平扩展,那么就可以增加多个服务器来进一步分布数据和分担处理任务。当一个单位规模扩大要增加新的部门时,如银行系统增加新的分行,工厂增加新的科室、车间,分布式数据库系统的结构为扩展系统的处理能力提供了较好的途径:在分布式数据库系统中增加一个新的结点,这样做比在集中式系统中扩大系统规模要方便、灵活、经济得多。

(3)面向对象数据库系统

面向对象方法是一种认识、描述事物的方法论,它起源于程序设计语言。面向对象程序设计是20世纪80年代引入计算机领域的一种新的程序设计技术和类型,它的发展十分迅猛,影响涉及计算机科学及其应用的各个领域。

面向对象数据库系统(Object Oriented Database System,OODBS)是面向对象的程序设计技术与数据库技术相结合的产物,面向对象数据库系统的主要特点是具有面向对象技术的封装性和继承性,提高了软件的可重用性。OODBS支持定义和操作OODB,应满足两个标准:首先它是数据库系统,其次它也是面向对象系统。第一个标准即作为数据库系统应具备的能力(持久性、事务管理、并发控制、恢复、查询、版本管理、完整性、安全性)。第二个标准就是要求面向对象数据库充分支持完整的面向对象(OO)概念和控制机制。

面向对象程序语言操纵的是对象,所以OODB的一个优势是面向对象语言程序员在做程序时,可直接以对象的形式存储数据。对象数据模型有以下特点:①使用对象数据模型将客观世界按语义组织成由各个相互关联的对象单元组成的复杂系统。对象可以定义为对象的属性和对象的行为描述,对象间的关系分为直接和间接关系。②语义上相似的对象被组织成类,类是对象的集合,对象只是类的一个实例,通过创建类的实例实现对象的访问和操作。③对象数据模型具有"封装""继承""多态"等基本概念。方法实现类似于关系数据库中的存储过程,但存储过程并不和特定对象相关联,方法实现是类的一部分。实际应用中,面向对象数据库可以实现一些带有复杂数据描述的应用系统,如时态和空间事务、多媒体数据管理等。

5）新兴数据管理阶段

（1）NoSQL 数据库

NoSQL，泛指非关系型的数据库。随着互联网 Web 2.0 网站的兴起，传统的关系数据库在处理 Web 2.0 网站，特别是超大规模和高并发的 SNS 类型的 Web 2.0 纯动态网站时已经显得力不从心，出现了很多难以克服的问题，而非关系型的数据库则由于其本身的特点得到了非常迅速的发展。NoSQL 数据库的产生就是为了解决大规模数据集合多重数据种类带来的挑战，特别是大数据应用难题。NoSQL 数据库改变了关系数据库中以元组和关系为单位进行数据建模的方法，开始支持数据对象的多样性和复杂性。

与关系数据库相比，NoSQL 数据库高度关注数据高并发读写和海量数据的存储，在架构和模型方面做了简化，且在扩展性和并发等方面进行了增强。

NoSQL 有如下优点：

①易扩展。NoSQL 数据库种类繁多，但是一个共同的特点就是去掉关系数据库的关系型特性。数据之间无关系，这样就非常容易扩展。无形之间也在架构的层面上带来了可扩展的能力。

②大数据量，高性能。NoSQL 数据库都具有非常高的读写性能，尤其在大数据量下，同样表现优秀。这得益于它的无关系性，数据库的结构简单。

③灵活的数据模型。NoSQL 无须事先为要存储的数据建立字段，随时可以存储自定义的数据格式。而在关系数据库里，增删字段是一件非常麻烦的事情。如果是非常大数据量的表，增加字段简直就是一个噩梦。这点在大数据量的 Web 2.0 时代尤其明显。

④高可用。NoSQL 在不太影响性能的情况下就可以方便地实现高可用的架构。比如 Cassandra、HBase 模型，通过复制模型也能实现高可用。

虽然 NoSQL 数据库有很多，但其采用的主要数据模型有 4 种，分别是键值存储模型、列存储模型、文档模型和图存储模型。

①键值存储模型数据库。这一类数据库主要会使用到一个哈希表，这个表中有一个特定的键和一个指针指向特定的数据。Key/value 模型对于 IT 系统来说的优势在于简单、易部署。但是如果数据库管理员只对部分值进行查询或更新的时候，Key/value 就显得效率低下了。如 Tokyo Cabinet/Tyrant、Redis、Voldemort、Oracle BDB。

②列存储模型数据库。这部分数据库通常是用来应对分布式存储的海量数据。键仍然存在，但是它们的特点是指向了多个列。这些列是由列家族来安排的。如 Cassandra、HBase、Riak。

③文档模型数据库。该类型的数据模型是版本化的文档，半结构化的文档以特定的格式存储，比如 JSON。文档模型数据库可以看作是键值数据库的升级版，允许之间嵌套键值，在处理网页等复杂数据时，文档模型数据库比传统键值存储模型数据库的查询效率更高。如 CouchDB、MongoDB。国内也有文档型数据库 SequoiaDB，已经开源。

④图存储数据库。图形结构的数据库同其他行列以及刚性结构的 SQL 数据库不同，它是使用灵活的图形模型，并且能够扩展到多个服务器上。NoSQL 数据库没有标准的查询语言（SQL），因此进行数据库查询需要制订数据模型。许多 NoSQL 数据库都有 REST

式的数据接口或者查询 API。如 Neo4J、InfoGrid、Infinite Graph。

当前主流的 NoSQL 数据库见表 1.1。

表 1.1 当前主流的 NoSQL 数据库

| 数据库因素 | BigTable | Cassandra | Redis | MongoDB |
|---|---|---|---|---|
| 设计理念 | 海量存储和处理 | 简单和有效的扩展 | 高并发 | 全面 |
| 数据模型 | 列存储模型 | 列存储模型 | Key-Value 模型 | 文档模型 |
| 体系结构 | 单服务器技术 | P2P 结构 | Master-Slave 结构 | Master-Slave 结构 |
| 特色 | 支撑海量数据 | 采用 Dynamo 和 P2P，能够通过简单添加新的节点来扩展集群 | List/Set 的处理，逻辑简单,纯内存操作 | 全面 |
| 不足 | 不适应低时延应用 | Dynamo 机制受到质疑 | 分布式方面支持受限 | 在性能和扩展方面优势不明显 |

（2）云数据库

习近平同志指出："面对信息化潮流,只有积极抢占制高点,才能赢得发展先机。"[①]

云数据库是指被优化或部署到一个虚拟计算环境中的数据库,可以实现按需付费、按需扩展、高可用性以及存储整合等优势。根据数据库类型一般分为关系型数据库和非关系型数据库。

云数据库是专业、高性能、高可靠的云数据库服务。云数据库不仅提供 Web 界面进行配置、操作数据库实例,还提供可靠的数据备份和恢复、完备的安全管理、完善的监控、轻松扩展等功能支持。相对于用户自建数据库,云数据库具有更经济、更专业、更高效、更可靠、简单易用等特点,使用户能更专注于核心业务。

将数据库部署到云可以通过简化可用信息通过 Web 网络连接的业务进程,支持和确保云中的业务应用程序作为软件即服务部署的一部分。另外,将企业数据库部署到云还可以实现存储整合。比如,一个有多个部门的大公司肯定也有多个数据库,可以把这些数据库在云环境中整合成一个数据库管理系统。

目前主要有如下 3 种形式的云计算：

IaaS( Infrastructure-as-a-Service,基础设施即服务)。消费者通过互联网可以从完善的计算机基础设施获得服务,例如硬件服务器租用。

SaaS( Software-as-a-Service,软件即服务)。它是一种通过互联网提供软件的模式,用户无须购买软件,而是向提供商租用基于 Web 的软件,来管理企业经营活动。

PaaS( Platform-as-a-Service,平台即服务)。PaaS 实际上是指将软件研发的平台作为一种服务,以 SaaS 的模式提交给用户。

---

① 2015 年 6 月 17 日,习近平在贵州调研时强调。

典型的云数据库产品见表1.2。

表 1.2  典型的云数据库产品

| 序号 | 组织 | 产品 |
|---|---|---|
| 1 | 亚马逊(Amazon) | SimpleDB、Dynamo |
| 2 | 谷歌(Google) | BigTable、FusionTable、GoogleBase、Google Cloud SQL |
| 3 | 微软(Microsoft) | Microsoft SQL Azure |
| 4 | 甲骨文(Oracle) | Oracle Cloud |
| 5 | 10gen | MongoDB |
| 6 | 脸书(Facebook) | Cassandra |
| 7 | EnerpnseDB | Postgres Plus Cloud Database |
| 8 | Apache | HBase、CouchDB、Redis |
| 9 | Hypertable | Hypertable |
| 10 | Yahoo | PNUTS |

# 1.2  数据库系统概述

## 1.2.1  数据库系统基本概念

### 1)数据库

数据库(Database,DB)是指以一定的组织方式存储在计算机存储设备上,与应用程序彼此独立、能为多个用户共享、结构化的相关数据的集合。可以直观地认为,数据库就是存储数据的仓库,只是这个仓库是计算机的大容量存储设备,仓库中的数据是要按一定的数据结构存储,且具有较高的共享性、独立性,较低的冗余度,为多种应用服务。

数据库是存放数据的仓库,在数据库中集中存放了一个组织的完整的有价值的数据资源,如学生成绩、学生档案、公司账目等。数据库的概念包含了两个方面,即描述事物的数据本身及相关事物之间的联系。

数据库中的数据按一定的数据模型(结构)进行组织、描述和储存,具有较小的冗余度、较高的数据独立性和易扩展性,并可为各种用户共享(多个用户同时使用同一个数据库中的数据),数据库本身不是独立存在的,它是组成数据库系统的一部分。

数据库以文件的形式存储在外存中,用户通过数据库管理系统来统一管理和控制数据。

2）数据库管理系统

数据库管理系统（Database Mangement System, DBMS）是一种操纵和管理数据库的软件，用于建立、使用和维护数据库，它对数据库进行统一的管理和控制，以保证数据库的安全性和完整性。数据库管理系统是建立在操作系统之上的，位于用户和操作系统之间的一层数据管理系统软件，为用户或应用程序提供访问数据库的方法，数据库管理员也通过DBMS进行数据库的维护工作，包括数据库的建立、数据库中数据的操作、安全性、完整性等操作。

数据库管理系统的主要功能如下所述：

（1）数据定义功能

DBMS提供数据定义语言（Data Definition Language, DDL），通过它可以方便地对数据库的模式结构、数据库的完整性、数据库的安全性等进行定义。这些定义存储在数据字典（也称为系统目录）中，是DBMS运行的基本依据。例如，为保证数据库安全而定义的用户口令和存取权限，为保证正确语义而定义完整性规则。

（2）数据操纵功能

DBMS提供数据操纵语言DML实现对数据库中数据的基本操作，如数据的插入、修改、删除、查询、排序等。

DML有以下两类：

①嵌入式DML。包括嵌入C++或PowerBuilder等高级语言（称为宿主语言）中的DML。

②非嵌入式DML。包括交互式命令语言和结构化语言，其语法简单，可以独立使用，由单独的解释或编译系统来执行，所以一般称为自主型或自含型的DML。命令语言是行结构语言，单条执行；结构化语言是命令语言的扩充和发展，增加了程序结构描述或过程控制功能，如循环、分支等功能。命令语言一般逐条解释执行。结构化语言可以解释执行，也可以编译执行。现在DBMS一般均支持命令语言的交互式环境和结构化语言环境两种运行方式，供用户选择。

（3）控制和管理功能

数据库在运行时由DBMS统一管理、统一控制，以保证数据的安全性、完整性、多用户对数据的并发使用及发生故障后的系统恢复。

数据库的恢复主要指在数据库被破坏或数据不正确时，系统有能力把数据库恢复到正确的状态；数据库的并发控制指在多个用户同时对同一个数据进行操作时，系统应能加以控制，防止破坏数据库中的数据。数据完整性控制主要是保证数据库中数据及语义的正确性和有效性，防止任何对数据造成错误的操作；数据安全性控制主要是防止未经授权的用户存取数据库中的数据，以避免数据的泄露、更改或破坏。

（4）数据库建立与维护功能

数据库建立与维护功能包括数据库初始数据的输入、转换功能，数据库的转储、恢复功能，数据库的重组、重构功能和性能监视、分析功能等。这些功能通常是由一些实用程序完成的。

（5）数据字典功能

数据字典（Data Dictionary，DD）中存放着对实际数据库各级模式所做的定义，即对数据库的描述。这些数据是数据库系统中的"数据的数据"，称为元数据（Metadata）。对数据库的操作都要通过 DD 才能实现。DD 中到底应包括哪些信息，并没有明确的规定，一般由 DBMS 的功能强弱而定。其数据主要有两类：一类是来自用户的信息，如表、视图（用户所使用的虚表）和索引的定义以及用户的权限等；另一类是来自系统状态和数据库的统计信息，如通信系统使用的协议、数据库和磁盘的映射关系、数据使用的频率统计等。

数据库管理系统的工作模式如图 1.10 所示。

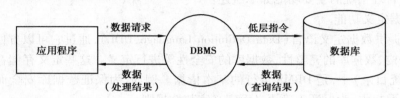

图 1.10　数据库管理系统的工作模式

首先，DBMS 接受应用程序的数据请求和处理请求，然后将用户的数据请求（高级指令）转换成复杂的机器代码（低层指令），从而实现对数据库的操作；其次数据库管理系统从对数据库的操作中接受查询结果，然后对查询结果进行处理，最后将处理结果返回给用户。

目前，广泛使用的大型数据库管理系统有 Oracle、Sybase、DB2 等，小型数据库管理系统有 SQL Sever、Visual FoxPro、Access 等，SQL Sever 是一种基于关系模型的数据库管理系统。

3）数据库系统

数据库系统（Database System，DBS）是指采用了数据库技术的完整的计算机系统。它主要包括计算机的硬件系统、数据库管理系统及相关软件、数据库集合、数据库管理员及用户等部分，它为有组织地、动态地存储大量相关数据、进行数据处理和信息资源共享提供了便利手段。

4）数据库应用系统

数据库应用系统（Database Application System，DBAS）是指数据库开发人员利用数据库系统资源开发出来的、面向某一类实际应用的应用软件系统，例如以数据库为基础的人事管理系统、图书管理系统、教学管理系统、财务管理系统等。

## 1.2.2　数据库系统的组成

数据库系统是指采用了数据库技术的完整的计算机系统。它主要包括计算机的硬件系统、数据库集合、数据库管理系统及相关软件、数据库管理员等部分。DBMS 是数据库系统的基础和核心。数据库系统的组成如图 1.11 所示。

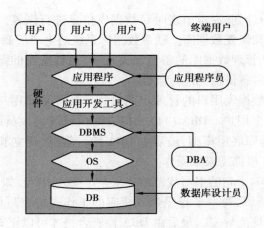

**图 1.11　数据库系统的组成**

（1）硬件系统

硬件系统主要指计算机的硬件设备,包括 CPU、内存、外存、输入/输出设备等。此外对于网络数据库系统,还需要有网络通信设备的支持。

（2）数据库集合

一个数据库系统可能包含多个设计合理、满足应用需要的数据库。

（3）数据库管理系统

数据库管理系统是数据库系统的核心。对数据库的一切操作,如原始数据的装入、检索、更新、再组织等,都是在 DBMS 的指挥、调度下进行的,它是用户与物理数据库之间的桥梁,根据用户的命令对数据库执行必要的操作。

（4）相关软件

除了数据库管理系统,数据库系统还必须有相关软件的支持,包括操作系统、应用程序和开发工具。目前,基于客户/服务器(C/S)结构的常用开发工具有 Delphi、Visual Basic、PowerBuilder,基于浏览器/Web 服务器/数据库服务器(B/W/S)结构的常用开发工具有 ASP、JSP、PHP 等。Visual FoxPro 本身也可作为开发工具。

（5）数据库管理员

数据库管理员(Database Administrator,DBA)是数据库系统的主要维护者,其主要任务是对使用中的数据库进行整体维护,以保证数据库系统的正常运行。

数据库管理员的职责主要包括:

①数据库设计:包括字段、表和关键字段;资源在辅助存储设备上是怎样使用的,怎样增加和删除文件及记录,以及怎样发现和补救损失。监视监控数据库的警告日志,定期做备份删除。

②监控数据库的日常会话情况。碎片、剩余表空间监控,及时了解表空间的扩展情况,以及剩余空间分布情况。监视对象的修改。定期列出所有变化的对象安装和升级数据库服务器(如 Oracle、Microsoft SQL Server),以及应用程序工具。数据库设计系统存储方案,并制订未来的存储需求计划。

③制订数据库备份计划,灾难出现时对数据库信息进行恢复。维护适当介质上的存档或者备份数据,备份和恢复数据库。联系数据库系统的生产厂商,跟踪技术信息。备份对数据库的备份监控和管理数据库的备份至关重要,对数据库的备份策略要根据实际要求进行更改,数据的日常备份情况进行监控。

④修改密码:规范数据库用户的管理定期对管理员等重要用户密码进行修改。对每一个项目,应该建立一个用户。DBA应该和相应的项目管理人员或者是程序员沟通,确定怎样建立相应的数据库底层模型,最后由DBA统一管理、建立和维护。任何数据库对象的更改,应该由DBA根据需求来操作。

⑤SQL语句:对SQL语句的书写规范的要求一个SQL语句,如果写得不理想,对数据库的影响是很大的。所以,每一个程序员或相应的工作人员在写相应的SQL语句时,应该严格按照《SQL书写规范》一文,最后由DBA检查合格才可以正式运行。

⑥最终用户服务和协调:数据库管理员规定用户访问权限和为不同用户组分配资源。如果不同用户之间互相抵触,数据库管理员应该能够协调用户以最优化安排。

⑦数据库安全:数据库管理员能够为不同的数据库管理系统用户规定不同的访问权限,以保护数据库不被未经授权的访问和破坏。例如,允许一类用户只能检索数据,而另一类用户可能拥有更新数据和删除记录的权限。

(6)用户:包含应用程序员和终端用户。

①应用程序员(Application Programmer)负责分析、设计、开发、维护数据库系统的程序模块。

②终端用户(End User)是指最终使用数据库系统的各级管理人员。

综上所述,数据库系统是一个从数据到计算机再到人的统一体。对于不同规模的数据库系统,用户的人员配置可以根据实际情况有所不同。

> 注意:数据库系统(DBS)包括数据库(DB)和数据库管理系统(DBMS),并且数据库管理系统(DBMS)是数据库系统(DBS)的核心。

### 1.2.3 数据库系统的特点

数据库系统的主要特点是实现了数据结构化、数据共享、数据独立性高和数据由DBMS统一管理和控制功能。

1)数据结构化

数据库系统实现了整体数据的结构化,这是数据库的最主要的特征之一。这里所说的"整体"结构化,是指在数据库中的数据不再仅针对某个应用,而是面向全组织;不仅是数据内部结构化,而且是整体式结构化,数据之间有联系。

2)数据共享

因为数据是面向整体的,所以数据可以被多个用户、多个应用程序共享使用,从而大大减少数据冗余,节约存储空间,避免数据之间的不相容性与不一致性。

3）数据独立性高

数据独立性包括数据的物理独立性和逻辑独立性。

物理独立性是指数据在磁盘上的数据库中如何存储是由 DBMS 管理的，用户程序不需要了解，应用程序要处理的只是数据的逻辑结构，这样一来当数据的物理存储结构改变时，用户的程序不用改变。

逻辑独立性是指用户的应用程序与数据库的逻辑结构是相互独立的，也就是说，数据的逻辑结构改变了，用户程序也可以不改变。

数据与程序的独立，把数据的定义从程序中分离了出去，加上存取数据的由 DBMS 负责提供，从而简化了应用程序的编制，大大减少了应用程序的维护和修改。

4）数据由 DBMS 统一管理和控制

数据库的共享是并发的共享，即多个用户可以同时存取数据库中的数据，甚至可以同时存取数据库中的同一个数据。

DBMS 必须提供以下几方面的数据控制功能：

①数据的安全性保护：这是对数据库采用的一种保护措施，防止非授权的用户访问并修改数据库。

②数据的完整性检查：完整性可以保证数据的正确性和有效性。数据完整性是数据的准确性和一致性的测度。例如，日期的月份应为 1~12；学生所属的系应该是所在院校已开设的系等。DBMS 应该采取一定的措施，保证数据的完整性。但是，数据的完整性控制是相对的，不可能保证绝对没有错。例如，将日期“2020 年 10 月 12 日”录成“2020 年 12 月 10 日”，系统则难以控制。

③数据库的并发访问控制：并发控制可以防止多用户访问数据时而产生的数据不一致性，当多个用户同时修改某些数据项时，先存储的修改就会丢失，所以 DBMS 应该对要修改的数据项采取一定的措施，如加锁、暂时禁止其他用户的访问等。

④数据库的故障恢复：可恢复性是系统出现故障时，将数据恢复到最近某个时刻的正确状态。

数据库的运行控制功能一般是通过数据库管理例行程序实现的。系统总控程序、数据装入、访问、并发控制程序、保密控制程序、数据库完整性控制程序、通信控制程序、工作日志程序、性能监督程序、系统恢复程序都属于数据库管理例行程序。它们属于 DBMS，程序员可以调用其中的一部分。

### 1.2.4 数据库系统的三级模式结构及数据独立性

1）数据库的三级模式结构

为了有效地组织、管理数据，提高数据库的逻辑独立性和物理独立性，人们为数据库设计了一个严谨的体系结构，数据库领域公认的标准结构是三级模式结构，即外模式、模式和内模式。

数据库系统的逻辑结构可分为用户级、概念级和物理级三个层次，反映观察数据库的三种角度。三个层次分别由用户、数据库管理员和系统程序员使用。每个层次的数据库都有自身对数据进行逻辑描述的模式,分别另称为外模式、概念模式和内模式。

数据库系统的三级模式结构如图1.12所示。用户级对应外模式,概念级对应概念模式,物理级对应内模式,使不同级别的用户对数据库形成不同的视图。所谓视图,就是指观察、认识和理解数据的范围、角度和方法,是数据库在用户"眼中"的反映,很显然,不同层次(级别)用户所"看到"的数据库是不相同的。根据各类人员与数据库的不同关系,可把视图分为三种,一是对应于用户的外部视图;二是对应于数据库管理员的概念视图;三是对应于系统程序员的内部视图。

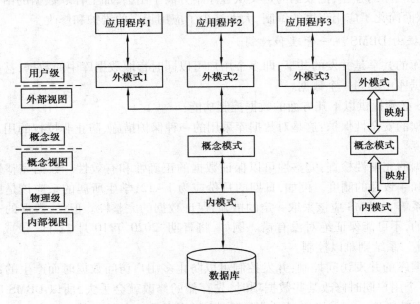

图 1.12　数据库系统的三级模式结构

（1）外模式

外模式又称子模式或用户模式,位于三级模式的最外层,对应于用户级。它是某个或某几个用户所看到的数据库的数据视图,是与某一应用有关的数据的逻辑表示。外模式是从模式(概念模式)导出的一个子集,包含模式中允许特定用户使用的那部分数据。外模式介于模式与应用之间,一个数据库可以有多个外模式,反映了不同的用户的应用需求、看待数据的方式、对数据保密的要求等;同一外模式也可以为某一用户的多个应用系统所用,但一个应用程序只能使用一个外模式。用户可以通过外模式描述语言来描述、定义对应于用户的数据记录(外模式),也可以利用数据操纵语言(Data Manipulation Language,DML)对这些数据记录进行操作。外模式反映了数据库系统的用户观。

（2）模式

模式又称概念模式或逻辑模式,位于三级模式的中间层,对应于概念级。它是由数据库设计者综合所有用户的数据,按照统一的观点构造的全局逻辑结构,是对数据库中全部数据的逻辑结构和特征的总体描述,是所有用户的公共数据视图(全局视图),综合了所有用户的需求。一个数据库只有一个模式,它是由数据库管理系统提供的数据模式描述语言来描述、定义的,与数据的物理存储细节和硬件环境无关,与具体的应用程序、开发工具及高级程序设计语言无关。概念模式反映了数据库系统的整体观。

(3)内模式

内模式又称存储模式,位于三级模式的底层,对应于物理级。它是数据在数据库内部的表示方式,是数据库最低一级的逻辑描述,它描述了数据在存储介质上的存储方式和物理结构(如记录的存储方式、索引的组织方式、数据是否压缩存储、数据是否加密等),对应着实际存储在外存储介质上的数据库。一个数据库只有一个内模式,它是由内模式描述语言(内模式 DDL)来描述和定义。内模式反映了数据库系统的存储观。

图 1.13 所示为三级模式结构的一个具体实例。

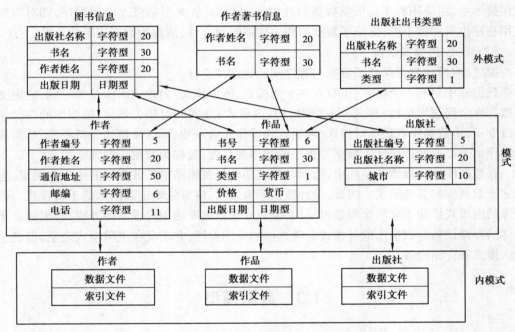

图 1.13　三级模式结构的一个具体实例

2)数据库系统的二级映像功能和数据独立性

数据库的三级模式是数据库在三个级别(层次)上的抽象,使用户能够逻辑地、抽象地处理数据而不必关心数据在计算机中的物理表示和存储。实际上,对于一个数据库系统而言一有物理级数据库是客观存在的,它是进行数据库操作的基础,概念级数据库中不过是物理数据库的一种逻辑的、抽象的描述(即模式),用户级数据库则是用户与数据库的接口,它是概念级数据库的一个子集(外模式)。

数据库管理系统 DBMS 在三级模式之间提供了二级映射功能,包括外模式\模式映像及模式\内模式映像,保证了数据库系统中的数据能够具有较高的逻辑独立性与物理独立性。

（1）外模式/模式映像

外模式/模式映像保证了数据与程序间的逻辑独立性。

模式描述的是数据的全局逻辑结构,外模式描述的是数据的局部逻辑结构。数据库系统都有一个外模式/模式映像,它定义了该外模式与模式之间的对应关系。

在一个数据库系统中,只有唯一的数据库,因而作为定义、描述数据库存储结构的内模式和定义、描述数据库逻辑结构的模式,也是唯一的,但建立在数据库系统之上的应用则是非常广泛、多样的,所以对应的外模式不是唯一的,也不可能是唯一的。

同一个模式可以有任意多个外模式,用户应用程序根据外模式进行数据操作,通过外模式/模式映射,定义和建立某个外模式与模式间的对应关系,将外模式与模式联系起来,当模式发生改变时,由数据库管理员对各个外模式/模式映像作相应改变,就可以使外模式保持不变,而应用程序是依据数据的外模式编写的,从而不必修改应用程序,即对应的应用程序也可保持不变,保证了数据与程序的逻辑独立性,简称为数据逻辑独立性。

（2）模式/内模式映像

模式/内模式映像保证了数据与程序间的物理独立性。

数据库中只有一个模式,也只有一个内模式,所以模式/内模式映像是唯一的,它定义了数据库全局逻辑结构（模式）与存储结构（内模式）之间的对应关系,当数据库的存储结构改变了,由数据库管理员对模式/内模式映像作相应改变,可以使模式保持不变,从而应用程序也不必改变。保证了数据与程序的物理独立性,简称为数据物理独立性。

在数据库的三级模式结构中,数据库模式即全局逻辑结构是数据库的中心与关键,它独立于数据库的其他层次。因此,设计数据库模式时,应首先确定数据库的逻辑模式。数据库的内模式依赖于它的全局逻辑结构,但独立于数据库的用户视图即外模式,也独立于具体的存储设备。数据库的外模式面向具体的应用程序,它定义在逻辑模式之上,但独立于内模式和存储设备。

## 1.3 数据模型

模型是对现实世界中某个对象特征的模拟和抽象。模型可以更形象、直观地揭示事物的本质特征,使人们对事物有一个更加全面、深入的认识,从而可以帮助人们更好地解决问题。利用模型对事物进行描述是人们在认识和改造世界过程中广泛采用的一种方法。

数据库不仅要反映数据本身的内容,而且要反映数据之间的联系。计算机不能直接处理现实世界中的客观事物,所以人们必须事先把具体事物转换成计算机能够处理的数据。而数据库系统正是使用计算机技术对客观事物进行管理,因此就需要对客观事物进行抽象、模拟,以建立适合于数据库系统进行管理的数据模型。数据模型就是对现实世界数据特征的模拟和抽象,也就是说在数据库中用数据模型这个工具来抽象、表示和处理现实世界中的数据和信息,可以说,数据模型就是现实世界的模拟。

数据模型是专门用来抽象、表示和处理现实世界中的数据和信息的工具,是用户从数据库所看到的模型,是具体的 DBMS 所支持的数据模型。模型既要面向用户,又要面向系统,主要用于数据库管理系统。

### 1.3.1 信息的三种世界

计算机信息处理的对象是现实生活中的客观事物,在对客观事物实施处理的过程中,涉及三个层次,即现实世界、信息世界和计算机世界,经历了两次抽象和转换。

1)现实世界

现实世界就是人们所能看到的、接触到的世界,即存在于人脑之外的客观世界。客观事物及其相互联系就处于现实世界中。

2)信息世界

信息世界就是现实世界在人们头脑中的反映,又称概念世界。客观事物在信息世界中称为实体,反映事物间联系的是实体模型或概念模型。

3)计算机世界

计算机世界又称机器世界,是信息世界中的信息数据化后对应的产物。现实世界中的客观事物及其联系,在数据世界中用数据模型来描述。

实体模型和数据模型是现实世界事物及其联系的两级抽象。数据模型是实现数据库系统的根据。三个世界中各术语的对应关系见表 1.3。

表 1.3 三个世界中各术语的对应关系

| 现实世界 | 信息世界 | 计算机世界 |
| --- | --- | --- |
| 事物总体 | 实体集 | 文件 |
| 事物个体 | 实体 | 记录 |
| 特征 | 属性 | 字段 |
| 事物间联系 | 实体模型 | 数据模型 |

计算机世界中的一些常用术语主要包括:

(1)字段

对应于属性的数据称为字段(Field),也称为数据项。字段的命名往往和属性名相同。如学生有学号、姓名、出生日期、性别、学院等字段。

(2)记录

对应于每个实体的数据称为记录(Record)。如一个学生(2015023112,王静,女,1995-05-01,信息工程学院)为一条记录。

(3)文件

对应于实体集的数据称为文件(File)。如所有学生的记录组成了一个学生文件。

4）三种世界的转换

为了把现实世界的具体事物抽象、组织为某一数据库管理系统支持的数据模型,需要经历一个逐级抽象的过程,将现实世界抽象为信息世界,然后将信息世界转换为机器世界,即首先将现实世界的客观对象抽象为某一种信息结构,这种信息结构不依赖于具体计算机系统,不是某一个数据库管理系统支持的数据模型,而是概念级的模型,然后,将概念模型转换为计算机上某一个数据库管理系统支持的数据模型。即概念模型与数据模型是对客观事物及其联系的两级抽象描述,概念模型是基础,数据模型由概念模型导出,如图1.14所示。

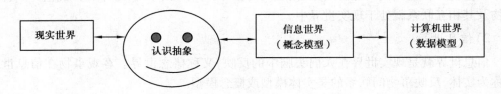

**图 1.14　现实世界中客观对象的抽象过程**

在开发设计数据库应用系统时需要使用不同的数据模型,根据模型应用的不同目的,按不同的层次可将它们分为两类,第一类是概念数据模型,第二类是逻辑数据模型、物理数据模型。

（1）概念数据模型

概念数据模型,也称信息模型,它是按用户的观点来对数据和信息建模,是一种面向用户、面向客观世界的模型。主要用于数据库设计。

概念数据模型主要用于组织信息世界的概念,表现从现实世界中抽象出来的事物以及它们之间的联系。它是数据库的设计人员在设计的初始阶段,摆脱计算机系统及DBMS的具体技术问题,集中精力分析数据以及数据之间的联系等,与具体的数据管理系统无关。概念数据模型必须换成逻辑数据模型,才能在 DBMS 中实现。这类模型强调其语义表达能力,概念简单、清晰,易于用户理解。它是现实世界到信息世界的抽象,是用户与数据库设计人员之间进行交流的语言。

在概念数据模型中最常用的是 E-R 模型、扩充的 E-R 模型、面向对象模型及谓词模型。

（2）逻辑数据模型

逻辑数据模型简称数据模型,是数据库中实体之间联系的抽象描述即数据结构,是用户从数据库所看到的模型,是从计算机实现的观点来对数据建模,是一种面向数据库系统的模型。逻辑数据模型是信息世界中的概念和联系在计算机世界中的表示方法,是具体的 DBMS 所支持的数据模型,一般有严格的形式化定义,以便于在计算机上实现。如层次数据模型、网状数据模型、关系模型、面向对象模型等。此模型既要面向用户,又要面向系统,主要用于 DBMS 的实现。

（3）物理数据模型

物理数据模型是从计算机的物理存储角度对数据建模,是一种面向计算机物理表示的模型。物理数据模型描述了数据在储存介质上的组织结构,它不但与具体的 DBMS 有关,而且还与操作系统和硬件有关。每一种逻辑数据模型在实现时都有其对应的物理数据模型。DBMS 为了保证其独立性与可移植性,大部分物理数据模型的实现工作由系统自动完成,而设计者只设计索引、聚集等特殊结构。

从概念模型到逻辑模型的转换由数据库设计人员完成,从逻辑模型到物理模型的转换主要由数据库管理系统完成。

### 1.3.2 概念模型

为了把现实世界中的具体事物抽象、组织为某一数据库管理系统支持的数据模型,人们常首先将现实世界抽象为信息世界,然后将信息世界转换为机器世界。也就是说,首先把现实世界中的客观对象抽象为某一种信息结构,这种信息结构并不依赖于具体的计算机系统,不是某一个 DBMS 支持的数据模型,而是概念级的模型,称为概念模型,概念模型用于信息世界的建模。

1)概念模型(信息世界)的基本概念

按照数据库理论,有现实世界、信息世界和计算机世界三个世界。存在于人们头脑之外的客观世界称为现实世界;现实世界在人们头脑中的反映就是一个信息世界;信息世界中的信息可以用文字或符号记载下来,最后人们对信息进行整理并以数据的形式存储在计算机世界的数据库中。现实世界的"客观事物"(事实、事件)在信息世界中抽象为"实体",并定义了各种"属性"来描述"实体"。"实体"在计算机世界被描述成一条"记录"。

现实世界存在着各种事物,事物与事物之间存在着联系。这种联系是客观存在的,是由事物本身的性质所决定的。例如,图书馆中有图书和读者,读者借阅图书;学校的教学系统中有教师、学生、课程,教师为学生授课,学生选修课程并取得成绩等。如果管理的对象更多,或者比较特殊,事物之间的联系就可能更为复杂。

(1)实体

实体是客观存在且可以相互区别的事物。实体可以是实际的事物,如图书、读者,也可以是抽象的事件,如订货、借阅等活动。一个实体对应书数据库表中的一行,也称为记录。

(2)属性

描述实体的特性称为属性。一个属性对应于数据库表中的一列,也称为一个字段。例如,学生实体可以用学号,姓名,性别,出生日期,学院等多个属性来描述,(2015023112,王静,女,1995-05-01,信息工程学院),这些属性值组合起来表征了一个学生。

(3)键

键(Key)是指能唯一标识实体的属性或属性集,有时也称为实体标识符,或简称为码,例如,学生实体中的学号属性。当码是属性组合时,应当具有最小性,每一个属性都是不可缺少的。

例如,学生选课(学号,课程号,成绩)。一位学生可以选多门课程,一门课程可以被多位同学选,学号与课程号的组合才可以唯一标识一个实体,为学生选课的码。

（4）实体型和实体集

具有相同属性的实体具有相同的特征和性质,用实体名及其属性名集合来抽象和刻画同类实体,称为实体型。例如,学生(学号、姓名、性别、出生日期、学院)就是一个实体型。同类型的实体的集合,即具有相同性质的多个实体可以组成集合,称为实体集。例如,全班同学可以看成一个学生实体集,全系学生也可以看成一个更大的学生实体集。

一个实体集合对应于数据库中的一个表,一个实体对应于表中的一行。在学生实体集当中,(2015023112,王静,女,1995-05-01,信息工程学院),表征一名具体的学生。

（5）联系

实体之间的对应关系称为联系,它反映现实世界事物之间的相互联系。联系分为两种:一种是实体内部各属性之间的联系,例如,具有相同职称的有很多人,但一个职工当前只有一种职称;另一种是实体之间的联系,如一位运动员可以参加若干项比赛,同一项比赛有若干个运动员参加,再比如学生和老师实体集之间,存在着"讲授"联系,学生实体集和课程实体集之间,存在着"选课"联系。

2）实体间联系及联系的类型

实体间的对应关系称为联系,它反映现实世界事物之间的相互关联。例如,一位读者可以借阅多本图书,同一本书可先后被多名读者借阅。实体间的联系就是指实体集与实体集之间的联系。

实体间联系的种类是指一个实体集中可能出现的每一个实体与另一个实体集中多少个具体实体存在联系。实体之间的联系有以下 3 种类型:

（1）一对一联系（1:1）

实体集 A 中的每个实体仅与实体集 B 中的一个实体联系,反之亦然。

例如公司和总经理两个实体集,每个公司只有一个总经理,一个总经理只能在一个公司任职,则公司和总经理之间为一对一的联系。

（2）一对多联系（1:m）

对于实体集 A 中的每个实体,实体集 B 都有多个实体与之对应;反之,对于实体集 B 中的每个实体,实体集 A 中只有一个实体与之对应。

例如,部门与职工两个实体集,每个部门有多名职工,而一名职工只能属于一个部门,则部门与职工之间为一对多联系。

一对多联系是最普遍的联系。也可以把一对一的联系看作一对多联系的一个特殊情况。

（3）多对多联系（m:n）

对于实体集 A 中的每个实体,实体集 B 都有多个实体与之对应;反之,对于实体集 B 中的每个实体,实体集 A 中也有多个实体与之对应。

例如,学生和课程两个实体集,每个学生可以选修多门课程,反之,每一门课程可以被多名学生选修,则学生和课程之间为多对多的联系。图书和读者两个实体集也是多对多的联系,每个读者可以借阅多本图书,而一本图书也可以相继被多名读者借阅。

　　两个以上的实体型之间的联系,如对于售货员、商品与顾客三个实体型,每个顾客可以从多名售货员那里购买商品,并且可以购买多种商品;每个售货员可以向多名顾客销售多种商品;每种商品可由多个售货员销售,并且可以销售给多名顾客。则售货员与商品之间、销售员与顾客之间的联系,均是多对多联系。

　　实际应用中,通常将一个多对多联系转换成两个一对多联系。

　　3)概念模型的表示方法

　　概念模型的表示方法很多,其中最为著名最为常用的是 1976 年 P.P.S.Chen 提出实体-联系方法。该方法用 E-R(Entity-Relationship)图来描述现实世界中的数据,E-R 图提供了表示实体、属性和实体间联系的方法,如图 1.15 所示。

**图 1.15　实体联系模型表示方法**

　　①实体:采用矩形框表示,把实体名写在矩形框内。

　　②实体的属性:采用椭圆框表示,把属性名写在椭圆框内,并用无向边将其与相应的实体集相连。

　　③实体间的联系:采用菱形框表示,联系以适当的含义命名,名字写在菱形框中,并用无向边将参加联系的实体矩形框分别与菱形框相连,并在连线上标明联系的类型,例如 $1:1$、$1:n$ 或 $m:n$,如果联系也具有属性,则将属性框与菱形框也用无向边连上。并在连线上标明联系的类型,即 $1$—$1$、$1$—$N$ 或 $M$—$N$。因此,E-R 模型也称为 E-R 图。

　　两实体之间的联系类型 E-R 图如图 1.16 所示。

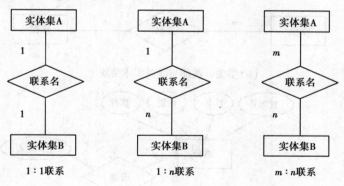

**图 1.16　实体间联系类型 E-R 图**

　　建立 E-R 图的步骤如下:

　　①确定实体和实体的属性;

　　②确定实体和实体之间的联系及联系的类型;

　　③给实体和联系加上属性。

【例1.1】 在某大学选课管理中,学生可根据自己的情况选修课程,每名学生可同时选修多门课程,每门课程可由多位教师讲授,每位教师可讲授多门课程。画出对应的E-R图。

解:在该大学选课管理中,共有3个实体,如图1.17(a)所示。

学生:学号、姓名、性别和年龄

教师:教师号、姓名、性别和职称

课程:课程号和课程名

学生实体和课程实体之间有"选修"联系,这是 $m:n$ 联系,教师实体和课程实体之间有"开课"联系,这是 $n:m$ 联系,如图1.17(b)所示。

将它们合并在一起,给"选修"联系添加"分数"属性,给"开课"联系添加"上课地点"属性,得到最终的 E-R 图,如图1.17(c)所示。

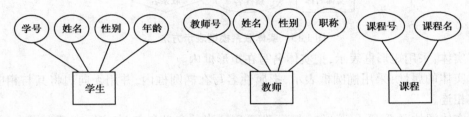

**(a)学生、教师和课程实体**

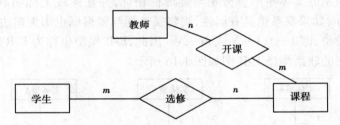

**(b)学生、教师与课程实体关系**

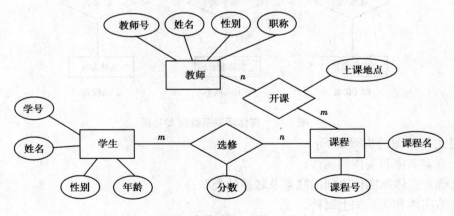

**(c)合并后的E-R图**

**图 1.17 例 1.1 E-R 图**

【例1.2】 某医院病房计算机管理中心需要如下信息：

科室：科室名、科室地址、科室电话、医生姓名

病房：病房号、床位号、所属科室名

医生：姓名、职称、所属科室名、年龄、工作证号

病人：病历号、姓名、性别、诊断、主管医生、病房号

其中，一个科室有多个病房、多个医生，一个病房只能属于一个科室，一个医生只属于一个科室，但可负责多个病人的诊治，一个病人的主管医生只有一个。根据以上的语义可以用E-R图表示，如图1.18所示。

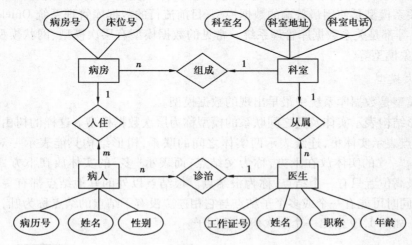

图1.18 例1.2 E-R图

### 1.3.3 常用的逻辑数据模型

为了反映事物本身及事物之间的各种联系，数据库中的数据必须有一定的结构，这种结构用数据模型来表示，即表示实体及实体间联系的模型称为数据模型。数据模型是数据库系统中的一个关键概念。数据模型不同，相应的数据库系统就完全不同，任何一个数据库管理系统都是基于某种数据模型的。一般数据模型应满足三方面要求：一是能比较真实地模拟现实世界；二是容易为人所理解；三是便于在计算机上实现。

数据模型是现实世界的抽象和模拟，它是按计算机的观点对数据建立模型，包含数据结构、数据操作和数据完整性约束三要素。

①数据结构，用于描述系统的静态特性，是对计算机的数据组织方式和数据之间联系进行框架性描述的集合。它研究存储在数据库中的对象类型的集合，这个集合主要包括两类：一类是与数据类型、内容、性质有关的对象，例如数据项、记录、关系等；另一类是与数据之间联系有关的对象，例如关系模型中反映联系的关系等。数据结构是刻画一个数据模型性质最重要的方面，因此在数据库管理系统中，人们通常按照其数据结构的类型来命名数据模型，例如，层次模型、网状模型和关系模型。数据结构是数据模型的基础，数据操作和约束都建立在数据结构上。不同的数据结构具有不同的操作和约束。

②数据操作是对数据库动态特性的描述,指对数据库中各种对象的实例允许执行的操作的集合,包括操作方法及有关的操作规则,例如插入、删除、修改、检索、更新等操作,数据模型必须定义这些操作的准确含义、操作符号、操作规则以及实现操作的语言。

③数据完整性约束:数据的约束条件是一组完整性规则的集合。完整性规则是给定的数据模型中数据及其联系应满足的制约和依存规则,用以限定符合数据模型的数据库状态以及状态的变化,以保证数据的正确、有效、相容。

数据模型的发展经历了非关系化模型(层次模型、网状模型)、关系模型,面向对象模型,目前再一次转向非关系模型(关键字-值模型、列存储模型、文档模型和图存储模型)。

现在关系模型是使用最普遍的数据模型,目前流行的数据库管理系统 Oracle、Sybase、SQL Server 等都是关系数据库管理系统。常见的数据模型有层次模型、网状模型、关系模型、面向对象模型等。

### 1)层次模型

层次模型是数据库系统中最早出现的数据模型。

用树形结构表示实体及其之间联系的模型称为层次数据模型。这样的树由结点和连线组成,结点表示实体集,连线表示两实体之间的联系,树形结构只能表示一对多联系。通常将表示"一"的实体放在上方,称为父结点;而表示"多"的实体放在下方,称为子结点。树的最高位置只有一个结点,称为根结点。根结点以外的其他结点都有一个父结点与之相连,同时可能有一个或多个子结点与它相连。没有子结点的结点称为叶,它处于分支的末端。如图 1.19 给出一个层次模型的例子。

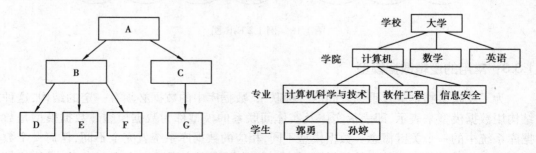

图 1.19　层次模型示例

支持层次数据模型的 DBMS 称为层次数据库管理系统,在这种系统中建立的数据库是层次数据库。层次模型可方便地表示一对一联系和一对多联系,但不能用它直接表示多对多联系。

层次数据库系统的典型代表是 IBM 公司推出的 IMS(Information Management System)数据库管理系统。

### 2)网状模型

用网状结构表示实体及其之间联系的模型称为网状模型。网中的每一个结点代表一个实体集。网状模型是一种比层次模型更普遍性的结构,它突破了层次模型的两个限制:允许多个结点没有父结点,允许结点有多于一个的父结点。图 1.20 给出了网状模型示例。

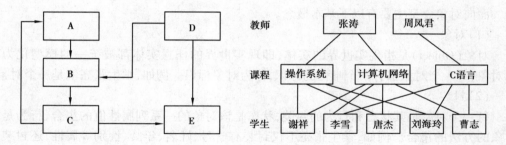

**图 1.20 网状模型示例**

支持网状数据模型的 DBMS 称为网状数据库管理系统,在这种系统中建立的数据库称为网状数据库。网状结构可以直接表示多对多联系,这也是网状模型的主要优点。

### 3)关系模型

用二维表结构来表示实体以及实体之间联系的模型称为关系模型。在关系模型中,操作的对象和结果都是二维表,一张二维表就是一个关系。由于浏览和设计二维表十分方便,因此二维表的关系模型比层次模型和网状模型更具优势,是目前应用最广泛的数据库模型。图 1.21 所示的一组有关学生的信息,就是一种关系模型。

| | 学号 | 姓名 | 性别 | 出生日期 | 学院 | 党员否 | 备注 | 照片 |
|---|---|---|---|---|---|---|---|---|
| 1 | 2014038219 | 邓莉莉 | 女 | 1994-12-03 | 航空运输与工程学院 | 1 | NULL | NULL |
| 2 | 2017041311 | 封伟 | 男 | 1996-12-20 | 国际商学院 | 0 | NULL | NULL |
| 3 | 2019051107 | 李泽东 | 男 | 2000-07-28 | 艺术与传媒学院 | 1 | 喜欢喝90%纯牛奶 | NULL |
| 4 | 2018012312 | 刘海龙 | 男 | 1999-01-01 | 机电工程与自动化学院 | 0 | NULL | NULL |
| 5 | 2017064214 | 钱珊珊 | 女 | 1998-03-09 | 国际商学院 | 0 | NULL | NULL |
| 6 | 2016063322 | 孙琦 | 女 | 1995-11-12 | 航空运输与工程学院 | 1 | NULL | NULL |
| 7 | 2018011313 | 孙通 | 男 | 1998-08-01 | 机电工程与自动化学院 | 1 | NULL | NULL |
| 8 | 2015023112 | 王静 | 女 | 1995-05-01 | 信息工程学院 | 1 | 获奖情况:2016年获得国家励志奖学金 | NULL |
| 9 | 2019041122 | 王维维 | 女 | 2001-05-01 | 国际商学院 | 0 | NULL | NULL |
| 10 | 2016024226 | 张豪 | 男 | 1997-09-12 | 信息工程学院 | 1 | 喜欢喝100%纯牛奶 | NULL |
| 11 | 2016013118 | 张雨 | 女 | 1996-12-21 | 艺术与传媒学院 | 0 | NULL | NULL |
| 12 | 2015023223 | 周家伟 | 男 | 1996-02-14 | 信息工程学院 | 0 | 喜欢喝100%纯牛奶 | NULL |
| 13 | 2017121337 | 周洋 | 男 | 1997-10-19 | 航空运输与工程学院 | 1 | NULL | NULL |
| 14 | 2016112109 | 周怡 | 女 | 1996-06-23 | 艺术与传媒学院 | 1 | NULL | NULL |
| 15 | 2018033311 | 朱贝贝 | 女 | 1999-03-16 | 航空运输与工程学院 | 1 | NULL | NULL |

**图 1.21 student 表**

支持关系数据模型的 DBMS 称为关系数据库管理系统,SQL Server 就是一种基于关系模型的数据库管理系统。

### 4)面向对象模型

随着数据库技术在各个领域的广泛应用,层次、网状和关系模型的数据库系统对层出不穷的新一代数据库应用显得力不从心。例如在计算机辅助设计、计算机集成制造、地理信息系统、知识库系统和实时系统等领域,这些应用往往都要求数据库系统具有更强大的数据管理能力,它们通常要求能够存储和处理复杂对象,这些对象内部结构复杂,很难用普通的关系结构来表示,且相互间的联系也复杂多样。某些领域需要数据库系统能够支持复杂的数据类型,特别是抽象数据类型,用户自定义数据类型等,这些在传统数据库系统中都难以实现。

面向对象模型主要有以下基本概念。

（1）对象

对象（Object）是指现实世界的实体，即现实世界的任意实体都被统一的模型化为一个对象，每一个对象都有一个唯一的标识，称为对象标识。例如，学生张亮就是一个对象。

（2）封装

每一个对象是其状态和行为的封装，状态是该对象的一系列属性值的集合，行为是该对象的方法的集合。例如，学生张亮不仅封装有学号、姓名、年龄、性别等属性，还封装有选修课程、参加社会实践活动等方法。

（3）类

类（Class）是具有相同属性和方法的对象的集合。一个对象是一个类的一个实例，即类是"型"，对象是"值"。例如，全体学生有共同的属性和方法，是一个学生类，每一个具体的学生，例如张亮、王芳等就是学生类的一个对象。

（4）消息

消息（Message）是对象与外部的通信方式，由于对象是封装的，对象与外部的通信一般只能通过消息传递，消息从外部传递给对象，存取和调用对象中的属性和方法，在内部执行相应的操作，操作的结果仍以消息的形式返回。

# 本章小结

1.数据、信息、数据处理的基本概念。

2.数据管理技术发展的 3 个阶段及每个阶段数据管理的特点。

3.数据库、数据库管理系统、数据库系统等基本概念及它们之间的相互关系。

4.数据库系统的特点及组成、数据库管理系统的功能。

5.数据库系统的三级模式结构及数据独立性。

6.信息的三种世界以及相互之间的转换。

7.概念模型，包括实体基本概念、实体之间的联系类型，概念模型的表示方法 E-R 图。

8.常用的逻辑数据模型，包括层次模型、网状模型、关系模型、面向对象模型等。

# 习题 1

**一、选择题**

1.关系数据库管理系统所管理的关系是（　　　）。

    A.若干个二维表　　　　　　　　　　B.一个 DBF 文件

    C.一个 DBC 文件　　　　　　　　　　D.若干个 DBC 文件

2.用数据二维表来表示实体及实体之间联系的数据模型称为（　　　）。

    A.层次模型　　　　　　　　　　　　B.网状模型

    C.关系模型　　　　　　　　　　　　D.实体—联系模型

3.数据库 DB、数据库系统 DBS、数据库管理系统 DBMS 三者之间的关系是( )。

A.DBS 包括 DB 和 DBMS　　　　　　　B.DBMS 包括 DB 和 DBS

C.DB 包括 DBS 和 DBMS　　　　　　　D.DBS 就是 DB,也就是 DBMS

4.数据库系统的核心是( )。

A.数据库　　　　　　　　　　　　　　B.数据库管理系统

C.操作系统　　　　　　　　　　　　　D.编译程序

5.数据库管理系统是( )。

A.应用软件　　　　　　　　　　　　　B.系统软件

C.辅助设计软件　　　　　　　　　　　D.科学计算软件

6.设有部门和职员两个实体,每个职员只能属于一个部门,一个部门可以有多名职员,则部门与职员实体之间的联系类型是( )。

A.多对多　　　　　　　　　　　　　　B.一对多

C.多对一　　　　　　　　　　　　　　D.一对一

7.数据库系统的特点是( )、数据独立、减少数据冗余、避免数据不一致和加强了数据保护。

A.数据共享　　　　　　　　　　　　　B.数据存储

C.数据应用　　　　　　　　　　　　　D.数据保密

8.概念模型设计常用的工具是( )。

A.网络模型　　　　　　　　　　　　　B.层次模型

C.关系模型　　　　　　　　　　　　　D.E-R 模型

9.用树形结构来表示实体之间联系的模型称为( )。

A.关系模型　　　　　　　　　　　　　B.层次模型

C.网状模型　　　　　　　　　　　　　D.概念模型

## 二、填空题

1.在数据管理技术的发展过程中,经历了人工管理阶段、文件系统阶段和数据库系统阶段,在这几个阶段中,数据独立性最高的阶段是_____。

2.用二维表数据来表示实体及实体之间联系的数据模型称为_____模型。

3.数据模型分成两个不同的层次:_____和结构数据模型,前者用于_____世界建模,后者用于_____世界建模。结构数据模型的 3 种组成要素是_____、_____、_____。

4.支持数据库系统常用的 3 种数据模型是_____、_____、_____。

5.数据库系统的核心是_____。

# 第 2 章　关系数据库基础

习近平同志指出："大数据在保障和改善民生方面大有作为。要坚持以人民为中心的发展思想，推进"互联网+教育"、"互联网+医疗"、"互联网+文化"等，让百姓少跑腿、数据多跑路、不断提升公共服务均等化、普惠化、便捷化水平。要坚持问题导向，抓住民生领域的突出矛盾和问题，强化民生服务，弥补民生短板，推进教育、就业、社保、医药卫生、住房、交通等领域大数据普及应用。"[1]1970 年，IBM 的研究员 E.F.Codd 博士发表的《大型共享数据银行的关系模型》一文中首次提出了关系模型的概念，论述了范式理论和衡量关系系统的 12 条标准，从而开创了数据库的关系方法和数据规范化理论的研究，为数据库技术奠定了理论基础。

20 世纪 80 年代后，关系数据库系统成为最重要、最流行的数据库系统，之后新推出的数据库管理系统几乎都支持关系模型。早期的许多层次和网状模型系统的产品也加上了关系接口。

关系模型采取二维表来表示一切实体及其关系，二维表是一个关系集合，以代数的关系运算为理论基础，二维表上的数据操作及完整性约束都可以使用关系代数上的关系运算来描述和推理，是更加科学的，由此也保证了关系数据库的安全、高效、更易推广普及。

关系模型是当前数据库厂商最广泛采用的数据库系统模型，是相对高效和安全的。本章首先介绍关系数据模型及用来描述它的数学概念，之后的 E-R 模型转化为关系模式介绍了概念模型向关系模式转化的方法，重点介绍了关系代数语言。

## 2.1　关系模型概述

数据模型的任务是描述现实世界中的实体及其联系。关系数据模型就是采用一个有序数组描述实体及其属性，用这种有序数组的集合描述一个实体集合，而采用定义在两个集合上的关系反映不同实体间的联系。在关系模型中，现实世界中的实体以及实体间的各种联系均可用关系来表示。

关系模型的用户界面非常简单，一个关系的逻辑结构就是一张二维表。这种用二维表的形式来表示实体和实体之间联系的数据模型称为关系数据模型。关系数据库就是一些相关的二维表和其他数据库对象的集合。关系数据库系统是支持关系模型的数据库系统。关系模型是一种逻辑数据模型，具有数据模型的共同特性。关系数据库中的所有信息都存储在二维表格中；一个关系数据库可能包含多个表；除了这种二维表外，关系数据

---

① 2017 年 12 月 8 日，习近平在中共中央政治局第二次集体学习时强调。

库还包含一些其他对象,如视图等。

关系模型由关系数据结构、关系操作集合和关系完整性约束三部分组成的。

1)关系数据结构

关系是关系模型中最基本的数据结构。关系模型的数据结构非常简单,只包含单一的数据结构——关系。在用户看来,关系模型中的数据的逻辑结构就是一种二维表。但关系模型的这种简单的数据结构能够表达丰富的语意,描述出现实世界的实体以及实体间的各种联系。也就是说,在关系模型中,现实世界的实体以及实体间的各种联系均用单一的结构类型即关系来描述。

2)关系操作集合

(1)基本的关系操作

关系操作包括查询(Query)操作和插入(Insert)、删除(Delete)、修改(Update)操作两大部分。

查询操作是关系操作最重要的部分,可分为选择(Select)、投影(Project)、连接(Join)、除(Devide)、并(Union)、差(Except)、交(Intersection)、笛卡尔积等。其中的5种基本操作是并、差、笛卡尔积、选择、投影,其他操作可由基本操作来定义和导出。

关系操作的特点是集合操作方式,即操作的对象与结果都是集合。这种操作方式亦称为一次一集合(set-at-a-time)方式,相应地,非关系模型的数据操作方式则为一次一记录(record-at-a-time)方式。

(2)关系操作语言

关系操作语言是数据库管理系统提供的用户接口,是用户用来操作数据库的工具,关系操作语言灵活方便,表达能力强大,可分为关系代数语言、关系演算语言和结构化查询语言三类。

①关系代数语言:用对关系的运算来表达查询要求的语言,如 ISBL。

②关系演算语言:用谓词来表达查询要求的语言,又分为元组关系演算语言和域关系演算语言,前者如 ALPHA,后者如 QBE。

③结构化查询语言:结构化查询语言介于关系代数和关系运算之间,具有关系代数和关系演算双重特点,如 SQL。

以上三种语言,在表达能力上是完全等价的。

关系操作语言是一章高度非过程化语言,存取路径的选择由数据库管理系统的优化机制自动完成。

3)关系完整性约束

关系模型提供了丰富的完整性约束机制,允许定义3类完整性:实体完整性、参照完整性和用户自定义完整性。其中实体完整性和参照完整性是关系模型必须满足的完整性约束条件,应该由关系系统自动支持。

## 2.2　关系数据结构

关系模型的数据结构非常简单,现实世界的实体以及实体间的各种联系均用关系来表示。第 1 章已经形象化地介绍了关系模型及有关的基本概念。关系模型是建立在集合代数的基础上的,本节从集合论的角度给出关系数据结构的形式化定义。

### 2.2.1　关系的定义和性质

关系的基本概念源于数学,关系就是一张二维表,但并不是任何二维表都称为关系,我们不能把日常生活中所用的任何表格都当成一个关系直接存放到数据库里。那么什么样的二维表才称为关系呢?

1)关系的数学定义

(1)域

【定义 2.1】　一组具有相同数据类型的值的集合。

在关系中用域来表示属性的取值范围。域中所包含的值的个数称为域的基数(用 $M$ 表示)。整数、正整数、实数、大于等于 0 且小于等于 100 的正整数、$\{0,1,2,3,4\}$ 等都可以是域。例如:

牌值域:$D_1 = \{A,2,3,4,5,6,7,8,9,10,J,Q,K\}$

基数:$M_1 = 13$

花色域:$D_2 = \{黑桃,红桃,梅花,方片\}$

基数:$M_2 = 4$

(2)笛卡尔积

【定义 2.2】　设定一组域 $D_1, D_2, \cdots, D_n$,在这组域中可以是相同的域。定义 $D_1, D_2, \cdots, D_n$ 的笛卡尔积为

$$D_1 \times D_2 \times \cdots \times D_n = \{(d_1, d_2, \cdots, d_n) \mid d_i \in D_i, i = 1, 2, \cdots, n\}$$

其中每一个元素 $(d_1, d_2, \cdots, d_n)$ 叫作一个 $n$ 元组($n$-tuple)或简称元组(Tuple),元素中的每个值 $d_i(i = 1, 2, \cdots, n)$ 叫作一个分量(Component)。

如果 $D_i(i = 1, 2, \cdots, n)$ 为有限集,其基数(Cardinal number)为 $m_i(i = 1, 2, \cdots, n)$,则 $D_1 \times D_2 \times \cdots \times D_n$ 的基数为

$$M = \prod_{i=1}^{n} m_i$$

笛卡尔积可以表示为一个二维表,表中每一行对应一个元组,每一列的值来自一个域。例如,给出 3 个域:

$D_1 =$ 学号集合 stno = $\{121001, 121002\}$

$D_2 =$ 姓名集合 stname = $\{李贤友,周映雪\}$

$D_3 =$ 性别集合 stsex = $\{男,女\}$

则 $D_1, D_2, D_3$ 的笛卡尔积为:

$D_1 \times D_2 \times D_3 = \{$（121001，李贤友，男），（121001，李贤友，女），（121001，周映雪，男），（121001，周映雪，女），（121002，李贤友，男），（121002，李贤友，女），（121002，周映雪，男），（121002，周映雪，女）$\}$

其中（121001，李贤友，男），（121001，李贤友，女），（121002，周映雪，男）等都是元组，121001，121002，李贤友，周映雪，男，女等都是分量，这个笛卡尔积的基数是 $2 \times 2 \times 2 = 8$，即共有 8 个元组，可列成一张二维表，见表 2.1。

表 2.1　$D_1$、$D_2$、$D_3$ 的笛卡尔积

| stno | stname | stsex |
|------|--------|-------|
| 121001 | 李贤友 | 男 |
| 121001 | 李贤友 | 女 |
| 121001 | 周映雪 | 男 |
| 121001 | 周映雪 | 女 |
| 121002 | 李贤友 | 男 |
| 121002 | 李贤友 | 女 |
| 121002 | 周映雪 | 男 |
| 121002 | 周映雪 | 女 |

（3）关系

笛卡尔积中许多元组无实际意义，从中取出有实际意义的元组便构成关系。

【定义 2.3】 $D_1 \times D_2 \times \cdots \times D_n$ 的有意义的子集称为 $D_1, D_2, \cdots, D_n$ 上的关系，表示为

$$R(D_1, D_2, \cdots, D_n)$$

这里的 $R$ 表示关系的名称，$n$ 是关系的目或度（Degree）。当 $n = 1$ 时，称该关系为单元关系或一元关系。当 $n = 2$ 时，称该关系为二元关系。当 $n = m$ 时，称该关系为 $m$ 元关系。

子集元素是关系中的元组，通常用 $t$ 表示，$t \in R$ 表示 $t$ 是 $R$ 的元组。关系是笛卡尔积的一个子集，所以关系也是一个二维表，表的每行对应一个元组，表的每列对应一个域，由于域可以相同，为了加以区别，必须对每一列起一个名字，称为属性。$n$ 目关系必有 $n$ 个属性。

在一般情况下，$D_1, D_2, \cdots, D_n$ 的笛卡尔积是没有实际意义的，只有它的某个子集才有实际意义。

例如，在上面的笛卡尔积中，许多元组是没有意义的，因为一个学号只标识一个学生的姓名，一个学生只有一个性别，表 2.1 的一个子集才有意义，才可以表示学生关系，将学生关系取名为 S，表示为 S（stno，stname，stsex），列成二维表见表 2.2。

表 2.2　S 关系

| stno | stname | stsex |
|------|--------|-------|
| 121001 | 李贤友 | 男 |
| 121002 | 周映雪 | 女 |

2）基本概念和术语

（1）关系

关系是笛卡尔积的有限子集，所以关系也是一个二维表。通常将一个没有重复行、重复列的二维表看成一个关系，每个关系有一个关系名。例如，图 2.1 所示为关系，student 为这个关系的关系名。

| | 学号 | 姓名 | 性别 | 出生日期 | 学院 | 党员否 | 备注 | 照片 |
|---|---|---|---|---|---|---|---|---|
| 1 | 2014038219 | 邓莉莉 | 女 | 1994-12-03 | 航空运输与工程学院 | 1 | NULL | NULL |
| 2 | 2017041311 | 封伟 | 男 | 1996-12-20 | 国际商学院 | 0 | NULL | NULL |
| 3 | 2019051107 | 李泽东 | 男 | 2000-07-28 | 艺术与传媒学院 | 1 | 喜欢喝90%纯牛奶 | NULL |
| 4 | 2018012312 | 刘海龙 | 男 | 1999-01-01 | 机电工程与自动化学院 | 0 | NULL | NULL |
| 5 | 2017064214 | 钱珊珊 | 女 | 1998-03-09 | 国际商学院 | 1 | NULL | NULL |
| 6 | 2016063322 | 孙琦 | 女 | 1995-11-12 | 航空运输与工程学院 | 0 | NULL | NULL |
| 7 | 2018011313 | 孙通 | 男 | 1998-08-01 | 机电工程与自动化学院 | 1 | NULL | NULL |
| 8 | 2015023112 | 王静 | 女 | 1995-05-01 | 信息工程学院 | 1 | 获奖情况：2016年获得国家励志奖学金 | NULL |
| 9 | 2019041122 | 王维维 | 女 | 2001-05-01 | 国际商学院 | 0 | NULL | NULL |
| 10 | 2016024226 | 张豪 | 男 | 1997-09-12 | 信息工程学院 | 1 | 喜欢喝100%纯牛奶 | NULL |
| 11 | 2016013118 | 张雨 | 女 | 1996-12-21 | 艺术与传媒学院 | 0 | NULL | NULL |
| 12 | 2015023223 | 周家伟 | 男 | 1996-02-14 | 信息工程学院 | 0 | 喜欢喝100%纯牛奶 | NULL |
| 13 | 2017121337 | 周洋 | 男 | 1997-10-19 | 航空运输与工程学院 | 0 | NULL | NULL |
| 14 | 2016112109 | 周怡 | 女 | 1996-06-23 | 艺术与传媒学院 | 1 | NULL | NULL |
| 15 | 2018033311 | 朱贝贝 | 女 | 1999-03-16 | 航空运输与工程学院 | 1 | NULL | NULL |

图 2.1　student 表

（2）元组

二维表的每一行在关系中称为元组，有时也称为记录。描述了现实世界中的一个实体或不同实体间的一种联系。例如，student 学生表这个关系包括多条记录，即多个元组或多条记录，如图 2.2 所示。

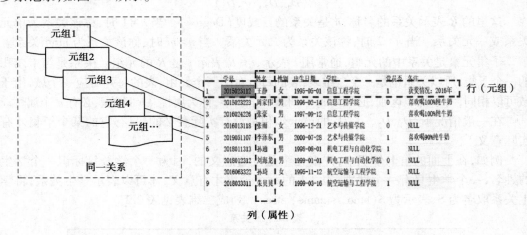

图 2.2　学生表中的元组与属性示例

（3）属性

二维表中的一列称为关系的一个属性，每个属性都有一个属性名，各个属性的取值称为属性值。每个属性有一定的取值范围，称为值域。属性的个数称为关系的元或度。每个属性或字段的数据类型、宽度等在创建表的结构时规定。例如,学号、姓名、性别、出生日期等都是"student"关系的属性,如图2.2所示。

（4）域

属性的取值范围称为域（值域）,即不同元组对同一个属性的取值所限定的范围。例如,性别只能从"男""女"两个汉字中取值;逻辑型属性党员否只能从逻辑真和逻辑假两个值中取值。

（5）分量

一个元组在一个属性域上的取值称为该元组在此属性上的分量,即元组中的一个属性值。

（6）键（码）

如果在一个关系中存在唯一标识一个实体的一个属性或属性集称为实体的键（Key）,即使得在该关系的任何一个关系状态中的两个元组,在该属性上的值的组合都不同。

（7）候选键（候选码）

若关系中的某一属性或属性组合的值能唯一地标识一个元组,则称该属性组为候选码（Candidate Key）。

关系模式中,最简单的情况是单个属性是码,称为单码（Single Key）,在最极端的情况下,关系模式的整个属性组是这个关系模式的候选码,称为全码（All-Key）。

例如,在学生表中,"学号"是能唯一区分学生实体的,同时又假设"姓名""出生日期"的属性组合足以区分学生实体,那么{学号}和{姓名,出生日期}都是候选码。如果只有"学号"这个单个属性起唯一标识的作用,那么{学号}就是单码,而签约（演员名,制片公司,电影名）关系中,{演员名,制片公司,电影名}就是全码。

如图2.3所示,在grade成绩表中,只有属性组"学号"和"课程号"才能唯一地标识一个元组,则候选键为（学号,课程号）。

（8）主关键字

在一个关系的若干候选键中指定一个用来唯一标识该关系的元组,则称这个被指定的候选键称为主关键字（Primary Key）,或简称为主键、关键字、主码。每一个关系都有并且只有一主键,通常用较小的属性组合作为主键。

| | 学号 | 课程号 | 成绩 |
|---|---|---|---|
| 1 | 2015023112 | 0312020352 | 88.00 |
| 2 | 2015023223 | 0312020352 | 76.00 |
| 3 | 2016024226 | 0312020164 | 80.00 |
| 4 | 2016013118 | 0312020164 | 90.00 |
| 5 | 2019051107 | 0312020164 | 74.00 |
| 6 | 2018011313 | 0312020022 | 91.00 |
| 7 | 2018012312 | 0312020022 | 75.00 |

图2.3  grade 表

例如学生表,选定"学号"作为数据操作的依据,则"学号"为主键。而在成绩表中,主键为（学号,课程号）。

（9）主属性和非主属性

包含在任一候选码中的属性,称为主属性（Primary Attribute）。例如,学生表中的"学号"可以作为主码,"学号"就是主属性。

不包含在任何候选码中的属性称为非主属性。

例如,工人（工号,身份证号,姓名,性别,部门）。显然工号和身份证号都能够唯一标识这个关系,所以{工号}和{身份证号}都是候选码。工号、身份证号这两个属性就是主属性。

如果主码是一个属性组,那么属性组中的属性都是主属性。

(10)外码

设有两个关系 $R$ 和 $S$,$F$ 是基本关系 $R$ 的一个或一组属性,但不是关系 $R$ 的码,$Ks$ 是基本关系 $S$ 的主码。如果 $F$ 与 $Ks$ 相对应,则称 $F$ 是 $R$ 是的外码(Foreign Key)。并称基本关系 $R$ 为参照关系(Referencing Relation),基本关系 $S$ 为被参照关系(Referenced Relation)或目标关系(Target Relation)。

如果一个关系中某个属性或属性组合并非码,但却是另一个关系的主码,则称此属性或属性组合为本关系的外码或外键(Foreign Key)。在关系数据库中,用外码表示两个表间的联系。

例如,成绩关系"学号"和学生关系的主码"学号"相对应,成绩表的"学号",不是成绩表的候选码,而是学生表的主码,因此,"学号"就是成绩表的外码。成绩表通过"学号"这个外码就可以建立学生表与成绩表之间的一对多的联系(一名学生可以选修多门课程);同样,成绩关系"课程号"和课程关系的主码"课程号"相对应,成绩表的"课程号",不是成绩表的候选码,而是课程表的主码,因此,"课程号"也是成绩表的外码。成绩表通过"课程号"这个外码就可以建立课程表与成绩表之间的一对多的联系(一门课程可以被多名学生选修)。所以,"学号"属性和"课程号"属性是成绩关系的外码,成绩关系是参照关系,学生关系和课程关系都是被参照关系如图 2.4 所示。

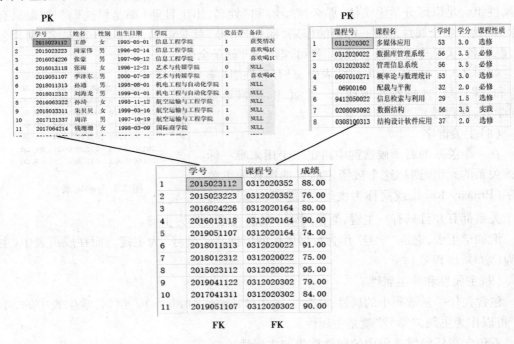

图 2.4　外码表示的两个表之间的联系

再例如,两个关系中,职工(职工号,姓名,性别,职称,部门号),部门(部门号,部门名,电话,负责人),其中职工关系中的"部门号"就是职工关系的一个外码。

需要注意,有时候,外码不一定要与相应的主码同名。

3)关系的类型

关系有3种类型:基本关系(又称基本表或基表)、查询表和视图表。

①基本关系:实际存在的表,是实际存储数据的逻辑表示。

②查询表:查询结果对应的表。

③视图表:由基本表或其他视图导出的表,是虚表,不对应实际存储的数据。

4)关系的特性

关系是一种规范化了的二维表中行的集合。为了使相应的数据操作简化,在关系模型中对关系进行了限制,因此关系具有以下6条性质:

①列是同质的,即每一列中的分量是同一类型的数据,来自同一个域。

②同一个关系中不允许出现完全相同的元组,即不允许出现冗余。

③关系中不同的列来自不同的域,每一列有不同的属性名。

④关系中列的顺序可以任意互换,不会改变关系的意义。

⑤行的次序和列的次序一样,也可以任意交换。

⑥关系必须规范化。关系模型要求关系必须是规范化的,规范化要求关系必须满足一定的规范条件,而在规范条件中最基本的要求是分量必须取原子值,即每一个分量必须是不可分的数据项,即表中不能再包含表。规范化的关系简称为范式(Normal Form)。

表2.3所示的关系就是不规范的,存在"表中有表"的现象,只要去掉表2.1中的成绩这个表项就可以了。

表2.3 复合表示例

| 学号 | 姓名 | 成绩 | | |
|---|---|---|---|---|
| | | 高数 | 英语 | 计算机 |
| | | | | |

## 2.2.2 关系模式

在关系数据库中,关系模式是型,关系是值。关系是元组的集合,关系模式是对关系的描述,所以关系模式必须指出这个元组集合的结构,即它由哪些属性构成,这些属性来自哪些域。

在关系数据库中,关系的结构是用关系模式来描述的。

【定义2.4】 关系的描述称为关系模式。它可以形式化地表示为

$$R(U,D,DOM,F)$$

其中,$R$ 为关系名,$U$ 为组成该关系的属性名集合,$D$ 为属性组 $U$ 中属性所来自的域,$DOM$ 为属性向域的映像集合,$F$ 为属性间数据的依赖关系集合。

一个关系模式对应一个关系的结构。其格式为:

关系名(属性 1,属性 2,属性 3,… 属性 $n$)

或者

表名(字段名 1,字段名 2,字段名 3,… 字段名 $n$)

例如:student(学号,姓名,性别,出生日期,班级,党员否,备注,照片)

关系模式指出了一个关系的结构;而关系则是由满足关系模式结构的元组构成的集合,是关系模式在某一时刻的状态或内容。关系模式是稳定的、静态的,而关系则是随时间变化的、动态的,因为关系操作在不断地更新着数据库中的数据。

### 2.2.3　关系数据库

在一个给定的应用领域中,所有实体及实体之间联系的关系的集合构成一个关系数据库。

一组关系模式的集合构成关系数据库模式,它是对关系数据库结构的描述。对应于关系数据库模式的当前值就是关系数据库的内容,也称为关系数据库的实例。

关系和关系数据库都有型和值之分。关系的型是关系模式,值是关系中所有元组的集合;关系数据库的型称为关系数据库模式,是对关系数据库的描述,是关系模式的集合,包括若干域的定义和在这些域上定义的若干关系模式。关系数据库的值也称关系数据库,是这些关系模式在某一时刻对应的关系的集合。关系数据库模式与关系数据库的值通常统称为关系数据库。型是静态的、相对稳定的,而值是动态、随时间变化的。在实际中,对于关系模式和关系常常不做严格区分,有时用关系模式表示关系。

例如,学生成绩数据库模式由以下 3 个关系模式构成:

学生(学号,姓名,性别,出生日期,班级,党员否,备注,照片)

课程(课程号,课程名,学时,学分,课程性质)

成绩(学号,课程号,成绩)

医院信息管理系统数据库由以下几个关系模式构成:

科室(科名,科地址,科电话)

病房(病房号,床位号,科室名)

医生(工作证号,姓名,职称,科室名,年龄)

病人(病历号,姓名,性别,诊治,主管医生,病房号)

从集合论的观点来定义关系,可以将关系定义为元组的集合,元组是属性值的集合,关系模式是命名的属性集合,一个具体的关系模型就是若干个有联系的关系模式的集合。

即关系→元组集合;元组→属性值集合;关系模式→属性名的集合;关系模型→关系模式的集合。

# 2.3　关系的完整性

　　关系的完整性是对关系的某种约束条件,防止关系中出现不符合既定规则的数据即非法数据。数据库系统在运行过程中,由于数据输入错误、程序错误、非法访问、使用者的误操作等各方面原因,容易产生数据错误和混乱。为保证关系中数据的正确、有效使用,需建立数据完整性的约束机制来加以控制。

　　数据的完整性就是数据使用的正确性和有效性。数据的一致性是指关系中数据的多个值保持一致。在关系模型中设置的完整性规则保护了数据的完整性和一致性。关系有三类完整性约束:实体完整性,参照完整性和用户自定义完整性。其中,前两类完整性是关系必须满足的完整性约束条件,应该由关系系统自动支持;而用户自定义完整性可以由用户根据实际需求,确定是否添加完整性约束条件。

## 2.3.1　实体完整性控制

　　现实世界中的一个实体是关系描述的对象,是一行记录,一个实体属性的集合。实体集就是一个基本关系。如学生的集合是一个实体集,对应学生关系。实体是可区分的,即它们具有某种唯一性标识。在关系模型中,用主码作为实体唯一性标识。主码的属性值不能取空值(NULL,即不知道或者无意义的值)。

　　**实体完整性规则**:若属性(指一个或一组属性)$A$ 是基本关系 $R$ 的主属性,则属性 $A$ 不能取空值。

　　实体完整性规则要求主属性不能取空值。若主属性为空,则不能区分现实世界存在的实体。

　　在具体的关系数据库管理系统中,实体完整性应变为:任一关系候选码之中的属性不能为空。

　　用户在创建关系模式中说明了主关键字,系统才会自动进行这项检查,否则它是不强制的。

> 注意:关系的所有主属性都不能取空值,而不仅是主码不能取空值。

　　例如,在学生关系 student(学号,姓名,性别,出生日期,班级,党员否,备注,照片)中,假定学号、姓名均为候选码,选学号为主码,则实体完整性规则要求,在学生关系 student 中,不仅学号不能取空值,姓名也不能取空值,因为姓名是候选码,也是主属性。又如在成绩关系 grade(学号,课程号,成绩)中,"学号,课程号"为主码,"学号,课程号"均为主属性,所以"学号"和"课程号"两个属性都不能取空值。

　　对于实体完整性规则说明如下:

　　①实体完整性规则是针对基本关系而言。一个基本表通常对应现实世界的一个实体集。例如学生关系 student 对应于学生集合。

②现实世界中的实体是可区分的,即它们具有某种唯一性标识。例如,每个学生都是独立的个体,是不一样的。

③相应地,关系模型中以主码作为唯一性标识。例如,学生关系模式 student 中以"学号"作为主码,来唯一标识每一个学生个体。

④主码中的属性即主属性不能取空值。如果主属性取空值,则说明存在某个不可识别的实体,即存在不可区分的实体,这与②点相矛盾。

**【例 2.1】** 有以下关系:学生(学号,姓名,年龄,性别,专业号),专业(专业号,专业名),课程(课程号,课程名,学分),选修(学号,课程号,成绩),找出关系完整性。

解:下画线的为主属性(组)。实体完整性规定基本关系的所有主属性不能取空值。

参照完整性规定基本关系的外码取值。如上述学生关系的"专业号"属性与专业关系的主码"专业号"对应,因此"专业号"属性是学生关系的外码。它的取值规定如下:

①空值:表示尚未给该学生分配专业;

②非空值:必须是目标关系–专业关系中某个元组的"专业号"值。

此外,用户还须注意,外码并不一定与目标关系的主码同名;参照关系与目标关系可以是同一个关系。如学生关系(学号,姓名,性别,年龄,班长)中,"班长"属性的取值情况。

### 2.3.2 参照完整性控制

在现实世界中实体之间存在的联系,在关系模型中都是用关系来描述,自然存在关系与关系间的引用。参照完整性一般指多个实体之间的联系,一般用外码实现。在实际的应用系统中,为减少数据的冗余度,常设计几个关系来描述相同的实体,这存在关系之间的引用参照,即一个关系属性的取值要参照其他关系。参照完整性就是用来定义外码与主码之间引用规则的。

参照完整性规则:若属性(或属性组)$F$ 是基本关系 $R$ 的外码,它与基本关系 $S$ 的主码 $K$ 相对应(基本关系 $R$ 和 $S$ 可能是相同的关系),则对于 $R$ 中每个元组在 $F$ 上的值必须为:或者取空值($F$ 的每个属性值均为空值);或者等于 $S$ 中某个元组的主码值。

参照完整性规则就是两个表的主关键字和外关键字的数据应对应一致。

例如,对学生信息的描述常用以下 3 个关系,其中的主码用下画线标识:

学生(学号,姓名,性别,班级,出生日期,学院,党员否,备注,照片)

课程(课程号,课程名,学时,学分,课程性质)

成绩(学号,课程号,成绩)

在上述关系中,这 3 个关系存在属性的引用,成绩关系引用了学生关系的主码"学号"和课程关系的主码"课程号",成绩关系"学号"和"课程号"的取值需要参照学生关系的"学号"取值和课程关系的"课程号"取值。学号不是成绩关系的主关键字,但它是被参照关系中学生关系的主关键字,称它为成绩关系的外关键字,有参照完整性规则,外关键字可取空值或被参照关系中主关键字值。虽然这里规定外关键字学号可以取空值,但按照实体完整性规则,学生关系中学号不能取空值,因此成绩关系中的学号实际上是不能取空值的,只能取课程关系中已经存在学号的值,若取空值,关系之间就失去了联系,如图2.5所示。

student (**学号**,姓名,性别,出生日期,学院,党员否,备注,照片)

grade (**学号**,**课程号**,成绩)

course (**课程号**,课程名,学时,学分,课程性质)

图2.5 外码表示的两个表之间的联系

### 2.3.3 用户自定义完整性控制

实体完整性和参照完整性适用于任何关系数据库系统。除此之外,不同的关系数据库系统根据其应用环境的不同,往往还需要一些特殊的约束条件。用户定义的完整性是针对某一具体关系数据库的约束条件,使某一具体应用涉及数据必须满足语义要求。用户定义的完整性数据也称为域完整性或语义完整性,通过这些规则限制数据库只接受符合完整性约束条件的数据值,不接受违反约束条件的数据,从而保证数据库的中数据的有效性和可靠性。

按应用语义,属性数据有:

①类型与长度限制。

②取值范围限制。

例如,在职教师年龄不能大于60岁,成绩只能为0~100,性别只能是"男"或"女"等。用户自定义完整性可在定义关系结构时设置,还可通过触发器、规则等来设置。在开发数据库应用系统时,设置用户定义的完整性是一项非常重要的工作。

## 2.4 关系代数

关系代数是一种抽象的查询语言,它用对关系的运算来表达查询。当对关系数据库进行查询,寻找用户所需数据时,常常需要对关系进行一定的关系运算。关系代数是施加于关系上的一组集合代数运算,关系代数的运算对象是关系,运算结果也是关系。

关系代数中的操作可以分为两类:

①传统的集合运算,如并、交、差、笛卡尔积。这类运算将关系看成元组的集合,运算时从行的角度进行。

②专门的关系运算,如选择、投影、连接、除。这些运算不仅涉及行而且也涉及列。有时查询需要几个基本运算的组合。

关系代数使用的运算符见表2.4。

表 2.4　关系代数运算符

| 运算符 | | 含义 | 运算符 | | 含义 |
|---|---|---|---|---|---|
| 集合运算符 | ∪ | 并 | 比较运算符 | > | 大于 |
| | − | 差 | | ≥ | 大于等于 |
| | ∩ | 交 | | < | 小于 |
| | | | | ≤ | 小于等于 |
| | × | 广义笛卡尔积 | | = | 等于 |
| | | | | ≠（<>） | 不等于 |
| 专门的关系运算符 | σ | 选择 | 逻辑运算符 | ¬ | 非 |
| | π | 投影 | | ∧ | 与 |
| | ⋈ | 连接 | | ∨ | 或 |
| | ÷ | 除 | | | |

### 2.4.1　传统的集合运算

传统的集合运算是两目运算，包括并、差、交、广义笛卡尔积4种。

通常用大写字母表示关系模式或关系，用对应的小写字母表示关系中的元组，例如，$R$ 是一个关系，则 $r \in R$ 表示 $r$ 是 $R$ 的一个元组。

**1）并运算**

设关系 $R$ 和 $S$ 都是 $n$ 元关系，并且对应的属性出自同一个值域，则关系 $R$ 和关系 $S$ 的集合并运算可以记为 $R \cup S$。形式定义如下：

$$R \cup S = \{ t \mid t \in R \vee t \in S \}$$

其含义为：任取元组 $t$，当且仅当 $t$ 属于 $R$ 或 $t$ 属于 $S$ 时，$t$ 属于 $R \cup S$。$R \cup S$ 是一个 $n$ 元关系。

该运算将产生一个新的关系，它由属于关系 $R$ 和属于关系 $S$ 的所有元组组成，如图 2.6 所示。

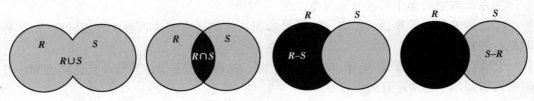

图 2.6　传统的集合运算

**2）交运算**

如果关系 $R$ 和关系 $S$ 都是 $n$ 元关系，并且对应的属性出自同一个值域，则关系 $R$ 与关

系 $S$ 的集合交运算记作 $R\cap S$。形式定义如下：

$$R \cap S = \{t \mid t \in R \wedge t \in S\}$$

其含义为：任取元组 $t$，当且仅当 $t$ 既属于 $R$ 又属于 $S$ 时，$t$ 属于 $R\cap S$。

该运算产生一个新的关系，它是由既属于 $R$ 又属于 $S$ 的公共元组组成。

3）差运算

设关系 $R$ 和 $S$ 都是 $n$ 元关系，并且对应的属性出自同一个值域，则关系 $R$ 和关系 $S$ 的集合差运算可以记为 $R-S$。形式定义如下：

$$R - S = \{t \mid t \in R \wedge t \notin S\}$$

其含义为：当且仅当 $t$ 属于 $R$ 并且不属于 $S$ 时，$t$ 属于 $R-S$。

该运算将产生一个新关系，它是由所有属于 $R$ 但不属于 $S$ 的元组组成。

传统的集合运算如图 2.6 所示。

【例2.2】 关系 $R$、$S$ 如图 2.7 所示，它们的并、差、交运算结果如图 2.8 所示。

$R$

| $A$ | $B$ | $C$ |
| --- | --- | --- |
| 3 | 6 | 7 |
| 2 | 5 | 7 |
| 7 | 2 | 3 |
| 4 | 4 | 3 |

$S$

| $A$ | $B$ | $C$ |
| --- | --- | --- |
| 3 | 4 | 5 |
| 7 | 2 | 3 |

**图 2.7 例 2.2 中关系 $R$ 与 $S$**

$R\cup S$

| $A$ | $B$ | $C$ |
| --- | --- | --- |
| 3 | 6 | 7 |
| 2 | 5 | 7 |
| 7 | 2 | 3 |
| 4 | 4 | 3 |
| 3 | 4 | 5 |

$R\cap S$

| $A$ | $B$ | $C$ |
| --- | --- | --- |
| 7 | 2 | 3 |

$R-S$

| $A$ | $B$ | $C$ |
| --- | --- | --- |
| 3 | 6 | 7 |
| 2 | 5 | 7 |
| 4 | 4 | 3 |

$S-R$

| $A$ | $B$ | $C$ |
| --- | --- | --- |
| 3 | 4 | 5 |

**图 2.8 例 2.2 中关系 $R$ 与 $S$ 并、差、交的结果**

注意：关系的并、差、交运算要求两个关系对应列具有相同的值域。

4）广义笛卡尔积

设关系 $R$ 和 $S$ 的元数（属性个数）分别为 $r$ 和 $s$，定义 $R$ 和 $S$ 的笛卡尔积是一个 $(r+s)$ 元的元组集合，每个元组的前 $r$ 个分量（属性值）来自 $R$ 的一个元组，后 $s$ 个分量来自 $S$ 的一个元组，记为 $R \times S$。

若 $R$ 有 $m$ 个元组，$S$ 有 $n$ 个元组，则 $R \times S$ 有 $m \times n$ 个元组。

已知关系 $R$ 和关系 $S$,$R \times S$ 广义笛卡尔积如图 2.9 所示。

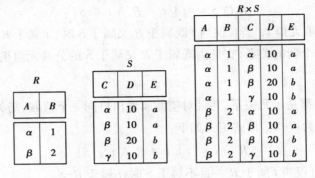

图 2.9   $R \times S$ 广义笛卡尔积

### 2.4.2   专门的关系运算

专门的关系运算包括选择(Select)、投影(Project)、连接(Join)、除(Divide)等。在介绍专门的关系运算前,引入以下符号。

1)分量

设关系模式为 $R(A_1, A_2, \cdots, A_n)$,它的一个关系设为 $R$,$t \in R$ 表示 $t$ 是 $R$ 的一个元组,$t[A_i]$ 则表示元组 $t$ 中相应于属性 $A_i$ 上的一个分量。

2)属性列或属性组

若 $A = \{A_{i1}, A_{i2}, \cdots, A_{ik}\}$,其中 $A_{i1}, A_{i2}, \cdots, A_{ik}$ 是 $A_1, A_2, \cdots, A_n$ 中的一部分,则 $A$ 称为属性组或属性列。$t[A] = (t[A_{i1}], t[A_{i2}], \cdots, t[A_{ik}])$ 表示元组 $t$ 在属性列 $A$ 上诸分量的集合。$\overline{A}$ 则表示 $\{A_1, A_2, \cdots, A_n\}$ 中去掉 $\{A_{i1}, A_{i2}, \cdots, A_{ik}\}$ 后剩余的属性组。

3)元组的连接

$R$ 为 $n$ 目关系,$S$ 为 $m$ 目关系,$t_r \in R$,$t_s \in S$,$\widehat{t_r t_s}$ 称为元组的连接(Concatenation)。它是一个 $(n+m)$ 列的元组,前 $n$ 个分量为 $R$ 中的一个 $n$ 元组 $t_r$,后 $m$ 个分量为 $S$ 中的一个 $m$ 元组 $t_s$。

4)象集

给定一个关系 $R(X, Z)$,$Z$ 和 $X$ 为属性组,当 $t[X] = x$ 时,$x$ 在 $R$ 中的象集(Images Set)定义为:

$$Z_x = \{t[Z] \mid t \in R, t[X] = x\}$$

表示 $R$ 中属性组 $X$ 上值为 $x$ 的诸元组在 $Z$ 上分量的集合。

如图 2.10 所示,在关系 $R$ 中,$Z$ 和 $X$ 为属性组,$X$ 包含属性 $x_1, x_2$,$Z$ 包含属性 $z_1, z_2$,求 $X$ 在 $R$ 中的象集。

$$R$$

| $x_1$ | $x_2$ | $z_1$ | $z_2$ |
|---|---|---|---|
| $a$ | $b$ | $m$ | $n$ |
| $a$ | $b$ | $n$ | $p$ |
| $a$ | $b$ | $m$ | $p$ |
| $b$ | $c$ | $r$ | $n$ |
| $c$ | $a$ | $s$ | $t$ |
| $c$ | $a$ | $p$ | $m$ |

图 2.10 关系 $R$

在关系 $R$ 中,$X$ 可取值 $\{(a,b),(b,c),(c,a)\}$

$(a,b)$ 的象集为 $\{(m,n),(n,p),(m,p)\}$

$(b,c)$ 的象集为 $\{(r,n)\}$

$(c,a)$ 的象集为 $\{(s,t),(p,m)\}$

1) 选择运算

选择运算是最简单的运算,它从指定的关系中找出满足给定条件的元组(水平方向抽取记录),构成一个新关系的操作。选择的条件通过逻辑表达式给出,逻辑表达式为真的记录将被选取。选择运算表示为

$$\sigma_F(R) = \{r \mid r \in R \wedge F\}$$

其中 $R$ 是关系名,$r$ 表示 $R$ 中的元组,$\sigma$ 是选择运算符,$F$ 是结果为"真"的逻辑表达式。

选择是从行的角度进行的运算,经过选择运算得到的新关系,其关系模式不变,但其中的元组是原关系的一个子集。

设有一个学生管理数据库,包括学生关系 student、课程关系 course 和成绩表 grade,如图 2.11 所示。

| | 学号 | 姓名 | 性别 | 出生日期 | 学院 | 党员否 | 备注 | 照片 |
|---|---|---|---|---|---|---|---|---|
| 1 | 2015023112 | 王静 | 女 | 1995-05-01 | 信息工程学院 | 1 | 获奖情况: 2016年获得国家励志奖学金 | NULL |
| 2 | 2015023223 | 周家伟 | 男 | 1996-02-14 | 信息工程学院 | 0 | 喜欢喝100%纯牛奶 | NULL |
| 3 | 2016024226 | 张豪 | 男 | 1997-09-12 | 信息工程学院 | 0 | 喜欢喝100%纯牛奶 | NULL |
| 4 | 2016013118 | 张雨 | 女 | 1996-12-21 | 艺术与传媒学院 | 0 | NULL | NULL |
| 5 | 2019051107 | 李泽东 | 男 | 2000-07-28 | 艺术与传媒学院 | 1 | 喜欢喝90%纯牛奶 | NULL |
| 6 | 2018011313 | 孙通 | 男 | 1998-08-01 | 机电工程与自动化学院 | 1 | NULL | NULL |
| 7 | 2018012312 | 刘海龙 | 男 | 1999-01-01 | 机电工程与自动化学院 | 0 | NULL | NULL |
| 8 | 2016063322 | 孙琦 | 女 | 1995-11-12 | 航空运输与工程学院 | 1 | NULL | NULL |
| 9 | 2018033311 | 朱贝贝 | 女 | 1999-03-16 | 航空运输与工程学院 | 1 | NULL | NULL |
| 10 | 2017121337 | 周洋 | 男 | 1997-10-19 | 航空运输与工程学院 | 0 | NULL | NULL |
| 11 | 2017064214 | 钱珊珊 | 女 | 1998-03-09 | 国际商学院 | 1 | NULL | NULL |
| 12 | 2019041122 | 王维维 | 女 | 2001-05-01 | 国际商学院 | 0 | NULL | NULL |
| 13 | 2017041311 | 封伟 | 男 | 1996-12-20 | 国际商学院 | 0 | NULL | NULL |
| 14 | 2014038219 | 邓莉莉 | 女 | 1994-12-03 | 航空运输与工程学院 | 1 | NULL | NULL |
| 15 | 2016112109 | 周怡 | 女 | 1996-06-23 | 艺术与传媒学院 | 1 | NULL | NULL |
| 16 | 2016052106 | 周家伟 | 男 | 1996-04-06 | 艺术与传媒学院 | 0 | 转专业 | NULL |

(a) student表

| | 学号 | 课程号 | 成绩 |
|---|---|---|---|
| 1 | 2015023112 | 0312020352 | 88.00 |
| 2 | 2015023223 | 0312020352 | 76.00 |
| 3 | 2016024226 | 0312020164 | 80.00 |
| 4 | 2016013118 | 0312020164 | 90.00 |
| 5 | 2019051107 | 0312020164 | 74.00 |
| 6 | 2018011313 | 0312020022 | 91.00 |
| 7 | 2018012312 | 0312020022 | 75.00 |
| 8 | 2015023112 | 0312020022 | 95.00 |
| 9 | 2019041122 | 0312020302 | 79.00 |
| 10 | 2017041311 | 0312020302 | 84.00 |
| 11 | 2019051107 | 0312020302 | 90.00 |

| | 课程号 | 课程名 | 学时 | 学分 | 课程性质 |
|---|---|---|---|---|---|
| 1 | 0312020302 | 多媒体应用 | 53 | 3.0 | 选修 |
| 2 | 0312020022 | 数据库管理系统 | 56 | 3.5 | 必修 |
| 3 | 0312020352 | 管理信息系统 | 56 | 3.5 | 必修 |
| 4 | 0607010271 | 概率论与数理统计 | 53 | 3.0 | 选修 |
| 5 | 06900160 | 配载与平衡 | 32 | 2.0 | 必修 |
| 6 | 9412050022 | 信息检索与利用 | 29 | 1.5 | 选修 |
| 7 | 0208093092 | 数据结构 | 56 | 3.5 | 实践 |
| 8 | 0308100313 | 结构设计软件应用 | 37 | 2.0 | 选修 |

（b）course表 　　　　　　　（c）grade表

图 2.11　student 表、course 表和 grade 表

【例 2.3】　对 course 表所示的关系选择学时为 56 的课程元组,则可以有如下表达式

$$\sigma_{学时 = 56}(course)$$

结果见表 2.5。

表 2.5　例 2.3 选择运算结果

| 课程号 | 课程名 | 学时 | 学分 | 课程性质 |
|---|---|---|---|---|
| 0312020022 | 数据库管理系统 | 56 | 3.5 | 必修 |
| 0312020352 | 管理信息系统 | 56 | 3.5 | 必修 |
| 0208093092 | 数据结构 | 56 | 3.5 | 实践 |

【例 2.4】　查询信息工程学院学生的信息,有如下表达式

$$\sigma_{学院 = '信息工程学院'}(student)$$

结果如图 2.12 所示。

| | 学号 | 姓名 | 性别 | 出生日期 | 学院 | 党员否 | 备注 | 照片 |
|---|---|---|---|---|---|---|---|---|
| 1 | 2015023112 | 王静 | 女 | 1995-05-01 | 信息工程学院 | 1 | 获奖情况:2016年获得国家励志奖学金 | NULL |
| 2 | 2015023223 | 周家伟 | 男 | 1996-02-14 | 信息工程学院 | 0 | 喜欢喝100%纯牛奶 | NULL |
| 3 | 2016024226 | 张豪 | 男 | 1997-09-12 | 信息工程学院 | 1 | 喜欢喝100%纯牛奶 | NULL |

图 2.12　例 2.4 选择运算结果

【例 2.5】　查询信息工程学院的女同学的信息,表达式为

$$\sigma_{学院 = '信息工程学院' \wedge 性别 = '女'}(student)$$

结果如图 2.13 所示。

| | 学号 | 姓名 | 性别 | 出生日期 | 学院 | 党员否 | 备注 | 照片 |
|---|---|---|---|---|---|---|---|---|
| 1 | 2015023112 | 王静 | 女 | 1995-05-01 | 信息工程学院 | 1 | 获奖情况:2016年获得国家励志奖学金 | NULL |

图 2.13　例 2.5 运算结果

2）投影运算

关系 $R$ 上的投影是从 $R$ 中选择出若干属性列组成新的关系。记作

$$\pi_A(R) = \{r,A \mid r \in R\}$$

或者

$$\pi_A(R) = \{r[A] \mid r \in R\}$$

其中，$R$ 是关系名，$r,A$（或 $r[A]$）表示 $r$ 这个元组中相应于属性 $A$ 的一个分量，$\pi$ 是投影运算符，$A$ 是被投影的属性或属性集。

投影之后不仅取消了原关系中的某些列，而且还可能取消某些元组，因为取消了某些属性列后，就可能出现重复行，应取消这些完全相同的行。

投影是从列的角度进行的运算，其关系模式所包含的字段个数比原关系少，或者属性的排列顺序不同。

【例2.6】 对关系 student 选择学号、姓名、性别 3 个字段进行投影操作，则可以表示为

$$\pi_{\text{学号,姓名}}(\text{student}) \text{ 或 } \pi_{1,2}(\text{student})$$

结果如图 2.14 所示。

3）连接

连接运算用来连接相互之间有联系的两个关系，被连接的两个关系通常是具有一对多联系的父子关系。所以连接过程一般是由参照关系的外部关键字和被参照关系的主关键字来控制的，这样的属性通常也称为连接属性。

连接是关系的横向结合，连接运算将两个关系模式拼接成一个更宽的关系模式，生成的新关系中包含满足连接条件的元组。连接过程是通过连接条件来控制的，连接条件中将出现两个关系中的公共属性名，或者具有相同语义的字段。连接结果是满足条件的所有记录。

选择和投影运算的操作对象只是一个表，连接运算需要两个表作为操作对象。如果需要连接两个以上的表，应当进行两两连接。

| | 学号 | 姓名 |
|---|---|---|
| 1 | 2015023112 | 王静 |
| 2 | 2015023223 | 周家伟 |
| 3 | 2016024226 | 张豪 |
| 4 | 2016013118 | 张雨 |
| 5 | 2019051107 | 李泽东 |
| 6 | 2018011313 | 孙通 |
| 7 | 2018012312 | 刘海龙 |
| 8 | 2016063322 | 孙琦 |
| 9 | 2018033311 | 朱贝贝 |
| 10 | 2017121337 | 周洋 |
| 11 | 2017064214 | 钱珊珊 |
| 12 | 2019041122 | 王维维 |
| 13 | 2017041311 | 封伟 |
| 14 | 2014038219 | 邓莉莉 |
| 15 | 2016112109 | 周怡 |

图 2.14 投影运算结果

一般的连接运算也称 θ 连接，θ 是比较运算符，它是从两个关系 $R$ 和 $S$ 的笛卡尔积中选取属性值满足一定条件的元组，形成一个新的关系，θ 连接一般表示为

$$R \underset{A\theta B}{\bowtie} S = \sigma_{A\theta B}(R \times S)$$

其中，θ 是比较运算符。$A$ 和 $B$，分别为 $R$ 和 $S$ 上度数相等且可比的属性组。连接运算是从关系 $R$ 和 $S$ 的笛卡尔积（$R \times S$）中选取（$R$ 关系）在 $A$ 属性组上的值与（$S$ 关系）在 $B$ 属性组上的值满足比较关系 θ 的元组。

根据 θ 条件不同，连接运算又分为多种类型，这里只讨论常用的连接运算有：等值连接、自然连接。在连接运算中，按照字段值对应相等为条件进行的连接操作称为等值连

接。自然连接是指去掉重复属性的等值连接。自然连接是最常见的连接运算。

（1）等值连接

θ 为"="的连接运算称为等值连接。它是从关系 $R$ 与 $S$ 的笛卡尔积中选取 $A$、$B$ 属性值相等的那些元组。等值连接为：

$$R \underset{A=B}{\bowtie} S = \{ \widehat{t_r t_s} \mid t_r \in R \wedge t_s \in S \wedge t_r[A] = t_s[B] \}$$

（2）自然连接

若 $A$、$B$ 是相同的属性组，就可以在结果中把重复的属性去掉。这种去掉了重复属性的等值连接称为自然连接。自然连接可记作：

$$R \bowtie S = \{ \widehat{t_r t_s} \mid t_r \in R \wedge t_s \in S \wedge t_r[B] = t_s[B] \}$$

【例 2.7】 在学生成绩数据库中，要查询王静所选课程的课程名及所对应的成绩。

首先要把 student 表和 grade 表连接起来，连接条件必须指明两个表中的学号对应相等，且姓名为王静，然后再对连接的结果按照课程号与 course 表中的课程号相等的条件进行连接，最后对课程名、成绩等字段进行投影，连接结果如图 2.15 所示。

| | 姓名 | 课程名 | 成绩 |
|---|---|---|---|
| 1 | 王静 | 管理信息系统 | 88.00 |
| 2 | 王静 | 数据库管理系统 | 95.00 |

**图 2.15 关系的连接运算**

4）除运算

给定关系 $R(X,Y)$ 和 $S(Y,Z)$，其中 $X$、$Y$、$Z$ 为属性组。$R$ 中的 $Y$ 与 $S$ 中的 $Y$ 可以有不同的属性名，但必须出自相同的域集。$R$ 与 $S$ 的除运算得到一个新的关系 $P(X)$，$P$ 是 $R$ 中满足下列条件的元组在 $X$ 属性列上的投影：元组在 $X$ 上的分量值 $x$ 的象集 $Y_x$ 包含 $S$ 在 $Y$ 上投影的集合。记作

$$R \div S = \{ t_r[X] \mid t_r \in R \wedge Y_x \supseteq \pi_Y(S) \}$$

其中的 $Y_x$ 为 $x$ 在 $R$ 中的象集，$x = t_r[X]$。

除运算是同时从行和列的角度进行的运算。

【例 2.8】 关系 $R$，$S$ 如图 2.16 所示，求 $R \div S$。

解：

在关系 $R$ 中，$A$ 可取值 $\{a, b, c\}$

$a$ 的象集为 $\{(d,l),(e,m),(e,k)\}$

$b$ 的象集为 $\{(f,p),(e,m)\}$

$c$ 的象集为 $\{(g,n)\}$

$S$ 在 $R$ 上的投影为 $\{(d,l),(e,k),(e,m)\}$

可以看出，只有 $a$ 的象集包含了 $S$ 在 $R$ 上的投影，所以

$R \div S = \{a\}$ 如图 2.16 所示。

*R*

| *A* | *B* | *C* |
|---|---|---|
| *a* | *d* | *l* |
| *b* | *f* | *p* |
| *a* | *e* | *m* |
| *c* | *g* | *n* |
| *a* | *e* | *k* |
| *b* | *e* | *m* |

*S*

| *B* | *C* | *D* |
|---|---|---|
| *d* | *l* | *u* |
| *e* | *k* | *v* |
| *e* | *m* | *u* |

*R*÷*S*

| *A* |
|---|
| *a* |

图 2.16 关系 *R*,*S* 及 *R*÷*S*

5)专门的关系运算举例

已知学生成绩数据库中有 3 个关系:

student(学号,姓名,性别,出生日期,学院,党员否,备注,照片)

course(课程号,课程名,学时,学分,课程性质)

grade(学号,课程号,成绩)

试完成下列关系运算。

【例 2.9】 检索选修课程号为 0312020352 的学生学号与成绩。

$$\pi_{\text{学号},\text{成绩}}(\sigma_{\text{课程号}='0312020352'}(\text{grade}))$$

【例 2.10】 检索选修课程号为 0312020352 的学生学号与姓名。

$$\pi_{\text{学号},\text{姓名}}(\sigma_{\text{课程号}='0312020352'}(\text{student} \bowtie \text{grade}))$$

【例 2.11】 求选修“管理信息系统”这门课程的学生姓名和所在学院。

$$\pi_{\text{姓名},\text{学院}}(\text{student} \bowtie \text{grade} \bowtie (\sigma_{\text{课程名}='\text{管理信息系统}'}(\text{course})))$$

【例 2.12】 检索选课课程号为 0312020352 或 0312020022 的学生学号和所在学院。

$$\pi_{\text{学号},\text{学院}}(\text{student} \bowtie \pi_{\text{学号}}(\sigma_{\text{课程号}='0312020352' \vee \text{课程号}='0312020022'}(\text{grade})))$$

【例 2.13】 检索既选修了 0312020352 号课程又选修了 0312020022 号课程的学生的学号。

$$\pi_{\text{学号}}(\sigma_{\text{课程号}='0312020352'}(\text{grade})) \cap \pi_{\text{学号}}(\sigma_{\text{课程号}='0312020022'}(\text{grade}))$$

【例 2.14】 求没有选修 0312020352 这门课程的学号。

$$\pi_{\text{学号}}(\text{student}) - \cap\ \pi_{\text{学号}}(\sigma_{\text{课程号}='0312020352'}(\text{grade}))$$

【例 2.15】 求选修全部课程的学生姓名。

$$\pi_{\text{姓名}}(\text{student} \bowtie (\pi_{\text{课程号},\text{学号}}(\text{grade}) \div \pi_{\text{课程号}}(\text{course})))$$

【例 2.16】 求至少选修了学号为 2015023112 这名学生所选课程的学生姓名。

$$\pi_{\text{姓名}}(\text{student} \bowtie (\pi_{\text{课程号},\text{学号}}(\text{grade}) \div \pi_{\text{课程号}}(\sigma_{\text{学号}='2015023112'}(\text{course}))))$$

## 2.5 E-R 模型到关系模型的转换

逻辑阶段设计的任务是将概念模型转换成具体的数据库管理系统 DBMS 所支持的数据模型,将用 E-R 图表示的实体、实体属性和实体联系转化为关系模式,如图 2.17

所示。

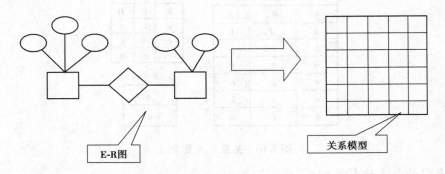

图 2.17　E-R 模型到关系模型的转化过程

转换规则：

①一个实体型转换为一个关系模式。

②一个 $m:n$ 联系转换为一个关系模式。实体的属性就是关系的属性，实体的码就是关系的码。

1）独立实体到关系模型的转化

一个独立实体（型）转换为一个关系模式，即一张关系表。实体码转换为关系表的关键属性，其他属性转换为关系表的属性；实体属性取值情况转换为决定关系属性的取值域。

【例 2.17】　对于图 2.18 所示的学生实体，请使用关系模式描述其转化为的关系。图中下画线标注的属性表示关键字。

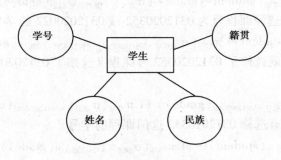

图 2.18　学生实体的 E-R 图

转换为：

学生（学号，姓名，民族，籍贯）

2）联系的转化

如果联系具有属性，则转换时联系名作为关系名，发生联系的实体的主关键字作为联系的主关键字。如果联系不具有属性，则不带有属性的联系可以去掉。

（1）1∶1联系到关系模型的转化

一个 1∶1 联系可以转换为一个独立的关系模式，也可以与任意一端对应的关系模式合并。

①转换为一个独立的关系模式。

关系的属性：与该联系相连的各实体的码以及联系本身的属性。

关系的候选码：每个实体的码均是该关系的候选码。

②与某一端对应的关系模式合并。

合并后关系的属性：加入对应关系的码和联系本身的属性。合并后关系的码不变。

【例2.18】 如图2.19所示E-R图中，存在2个实体集。一是"经理"实体集，属性有姓名、民族、出生日期、住址、电话等；二是"公司"实体集，属性有名称、注册地、电话、类型等；一个公司只能有一名经理，一名经理只能在一个公司任职。请将所示E-R图转换成关系模式，并指出主码。对图2.19的E-R模型转化为关系模型。

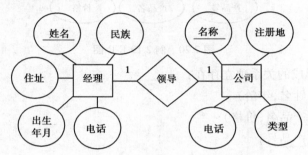

图2.19 例2.18 E-R图

可以转换为：

方案1：

经理(姓名，民族，住址，出生年月，电话，公司名称)

公司(名称，注册地，类型，电话)

方案2：

经理(姓名，民族，住址，出生年月，电话)

公司(名称，注册地，类型，电话，经理姓名)

方案3：

经理(姓名，民族，住址，出生年月，电话)

公司(名称，注册地，类型，电话)

领导(姓名，名称)

方案1与方案2是在"经理"和"公司"两个关系中，各自增加了对方的关键字作为外部关键字。方案3是将1∶1联系转换为一个独立的关系模式。

【例2.19】 如图2.20所示E-R图中，存在2个实体集。一是"职工"实体集，属性有职工号、姓名、年龄等；二是"产品"实体集，属性有产品号、产品名、价格等；一名职工只能负责一件产品，一件产品只能由一个职工负责。请将所示E-R图转换成关系模式，并指出主码。

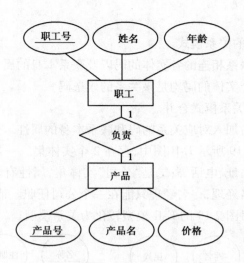

图 2.20  例 2.19 E-R 图

方案 1:联系形成的关系独立存在:

职工(职工号,姓名,年龄)

产品(产品号,产品名,价格)

负责(职工号,产品号)

方案 2:"负责"与"职工"两关系合并:

职工(职工号,姓名,年龄,产品号)

产品(产品号,产品名,价格)

方案 3:"负责"与"产品"两关系合并:

职工(职工号,姓名,年龄)

产品(产品号,产品名,价格,职工号)

(2)1:$n$ 联系到关系模型的转化

一个1:$n$ 联系可以转换为一个独立的关系模式,也可以与 $n$ 端对应的关系模式合并。

①转换为一个独立的关系模式。

关系的属性:与该联系相连的各实体的码以及联系本身的属性。

关系的码:$n$ 端实体的码。

②与 $n$ 端对应的关系模式合并。

合并后关系的属性:在 $n$ 端关系中加入 1 端关系的码和联系本身的属性。

合并后关系的码:不变。

【例 2.20】 如图 2.21 所示 E-R 图中,存在 2 个实体集。一是"仓库"实体集,属性有仓库号、地点、面积等;二是"产品"实体集,属性有产品号、产品名、价格等;一间仓库可以存储多件产品,一件产品只能存储在一个仓库,仓库存储产品需要产品数量。请将 E-R 图转换成关系模式,并指出主码。

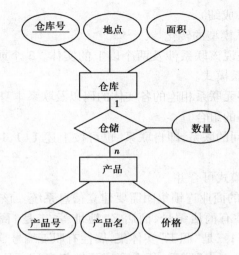

图 2.21　例 2.20 E-R 图

方案 1:联系形成的关系独立存在。

仓库(<u>仓库号</u>,地点,面积)

产品(<u>产品号</u>,产品名,价格)

仓储(<u>仓库号</u>,<u>产品号</u>,数量)

方案 2:联系形成的关系与 $n$ 端对象合并。

仓库(<u>仓库号</u>,地点,面积)

产品(<u>产品号</u>,产品名,价格,仓库号,数量)

(3) $m:n$ 联系到关系模型的转化

一个 $m:n$ 联系要单独建立一个关系模式,分别用两个实体的关键字作为外部关键字。

【例 2.21】　如图 2.22 所示 E-R 图中,存在 2 个实体集。一是"学生"实体集,属性有学号、姓名、年龄等;二是"课程"实体集,属性有课程号、课程名、学时数等;学生与课程两个实体间存在"学习"联系,每个学生可选修多门课程,每门课程也可以被多门学生选修,学生选修课程获得成绩。请将 E-R 图转换成关系模式,并指出主码。

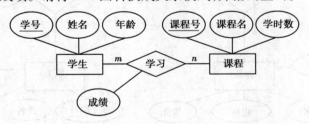

图 2.22　例 2.21 E-R 图

转换为:

学生(<u>学号</u>,姓名,年龄)

课程(<u>课程号</u>,课程名,学时数)

学习(<u>学号</u>,<u>课程号</u>,成绩)

（4）多元联系到关系模型的转化

所谓多元联系,即是说该联系涉及两个以上的实体。3 个或 3 个以上实体间的一个多元联系转换为一个关系模式。

关系的属性:与该多元联系相连的各实体的码以及联系本身的属性。

关系的码:各实体码的组合。

同一实体集的实体间的联系,即自联系,也可按上述 $1:1$、$1:n$ 和 $m:n$ 3 种情况分别处理。

具有相同码的关系模式可合并。

【例 2.22】 上海可的商业连锁集团需要建立信息系统。该系统中存在 3 个实体集,一是"商店"实体集,属性有商店编号、商店名、地址等;二是"商品"实体集,属性有商品号、商品名、规格、单价等;三是"职工"实体集,属性有职工编号、姓名、性别、业绩等。

商店与商品间存在"销售"联系,每个商店可销售多种商品,每种商品也可以放在多个商店销售,每个商店销售的一种商品有月销售量;商店与职工之间存在"聘用"联系,每个商店有许多职工,每个职工只能在一个商店工作,商店聘用职工有聘期和工资。

①试画出 E-R 图。

②将该 E-R 图转换成关系模式,并指出主码。

解:

①E-R 图如图 2.23 所示。

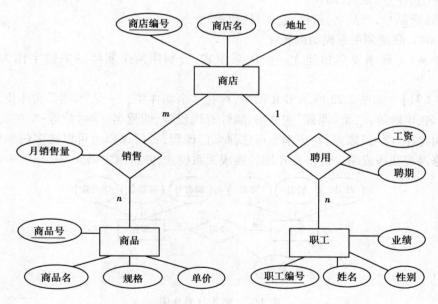

图 2.23　例 2.22 E-R 图

②转换为以下 4 个关系模式:

商店(<u>商店编号</u>,商店名,地址)

职工(<u>职工编号</u>,姓名,性别,业绩,商店编号,聘期,工资)
商品(<u>商品号</u>,商品名,规格,单价)
销售(<u>商店编号,商品号</u>,月销售量)

# 本章小结

1.关系的基本概念及关系术语。

2.关系模型的数据结构。

3.关系的完整性包括实体完整性、参照完整性与用户自定义完整性。

4.关系运算,包括传统的集合运算以及专门的关系运算。

5.E-R模型到关系模式的转换。

# 习题2

## 一、选择题

1.关系模型支持的3种专门运算不包括(　　)。

　A.连接　　　　　　　B.比较　　　　　　　C.选择　　　　　　　D.投影

2.关系模型中,一个关键字是(　　)。

　A.可由多个任意属性组成

　B.至多由一个属性组成

　C.可由一个或多个其值能唯一标识该关系模式中任何元组的属性组成

　D.以上都不是

3.下面关于实体完整性的叙述正确的是(　　)。

　A.实体完整性由用户来维护　　　　　B.关系的主键可以有重复值

　C.主键不能取空值　　　　　　　　　D.空值即空字符串

4.在关系数据库中,用来表示实体之间联系的(　　)。

　A.树结构　　　　　　B.网结构　　　　　　C.线性表　　　　　　D.二维表

5.下列关系运算中,能使经运算后得到的新关系中的属性个数多于原来关系中的属性个数的是(　　)。

　A.选择　　　　　　　B.投影　　　　　　　C.连接　　　　　　　D.并

## 二、填空题

1.用二维表数据来表示实体及实体之间联系的数据模型称为_____模型。

2.一个关系对应一张二维表,二维表中的列称为关系的_____,二维表中的行称为关系的_____。

3.关系中的某个属性组,被用来唯一标识一个元组,这个属性组称为_____。

4.在连接运算中,_____连接是去掉重复属性的等值连接。

5.在关系数据库的基本操作中,从表中取出满足条件元组的操作称为_____,从表中抽取属性值满足条件的列的操作称为_____。

6.数据完整性包括域完整性、_____完整性和实体完整性。

7.关系模型就是_____,它是建立在严格的数学概念基础上的。

8.3 种专门的关系运算是_____、_____和_____。

### 三、简答题

1.试述关系模型的特点及其 3 个组成部分。

2.定义并解释下列术语,说明它们之间的联系和区别:

①域、笛卡尔积、关系、元组、属性。

②候选码、主码、外码。

③关系模式、关系、关系数据库。

3.根据给定的关系模式进行查询。

设有学生-课程关系数据库,它由 3 个关系组成,它们的模式是:学生 S(学号 S#,姓名 SN,所在系 SD,年龄 SA)、课程 C(课程号 C#,课程名 CN,选修课号 PC#)、SC(学号 S#,课程号 C#,成绩 G)。请用关系代数分别写出下列查询:

①检索学生年龄大于等于 20 岁的学生姓名。

②检索选修课号为 C2 的课程号。

③检索课程号 C1 的成绩为 90 分以上的所有学生姓名。

④检索 001 号学生修读的所有课程名及选修课号。

⑤检索年龄为 19 岁的学生所选修的课程名。

4.建立一个关于学院、学生、班级、学生社团等信息的关系数据库。其描述如下:

学生的属性有:学号、姓名、出生年月、班号和宿舍号

班级的属性有:班号、班长、专业名和人数

学院的属性有:学院编号、学院名称和办公地点

学生社团的属性有:社团名称、成立年份和地点

有关语义如下:一个学院有若干个班,每个班有若干学生。每个学生可参加若干社团,每个社团有若干学生。学生参加某社团有一个入会年份。先画出 E-R 模型,并将这个 E-R 模型转换成关系数据模型,要求标注主关键字和外部关键字。

# 第 3 章　关系数据库规范化理论

一般情况下,按照将 E-R 模型转化为关系模式的理论方法进行数据库模式设计是不会出现太大的问题,那么关系数据库设计理论也可以验证或者解释转化原理的必要性和有效性。错误的或者不合理的关系模式必然会在数据库进行增、删、改、查操作时,发生种种异常。范式及范式之间的关系是关系模式进行规约和转化的理论基础。

设计一个合适的关系数据库系统的关键是关系数据库模式的设计,即应构造几个关系模式,每个模式有哪些属性,怎样将这些相互关联的关系模式组建成一个适合的关系模型,关系数据库的设计必须在关系数据库规范化理论的指导下进行。

关系数据库的规范化理论主要包括 3 个方面的内容:

①函数依赖;

②范式(Normal Form);

③模式设计。

其中,函数依赖起着核心的作用,是模式分解和模式设计的基础,范式是模式分解的标准。

一个好的关系模式不会发生插入异常、删除异常和更新异常,数据冗余尽量要少。

## 3.1　规范化问题的提出

客观世界的实体间存在着复杂的联系,一方面实体和实体间存在一定的联系,另一方面实体的内部各属性之间也存在联系。一个关系内部属性与属性间的约束关系(主要是通过属性间值的相等与否体现出来的),称为数据依赖。数据依赖有多种类型,其中最重要的是函数依赖和多值依赖。

设有函数关系如下:

$$Y = f(X)$$

$X$ 与 $Y$ 之间存在对应关系,也即给定一个 $X$ 值,就会有一个 $Y$ 值与之对应。也可以说,$X$ 函数决定 $Y$,或 $Y$ 函数依赖于 $X$,或 $Y$ 是 $X$ 的函数。在关系数据库中讨论函数或函数依赖注重的是语义上的关系。

函数依赖极为普遍存在于现实生活中。例如:

$$省 = f(城市)$$

这里,"城市"是函数的自变量,只要给出一个"城市"值,就会有一个"省"值与它对应。例如,"南京市"在"江苏省",因此,可以说,"城市"函数决定"省",或者"省"函数依赖于"城市"。

在关系数据理论中,通常把 $X$ 函数决定 $Y$,或 $Y$ 函数依赖于 $X$ 表示如下:

$$X \rightarrow Y$$

根据以上叙述,函数依赖可以有一个直观的定义:如果有一个关系模式 $R(A_1, A_2, \cdots, A_n)$,$X$ 和 $Y$ 为 $(A_1, A_2, \cdots, A_n)$ 的子集,则对于关系 $R$ 中的任意一个 $X$ 值,都只有一个 $Y$ 值与之对应,则称 $X$ 函数决定 $Y$,或 $Y$ 函数依赖于 $X$。

例如,有一个学生关系 student(sno, sname, sdept),其中 sno, sname, sdept 分别代表学号,姓名和所在的系。当学号值确定之后,姓名和该生所在系如果能唯一确定,我们称 sno 函数决定 sname 和 sdept,或称 sname 和 sdept 函数依赖于 sno,记为:$F = \{sno \rightarrow sname, sno \rightarrow sdept\}$。

数据依赖是现实世界属性间相互联系的抽象,是数据的内在性质,是语义的体现。数据依赖是造成"不良"关系模式的根本原因。

【例 3.1】 设计一个学生课程数据库,要求一个系有多名学生,一个学生只属于一个系;一个系只有一名系主任;一个学生可以选修多门课程,每门课程有多个学生选修;每个学生学习每一门课程仅有一个成绩。

其关系模式 SDSC(Sno, Sname, Age, Dept, DeptHead, Cno, Grade)

其中 Sno, Sname, Age, Dept, DeptHead, Cno, Grade 分别代表学号,姓名,年龄,系名,系主任,课程号,成绩。

由现实世界的已知事实可知,这些数据有如下语义规定:

①一个学号只对应一个学生,一个系有若干学生,但一个学生只属于一个系;

②一个系只有一名系主任;

③一个学生可选修多门课程,每门课程有若干名学生选修,每个学生学习每一门课程都有一个成绩;

如果只考虑函数依赖这一种数据依赖,我们可得到属性组 U 上的一组函数依赖关系,如图 3.1 所示。

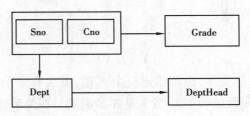

图 3.1 属性组 U 上的一组函数依赖

$F = \{Sno \rightarrow Sname, Sno \rightarrow Age, Sno \rightarrow Dept, Sdept \rightarrow DeptHead, (Sno, Cno) \rightarrow Grade\}$

关系模式 SDSC 在某一时刻的一个实例,即数据表,见表 3.1。

表 3.1 SDSC 表

| Sno | Sname | Age | Dept | DeptHead | Cno | Grade |
|---|---|---|---|---|---|---|
| 20180101 | 陈琛军 | 17 | 计算机 | 李小亮 | C1 | 90 |
| 20180101 | 陈琛军 | 17 | 计算机 | 李小亮 | C2 | 85 |
| 20180202 | 钱尔 | 18 | 信息 | 蒋秀英 | C5 | 58 |
| 20180202 | 钱尔 | 18 | 信息 | 蒋秀英 | C6 | 83 |
| 20180202 | 钱尔 | 18 | 信息 | 蒋秀英 | C7 | 70 |
| 20180202 | 钱尔 | 18 | 信息 | 蒋秀英 | C5 | 72 |
| 20170205 | 孙珊 | 19 | 信息 | 蒋秀英 | C1 | 0 |
| 20170205 | 孙珊 | 19 | 信息 | 蒋秀英 | C2 | 70 |
| 20170205 | 孙珊 | 19 | 信息 | 蒋秀英 | C4 | 88 |
| ⋮ | ⋮ | ⋮ | ⋮ | ⋮ | ⋮ | ⋮ |
| 20160305 | 韩小林 | 20 | 自动化 | 王丽娟 | C1 | 92 |

从上述语义规定和分析表中的数据可以看出,(Sno,Cno)能唯一标识一个元组,所以,(Sno,Cno)为该关系模式的主码,但在进行数据库操作时,会出现以下问题。

①数据冗余。当一个学生选修多门课程就会出现数据冗余,导致姓名、性别和课程名属性多次重复存储,系名和系主任姓名也多次重复。这将浪费大量的存储空间。

②插入异常。如果一个系刚成立,尚无学生,或者有了学生尚未安排课程,就无法把这个系及其系主任的信息存入数据库。

③删除异常。当某系学生全部毕业还未招生时,在删除该系学生信息的同时,系名和系主任姓名也被删除了,但这个系仍然存在,这就是删除异常。

④修改异常。如果某系更换系主任,则属于该系的记录都要修改 DeptHead 的内容,若有不慎,造成漏改或误改,造成数据的不一致性,破坏数据完整性。

由于存在上述问题,SDSC 不是一个好的关系模式。为了克服这些异常,将 SDSC 关系分解为:

学生关系 S(Sno,Sname,Age,Dept);Sno→Sname,Sno→Age,Sno→Dept

系关系 D(Dept,DeptHead);Dept→DeptHead

选课关系 SC(Sno,Cno,Grade);(Sno,Cno)→Grade

在以上三种关系模式中,实现了信息的某种程度的分离。

①S 中存储学生基本信息,与所选课程及系主任无关,见表 3.2。

②D 中存储系的有关信息,与学生无关,见表 3.3。

表 3.2　学生关系 S 表

| Sno | Sname | Age | Dept |
|---|---|---|---|
| 20180101 | 陈琛军 | 17 | 计算机 |
| 20180202 | 钱尔 | 18 | 信息 |
| 20170205 | 孙珊 | 19 | 信息 |
| ⋮ | ⋮ | ⋮ | ⋮ |
| 20160305 | 韩小林 | 20 | 自动化 |

表 3.3　系关系 D 表

| Dept | DeptHead |
|---|---|
| 计算机 | 李小亮 |
| 信息 | 蒋秀英 |
| 信息 | 蒋秀英 |
| ⋮ | ⋮ |
| 自动化 | 王丽娟 |

③SC 中存储学生选课的信息,而与该学生及系的有关信息无关,见表 3.4。

表 3.4　选课关系 SC 表

| Sno | Cno | Grade |
|---|---|---|
| 20180101 | C1 | 90 |
| 20180101 | C2 | 85 |
| 20180202 | C5 | 58 |
| 20180202 | C6 | 83 |
| 20180202 | C7 | 70 |
| 20180202 | C5 | 72 |
| 20170205 | C1 | 0 |
| 20170205 | C2 | 70 |
| 20170205 | C4 | 88 |
| ⋮ | ⋮ | ⋮ |
| 20160305 | C1 | 92 |

分解为三个关系模式后,数据的冗余度明显降低。

①当新插入一个系时,只要在关系 D 中添加一条记录。

②当某个学生尚未选课,只要在关系 S 中添加一条学生记录,而与选课关系无关,这就避免了插入异常。

③当一个系的学生全部毕业时,只需在 S 中删除该系的全部学生记录,而关系 D 中有关该系的信息仍然保留,从而不会引起删除异常。

同时,由于数据冗余度的降低,数据没有重复存储,也不会引起更新异常。经过上述分析,可以说分解后的关系模式是一个好的关系数据库模式。从而得出结论,一个好的关系模式应该具备以下 4 个条件：

①尽可能少的数据冗余。

②没有插入异常。

③没有删除异常。

④没有更新异常。

但要注意，一个好的关系模式并不是在任何情况下都是最优的。比如查询某个学生选修课程名及所在系的系主任时，要通过连接，而连接所需要的系统开销非常大，因此要以实际设计的目标出发进行设计，如何按照一定的规范设计关系模式，将结构复杂的关系分解成结构简单的关系，从而把不好的关系数据库模式转变成好的关系数据库模式，这就是关系的规范化。

## 3.2 函数依赖

函数依赖是关系数据库规范化理论的基础。函数依赖（Functional Dependency）是关系模式中属性之间的一种逻辑依赖关系。一个实体型的诸属性之间具有内在的联系。通过对这些联系的分析，可以做到一个关系模式只表示一个实体型的信息，从而消除上述问题。在关系模型中，实体类型属性间的这种相互依赖又相互制约的关系称为数据依赖。

数据依赖是通过关系中属性间值的相等与否体现出来的数据间的相互关系，它是现实世界属性间相互联系的抽象，是数据内在的性质，是语义的体现。其中最重要的是函数依赖。

1）函数依赖的概念

【定义 3.1】 设 $R = R(A_1, A_2, \cdots, A_n)$ 是一个关系模式（$A_1, A_2, \cdots, A_n$ 是 $R$ 的属性），$X \in \{A_1, A_2, \cdots, A_n\}$，$Y \in \{A_1, A_2, \cdots, A_n\}$，即 $X$ 和 $Y$ 是 $R$ 的属性子集，$T_1$、$T_2$ 是 $R$ 的两个任意元组，即 $T_1 = T_1(A_1, A_2, \cdots, A_n)$，$T_2 = T_2(A_1, A_2, \cdots, A_n)$，如果当 $T_1(X) = T_2(X)$ 成立时，总有 $T_1(Y) = T_2(Y)$，则称 $X$ 决定 $Y$，或称 $Y$ 函数依赖于 $X$，记作：$X \rightarrow Y$。称 $X$ 为决定因素，$Y$ 为依赖因素。若 $Y$ 不函数依赖于 $X$，则作为 $X \nrightarrow Y$。若 $X \rightarrow Y$，$Y \rightarrow X$，则记作 $X \leftrightarrow Y$。

函数依赖反映了同一关系中属性间存在映射关系，即给定关系 $R$ 中的属性 $X$ 就可以通过查询 $R$ 关系表而确定属性 $Y$。

函数依赖是指 $R$ 的所有关系实例都要满足的约束条件，不是针对某个或某些关系实例满足的约束条件。函数依赖和别的数据之间的依赖关系一样，是语义范畴的概念，人们只能根据数据的语义来确定函数依赖。

例如，例 3.1 中关系模式 SDSC（Sno, Sname, Age, Dept, DeptHead, Cno, Grade），有

U = {Sno, Sname, Age, Dept, DeptHead, Cno, Grade}

如果只考虑函数依赖这一种数据依赖，我们可得到属性组 U 上的一组函数依赖关系，如图 3.1 所示。

F = { Sno→Sname, Sno→Age, Sno→Dept, Sdept→DeptHead, (Sno, Cno)→Grade}

在学生关系 S（Sno, Sname, Age, Dept）中，Sno 学号是不允许重复的，如果学号相同

的两个学生元组在其他属性上的取值肯定相同,可以推出{学号}→{姓名},{学号}→{性别},{学号}→{系名}。

属性间的这种函数依赖关系跟语义有关,它属于语义范畴的概念。

如果不允许出现重名的学生元组,则可以有{姓名}→{学号},进而{学号}↔{姓名}。

如果属性集是由单个属性构成的,标志集合的大括号"{"和"}"可以省略,如"{学号}→{姓名}"可以写成"学号→姓名"。

注意,在实际数据库开发中,可以从用户提供的需求说明中或是从基本常识中获取函数依赖关系,例如,上述"学号→姓名"就是一个基本常识。

2)平凡的函数依赖和非平凡的函数依赖

【定义3.2】 设$R(U)$是属性集$U$上的一个关系模式,$X$和$Y$为属性集合$U$的子集,如果$X→Y$,且$Y$是$X$的子集,则称$X→Y$为一个平凡函数依赖(必然成立);如果$Y$不是$X$的子集,则称$X→Y$为一个非平凡函数依赖。

例如,在选课关系SC(Sno, Cno, Grade)中,(Sno, Cno)→Sno,(Sno, Cno)→Cno都是平凡函数依赖。(Sno, Cno)→Grade是非平凡函数依赖。由于平凡函数依赖没有实际意义,一般不予以讨论,在默认情况下提到的函数依赖均指非平凡函数依赖。

3)完全函数依赖与部分函数依赖

【定义3.3】 设$R(U)$是属性集$U$上的关系模式,$X,Y$是$U$的子集。如果$X→Y$,并且对于任何$X$的一个真子集$X_1$,都有$X_1 \nrightarrow Y$,则$Y$对$X$的函数依赖是完全的,称$Y$对$X$完全函数依赖,记作$X \xrightarrow{f} Y$。如果对$X$某个真子集$X_1$,有$X_1 → Y$,则称$Y$对$X$是部分函数依赖,记作$X \xrightarrow{P} Y$。

例如,关系模式SDSC中,因为Sno $\nrightarrow$ Grade,Cno $\nrightarrow$ Grade,所以,(Sno, Cno) $\xrightarrow{f}$ Grade。因为Sno→Age,所以,(Sno, Cno) $\xrightarrow{P}$ Age。

4)传递函数依赖

【定义3.4】 设$R(U)$是一个关系模式,$X,Y,Z$是$U$的子集,如果$X→Y(Y \nsubseteq X)$,$Y \nrightarrow X$,但$Y→Z$,则称$Z$传递函数依赖于$X$,记为$X \xrightarrow{t} Z$。

例如,关系模式SDSC中,Sno→Dept, Dept $\nrightarrow$ Sno, Dept→DeptHead,则有 Sno $\xrightarrow{t}$ DeptHead。

5)关系模式中的码

【定义3.5】 设$K$为$R(U, F)$中的属性或属性组,若$K \xrightarrow{f} U$,则$K$为$R$的候选码(或候选键或候选关键字,Candidate Key)。若有多个候选码,则选定其中的一个作为主码(或称主键,Primary Key)。

如果有多个候选码,则它们的地位是平等的,任何一个都可以被设置为主码。在应用中,一般是根据实际需要来将某一个候选码设置为主码。

包含在任何一个候选码中的属性称为主属性(Prime Attribute)。不包含在任何候选码中的属性称为非主属性(Nonprime Attribute)。最简单的情况,单个属性是码。最极端的情况,整个属性组是码,称为全码(All-Key)。

例如,在关系模式 Student(学号,姓名,性别,……)中学号是码,而在关系模式 grade(学号,课程号,成绩)中属性组合(学号,课程号)是码。

每个关系模式的候选码具有以下两个特性:

①唯一性。在关系模式 $R(U)$ 中,设 $K$ 为关系模式 $R$ 的候选码,对于关系模式 $R$ 对应的任何一个关系 $r$,任何时候都不存在候选码属性值相同的两个元组,即每一个元组对应的候选码的值在关系 $r$ 中都是唯一的。

②最小特性。在关系模式 $R(U)$ 中,设 $K$ 为关系模式 $R$ 的候选码,$X$ 为 $R$ 的属性。若 $X \subset K$,则 $X$ 不会是候选码。即候选码中不包含任何多余的属性。也就是从候选码中去掉任意一个属性后都不再是候选码。

通常在关系模式中,在主码对应的属性名下加下画线,例如,student(学号,姓名,性别,出生日期,党员否,备注,照片)。

在关系模式 $R$ 中属性或属性组 $X$ 并非 $R$ 的主码,但 $X$ 是另一个关系模式 $S$ 的主码,则称 $X$ 是 $R$ 的外码。

例如,关系模式 grade(学号,课程号,成绩)中,学号不是该关系模式的主码(只是主码的一部分),但学号是关系模式 student(学号,姓名,性别,出生日期,班级,党员否,备注,照片)的主码,则学号是关系模式 grade 的外码。

## 3.3　范式与关系模式的规范化

规范化的基本思想是消除关系模式中的数据冗余,消除数据依赖中的不合适的部分,解决数据插入、删除时发生异常现象。这就要求关系数据库设计出来的关系模式要满足一定的条件。我们把关系数据库的规范化过程中为不同程度的规范化要求设立的不同标准称为范式(Normal Form)。

由于规范化的程度不同,就产生了不同的范式。满足最基本规范化要求的关系模式叫第一范式,在第一范式中进一步满足一些要求为第二范式,以此类推就产生了第三范式等概念。每种范式都规定了一些限制约束条件。

范式的概念最早由 Codd 提出。从 1971 年起,Codd 相继提出了关系的三级规范化形式,即第一范式(1NF)、第二范式(2NF)、第三范式(3NF)。1974 年,Codd 和 Boyce 共同提出了一个新的范式的概念,即 Boyce-Codd 范式,简称 BC 范式。1976 年,Fagin 提出了第四范式,后来又定义了第五范式。

高等级范式是在低等级范式的基础上增加一些约束条件而形成的,等级越高,范式的约束条件就越多,要求就越严格。如图 3.2 所示,各种范式之间的包含关系可以描述如下:

$$5NF \subset 4NF \subset BCNF \subset 3NF \subset 2NF \subset 1NF$$

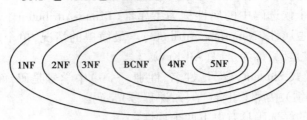

图 3.2  各范式之间的关系

通过模式分解,可以将一个低级别的范式转化为若干个高一级的范式,而这种转化过程称为关系规范化。

### 3.3.1  第一范式(1NF)

【定义 3.6】  在一个关系模式 $R(U)$ 中,如果 $R(U)$ 中的每一个属性都是不可再分的数据项,则称 $R(U)$ 属于第一范式 1NF,记作 $R(U) \in 1NF$。

第一范式是最基本的范式,在关系中每个属性都是不可再分的简单数据项。不满足 1NF 的数据库不是关系数据库。

表 3.5 所示的数据表对应的关系模式不属于第一范式,因为其中每个元组在"Score"课程成绩属性上的属性值都不是原子项,它们都可以再分,实际上它们都是由两个原子项复合而成的。为将其转化为第一范式,需要将复合项(非原子项)分解为原子项即可,结果见表 3.6。

表 3.5  非第一范式的学生表

| Sno | Sname | Age | Dept | DeptHead | Score | |
|---|---|---|---|---|---|---|
| | | | | | Cno | Grade |
| 20180101 | 陈琛军 | 17 | 计算机 | 李小亮 | C1 | 90 |
| 20180101 | 陈琛军 | 17 | 计算机 | 李小亮 | C2 | 85 |
| 20180202 | 钱尔 | 18 | 信息 | 蒋秀英 | C5 | 58 |
| 20180202 | 钱尔 | 18 | 信息 | 蒋秀英 | C6 | 83 |
| 20180202 | 钱尔 | 18 | 信息 | 蒋秀英 | C7 | 70 |
| 20180202 | 钱尔 | 18 | 信息 | 蒋秀英 | C5 | 72 |
| 20170205 | 孙珊 | 19 | 信息 | 蒋秀英 | C1 | 0 |
| 20170205 | 孙珊 | 19 | 信息 | 蒋秀英 | C2 | 70 |
| 20170205 | 孙珊 | 19 | 信息 | 蒋秀英 | C4 | 88 |
| ⋮ | ⋮ | ⋮ | ⋮ | ⋮ | ⋮ | ⋮ |
| 20160305 | 韩小林 | 20 | 自动化 | 王丽娟 | C1 | 92 |

表 3.6　第一范式的学生表

| Sno | Sname | Age | Dept | DeptHead | Cno | Grade |
|---|---|---|---|---|---|---|
| 20180101 | 陈琛军 | 17 | 计算机 | 李小亮 | C1 | 90 |
| 20180101 | 陈琛军 | 17 | 计算机 | 李小亮 | C2 | 85 |
| 20180202 | 钱尔 | 18 | 信息 | 蒋秀英 | C5 | 58 |
| 20180202 | 钱尔 | 18 | 信息 | 蒋秀英 | C6 | 83 |
| 20180202 | 钱尔 | 18 | 信息 | 蒋秀英 | C7 | 70 |
| 20180202 | 钱尔 | 18 | 信息 | 蒋秀英 | C5 | 72 |
| 20170205 | 孙珊 | 19 | 信息 | 蒋秀英 | C1 | 0 |
| 20170205 | 孙珊 | 19 | 信息 | 蒋秀英 | C2 | 70 |
| 20170205 | 孙珊 | 19 | 信息 | 蒋秀英 | C4 | 88 |
| ⋮ | ⋮ | ⋮ | ⋮ | ⋮ | ⋮ | ⋮ |
| 20160305 | 韩小林 | 20 | 自动化 | 王丽娟 | C1 | 92 |

1NF 要求数据表不能存在重复的记录,即存在一个关键字。1NF 的第二个要求是每个字段都不可再分,即已经分到最小。关系数据库的定义就决定了数据库满足这一条。

主关键字需要满足下列几个条件:

①主关键字在表中是唯一的。

②主关键字段不能存在空值。

③每条记录都必须有一个主关键字。

如果一个关系仅满足第一范式的要求还是不够的,还不是一个"好"的关系,可能会存在种种操作异常。如例 3.1 中的关系模式 SDSC 属于第一范式,但在对 SDSC 进行操作的过程中还会出现如前所述的几个问题,如数据冗余、插入异常、删除异常、修改异常等。

因此,人们在第一范式的基础上增加一些约束条件,从而得到第二范式。

## 3.3.2　第二范式(2NF)

【定义 3.7】　设 $R(U)$ 是一个关系模式,如果 $R(U) \in 1NF$ 且每个非主属性都完全函数依赖于任一候选码,则称 $R(U)$ 属于第二范式,记为 $R(U) \in 2NF$。

①第二范式是在第一范式的基础上,增加了条件"每个非主属性都完全函数依赖于任一候选码",它比第一范式具有更高的要求。

②如果一个关系模式的候选码都是由一个属性构成的,则该关系模式肯定属于第二范式,此时每个非主属性都显然完全函数依赖于任一候选码。

③如果一个关系模式的属性全是主属性,则该关系模式也肯定属于第二范式,此时不存在非主属性。

第二范式的规范化指将 1NF 关系模式通过投影分解,消除非主属性对候选码的部分函数依赖,转换成 2NF 关系模式的集合过程。

分解时遵循"一事一地"原则,即一个关系模式描述一个实体或实体间的联系,如果多于一个实体或联系,则进行投影分解。

在例 3.1 的关系模式 SDSC(Sno,Sname,Age,Dept,DeptHead,Cno,Grade)中,各属性含义为学号、姓名、年龄、系、系主任、课程名、成绩,(Sno,Cno)为该关系模式的候选码。

该模式属于第一范式,函数依赖关系如下。

$(Sno, Cno) \xrightarrow{f} Grade$

$Sno \rightarrow Sname, (Sno, Cno) \xrightarrow{p} Sname$

$Sno \rightarrow Age, (Sno, Cno) \xrightarrow{p} Age$

$Sno \rightarrow Dept, (Sno, Cno) \xrightarrow{p} Dept, Dept \rightarrow DeptHead$

$Sno \xrightarrow{t} DeptHead, (Sno, Cno) \xrightarrow{p} DeptHead$

以上函数依赖关系可用函数依赖图表示,如图 3.3 所示。

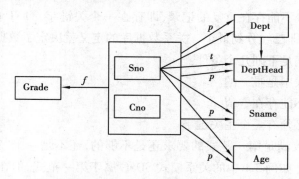

图 3.3　SDSC 中函数依赖图

可以看出,Sno,Cno 为主属性,Sname, Age, Dept, DeptHead, Grade 为非主属性,由于存在非主属性 Sname 对候选码(Sno, Cno)的部分依赖,所以,SDSC ∉ 2NF。

在 SDSC 中,既存在完全函数依赖,又存在部分函数依赖和传递函数依赖,导致数据冗余、插入异常、删除异常、修改异常等问题,这在数据库中是不允许的。

根据"一事一地"原则,将关系模式 SDSC 分解为两个关系模式:

SD(Sno, Sname, Age, Dept, DeptHead)

SC(Sno, Cno, Grade)

分解后的函数依赖图如图 3.4 和图 3.5 所示。

分解后的关系模式 SD 的候选码是 Sno,关系模式 SC 的候选码是(Sno,Cno),非主属

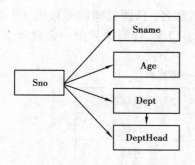

图 3.4　SD 中函数依赖图

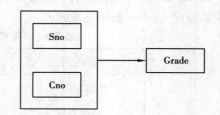

图 3.5　SC 中函数依赖图

性对候选码都是完全函数依赖的,从而消除了非主属性对候选码的部分函数依赖,所以,SD∈2NF,SC∈2NF,它们之间通过 SC 中的外键 Sno 相联系,需要时进行自然连接,恢复原来的关系,这种分解不会损失任何信息,具有无损连接性。

分解后的关系模式 SD 与 SC 见表 3.7 和表 3.8。

表 3.7　分解后的关系模式 SD

| Sno | Sname | Age | Dept | DeptHead |
|---|---|---|---|---|
| 20180101 | 陈琛军 | 17 | 计算机 | 李小亮 |
| 20180202 | 钱尔 | 18 | 信息 | 蒋秀英 |
| 20170205 | 孙珊 | 19 | 信息 | 蒋秀英 |
| ⋮ | ⋮ | ⋮ | ⋮ | ⋮ |
| 20160305 | 韩小林 | 20 | 自动化 | 王丽娟 |

表 3.8　分解后的关系模式 SC

| Sno | Cno | Grade |
|---|---|---|
| 20180101 | C1 | 90 |
| 20180101 | C2 | 85 |
| 20180202 | C5 | 58 |
| 20180202 | C6 | 83 |
| 20180202 | C7 | 70 |
| 20180202 | C5 | 72 |
| 20170205 | C1 | 0 |
| 20170205 | C2 | 70 |
| 20170205 | C4 | 88 |
| ⋮ | ⋮ | ⋮ |
| 20160305 | C1 | 92 |

【例3.2】 设有关系模式 teacher(课程名，任课教师名，任课教师职称)，表3.9为关系模式 teacher 的一张关系表。假设每名教师可以上多门课，每门课只由一名教师上，请问关系模式 teacher 属于几范式？

表 3.9  关系模式 teacher 的一个关系表

| 课程名 | 任课教师名 | 任课教师职称 |
|---|---|---|
| 数据库原理 | 王宁 | 教授 |
| 操作系统 | 李梦祥 | 讲师 |
| C 语言程序设计 | 黄思羽 | 副教授 |
| 软件工程 | 陈光耀 | 教授 |
| 计算机网络原理 | 王宁 | 教授 |
| 多媒体技术 | 李梦祥 | 讲师 |

关系模式 teacher 的候选码只有"课程名"，而"任课教师名"和"任课教师职称"都是非主属性。显然有函数依赖集{课程名→任课教师名，任课教师姓名→任课教师职称，课程名→任课教师职称}，即每个非主属性都完全依赖于候选码，故关系模式 teacher 属于 2NF。

例 3.2 中关系模式 teacher 属于 2NF，仍存在数据冗余和插入、删除操作异常。例如，若某任课教师上多门课，则需要在 teacher 表中存储多次该教师的职称信息(数据冗余)；对于一个新来的教师，如果其还没有排课，那么将无法输入该教师的信息，因为课程名作为主码不能为空(插入异常)；又如删除一个任课教师的所有任课记录，则找不到该任课教师姓名和职称信息了(删除异常)。导致这种数据冗余和操作异常的原因在于该关系模式中存在传递函数依赖。

### 3.3.3  第三范式（3NF）

【定义3.8】 设 $R(U)$ 是一个关系模式，如果 $R(U) \in 2NF$ 且每个非主属性都不传递函数依赖于任一候选码，则称 $R(U)$ 属于第三范式，记为 $R(U) \in 3NF$。

注意，如果一个关系模式的属性全是主属性，那么该关系模式肯定属于第三范式，因为该关系模式不存在非主属性。

第三范式具有以下性质。

①如果 $R \in 3NF$，则 $R$ 也是 2NF。

②如果 $R \in 2NF$，则 $R$ 不一定是 3NF。

2NF 的关系模式解决了 1NF 中存在的一些问题，但 2NF 的关系模式 SD 在进行数据操作时，仍然存在以下问题。

①数据冗余，每个系名和系主任名存储的次数等于该系的学生人数。

②插入异常,当一个新系没有招生时,有关该系的信息无法插入。

③删除异常,当某系学生全部毕业没有招生时,删除全部学生记录的同时也删除了该系的信息。

④修改异常,更换系主任时需要变动较多的学生记录。

存在以上问题,是因为在 SD 中存在非主属性对候选码的传递函数依赖,消除传递函数依赖就可转换为 3NF。

第三范式的规范化是指将 2NF 关系模式通过投影分解,消除非主属性对候选码的传递函数依赖,转换成 3NF 关系模式的集合过程。

例如,将例 3.1 中属于 2NF 的关系模式 SD(Sno,Sname,Age,Dept,DeptHead)分解为:

S(Sno,Sname,Age,Dept)

D(Dept,DeptHead)

分解后的函数依赖图如图 3.6 和图 3.7 所示。

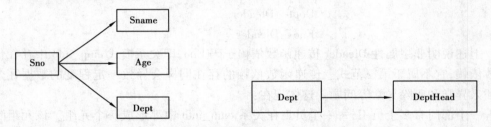

图 3.6  S 中函数依赖图          图 3.7  D 中函数依赖图

分解后的关系模式 S 的候选码是 Sno,关系模式 D 的候选码是 Dept,不存在传递函数依赖,所以,$S \in 3NF$,$D \in 3NF$。

关系模式 SD 由 2NF 分解为 3NF 后,函数依赖关系变得更简单,既无主属性对候选码的部分依赖,又无主属性对候选码的传递依赖,解决了 2NF 存在的 4 个问题。

3NF 的关系模式 S 和 D 的特点如下:

(1)降低了数据冗余度

系主任名存储的次数与该系的学生人数无关,只在关系 D 中存储一次。

(2)不存在插入异常

当一个新系没有招生时,该系的信息可直接插入关系 D 中,与学生关系 S 无关。

(3)不存在删除异常

删除全部学生记录仍然保留该系的信息,可以只删除学生关系 S 中的记录,不影响关系 D 中的数据。

(4)不存在修改异常

更换系主任时,只需修改关系 D 中一个相应元组的 DeptHead 属性值,不影响关系 S 中的数据。

【例 3.3】　假设有一个关于员工信息的关系模式：emp_info（Eno，Ename，Dept，Dleader）。其中，Eno 为员工编号，Ename 为员工姓名，Dept 为员工所在部门，Dleader 为部门领导。请说明该关系模式属于第几范式以及它存在的问题。

员工编号是唯一的，每个员工只属于一个部门，每个部门只有一个领导（这里假设领导不属于员工范畴，且不考虑纵向领导关系）。员工编号（Eno）为唯一的码，由此容易推出：

$$Eno \rightarrow Ename$$
$$Eno \rightarrow Dept$$
$$Eno \rightarrow Dleader$$

明显这些函数依赖都是完全函数依赖。这些函数依赖说明了所有非主属性都完全函数依赖于码 Eno，所以关系模式 emp_info 属于第二范式。但该关系模式还存在下列的函数依赖：

$$Eno \rightarrow Dept$$
$$Dept \rightarrow Dleader$$
$$Eno \rightarrow Dleader$$

上述说明非主属性 Dleader 传递函数依赖于码 Eno，即关系模式 emp_info 中存在传递函数依赖，它不属于第三范式。传递函数依赖的存在同样会导致一定程度的数据冗余以及插入异常和删除异常等问题。这体现在：

一个部门有多个员工，每一个员工在关系 emp_info 中都形成一个元组。该元组除了包含员工编号和姓名外，还包含所在部门和部门领导的信息。后两项信息会多次重复出现，重复的次数与部门的员工数相等，这是数据冗余的根源。数据冗余的存在导致数据维护成本增加。

当一个部门刚成立时，如果还没有招员工，那么将无法输入部门和部门领导的信息（主码 Eno 的输入值不能为 null），这就造成了插入异常。

出于某些原因，部门的员工可能全部辞职，或者暂时全部转到其他部门去时，需要将所有的员工信息全部删除，这时部门和部门领导的信息也将被删除，这就导致了删除异常。

为消除传递函数依赖，可以使用投影分解法将关系模式分解成相应的若干模式。

例如，根据存在的传递链"Eno→Dept→Dleader"，可以从节点"Dept"上将此传递链切开，形成以下两个模式：

$$emp\_info2（\underline{Eno}，Ename，Dept）$$
$$dept\_info2（\underline{Dept}，Dleader）$$

关系模式 emp_info2 的码为 Eno，dept_info2 的码为 Dept。

在消除传递函数依赖后得到的两个关系模式 emp_info2 和 dept_info2 都属于第三范式，它们中都不存在传递函数依赖。

可以在没有员工信息的前提下插入部门信息；可以删除所有的员工信息而不影响部门信息；数据冗余度也有所降低，从而也简化了其他的一些操作等。

属于 3NF 的关系模式主要是消除了非主属性对于候选的传递函数依赖和部分函数依赖,但并没有考虑主属性和候选码之间的依赖关系。它们之间存在的一些依赖关系也会引起数据冗余和操作异常等问题。人们提出了更高一级的范式——BC 范式。

### 3.3.4　BCNF 范式

【定义 3.9】　设 $R(U)$ 是一个关系模式且 $R(U) \in 1NF$,如果对于 $R(U)$ 中任意一个非平凡的函数依赖 $X \rightarrow Y$,并且 $Y \not\subseteq X$,$X$ 必含有候选码,则称 $R(U)$ 属于 BC 范式,记为 $R(U) \in BCNF$。

即若 $R$ 中的每一决定因素都包含码,则 $R \in BCNF$。若 $R \in BCNF$,按定义排除了任何属性对码的部分依赖和传递依赖,所以 $R \in 3NF$。但若 $R \in 3NF$,则 $R$ 未必属于 BCNF。

由 BCNF 的定义可以得到如下结论,一个满足 BCNF 的关系模式有:

①所有非主属性对每一个码都是完全函数依赖。

②所有主属性对每一个不包含它的码也是完全函数依赖。

③没有任何属性完全函数依赖于非码的任何一组属性。

BCNF 的规范化指将 3NF 关系模式通过投影分解转换成 BCNF 关系模式的集合。

【例 3.4】　BCNF 范式规范化举例。

设有关系模式 SCN(Sno, Sname, Cno, Grade),各属性含义为学号、姓名、课程号、成绩,并假定姓名不重名。

可以看出,SCN 有两个码(Sno, Cno) 和 (Sname, Cno),其函数依赖如下:

$$Sno \leftrightarrow Sname$$

$$(Sno, Cno) \xrightarrow{p} Sname$$

$$(Sname) \xrightarrow{p} Sno$$

唯一的非主属性 Grade 对码不存在部分依赖和传递依赖,所以 $SCN \in 3NF$。但是,由于 Sno↔Sname,即决定因素 Sno 或 Sname 不包含码,从另一个角度看,存在主属性对码的部分依赖 $(Sno, Cno) \xrightarrow{p} Sname$,$(Sname, Cno) \xrightarrow{p} Sno$,所以 $SCN \notin BCNF$。

根据分解的原则,将 SCN 分解为以下两个关系模式:

$$S(Sno, Sname)$$

$$SC(Sno, Cno, Grade)$$

S 和 SC 的函数依赖图如图 3.8 和图 3.9 所示。

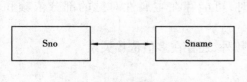

图 3.8　S 中函数依赖图

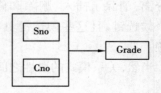

图 3.9　SC 中函数依赖图

对于 S,两个候选码为 Sno 和 Sname,对于 SC,主码为(Sno,Cno)。在上述两个关系模式中,主属性和非主属性都不存在对码的部分依赖和传递依赖,所以 S ∈ BCNF,SC ∈ BCNF。

关系 SCN 转换为 BCNF 后,数据冗余度明显降低,学生姓名只在关系 S 中存储一次,学生改名时,只需改动一条学生记录中相应 Sname 的值即可,不会发生修改异常。

在一个属于 3NF 的关系中,当仅有一个属性能够唯一标识每个元组时,则这个关系属于 BCNF,且该属性为唯一的候选码(也只能以它为主码)。

【例 3.5】 设有关系模式 STC(S, T, C),其中,S 表示学生,T 表示教师,C 表示课程,语义假设是每一位教师只教一门课,每门课有多名教师讲授,某一学生选定某一门课程,就对应一名确定的教师。

由语义假设,STC 的函数依赖是:

$(S, C) \xrightarrow{f} T, (S, T) \xrightarrow{p} C, T \xrightarrow{f} C$

其中,(S, C) 和 (S, T) 都是候选码。

函数依赖图如图 3.10 所示。

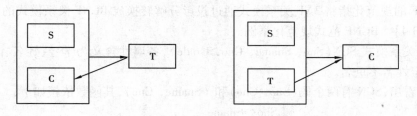

图 3.10 STC 中函数依赖图

由于 STC 没有任何非主属性对码的部分依赖和传递依赖(因为 STC 没有非主属性),所以 STC ∈ 3NF。但不是 BCNF,因为有 T→C,T 是决定因素,而 T 不包含候选码。

非 BCNF 关系模式分解为 ST(S, T) 和 TC(T, C),它们都是 BCNF。

如果一个关系模型中的关系模式都属于 BCNF,则称该关系模型满足 BCNF,称基于该关系模型的关系数据库满足 BCNF。

一个满足 BCNF 的关系数据库已经极大地减少数据的冗余,对所有关系模式实现了较为彻底地分解,消除了插入异常和删除异常,已经达到了基于函数依赖为测度的最高规范化程度。

一个关系数据库模式中的关系都属于 BCNF,则在函数依赖的范畴内,已实现了彻底的分离,消除了插入、删除和修改的异常。3NF 的"不彻底"性表现在当关系模式具有多个候选键,且这些候选键具有公共属性时,可能存在主属性对键的部分依赖和传递依赖。

当然,关系模式的属性之间除了函数依赖外,还存在多值依赖关系。

### 3.3.5 多值函数依赖

函数依赖表示的关系模式中属性间一对一或一对多的联系,不能表示属性间多对多的联系,本节讨论属性间多对多的联系即多值依赖问题。

为了说明多值依赖的概念,先看下面的例题。

【例3.6】 设一门课程可由多名教师讲授,他们使用相同的一套参考书,可用如图3.11所示的非规范关系 CTR 表示课程 C、教师 T 和参考书 R 间的关系。

| 课程 C | 教师 T | 参考书 R |
|---|---|---|
| 数据库原理与应用 | 刘俊松 | 数据库系统概念 |
| | 李智强 | 数据库系统概论 |
| | | SQL Server 数据库教程 |
| 数学 | 罗燕芬 | 数学分析 |
| | 陈诗雨 | 线性代数 |

**图 3.11 非规范关系 CTR**

转换成规范化的关系 CTR(C, T, R),如图 3.12 所示。

| 课程 C | 教师 T | 参考书 R |
|---|---|---|
| 数据库原理与应用 | 刘俊松 | 数据库系统概念 |
| 数据库原理与应用 | 刘俊松 | 数据库系统概论 |
| 数据库原理与应用 | 刘俊松 | SQL Server 数据库教程 |
| 数据库原理与应用 | 李智强 | 数据库系统概念 |
| 数据库原理与应用 | 李智强 | 数据库系统概论 |
| 数据库原理与应用 | 李智强 | SQL Server 数据库教程 |
| 数学 | 罗燕芬 | 数学分析 |
| 数学 | 罗燕芬 | 线性代数 |
| 数学 | 陈诗雨 | 数学分析 |
| 数学 | 陈诗雨 | 线性代数 |

**图 3.12 规范后关系 CTR**

关系模式 CTR(C, T, R)的码是(C, T, R),即全码,所以,CTR ∈ BCNF。但存在以下问题:

①数据冗余。课程、教师和参考书都被多次存储。

②插入异常。当某一门课程"数据库原理与应用"增加一名讲课教师"周丽"时,必须插入多个元组:(数据库原理与应用,周丽,数据库系统概念),(数据库原理与应用,周丽,数据库系统概论),(数据库原理与应用,周丽,SQL Server 数据库教程)。

③删除异常。当某一门课程"数学"要去掉一本参考书"数学分析"时,必须删除多个元组:(数学,罗燕芬,数学分析),(数学,陈诗雨,数学分析)。

分析上述关系模式,发现存在一种称之为多值依赖(Multi-Valued Dependency,MVD)的数据依赖。

【定义 3.10】 设 $R(U)$ 是属性集 $U$ 上的一个关系模式,$x$、$y$、$z$ 是 $U$ 的子集,且 $Z=U-x-y$。如果 $R$ 的任一关系 $r$,对于给定的 $(x,z)$ 上的每一对值,都存在一组 $y$ 值与之对应,且 $Y$ 的这组值仅仅决定于 $x$ 值而与 $z$ 的值不相关,则称 $y$ 多值依赖于 $x$,或 $x$ 多值决定 $y$,记为 $x\longrightarrow y$。

若 $x\longrightarrow y$,而 $z=\varnothing$,则称 $x\longrightarrow y$ 为平凡的多值依赖,否则称 $x\longrightarrow y$ 为非平凡的多值依赖。

在例 3.6 的关系模式 CTR(C,T,R)中,对于给定的(C,R)的一对值(数据库原理与应用,数据库系统概念),对应的一组 T 值为{刘俊松,李智强},这组值仅仅决定于 C 值。对于另一个(数据库原理与应用,SQL Server 数据库教程),对应的一组 T 值仍为{刘俊松,李智强},尽管此时参考书 R 的值已改变。所以,T 多值依赖于 C,记为 C$\longrightarrow$T。

### 3.3.6 第四范式(4NF)

【定义 3.11】 关系模式 $R(U,F)\in 1\text{NF}$,如果对于 $R$ 的每个非平凡多值依赖 $x\longrightarrow y(y\not\subseteq x)$,$x$ 都含有码,则称 $R(U,F)\in 4\text{NF}$。

由定义可知:

①根据定义,4NF 要求每一个非平凡的多值依赖 $x\longrightarrow y$,$x$ 都含有码,则必然是 $x\rightarrow y$,所以 4NF 允许的非平凡多值依赖实际上是函数依赖。

②一个关系模式是 4NF,则必是 BCNF。而一个关系模式是 BCNF,则不一定是 4NF。所以 4NF 是 BCNF 的推广。

例 3.6 的关系模式 CTR(C,T,R)是 BCNF,分解后产生 CTR1(C,T)和 CTR2(C,R),因为 C$\longrightarrow$T,C$\longrightarrow$R 都是平凡的多值依赖,已不存在非平凡的非函数依赖的多值依赖,所以 CTR1$\in$4NF,CTR2$\in$4NF。

函数依赖和多值依赖是两种最重要的数据依赖。如果只考虑函数依赖,则属于 BCNF 的关系模式规范化程度已达到最高;如果只考虑多值依赖,则属于 4NF 的关系模式规范化程度已达到最高。

总之,关系模式的规范化实际上就是通过模式分解将一个较低范式的关系模式转化为多个较高范式的关系模式的过程。

①从范式变化的角度看,关系模式的规范化是一个不断增加约束条件的过程。

②从关系模式变化的角度看,规范化是关系模式的一个逐步分解的过程。

### 3.3.7 规范化小结

关系模式的分解是关系模式规范化的本质问题,其目的是实现概念的单一化,即使得一个关系仅描述一个概念或概念间的一个种联系。通过分解可以将一个关系模式分成多个满足更高要求的关系模式,这些关系模式可以在一定程度上解决或缓解数据冗余、更新异常、插入异常、删除异常等问题。

关系模式分解实际上又是一个关系模式的属性投影和属性重组的过程,又称投影分解。投影和重组的基本指导思想是逐步消除数据依赖中不适合的成分,结果将产生多个属于更高级别范式的关系模式。

投影分解的步骤就是低级范式到高级范式转化的步骤,具体步骤是:

①基于消除关系模式中非主属性对候选码的函数依赖的原则,对 1NF 关系模式进行合理的投影(属性重组),结果将产生多个 2NF 关系模式。

②基于消除关系模式中非主属性对候选码的传递函数依赖的原则,对 2NF 关系模式进行合理的投影,结果将产生多个 3NF 关系模式。

③基于消除关系模式中主属性对候选码的传递函数依赖的原则,对 3NF 关系模式进行合理的投影,结果将产生多个 BCNF 关系模式。

规范化就是对原关系进行投影,消除决定属性不是候选键的任何函数依赖。具体可以分为以下几步:

①对 1NF 关系进行投影,消除原关系中非主属性对键的部分函数依赖,将 1NF 关系转换成若干个 2NF 关系。

②对 2NF 关系进行投影,消除原关系中非主属性对键的传递函数依赖,将 2NF 关系转换成若干个 3NF 关系。

③对 3NF 关系进行投影,消除原关系中主属性对键的部分函数依赖和传递函数依赖,也就是说,使决定因素都包含一个候选键,得到一组 BCNF 关系。

关系规范化的基本步骤如图 3.13 所示。

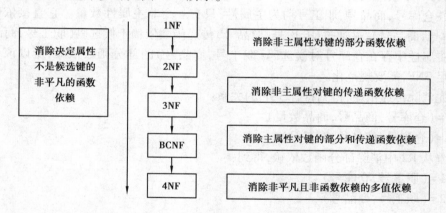

图 3.13　各范式之间的转换

一般情况下,我们说没有异常弊病的数据库设计是好的数据库设计,一个不好的关系模式也总是可以通过分解转换成好的关系模式的集合。

但是在分解时要全面衡量,综合考虑,视实际情况而定。对于那些只要求查询而不要求插入、删除等操作的系统,几种异常现象的存在并不影响数据库的操作。这时便不宜过度分解,否则当要对整体查询时,需要更多的多表连接操作,这有可能得不偿失。

在实际应用中,最有价值的是 3NF 和 BCNF,在进行关系模式的设计时,通常分解到 3NF 就足够了。

【例 3.7】 配件管理关系模式 WPE(WNO,PNO,ENO,QNT)分别表示仓库号,商品号,职工号,数量。有以下条件:

①一个仓库有多个职工。一个职工仅在一个仓库工作。

②每个仓库里一种型号的商品由专人负责,但一个人可以管理几种商品。

③同一种型号的商品可以分放在几个仓库中。

请写出该关系模式的最小函数依赖集 FD 并判断其满足 3NF 吗?

解:因为:

一个职工仅在一个仓库工作,有职工号→仓库号即 ENO→WNO。

由于每个仓库里的一种商品由专人负责,而一个人可以管理几种商品,所以有组合属性(仓库号,商品号)才能确定负责人;有(WNO,PNO)→ENO。

因为以上的商品数量不能由任何一单个属性决定,可由组合属性(仓库号,商品号)来决定,故存在函数依赖(WNO,PNO)→QNT。

由于每个仓库里的一种商品由专人负责,而一个职工仅在一个仓库工作,有职工号和商品号可共同决定商品数量,即(ENO,PNO)→QNT。

寻找候选关键字,因为(仓库号,商品号)→数量(仓库号,商品号)→职工号,因此(仓库号,商品号)可以决定整个元组,是一个候选码。

根据职工号→仓库号,(职工号,商品号)→数量,故(职工号,商品号)也能决定整个元组,为另一个候选码。

属性仓库号,商品号,职工号均为主属性,只有一个非主属性数量。它直接依赖候选码(仓库号,商品号),并通过(仓库号,商品号)传递函数依赖于候选码(职工号,商品号),同时在主属性中存在仓库号对候选码(职工号,商品号)的部分函数依赖,所以该关系模式不满足 3NF,需要规范化。

首先消除传递依赖,得到符合 3NF 的关系:

R1 =(仓库号,商品号,商品数量)

R2 =(仓库号,商品号,职工号)

接着从 R2 中消除部分函数依赖,得到:

R21 =(职工号,仓库号)

R22 =(职工号,商品号)

# 3.4 数据依赖的公理系统

数据依赖的公理系统是函数分解算法的理论基础,下面介绍的 Armstrong 公理系统,是一个有效且完备的数据依赖公理系统。

1974 年 Armstrong 首次提出了这样的一套推理规则,由此构成的系统就是著名的 Armstrong 公理系统。

1)逻辑蕴涵

给定一个关系模式,只考虑给定的函数依赖是不够的,必须找出在该关系模式上成立的其他函数依赖。

【定义 3.12】　对于满足一组函数依赖 $F$ 的关系模式 $R(U,F)$，其任何一个关系 $r$，若函数依赖 $X{\rightarrow}Y$ 都成立（即 $r$ 中任意两元组 $t$、$s$，若 $t[X]=s[X]$，则 $t[Y]=s[Y]$），则称 $F$ 逻辑蕴涵 $X{\rightarrow}Y$，或称 $X{\rightarrow}Y$ 是 $F$ 的逻辑蕴涵。

例如有关系模式 $R(U,F)$，$U=\{A,B,C\}$，$F=\{A{\rightarrow}B,B{\rightarrow}C\}$，问 $A{\rightarrow}C$ 是否成立？如果成立，则说明 $F$ 逻辑蕴涵 $A{\rightarrow}C$，或者 $A{\rightarrow}C$ 是 $F$ 的逻辑蕴涵。

2）Armstrong 公理系统

怎样从一组函数依赖求得蕴涵的函数依赖？怎样求得给定关系模式的码？问题的关键在于已知一组函数依赖 $F$，要问 $X{\rightarrow}Y$ 是不是 $F$ 的逻辑蕴涵。这就需要一组推理规则，这组推理规则就是 Armstrong 公理系统。

设 $U$ 为属性集总体，$F$ 是 $U$ 上的一组函数依赖，有关系模式 $R(U,F)$，$X$、$Y$、$Z$ 均为 $U$ 的子集，则对于 $R(U,F)$ 来说有以下推理规则：

①自反律：如果 $Y{\subseteq}X{\subseteq}U$，则 $X{\rightarrow}Y$ 为 $F$ 所蕴涵。

②增广律：如果 $X{\rightarrow}Y$ 为 $F$ 所蕴涵，且 $Z{\subseteq}U$，则 $XZ{\rightarrow}YZ$ 为 $F$ 所蕴涵。其中 $XZ$ 和 $YZ$ 是 $X{\cup}Z$ 和 $Y{\cup}Z$ 的简写。

③传递律：如果 $X{\rightarrow}Y$ 及 $Y{\rightarrow}Z$ 为 $F$ 所蕴涵，则 $X{\rightarrow}Z$ 为 $F$ 所蕴涵。

提示：由自反律得到的函数依赖都是平凡的函数依赖，自反律的使用并不依赖于 $F$，而只依赖于属性集合 $U$。

根据自反律、增广律和传递律这 3 条推理规则还可以得到其他规则，用于简化计算 $F^+$ 的工作。如下面扩展得到的 3 条推理规则：

①合并规则：如果 $X{\rightarrow}Y$，$X{\rightarrow}Z$，则 $X{\rightarrow}YZ$。

②分解规则：如果 $X{\rightarrow}Y$，$Z{\subseteq}Y$，则 $X{\rightarrow}Z$。

③伪传递规则：如果 $X{\rightarrow}Y$，$WY{\rightarrow}Z$，则 $WX{\rightarrow}Z$。

根据以上推理规则或推论，显然由 $F=\{A{\rightarrow}B,B{\rightarrow}C\}$ 可以推导出 $A{\rightarrow}C$ 成立（传递律），因此 $F$ 逻辑蕴涵 $A{\rightarrow}C$。

由合并规则和分解规则可得：

【定理 3.1】　在关系模式 $R(U)$ 中，$B$ 及 $B_1$，$B_2$，$\cdots$，$B_n$ 是 $U$ 的子集，则 $B{\rightarrow}B_1{\cup}B_2{\cup}\cdots{\cup}B_n$（或 $B{\rightarrow}B_1B_2{\cdots}B_n$）成立的充分必要条件是 $B{\rightarrow}B_i$ 成立，其中 $i=1,2,\cdots,n$。

【例 3.8】　设有关系模式 $R$，$A$、$B$、$C$、$D$、$E$、$F$ 是它的属性集的子集，$R$ 满足的函数依赖为 $\{A{\rightarrow}BC,CD{\rightarrow}EF\}$，证明函数依赖 $AD{\rightarrow}F$ 成立。

证明：

| | |
|---|---|
| $A{\rightarrow}BC$ | 题中给定 |
| $A{\rightarrow}C$ | 定理 3.1 |
| $AD{\rightarrow}CD$ | 增广律 |
| $CD{\rightarrow}EF$ | 题中给定 |
| $AD{\rightarrow}EF$ | 传递律 |
| $AD{\rightarrow}F$ | 定理 3.1 |

3) 函数依赖集合 $F$ 的闭包 $F^+$

对于一个关系模式,如何由已知的函数依赖集合 $F$,找出 $F$ 逻辑蕴涵的所有函数依赖集合呢?

【定义 3.13】 在关系模式 $R(U,F)$ 中,$F$ 为一个函数依赖集合,被 $F$ 所逻辑蕴涵的函数依赖的全体称为 $F$ 的闭包,记为 $F^+$。

可以利用该公理系统推导 $F$ 的闭包 $F^+$,但是利用 Armstrong 公理直接计算 $F^+$ 很麻烦。因此,在实际应用中,计算函数依赖集闭包是不现实的,需要寻找一条途径解决这个问题。

4) 属性集的闭包

从原则上讲,对于一个关系模式 $R(U,F)$,根据已知的函数依赖集合 $F$,反复使用推理规则,可以计算函数依赖集合 $F$ 的闭包 $F^+$。但是,利用推理规则求出其全部的逻辑蕴涵 $F^+$ 是非常困难的,而且也是没有必要的,因此可以计算闭包的子集,即选择一个属性子集,判断该属性子集能函数决定哪些属性,这就是属性集闭包的概念。

【定义 3.14】 设 $F$ 为属性集合 $U$ 上的函数依赖集合,$X \subseteq U$,即 $X$ 为 $U$ 的子集。在函数依赖集合 $F$ 下,被 $X$ 函数决定的所有属性的集合称为 $F^+$ 下属性集 $X$ 的闭包,记作 $X_F^+$,即 $X_F^+ = \{A \mid X \rightarrow A\}$。

由定理 3.1 可得出定理 3.2。

【定理 3.2】 设 $F$ 是属性集 $U$ 上的一组函数依赖,$X$、$Y \subseteq U$,$X \rightarrow Y$ 能由 $F$ 根据 Armstrong 公理推导出的充分必要条件是 $Y \subseteq X_F^+$。

这样,判定 $X \rightarrow Y$ 能否由 $F$ 根据 Armstrong 公理推导出的问题转化为求出 $X_F^+$,判定 $Y$ 是否为 $X_F^+$ 的子集问题。

【算法 3.1】 求属性集 $X(X \subseteq U)$ 关于 $U$ 上的函数依赖集 $F$ 的闭包 $X_F^+$。

输入:$X$、$F$

输出:$X_F^+$

步骤:计算属性集序列 $X^{(i)}(i = 0,1,\cdots)$。

①选取 $X_F^+$ 的初始值为 $X$,即令 $X^{(0)} = X,i = 0$。

②求 $B$,$B = \{A \mid (\exists V)(\exists W)(V \rightarrow W \in F \wedge V \subseteq X^{(i)} \wedge A \in W)\}$。即在 $F$ 中寻找尚未用过的左边是 $X^{(i)}$ 的子集的函数依赖:$Y_j \rightarrow Z_j(j = 0,1,\cdots,k)$,其中 $Y_j \subseteq X^{(i)}$。再在 $Z_j$ 中寻找 $X^{(i)}$ 中未出现过的属性构成属性集 $B$。

③$X^{(i+1)} = B \cup X^{(i)}$。

④判断 $X^{(i+1)} = X^{(i)}$ 是否成立,若不成立则转②。

⑤输出 $X^{(i)}$,即为 $X_F^+$。

对于④的计算停止条件,以下 4 种方法是等价的:

a.$X^{(i+1)} = X^{(i)}$。

b.当发现 $X^{(i)}$ 包含了全部属性时。

c.在 $F$ 中的函数依赖的右边属性中再也找不到 $X^{(i)}$ 中未出现过的属性。

d.在 $F$ 中未用过的函数依赖的左边属性集已没有 $X^{(i)}$ 的子集。

**【例3.9】** 已知关系模式 $R(U,F)$，其中，$U=\{A,B,C,D,E\}$，$F=\{AB\rightarrow C,B\rightarrow D,C\rightarrow E,EC\rightarrow B,AC\rightarrow B\}$，求 $AB_F^+$。

解：

①设 $X^{(0)}=AB$。

②在 $F$ 中找出左边是 $AB$ 子集的函数依赖，其结果是 $AB\rightarrow C,B\rightarrow D$，则 $X^{(1)}=X^{(0)}\cup CD=AB\cup CD=ABCD$，显然 $X^{(1)}\neq X^{(0)}$。

③在 $F$ 中找出左边是 $ABCD$ 子集的函数依赖，其结果是 $C\rightarrow E,AC\rightarrow B$，则 $X^{(2)}=X^{(1)}\cup BE=ABCD\cup BE=ABCDE$，显然 $X^{(2)}\neq X^{(1)}$。

④由于 $X^{(2)}$ 等于全部属性的集合，所以 $AB_F^+=ABCDE$。

**【例3.10】** 设有关系模式 $R(U,F)$，其中 $U=\{A,B,C,D,E,G\}$，函数依赖集 $F=\{A\rightarrow D,AB\rightarrow E,BG\rightarrow E,CD\rightarrow G,E\rightarrow C\}$，$X=AE$，计算 $X_F^+$。

解：

①设 $X^{(0)}=AE$。

②在 $F$ 中找出左边是 $AE$ 子集的函数依赖，其结果是 $A\rightarrow D,E\rightarrow C$，则 $X^{(1)}=X^{(0)}DC=ACDE$，显然 $X^{(1)}\neq X^{(0)}$。

③在 $F$ 中找出左边是 $ACDE$ 子集的函数依赖，其结果是 $CD\rightarrow G$，则 $X^{(2)}=X^{(1)}G=ACDEG$。

④虽然 $X^{(2)}\neq X^{(1)}$，但 $F$ 中未用过的函数依赖的左边属性集已没有 $X^{(2)}$ 的子集，所以不必再计算下去，即 $X_F^+=ACDEG$。

Armstrong 公理系统是有效的、完备的。其有效性是指：由 $F$ 出发根据 Armstrong 公理推导出来的每一个函数依赖一定在 $F^+$ 中；其完备性是指：$F^+$ 中的每一个函数依赖，必定可以由 $F$ 出发根据 Armstrong 公理推导出来。Armstrong 公理的完备性及有效性说明"导出"与"蕴涵"是两个完全等价的概念，$F^+$ 也可说成是由 $F$ 出发根据 Armstrong 公理导出的函数依赖的集合。

**5) 确定候选码**

设关系模式为 $R<U,F>$，$F$ 为函数依赖集，将 $U$ 中的属性分为以下 4 类：

①$L$ 类属性：只在 $F$ 中各个函数依赖的左部出现。

②$R$ 类属性：只在 $F$ 中各个函数依赖的右部出现。

③$LR$ 类属性：在 $F$ 中各个函数依赖的左部和右部两边都出现。

④$N$ 类属性：不在 $F$ 中各个函数依赖中出现。

$L$ 类属性集中每一个属性都必定是候选码中的属性，$R$ 类和 $N$ 类属性集中每一个属性都必定不是候选码中的属性，$LR$ 类属性集中每一个属性不能确定是否在候选码中。

确定候选码的步骤如下：

①划分属性类别：令 $X$ 为 $L$ 类属性集的集合，$Y$ 为 $LR$ 类属性集的集合。

②基于 $F$ 计算 $X^+$：若 $X^+$ 包含了 $R$ 的全部属性，则 $X$ 是 $R$ 的唯一候选码，算法结束。否则，转③。

③逐一取 $Y$ 中单一属性 $A$，与 $X$ 组成属性组 $XA$，$(XA)_F^+=U$，则 $XA$ 为候选码，令 $Y=Y-$

$\{A\}$,转④。

④如果已找出所有候选码,转⑤;否则,依次取 $Y$ 中的任意两个、三个……属性,与 $X$ 组成属性组 $XZ$,如果 $(XA)_F^+ = U$ 且 $XZ$ 不包含已求得的候选码,则 $XZ$ 为候选码。

⑤算法结束。

【例 3.11】 设 $R(A,B,C,D,E,F)$,$G = \{AB \rightarrow E, AC \rightarrow F, AD \rightarrow B, B \rightarrow C, C \rightarrow D\}$,求 $R$ 的所有候选码。

解:①$R$ 中 $L$ 类属性:$A$,$LR$ 类属性:$B$、$C$、$D$。

②$A_F^+ = A \neq U$。

③因为 $(AB)_F^+ = ABCDEF$,所以 $AB$ 为候选码。

因为 $(AC)_F^+ = ABCDEF$,所以 $AC$ 为候选码。

因为 $(AD)_F^+ = ABCDEF$,所以 $AD$ 为候选码。

故 $R$ 的所有候选码为 $AB$,$AC$,$AD$。

6)函数依赖集的等价和最小函数依赖集

从蕴含(或导出)的概念出发,引出两个函数依赖集的等价和最小函数依赖集的概念。

(1)两个函数依赖集的等价

【定义 3.15】 如果 $G^+ = F^+$,就说函数依赖集 $F$ 覆盖 $G$($F$ 是 $G$ 的覆盖,或 $G$ 是 $F$ 的覆盖),或 $F$ 和 $G$ 等价。

【定理 3.3】 $F^+ = G^+$ 的充分必要条件是 $F \subseteq G^+$ 和 $G \subseteq F^+$。(必要性显然,只证充分性)

证明:如果 $F \subseteq G^+$,则 $X_F^+ \subseteq X_G^+$,

任取 $X \rightarrow Y \in F^+$,则有 $Y \subseteq X_F^+ \subseteq X_G^+$,

所以 $X \rightarrow Y \subseteq (G^+)^+ \subseteq G^+$,即 $F^+ \subseteq G^+$,

同理可证 $G^+ \subseteq F^+$,所以 $F^+ = G^+$。

引理 3.3 给出了判定两个函数依赖集的等价的算法。

要判定 $F \subseteq G^+$,只需逐一对 $F$ 中的函数依赖 $X \rightarrow Y$ 考察 $Y$ 是否属于 $G^+$ 即可。

【例 3.12】 设有 $F$ 和 $G$ 两个函数依赖集,$F = \{A \rightarrow B, B \rightarrow C\}$,$G = \{A \rightarrow BC, B \rightarrow C\}$,判断它们是否等价。

解:首先检查 $F$ 中的每个函数依赖是否属于 $G^+$。

因为 $A_G^+ = ABC$,$B \subseteq A_G^+$,所以 $A \rightarrow B \in A_G^+$,

因为 $B_G^+ = BC$,$C \subseteq B_G^+$,所以 $B \rightarrow C \in B_G^+$,

故 $F \subseteq G^+$。

同样有 $G \subseteq F^+$。所以两个函数依赖集 $F$ 和 $G$ 是等价的。

(2)最小函数依赖集

【定义 3.16】 如果函数依赖集 $F$ 满足以下条件,则称 $F$ 为一个极小函数依赖集,也称为最小函数依赖集或最小覆盖。

①$F$ 中的任一函数依赖的右部仅含有一个属性。

②$F$ 中不存在这样一个函数依赖 $X \to A$，$X$ 有真子集 $Z$，使得 $F - \{X \to A\} \cup \{Z \to A\}$ 与 $F$ 等价，即左部无多余的属性。

③$F$ 中不存在这样一个函数依赖 $X \to A$，使得 $F$ 与 $F - \{X \to A\}$ 等价，即无多余的函数依赖。

【例 3.13】　以下 3 个函数依赖集中哪一个是最小函数依赖集？

$F_1 = \{A \to D, BD \to C, C \to AD\}$

$F_2 = \{AB \to C, B \to A, B \to C\}$

$F_3 = \{BC \to D, D \to A, A \to D\}$

解：

在 $F_1$ 中，有 $C \to AD$，即右部没有单一化，所有 $F_1$ 不是最小函数依赖集。

在 $F_2$ 中，有 $AB \to C, B \to C$，即左部存在多余的属性，所有 $F_2$ 不是最小函数依赖集。

$F_3$ 满足最小函数依赖集的所有条件，它是最小函数依赖集。

【例 3.14】　在关系模式 $R(U, F)$ 中，$U = \{Sno，Dept，DeptHead，Cno，Grade\}$，考查下面的函数依赖中，哪一个是最小函数依赖集？

$F = \{Sno \to Dept, Dept \to DeptHead, (Sno, Cno) \to Grade\}$

$F_1 = \{Sno \to Dept, Sno \to DeptHead, Dept \to DeptHead, (Sno, Cno) \to Grade, (Sno, Dept) \to Dept\}$

解：$F$ 是最小函数依赖集。

$F_1$ 不是最小函数依赖集，因为 $F_1 - \{Sno \to DeptHead\}$ 与 $F_1$ 等价，$F_1 - \{(Sno, Dept) \to Dept\}$ 与 $F_1$ 等价。

【定理 3.4】　每一个函数依赖集 $F$ 均等价于一个极小函数依赖集 $F_m$，此 $F_m$ 称为 $F$ 的最小依赖集。

证明：这是一个构造性的证明，分三步对 $F$ 进行"极小化"处理。

①逐一检查 $F$ 中各函数依赖 $FD_i$，使 $F$ 中每一函数依赖的右部属性单一化。

$X \to Y$，若 $Y = A_1 A_2 \cdots A_k, k \geq 2$，则用 $\{X \to A_j \mid (j = 1, 2, \cdots, k)\}$ 来取代 $X \to Y$。

②逐一取出 $F$ 中各函数依赖 $FD_i$，去掉各函数依赖左部多余的属性。

$X \to A$，设 $X = B_1 B_2 \cdots B_m, m \geq 2$，逐一考查 $B_i (i = 1, 2, \cdots, m)$，若 $B \in (X - B_i)_F^+$，则以 $X - B_i$ 取代 $X$。

③逐一检查 $F$ 中各函数依赖 $FD_i$，去掉多余的函数依赖。

$X \to A$，令 $G = F - \{X \to A\}$，若 $A \in X_G^+$，则从 $F$ 中去掉此函数依赖。

$F$ 的最小函数依赖集不一定是唯一的，它与对各函数依赖 $FD_i$ 及 $X \to A$ 中 $X$ 各属性的处理顺序有关。

【例 3.15】　求函数依赖集 $F = \{A \to B, B \to A, B \to C, A \to C, C \to A\}$ 的最小函数依赖集。

解：下面给出 $F$ 的两个最小函数依赖集：

$F_{m1} = \{A{\rightarrow}B, B{\rightarrow}C, C{\rightarrow}A\}$

$F_{m2} = \{A{\rightarrow}B, B{\rightarrow}A, A{\rightarrow}C, C{\rightarrow}A\}$

# 3.5　关系模式的分解

将"坏"的关系模式变成"好"的关系模式，也即按照某种规则将一个存在各种问题的关系模式分解为不再存在问题的两个或多个关系模式。

关系模式的分解过程就是将一个关系模式分解成一组等价的关系子模式的过程。对一个关系模式的分解可能有多种方式，但分解后产生的模式应与原来的模式等价。

判断对关系模式的一个分解是否与原关系模式等价可以有 3 种不同的标准：

①分解要具有无损连接性。

②分解要具有函数依赖保持性。

③分解既要具有无损连接性，又要具有函数依赖保持性。

将一个关系模式 $R(U,F)$ 分解成若干个关系模式 $R_1(U_1,F_1)$，$R_2(U_2,F_2)$，$\cdots$，$R_n(U_n,F_n)$，其中 $U=U_1 \cup U_2 \cup \cdots \cup U_n$，$R_i$ 是 $R$ 在 $U_i$ 上的投影。这意味着相应的将存在一张二维表 $r$ 中的数据分散到若干个二维表 $r_1$，$r_2$，$\cdots$，$r_n$ 中存放（其中 $r_i$ 是 $r$ 在属性组 $U_i$ 上的投影）。我们当然希望这样的分解不会丢失原关系 $r$ 中的信息，也就是说，希望能够通过对关系 $r_1$，$r_2$，$\cdots$，$r_n$ 的自然连接重新得到关系 $r$ 中的所有信息。

事实上，将关系 $r$ 投影为 $r_1$，$r_2$，$\cdots$，$r_n$ 时并不会丢失信息，关键是对 $r_1$，$r_2$，$\cdots$，$r_n$ 进行自然连接时，可能会产生一些原来 $r$ 中没有的元组，从而无法区别哪些元组是 $r$ 中原有的，即数据库中应该存在的数据；哪些元组是 $r$ 中原来没有的，即数据库中不应该存在的数据，在这个意义上丢失了信息。

【例3.16】　设有关系模式 $S$（学号，班级，系）在某一时刻的关系 $r$ 见表 3.10，如果按照分解方案一将关系模式 $S$ 分解为 $S_{11}$ 和 $S_{12}$：$S_{11}$（学号，系）和 $S_{12}$（班级，系），则将 $r$ 投影到 $S_{11}$ 和 $S_{12}$ 的属性上，得到关系 $r_{11}$（表 3.11）和关系 $r_{12}$（表 3.12）。

表 3.10　关系 $r$

| 学号 | 班级 | 系 |
|---|---|---|
| 0001 | 1班 | 管理 |
| 0002 | 2班 | 计算机 |
| 0003 | 2班 | 计算机 |
| 0004 | 3班 | 管理 |

表3.11 关系$r_{11}$

| 学号 | 系 |
|------|------|
| 0001 | 管理 |
| 0002 | 计算机 |
| 0003 | 计算机 |
| 0004 | 管理 |

表3.12 关系$r_{12}$

| 班级 | 系 |
|------|------|
| 1班 | 管理 |
| 2班 | 计算机 |
| 3班 | 管理 |

对分解后的两个关系做自然连接$r_{11} \infty r_{12}$,得到关系$r_1$见表3.13。

表3.13 关系$r_1$

| 学号 | 班级 | 系 |
|------|------|------|
| 0001 | 1班 | 管理 |
| 0001 | 3班 | 管理 |
| 0002 | 2班 | 计算机 |
| 0003 | 2班 | 计算机 |
| 0004 | 1班 | 管理 |
| 0004 | 3班 | 管理 |

关系$r_1$中元组(0001,3班,管理)和(0004,1班,管理)都不是原来的$r$中的元组,也就是说,我们无法准确知道原来关系$r$中到底有哪些元组,这是我们不希望的。也就是说,分解方案一造成了数据丢失。

### 3.5.1 分解的无损连接性

【定义3.17】 设关系模式$R(U, F)$,分解成若干个关系模式$R_1(U_1, F_1)$,$R_2(U_2, F_2)$,$\cdots$,$R_n(U_n, F_n)$,若对于$R$的任何一个可能的关系$r$,都有$r = r_1 \infty r_2 \infty \cdots \infty r_n$,即关系$r$在$R_1$,$R_2$,$\cdots$,$R_n$上的投影的自然连接等于关系$r$,则称关系模式$R$的这个分解是具有无损连接的的。

例3.16的分解方案一不具有无损连接性,不是一个"合理""等价"的分解方案。

再考查第二种分解方案,将关系模式$S$分解为$S_{21}$(学号,班级)和$S_{22}$(学号,系)两个关系模式。通过对分解后的两个关系进行自然连接的方式可以证明分解方案二具有无损连接性。表3.14为将$r$投影到$S_{21}$属性上得到的关系$r_{21}$,表3.15为将$r$投影到$S_{22}$属性上得到的关系$r_{22}$,表3.16为关系$r_{21}$和$r_{22}$进行自然连接后得到的关系$r_2$。

表 3.14　关系$r_{21}$

| 学号 | 班级 |
|---|---|
| 0001 | 1 班 |
| 0002 | 2 班 |
| 0003 | 2 班 |
| 0004 | 3 班 |

表 3.15　关系$r_{22}$

| 学号 | 系 |
|---|---|
| 0001 | 管理 |
| 0002 | 计算机 |
| 0003 | 计算机 |
| 0004 | 管理 |

表 3.16　关系$r_2$

| 学号 | 班级 | 系 |
|---|---|---|
| 0001 | 1 班 | 管理 |
| 0002 | 2 班 | 计算机 |
| 0003 | 2 班 | 计算机 |
| 0004 | 3 班 | 管理 |

可见,两个关系进行自然连接得到的新的关系$r_2$与原关系 $r$ 完全相同,所以说分解方案二具有无损连接性。

无损连接性分解的基本思想之一是消除对候选码的部分函数依赖和传递函数依赖。因此可以先在待分解的关系模式中找出这些部分函数依赖和传递函数依赖以及完全函数依赖,然后"分解"部分函数依赖和传递函数依赖,使得这些函数依赖最终都变成完全函数依赖,最后将这些完全函数依赖所涉及的属性分别投影成新的关系即可。

【例 3.17】　对于关系模式 SSC(学号, 姓名, 系别, 导师工号, 导师姓名, 导师职称, 课程名称, 课程成绩),请运用模式分解方法将其转化为若干个属于 BC 范式的关系模式。

关系模式 SSC 中唯一的候选码为{学号,课程名称}。先找出对候选码的所有完全函数依赖、部分函数依赖和传递函数依赖:

{学号,课程名称}$\xrightarrow{f}$课程成绩

{学号,课程名称}$\xrightarrow{p}${姓名,系别}

{学号,课程名称}$\xrightarrow{p}$导师工号

导师工号$\xrightarrow{f}${导师姓名,导师职称}

{学号,课程名称}$\xrightarrow{t}${导师姓名,导师职称}

以下找出部分函数依赖中的完全函数依赖:

由"{学号,课程名称}$\xrightarrow{p}${姓名,系别}"得到"学号$\xrightarrow{f}${姓名,系别}"

由"{学号,课程名称}$\xrightarrow{p}$导师工号"得到"学号$\xrightarrow{f}$导师工号"

我们根据以上所有的完全函数依赖初步设定分解成的各关系模式（原则是"一个完全函数依即为一个关系模式"）：

T1（学号，课程名称，课程成绩）

T2（导师工号，导师姓名，导师职称）

T3（学号，姓名，系别）

T4（学号，导师工号）

为了减少数据冗余和减少数据维护的复杂性，可以将关系模式 T4（学号，导师工号）并到 T3（学号，姓名，系别）中，从而形成新的关系模式——T3′（学号，姓名，系别，导师工号）。这样，就得到如下的分解结果：

T1（学号，课程名称，课程成绩）

T2（导师工号，导师姓名，导师职称）

T3′（学号，姓名，系别，导师工号）

稍加分析可以知道，以上三个关系模式均属于 BC 范式，而且上述分解是连接无损分解的。

【定理 3.5】 假设 $S$ 和 $T$ 为关系模式 $R$ 分解后所得到的两个关系模式，则该分解为连接无损分解的充分必要条件：$(S \cap T) \to (S-T)$ 或 $(S \cap T) \to (T-S)$。

## 3.5.2 保持函数依赖的分解

例 3.16 的分解方案二虽然具有无损连接性，但也不是一个很好的分解方案。假设学生 0003 从 2 班转到 3 班（同时也转系了），则需要在 $r_{21}$ 中将第 3 个元组修改为（0003，3班），同时在 $r_{22}$ 中将第 3 个元组改为（0003，管理）。如果这两个修改没有同时完成，那么数据库中的数据就会不一致。造成数据不一致的原因主要是因为分解得到的两个关系模式不是互相独立的，即 $S$ 中的函数依赖班级→系既没有投影到关系模式 $S_{21}$ 中，也没有投影到关系模式 $S_{22}$ 中，而是跨在两个关系模式上。函数依赖是数据库中的完整性约束条件，在 $r$ 中，若两个元组的班级值相等，则系值也必须相等。现在 $r$ 的一个元组中的班级值和系值跨在两个不同的关系中，为维护数据库的一致性，在关系 $r_{21}$ 中修改班级值时就需要相应地在另一个关系 $r_{22}$ 中修改系的值，这当然是很麻烦而且容易出错的，因此要求模式分解保持函数依赖这条等价标准。

【定义 3.18】 设一个关系模式 $R(U)$ 被分解成 $n$ 个关系模式：$R_1, R_2, \cdots, R_n$，$F$ 为 $R(U)$ 的属性间函数依赖的集合，$F_1, F_2, \cdots, F_n$ 分别为 $F$ 在 $R_1, R_2, \cdots, R_n$ 上的投影。对于任意 $F$ 所逻辑蕴涵的函数依赖 $B \to C$，总存在某一个 $F_i$，使得 $F_i$ 逻辑蕴涵 $B \to C$，则这种分解称为保持函数依赖的分解。

当对关系模式 $R$ 进行分解时，$R$ 的函数依赖集也将按相应的模式进行分解，如果分解后的函数依赖集与原函数依赖集保持一致，则称为保持函数依赖。也就是说，分解前在原关系模式中存在的函数依赖在分解后得到的若干个关系模式中仍然能找到，不会丢失，这就是保持函数依赖。

例 3.16 的分解方案二不保持函数依赖，因为分解得到的关系模式中只有函数依赖学号→班级,丢失了函数依赖班级→系,因此,不是一个好的分解方案。

模式分解保持函数依赖实际是要求分解为相互独立的投影。

分解方案一不具有无损连接性,也不是保持函数依赖,它丢失了函数依赖学号→班级。

分解方案二具有无损连接性,但不保持函数依赖,因为分解得到的关系模式中丢失了函数依赖班级→系。

下面考察第 3 种分解方案,将关系模式 $S$ 分解为 $S_{31}$ 和 $S_{32}$:$S_{31}$(学号,班级)和 $S_{32}$(班级,系),将关系 $r$ 投影到 $S_{31}$ 和 $S_{32}$ 的属性上,得到关系 $r_{31}$ 和 $r_{32}$ 见表 3.17 和表 3.18。

<table>
<tr><td colspan="2" align="center">表 3.17 关系$r_{31}$</td></tr>
<tr><td>学号</td><td>班级</td></tr>
<tr><td>0001</td><td>1 班</td></tr>
<tr><td>0002</td><td>2 班</td></tr>
<tr><td>0003</td><td>2 班</td></tr>
<tr><td>0004</td><td>3 班</td></tr>
</table>

<table>
<tr><td colspan="2" align="center">表 3.18 关系$r_{32}$</td></tr>
<tr><td>班级</td><td>系</td></tr>
<tr><td>1 班</td><td>管理</td></tr>
<tr><td>2 班</td><td>计算机</td></tr>
<tr><td>3 班</td><td>管理</td></tr>
</table>

对分解后的两个关系进行自然连接后得到的关系$r_3$与 $r$ 相同,表 3.19 说明该方案具有无损连接性。

表 3.19 关系$r_3$

| 学号 | 班级 | 系 |
| --- | --- | --- |
| 0001 | 1 班 | 管理 |
| 0002 | 2 班 | 计算机 |
| 0003 | 2 班 | 计算机 |
| 0004 | 3 班 | 管理 |

原关系模式中的函数依赖学号→班级,班级→系在分解后的两个关系模式中都有找到,所以分解方案三同时保持函数依赖。

### 3.5.3 函数依赖与连接无损分解

连接无损分解和保持函数依赖的分解是两个相互独立的模式分解。但它们的优缺点具有一定的互补性。

连接无损分解可以保证分解所得到的关系模式经过自然连接后又得到原关系模式,不会造成信息的丢失。这种分解可能带来数据冗余、更新冲突等问题。

原因:连接无损分解不是按照关系模式所蕴涵数据语义来进行分解的。而保持函数依赖的分解则正好是按照数据语义来进行分解的,它可以使分解后的关系模式相互独立。避免由连接无损分解带来的问题,但它在某些情况下可能造成信息丢失。一个自然的想法就是构造这样的分解:该分解既是保持函数依赖的分解,又具有自然连接无损的特性。这种分解就称为既保持函数依赖又具有自然连接无损的分解。

【例3.18】　关系模式:emp_info(Eno, Ename, Dept, Dleader)

Eno 为员工编号,Ename 为员工姓名,Dept 为员工所在部门,Dleader 为部门领导。如果将该关系模式分解为:emp_info1(Eno, Ename, Dept)和 emp_info2(Eno, Dleader)。易验证,这种分解虽然是连接无损分解,但会造成数据冗余、更新异常等问题。进一步分析还可以发现,该分解不保持函数依赖。例如,函数依赖 Dept→Dleader 既不被 emp_info1 的函数依赖集所逻辑蕴涵,也不为 emp_info2 的函数依赖集所逻辑蕴涵。

现在我们将关系模式 emp_info(Eno, Ename, Dept, Dleader)分解成如下的两个模式:

emp_info2(Eno, Ename, Dept)

dept_info2(Dept, Dleader)

可以验证,这种分解方法保持了函数依赖,同时又具有自然连接无损的特性,它是既保持函数依赖又具有自然连接无损的分解。

经以上几种分解方法的分析,如果一个分解具有无损连接性,则能够保证不丢失信息。如果一个分解具有函数依赖保持性,则可以减轻或解决各种异常情况。

分解具有无损连接性和函数依赖保持性是两个相互独立的标准。具有无损连接性的分解不一定具有函数依赖保持性。同样,具有函数依赖保持性的分解也不一定具有无损连接性。

规范化理论提供了一套完整的模式分解方法,按照这套算法可以做到:如果要求分解既具有无损连接性,以具有函数依赖保持性,则分解一定能够达到 3NF,但不一定能够达到 BCNF。

所以在 3NF 的规范化中,既要检查分解是否具有无损连接性,又要检查分解是否具有函数依赖保持性。只有这两条都满足,才能保证分解的正确性和有效性,才能保证既不会发生信息丢失,又保证关系中的数据满足完整性约束。

# 本章小结

在本章中,首先由关系模式的存储异常问题引出函数依赖的概念,其中包括完全函数依赖、部分函数依赖和传递函数依赖,这些概念是规范化理论的依据和规范化程度的准则。

规范化是对原关系进行投影的,消除决定属性不是候选键的任何函数依赖。一个关系只要其分量都是不可分的数据项,就可称作规范化的关系,也称作 1NF。消除 1NF 关系中非主属性对键的部分函数依赖,得到2NF;消除2NF关系中非主属性对键的传递函数依赖,得到3NF;消除3NF关系中主属性对键的部分函数依赖和传递函数依赖,便可得到一组 BCNF 关系。

在规范化过程中,逐渐消除存储异常,使数据冗余尽量小,便于插入、删除和更新。规范化的基本原则就是遵从概念单一化"一事一地"的原则,即一个关系只描述一个实体或者实体间的联系。规范化的投影分解方法不是唯一的,对于 3NF 的规范化,分解既要具有无损连接性,又要具有函数依赖保持性。

# 习题3

**一、选择题**

1.为了设计出性能较优的关系模式,必须进行规范化,规范化主要的理论依据是(    )。

    A.关系规范化理论                     B.关系代数理论

    C.数理逻辑                              D.关系运算理论

2.规范化理论是关系数据库进行逻辑设计的理论依据,根据这个理论,关系数据库中的关系必须满足:每一个属性都是(    )。

    A.长度不变的                       B.不可分解的

    C.互相关联的                       D.互不相关的

3.已知关系模式 $R(A,B,C,D,E)$ 及其上的函数相关性集合 $F=\{A \rightarrow D, B \rightarrow C, E \rightarrow A\}$,该关系模式的候选关键字是(    )。

    A.AB           B.BE            C.CD            D.DE

4.关系模式中,满足 2NF 的模式(    )。

    A.可能是 1NF     B.必定是 1NF       C.必定是 3NF       D.必定是 BCNF

5.关系模式 R 中的属性全是主属性,则 R 的最高范式必定是(    )。

    A.1NF           B.2NF            C.3NF            D.BCNF

6.消除了部分函数依赖的 1NF 的关系模式,必定是(    )。

    A.1NF           B.2NF            C.3NF            D.BCNF

7.如果 $A \rightarrow B$,那么属性 A 和属性 B 的联系是(    )。

    A.一对多                       B.多对一

    C.多对多                       D.以上都不是

8.关系模式的候选关键字可以有 1 个或多个,而主关键字有(    )。

    A.多个           B.0 个            C.1 个            D.1 个或多个

9.候选关键字的属性可以有(    )。

    A.多个           B.0 个            C.1 个            D.1 个或多个

10.关系模式的任何属性(　　)。

A.不可再分　　　　　　　　　B.可以再分

C.命名在关系模式上可以不唯一　　　D.以上都不是

二、简答题

1.解释下列术语的含义:函数依赖、平凡函数依赖、非平凡函数依赖、部分函数依赖、完全函数依赖、传递函数依赖、范式。

2.简述非规范化的关系中存在的问题。

3.简述关系模式规范化的目的。

# 第 4 章　SQL Server 2019 基础

习近平同志指出"当今世界,信息技术革命日新月异,对国际政治、经济、文化、社会、军事等领域发展产生了深刻影响"。[①] SQL Server 是微软推出的数据库管理系统,目前最新版本是 SQL Server 2019,它既是数据库系统软件的样板之作,也深受数据库应用者的青睐。SQL Server 2019 比之前版本跨出了重要的一步,它支持在 Linux、基于 Linux 的 Docker 容器和 Windows 上运行,使用户可以在 SQL Server 平台上选择开发语言、数据类型、本地开发或云端开发,以及操作系统开发。

本章主要内容包括:SQL Server 2019 包含的版本和组件;在 Windows 平台上安装 SQL Server 2019 的过程;SQL Server 2019 的配置;SQL Server 2019 常用工具的功能和使用方法。

## 4.1　SQL Server 2019 简介

SQL Server 是 Microsoft 公司推出的关系型数据库管理系统。其具有使用方便、可伸缩性好、与相关软件集成程度高等优点。

SQL Server 是一个全面的数据库平台,使用集成的商业智能(Business Intelligence,BI)工具提供了企业级的数据管理。SQL Server 数据库引擎为关系型数据和结构化数据提供了更安全可靠的存储功能,使用户可以构建和管理用于业务的高可用和高性能的数据应用程序。

### 4.1.1　SQL Server 发展史

SQL Server 最初由微软、Sybase 和 Ashton-Tale 这 3 家公司共同研发,是一种广泛应用于网络业务数据处理的关系型数据库管理系统。从 SQL Server 6.0 开始,首次由微软公司独立研发,1996 年推出 SQL Server 6.5 版本,1998 年又推出了 7.0 版。并于 2000 年 9 月发布了 SQL Server 2000,正式进入企业数据库的行列。而 SQL Server 2005 则真正走向了成熟,与 Oracle、IBM DB2 形成了三足鼎立之势;之后 SQL Serve 经历了 2008、2008 R2、2012、2014、2016、2017、2019 各版本的持续投入和不断进化。从 1995 年到 2019 年 20 多年来,微软开发的数据库管理系统 SQL Server,各种业务数据处理新技术得到了广泛应用且不断快速发展和完善,其版本发布时间和开发代号见表 4.1。

---

① 2014 年 2 月 27 日,习近平主持召开中央网络安全和信息化领导小组第一次会议并发表重要讲话。

表 4.1　SQL Server **版本**

| 发布时间 | 产品名称 | 开发代号 | 内核版本 |
|---|---|---|---|
| 1995 年 | SQL Server 6.0 | SQL 95 | 6.× |
| 1996 年 | SQL Server 6.5 | Hydra | 6.5 |
| 1998 年 | SQL Server 7.0 | Sphinx | 7.× |
| 2000 年 | SQL Server 2000 | Shiloh | 8.× |
| 2003 年 | SQL Server 2000 Enterprise 64 位版 | Liberty | 8.× |
| 2005 年 | SQL Server 2005 | Yukon | 9.× |
| 2008 年 | SQL Server 2008 | Katmai | 10.× |
| 2010 年 | SQL Server 2008 R2 | Kilimanjaro | 10.5 |
| 2012 年 | SQL Server 2012 | Denali | 11.× |
| 2014 年 | SQL Server 2014 | Hekaton | 12.× |
| 2016 年 | SQL Server 2016 | Data Explorer | 13.× |
| 2017 年 | SQL Server 2017 | — | 14.× |
| 2019 年 | SQL Server 2019 | — | 15.× |

1987 年,赛贝斯公司发布了 Sybase SQL Server 系统。

1988 年,微软公司、Aston-Tate 公司参加到了赛贝斯公司的 SQL Server 系统开发中,1989 年,推出了 SQL Server 1.0 for OS/2 系统。

1990 年,Aston-Tate 公司退出了联合开发团队,微软公司则希望将 SQL Server 移植到自己刚刚推出的新技术产品即 Windows NT 系统中。

1992 年,微软公司与赛贝斯公司签署了联合开发用于 Windows NT 环境的 SQL Server 系统。

1994 年,微软公司与赛贝斯公司在 SQL Server 系统方面的联合开发正式结束。

1995 年,微软公司成功发布了 Microsoft SQL Server 6.0 系统。

1996 年,微软公司又发布了 Microsoft SQL Server 6.5 系统。

1998 年,微软公司又成功推出了 Microsoft SQL Server 7.0 系统。

2000 年微软公司迅速发布了与 SQL Server 有重大不同的 Microsoft SQL Server 2000 系统。

2005 年 12 月微软公司发布了 SQL Server 2005 系统。

2008 年 8 月微软公司发布了 Microsoft SQL Server 2008 系统,其代码名称是 Katmai。在安全性、可用性、易管理性、可扩展性、商业智能等方面有了更多的改进和提高,对企业的数据存储和应用需求提供了更强大的支持和便利。

2016 年 6 月,微软公司推出了 SQL Server 2016,是 SQL Server 数据平台历史上最大的一次跨越性发展。SQL Server 2016 是一个整合了数据库、商业智能、报表服务、分析服务等多种技术的大型数据管理与分析平台,在数据存储能力、并行访问能力、安全管理等关键性指标及多功能集成、操作速度、数据仓库构建、数据挖掘等方面具有较强的优势。

2017 年 10 月，微软为了满足不同用户在性能、功能、价格等方面的不同要求，推出了 SQL Server 2017，根据应用程序和用户业务的需要，可以选择安装不同的 SQL Server 版本。

### 4.1.2 SQL Server 2019 版本介绍

2019 年 11 月 4 日，Microsoft 公司正式发布了新一代的数据库产品 SQL Server 2019，在保持前几代产品的优势的同时，增加了大数据集群、数据虚拟化等特性。

SQL Server 根据用户业务需求和使用场景的不同，设计了不同的版本供用户选择。其中，主要的版本有 Enterprise 版（企业版）和 Standard 版本（标准版）；专业化版本有 Web 版（网页版）；扩展的版本有 Developer 版（开发版）和 Express 版（简易版）。根据实际应用的需要，如性能、价格和运行时间等，用户可以选择购买和安装不同版本的 SQL Server。值得一提的是自 2016 版开始，SQL Server 仅支持 64 位处理器安装，不再支持 32 位系统的软件。

1）Enterprise 版

SQL Server 2019 的 Enterprise 版提供了全面的高端数据中心功能，性能极为快捷、虚拟化不受限制，还具有端到端的商业智能，可为关键任务工作负荷提供较高级别服务，支持最终用户访问深层数据。

2）Standard 版

SQL Server 2019 的 Standard 版提供了基本数据管理和商业智能数据库，使部门和小型组织能够顺利运行其应用程序，并支持将常用开发工具用于内部部署和云部署，有助于以最少的 IT 资源获得高效的数据库管理。

3）Web 版

SQL Server 2019 的 Web 版支持面向 Internet 的工作负载，使企业能够快速部署网页、应用程序、网站和服务。对于为从小规模至大规模 Web 服务提供可伸缩性、经济性和可管理性功能的 Web 宿主和 Web VAP 来说，Web 版是一个性价比较高的选择。

4）Developer 版

SQL Server 2019 的 Developer 版支持开发人员基于 SQL Server 构建任意类型的应用程序，它包括 Enteiprise 版的所有功能，但有许可限制，只能用作开发和测试系统，而不能用作生产服务器。对于构建和测试应用程序的人员来说，Developer 版是理想之选。

5）Express 版

SQL Server 2019 的 Express 版是入门级的免费数据库，是学习和构建桌面及小型服务器数据驱动应用程序的理想选择。它是独立软件供应商、开发人员和热衷于构建客户端应用程序的人员的最佳选择。如果需要使用更高级的数据库功能，则可以将 Express 版无缝升级到其他更高端的 SQL Server 版本。SQL Server Express Local DB 是 Express 版的一种轻型版本，该版本具备所有可编程性功能，但只能在用户模式下运行，并且具有快速的零配置安装和必备组件要求较少的特点。

### 4.1.3 SQL Server 2019 新特性

SQL Server 2019(15.×)在早期版本的基础上构建,旨在将 SQL Server 发展成一个平台,以提供开发语言、数据类型、本地或云环境以及操作系统选项。本节只介绍其部分新增特性,详情请自行查阅官方文档和 MSDN。

1) 数据虚拟化和 SQL Server 2019 大数据群集

当代企业通常掌管着庞大的数据资产,这些数据资产由托管在整个公司的孤立数据源中的各种不断增长的数据集组成。利用 SQL Server 2019 大数据群集,可以从所有数据中获得近乎实时的见解,该群集提供了一个完整的环境来处理包括机器学习和 AI 功能在内的大量数据。

2) 智能数据库

从智能查询处理到对永久性内存设备的支持,SQL Server 智能数据库功能提高了所有数据库工作负荷的性能和可伸缩性,而无须更改应用程序或数据库设计。

(1) 智能查询处理特性

通过智能查询处理,可以改进关键的并行工作负荷在大规模运行时的性能。默认情况下,最新的数据库兼容性级别在设置上支持智能查询处理,可通过最少的实现工作量改进现有工作负荷的性能。

(2) 内存数据库

SQL Server 内存数据库技术利用现代硬件创新提供无与伦比的性能和规模。SQL Server 2019 在早期版本的基础上进行创新构建,如内存中联机事务处理,旨在为所有数据库工作负荷实现新的可伸缩性级别。

(3) 智能性能

SQL Server 2019 在早期版本的智能数据库的基础上进行了创新,增加了智能性能处理特性,这种改进有助于克服已知的资源瓶颈,并提供配置数据库服务器的选项,以在所有工作负荷中提供可预测性能。

3) 开发人员体验

SQL Server 2019 继续提供一流的开发人员体验,并增强了图形和空间数据类型、UTF-8支持及新扩展性框架,使开发人员可以使用他们选择的语言来获取其所有数据的见解。

4) 任务关键安全性

SQL Server 提供安全的体系结构,使数据库管理员和开发人员能够创建安全的数据库应用程序并应对威胁。每个版本的 SQL Server 都在早期版本的基础上进行了改进。同时引入了新的特性和功能,SQL Server 2019 新增了具有安全 Enclave 的 Always Encrypted 以及 SQL Server 配置管理器中的证书管理、数据发现和分类等新特性。

5) 高可用性

每位用户在部署 SQL Server 时都需执行一项常见任务,以确保所有任务关键型 SQL Server 实例以及其中的数据库在企业和最终用户需要时随时可用。可用性是 SQL Server

平台的关键支柱,并且 SQL Server 2019 引入了许多新功能和增强功能,使企业能够确保其数据库环境高度可用。例如,最多 5 个同步副本、次要副本到主要副本连接重定向等新特性。

## 4.2  SQL Server 2019 的安装

### 4.2.1  SQL Server 2019 安装需求

SQL Server 作为一款功能强大的数据库管理系统(服务器系统软件),其安装和正常运行对软硬件都有一定要求,以下是最低的软硬件要求:

①对 .NET Framework 的要求:SQL Server 2016(13.×)RCI 和更高版本需要 .NET Framework 4.0 才能运行数据库引擎、Master Data Services 或进行复制。SQL Server 安装程序自动安装 .NET Framework。

②网络软件:SQL Server 支持的操作系统具有内置网络软件。独立安装项的命名实例和默认实例支持共享内存、命名管道、TCP/IP 和 VIA 等网络协议。

③硬盘:SQL Server 要求最少 6 GB 的可用硬盘空间。

④Internet 要求:使用联网功能(更新、下载 .NET Framework 时)时需要连接互联网。

1)对硬件环境的要求

对内存和处理器的要求适用于 SQL Server 2019 的所有版本见表 4.2。

表 4.2  对硬件环境的要求

| 组件 | 要求 |
|---|---|
| 内存 | 最低要求:Express Edition:512 MB;所有其他版本:1 GB<br>建议:Express Edition:1 GB;所有其他版本:至少 4 GB,并且应随着数据库大小的增加而增加来确保性能 |
| 处理器速度 | 最低要求:x64 处理器:1.4 GHz<br>建议:2.0 GHz 或更快 |
| 处理器类型 | x64 处理器:AMD Opteron、AMD Athlon 64、支持 Intel EM64T 的 Intel Xeon,以及支持 EM64T 的 Intel Pentium Ⅳ |

2)对操作系统的要求

SQL Server 2019 的不同版本对操作系统的要求是比较严格的,表 4.3 列出了各种版本的 SQL Server 对运行的操作系统要求,更加详细的要求可以参阅 MSDN 或帮助文件。

表 4.3  各种版本的 SQL Server 对运行的操作系统的要求

| 操作系统 | Enterprise | Developer | Standard | Web | Express |
|---|---|---|---|---|---|
| Windows Server 2019 各版本 | 是 | 是 | 是 | 是 | 是 |
| Windows Server 2016 各版本 | 是 | 是 | 是 | 是 | 是 |

续表

| 操作系统 | Enterprise | Developer | Standard | Web | Express |
|---|---|---|---|---|---|
| Windows Server 2012 R2 各版本 | 是 | 是 | 是 | 是 | 是 |
| Windows Server 2012 各版本 | 是 | 是 | 是 | 是 | 是 |
| Windows 10 各版本 | 否 | 是 | 是 | 否 | 是 |
| Windows 8.1 各版本 | 否 | 是 | 是 | 否 | 是 |
| Windows 8 各版本 | 否 | 是 | 是 | 否 | 是 |

## 4.2.2 SQL Server 2019 安装步骤

下面以在 Windows 10 上安装 SQL Server 2019 为例,介绍 SQL Server 的安装步骤。

①将 SQL Server 2019 安装后,将自动启动安装程序。如未启动,打开根目录运行文件 setup.exe,即可打开"SQL Server 安装中心"。

②选择左侧"安装"选项,并选择"全新 SQL Server 独立安装或向现有安装添加功能",如图 4.1 所示。

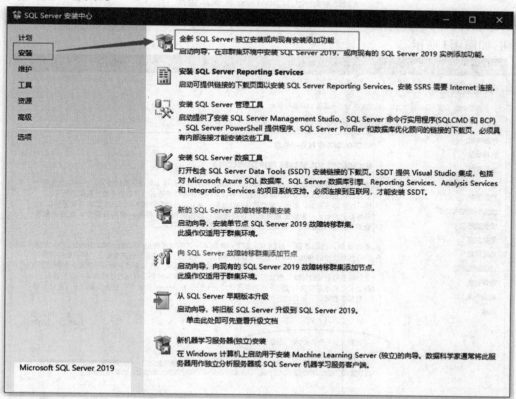

图 4.1 "SQL Server 安装中心"功能选择界面

③在打开的"SQL Server 2019 安装"对话框中,默认指定 Developer 版(用户可根据需要自行选择),单击"下一步"按钮,如图 4.2 所示。

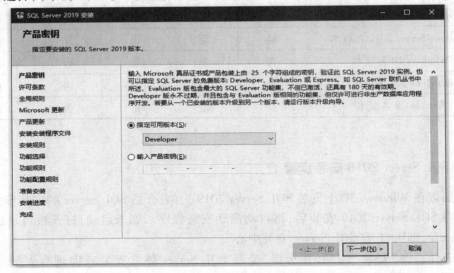

图 4.2　SQL Server 安装版本选择

④在打开的"许可条款"界面,勾选"我接受许可条款和(A)"复选框,单击"下一步"按钮,如图 4.3 所示。

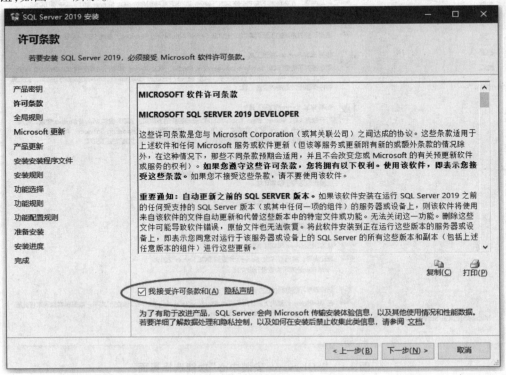

图 4.3　"许可条款"界面

⑤在打开的"全局规则"界面中,安装程序将检查 SQL Server 的安装条件。这个步骤中必须更正所有错误,才能进行下一步"更新检查",如果有需要更新的会提示进行安装,本次安装的是最新版本的软件,因此跳过了相关更新选项,如图 4.4 所示。

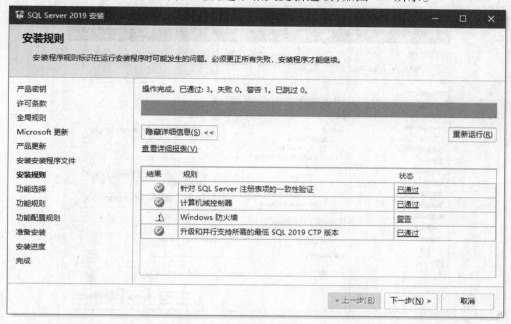

图 4.4 检查更新

⑥在完成更新检查后,单击"下一步"按钮以进行安装规则检查,如图 4.5 所示。

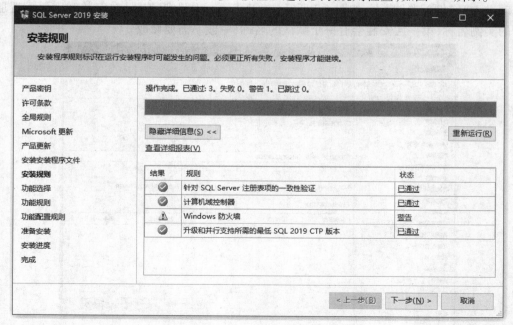

图 4.5 安装包规则

⑦在进行安装规则检查后,单击"下一步"按钮进入"功能选择"界面,选择要安装的组件,进行详细的配置,选择相应功能名称后,"功能选择"窗口会显示每个组件的说明,如图4.6所示。SQL Server 2019是一款功能庞杂的数据库系统软件,用户在安装过程中不必勾选每一个功能,此处仅安装"数据库引擎服务"及客户端相关工具即可。

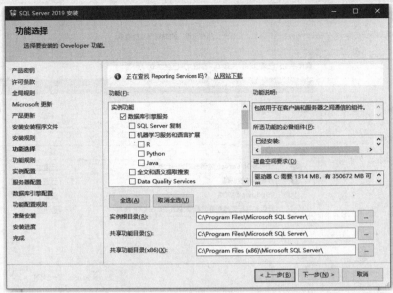

图 4.6　功能选择界面

⑧选择完功能后,单击"下一步"按钮会进行功能规则的依赖性检查,通过检查后会自动进入"实例配置"界面,如图4.7所示。SQL Server作为服务器,在安装时需要配置服务的实例名称,第一次安装会有一个默认的名称,一般不需要修改。

图 4.7　实例配置界面

⑨完成实例配置后,单击"下一步"按钮,进入"服务器配置"界面,在此界面可以为所有的服务分配相同的登录账户,也可以单独配置不同的账户,还可以指定自动或手动启动特定服务,如图 4.8 所示。

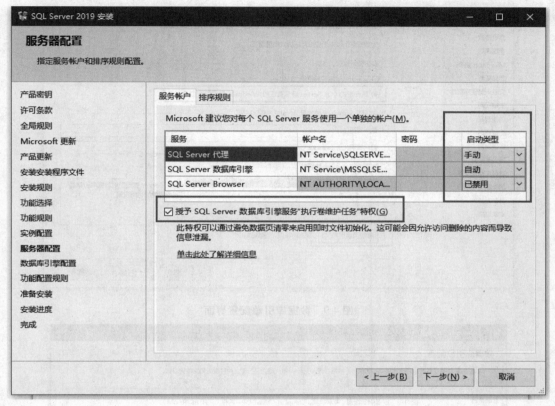

**图 4.8　服务器配置界面**

⑩完成服务器配置后,单击"下一步"按钮,进入"数据库引擎配置"界面。如果选择"混合模式",必须为 SQL Server 系统管理员(sa)设置密码(默认要求强密码),必须为 SQL Server 实例至少指定一个 sa。若要添加运行 SQL Server 安装程序的账户,单击"添加当前用户"按钮,如图 4.9 所示。

⑪"数据库引擎配置"界面可以切换到"数据目录"选项卡,在该选项卡中可以配置数据库的文件及其存储位置,如图 4.10 所示。

⑫完成数据库引擎配置后,单击"下一步"按钮会进行功能配置检查,通过检查后进入"准备安装"界面,该界面给出了即将安装的配置清单,如图 4.11 所示。

⑬单击"SQL Server 2019 安装"对话框中的"安装"按钮,进入"安装进度"界面。

⑭完成安装后,单击"关闭"按钮,此计算机已具备 SQL Server 的相关服务,同时增加了 SQL Server 安装中心、数据导入导出等工具程序。

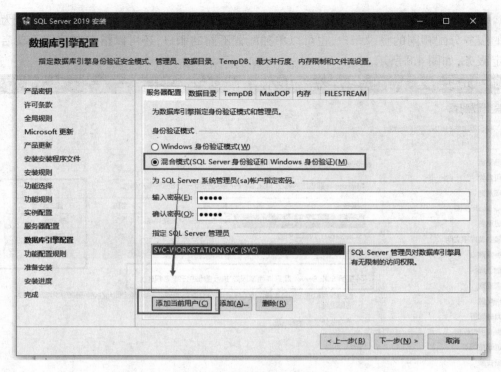

图 4.9　数据库引擎配置界面

图 4.10　"数据目录"选项卡

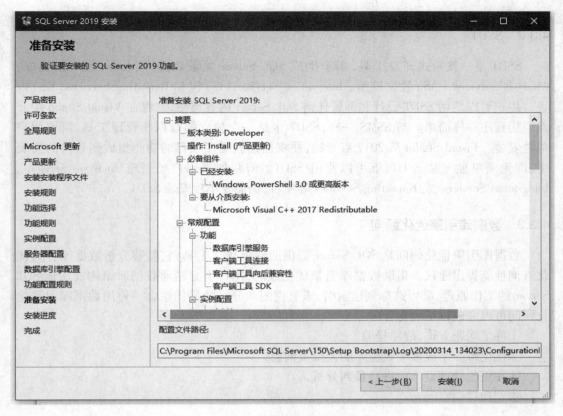

图 4.11　准备安装界面

## 4.3　SQL Server 2019 管理工具

　　工具是管理数据库的必要条件,但无论数据库是在云端、Windows 上、Mac OS 上还是在 Linux 上运行,工具都不需要与数据库在相同的平台上运行。较为常用的管理工具包括 SQL Server Management Studio(以下简称 SSMS)、SQL Server Data Tools(以下简称 SSDT)、数据库引擎优化顾问、SQL Server 配置工具、命令行工具、文档和社区等。

### 4.3.1　SSMS

　　SSMS 是 SQL Server 的集成管理工具,它将 SQL Server 早期版本中的企业管理器、查询分析器和分析管理器的功能组合到单一环境中,为不同层次的开发人员和管理员提供 SQL Server 访问能力。SSMS 提供用于配置、监视和管理 SQL Server 和数据库实例的工具,可以部署、监视和升级应用程序使用的数据层组件,以及生成查询和脚本,也可以在本地计算机或云端查询、设计和管理数据库及数据仓库。

### 4.3.2　SSDT

SSDT 是一款新式开发工具,用于生成 SQL Server 关系数据库、Azure SQL 数据库、Analysis Services（AS）数据模型、Integration Services（IS）包和 Reporting Services（RS）报表。用户可以使用 SSDT 设计和部署任何 SQL Server 内容类型,就像在 Visual Studio 中开发应用程序一样简单。与 SSMS 一样,SSDT 也是一个独立的数据库管理工具,需要用户单独安装。Visual Studio 从 2017 版开始,便将创建数据库项目的功能集成到自身的安装中,即无须单独安装 SSDT,就可以使用 SSDT。但是如果用户要创建 Analysis Services、Integration Services 或 Reporting Services 等项目,仍需要单独安装 SSDT。

### 4.3.3　数据库引擎优化顾问

数据库引擎优化顾问是 SQL Server 提供的性能优化工具,它能够分析数据库并对优化查询性能提出建议。借助数据库引擎优化顾问,用户不必精通数据库结构或深谙 SQL Server 的工作原理,就可选择创建索引、索引视图和分区的最佳集合。使用数据库引擎优化顾问可以完成以下优化任务:
①特定问题查询,故障排除。
②优化跨一个或多个数据库的大型查询集。
③在更改物理设计前进行预判分析。
④管理存储空间。

### 4.3.4　SQL Server 配置工具

SQL Server 配置工具主要用于配置服务器和客户端,主要包括以下 3 种。

1）SQL Server 安装中心

使用 SQL Server 安装中心可以查看硬件和软件要求、安全文档、该版本的最新信息和联机安装帮助等,可以启动工具检查本机成功安装 SQL Server 所缺少的条件,分析升级到 SQL Server 2019 要解决的问题,还可以对 SQL Server 进行维护。

2）SQL Server 配置管理器

使用 SQL Server 配置管理器可以配置 SQL Server 服务和网络连接,具体如下所述。

（1）管理与 SQL Server 相关的服务
①启动、停止和暂停服务。
②将服务配置为自动启动或手动启动,禁用服务,或者更改其他服务设置。
③更改 SQL Server 服务所使用的账户的密码。
④使用跟踪标志（命令行参数）启动 SQL Server。
⑤查看服务的属性。

（2）SQL Server 网络配置

可以完成与此计算机上的 SQL Server 服务相关的任务：

①启用或禁用 SQL Server 网络协议。

②配置 SQL Server 网络协议。

（3）SQL Server Native Client 配置

SQL Server 客户端通过使用 SQL Server Native Client 网络库连接到 SQL Server。使用 SQL Server 配置管理器可以完成下列与此计算机上的客户端应用程序相关的任务：

①指定连接到 SQL Server 实例时的协议顺序。

②配置客户端连接协议。

③创建 SQL Server 实例的别名，使客户端能够使用自定义连接字符串进行连接。

3）数据迁移助手

数据迁移助手工具可以检测可能会影响新版 SQL Server 或 Azure SQL 数据库中数据库功能的兼容性问题，有助于用户升级到新版本的 SQL Server。

### 4.3.5 命令行工具

与其他数据库管理系统一样，SQL Server 也提供了丰富的命令行工具，可以实现基本的数据管理功能。

①bcp 命令：可以在 SQL Server 实例和用户指定格式的数据文件间大容量复制数据。

②mssql-cli（预览版）：一项用于查询 SQL Server 的交互式命令行工具。此外，可使用具有 IntelliSense、语法高亮等功能的命令行工具查询 SQL Server。

③mssql-conf：用于配置在 Linux 上运行的 SQL Server。

④mssql-scripter（预览版）：是一种新的生成 TransSact（T-SQL）脚本的命令行工具。

⑤sqlcmd：可以在命令提示符下，使用 sqlcmd 实用工具输入 T-SQL 语句、系统过程和脚本文件。

⑥sqlpackage：是一个命令行实用工具，可自动处理多个数据库开发任务。

### 4.3.6 文档和社区

SQL Server 提供了大量的联机帮助文档和内容翔实的教程，为用户提供学习帮助。用户可以在开始菜单中启动联机帮助，也可以直接在其他任何 SQL Server 的实用工具中启动。

## 4.4 SSMS 的使用方法

SSMS 是基于 Visual Studio 设计的，为用户提供了图形化的、集成的丰富的管理工具。

### 4.4.1 启动 SSMS

启动 SSMS 的步骤如下：

①在"开始"菜单中找到"Microsoft SQL Server Management Studio 18"并单击,打开"Microsoft SQL Server Management Studio"窗口,弹出"连接到服务器"对话框,如图 4.12 所示。

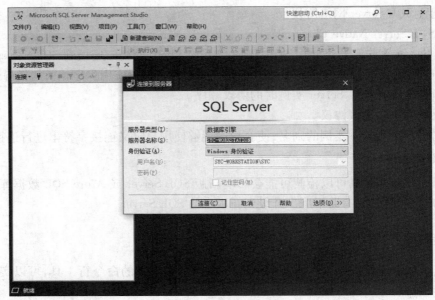

**图 4.12  "连接到服务器"对话框**

②选择身份验证模式,Windows 身份验证模式直接利用 Windows 用户的权限登录 SQL Server 服务器;SQL Server 身份验证模式要求用户输入用户名和密码,输入完成后单击"连接"按钮,便可以进入"Microsoft SQL Server Management Studio"窗口。

### 4.4.2  SSMS 查询编辑器

**1)打开查询编辑器**

单击"Microsoft SQL Server Management Studio"窗口中工具栏上的"新建查询"按钮,就会自动新建一个 T-SQL 脚本编辑窗口,并打开查询编辑器。

**2)查询编辑器的基本操作**

在使用查询编辑器编写 SQL 脚本时经常会用到 SSMS 工具栏中的 SQL 编辑器工具栏,如图 4.13 所示。该工具栏只在查询编辑器打开时出现。

**图 4.13  查询编辑器工具栏**

该工具栏上的常用按钮及其说明如下:

①执行按钮:用于执行编写好的 T-SQL 脚本。

②检查按钮:用于检查分析编写好的 T-SQL 脚本。

③停止按钮：终止正在执行的 T-SQL 脚本。

④预估执行计划按钮：用于显示预估的执行计划。

⑤查询选项配置按钮：用于配置查询的结果参数和执行参数。

⑥查询统计按钮：用于显示实际的执行计划、统计信息、客户端信息。

⑦结果显示按钮：以网格、文本消息的形式查看运行结果或将结果另存为文件。

⑧注释按钮：对选中行进行注释或取消对选中行的注释。

⑨缩进按钮：增加或减少选中行的缩进。

⑩当前数据库列表框：可以通过这个数据库列表框切换当前执行脚本所在的数据库。

3) 使用 SSMS 编写并运行 T-SQL 脚本

编写并运行 T-SQL 脚本的步骤如下：

①单击 SSMS 工具栏上的"新建查询"按钮，打开查询编辑器。

②在查询编辑器的脚本编辑区输入 T-SQL 脚本：

```
USE JXGL
GO
SELECT  *  FROM Teacher
GO
```

③单击工具栏"执行"按钮，查询结果栏将显示执行结果。

④选择"文件"→"另存为"命令，可以保存脚本文件。

# 4.5　SQL Server 2019 数据库种类及文件

## 4.5.1　数据库存储结构及文件种类

1) 数据库存储结构

数据库存储结构包括两种：数据库的逻辑结构和数据库的物理结构。

(1) 数据库的逻辑结构

数据库的逻辑结构表示数据库中各数据之间的逻辑关系，数据库由多个用户界面的可视对象构成，主要包括数据库对象，如数据表、视图、约束、规则、默认和索引等。

(2) 数据库的物理结构

数据库中数据的存储方式和方法(存储路径及索引方式)，主要描述数据存储的实际位置，对应一系列的物理文件，一个数据库及由一个或多个文件组成。

2) 数据库对象

SQL Server 的数据库对象包括表(table)、视图(view)、索引(index)、存储过程(stored procedure)、触发器(trigger)等。

(1) 表

表是包含数据库中所有数据的数据库对象，由行和列构成，它是最重要的数据库对象。例如，对于学生成绩管理系统，学生信息、课程信息和成绩信息应分别存放在学生表、课程表和成绩表中。

（2）视图

视图是由一个表或多个表导出的表，又称为虚拟表。例如，因为成绩中仅仅包含学号和课程号，通过成绩表不能直接看出学生姓名、课程名称等信息，所以，就可以定义一个学生课程成绩视图，将学生表、课程表与成绩表关联起来，生成一个包含学号、姓名、课程号、课程名和成绩的虚表，打开这个表就能看到这些字段在一起的一个表的信息。

（3）索引

加快数据检索速度并可以保证数据唯一性的数据结构。例如，在学生表中，对学号字段进行索引，这样按学号进行查找对应学生信息记录时很快就可进行定位。学号字段可指定为"主键"。

（4）存储过程

为完成特定功能的 T-SQL 语句集合，编译后存放于服务器端的数据库中。例如，在学生数据库中，编写若干条 T-SQL 语句计算总学分作为存储过程，可以汇总成绩表相应学生的总学分，然后放到学生表相应的学生总学分字段中。学号作为输入参数，计算制订学生的总学分；输入参数为空，则计算所有学生的总学分。

（5）触发器

触发器是一种特殊的存储过程，当某个规定的事件发生时，该存储过程自动执行。触发器基于一个表的操作（插入、修改和删除）创建，编写若干条 T-SQL 语句，当该操作发生时，这些 T-SQL 语句被执行，返回真或者假。返回假时，当前表的操作不能被执行。例如，可在成绩表中创建插入触发器，实现成绩表中不能插入学生表没有的学生。

（6）约束

约束用于保障数据的一致性与完整性。具有代表性的约束就是主键和外键。主键约束当前表记录的主键字段值唯一性，外键约束当前表记录与其他表的关系。例如，在成绩表中，学号作为外键与学生表中学号（主键）建立关联，以使成绩表的成绩记录对应学生表的学生记录。

（7）默认值

默认值是在用户插入新表记录前，系统设置字段的初始值。例如，在学生表，设置性别字段默认值为男，这样在增加记录时只需对女生修改性别字段内容。

（8）用户和角色

用户是指对数据库有存取权限的使用者；角色是一个用户组，给角色分配操作权限，该角色对应组的用户都具有该操作权限。

（9）规则

规则用来限制表字段的数据范围。例如，在学生表中，出生时间字段通过采用规则设置为当前日期前的 16~65 年。

（10）类型

用户可以根据需要在给定的系统类型之上定义自己的数据类型。例如，可以定义系统的逻辑类型为性别类型,这样用户在定义性别有关的数据类型时可以采用性别类型。

（11）函数

用户可以根据需要将若干个 T-SQL 语句或者系统函数进行组合实现特定功能,定义成自己的函数。然后,在需要该功能处调用此函数。

3）数据库文件

SQL Server 采用操作系统文件来存放数据库,常用的数据库文件主要 3 种,包括主数据文件、次要数据文件和事物日志文件。

（1）主数据文件

数据库的起点,指向数据库中文件的其他部分,记录数据库所拥有的文件指针。每个数据库有且只有一个主数据文件,默认扩展名为.mdf。

（2）次要数据文件

次要数据文件也称为辅助数据文件,包含除主数据文件外的所有数据文件。有些数据库可能无次要数据文件,而有些数据库可能有多个,不是数据库必需的文件,默认扩展名是.ndf。

（3）事务日志文件

事务日志文件简称日志文件,是包含用于恢复数据库所需的所有操作日志信息的文件。每个数据库必须至少有一个日志文件,默认扩展名是.ldf。

使用这些扩展名有助于标识文件的用途,但 SQL Server 不强制使用.mdf、.ndf 和.ldf 作为文件扩展名。一个数据库文件组织的案例如图 4.14 所示。

图 4.14　数据库文件组织案例

4）数据库文件组

为了便于管理和分配数据，SQL Server 将多个数据库文件组成一个组。数据库文件组是数据文件的逻辑组合。主要包括以下 3 类。

（1）主文件组

主文件组包含主数据文件和未指明组的其他文件。如在创建数据库时，未指定其他数据文件所属的文件组。数据库的所有系统表都被分配到（包含在）主文件组中。当主文件组的存储空间用完之后，将无法向系统表中添加新的目录信息，一个数据库有一个主文件组。

（2）次文件组

次文件组也称用户自定义文件组，是用户首次创建或修改数据库时自定义的，其目的在于数据分配，以提高数据表的读写效率。

（3）默认文件组

各数据库都有一个被指定的默认文件组。若在数据库中创建对象时没指定其所属的文件组，则将分配给默认文件组。

数据库文件和文件组遵循的规则：一个文件或文件组只能被一个数据库使用；一个文件只能属于一个文件组；日志文件不能属于任何文件组。

> 注意：为了提高使用效率，使用数据文件和文件组时应注意以下几点：
> ①在创建数据库时，需要考虑数据文件可能会出现自动增长的情况，应当设置上限，以免占满磁盘。
> ②主文件组可以容纳各系统表。当容量不足时，后更新的数据可能无法添加到系统表中，数据库也可能无法进行追加或修改等操作。
> ③建议将频繁查询或频繁修改的文件分放在不同的文件组中。
> ④将索引、大型的文本文件、图像文件放到专门的文件组中。

### 4.5.2　SQL Server 数据库种类和特点

数据库对象是指数据库中的数据在逻辑上被组成一系列对象（数据库的组成部分），当一个用户连接到数据库后、所看到的是逻辑对象，而不是物理的数据库文件。如在"对象资源管理器"中可以查看的（数据）表、索引、视图等。

SQL Server 2019 数据库对象的类型如图 4.15 所示。

数据库是存放各种对象（表、视图、约束、规则、索引等）的逻辑实体。逻辑上表现（界面中看到的）为数据库对象，物理上表现为数据库文件（主数据文件、次要数据文件或事务日志文件）。

1）逻辑数据库

在 SQL Server 实例中，数据库被分为三大类：系统数据库、用户数据库和示例数据库。

（1）系统数据库

系统数据库是指随着安装程序一起安装，用于协助 SQL Server 2019 系统共同完成管理操作的数据库,它们是 SQL Server 2019 运行的基础。它存放 SQL Server 2019 的系统级信息,例如,系统配置、数据库属性、登录账号、数据库文件、数据库备份、警报、作业等信息。通过系统信息来管理和控制整个数据库服务器系统。用户数据库是用户创建的,存放用户数据和对象的数据库。在安装了 SQL Server 2019 以后,系统会自动创建 5 个系统数据库,分别是 master、model、msdb、resource 及 tempdb。master 数据库记录 SQL Server 实例的所有系统级信息。其中 master、model、msdb、tempdb 数据库是可见的,当启动 SQL Server Management Studio 后,它们将出现在"对象资源管理器"的树结构中,如图 4.16 所示。

图 4.15　SQL Server 2019 数据库对象的类型

图 4.16　系统数据库

当然,若系统数据库遭到破坏,SQL Server 2019 将不能正常启动。SQL Server 2019 在安装时将创建 5 个系统数据库:master 数据库、msdb 数据库、model 数据库、tempdb 数据库和 resource 数据库。这些数据库各司其职、各种数据库的作用见表 4.4。

表 4.4　SQL Server 2019 的系统数据库

| 系统数据库 | 功能说明 |
| --- | --- |
| master 数据库 | 记录 SQL Server 实例的所有系统级信息 |
| msdb 数据库 | 用于 SQL Server 代理计划警报和作业 |
| model 数据库 | 用于 SQL Server 实例上创建的所有数据库的模板 |
| tempdb 数据库 | 一个工作空间,用于保存临时对象或中间结果集 |
| resourc 数据库 | 原系统有一个只读数据库,包含 SQL Server 的系统对象 |

①master 数据库。记录 SQL Server 系统的所有系统级信息。这包括实例范围的元数据(如登录账户)、端点、链接服务器和系统配置设置。在 SQL Server 中,系统对象不再存储在 master 数据库中,而是存储在 resource 数据库中。此外,master 数据库还记录了所有其他数据库的存在、数据库文件的位置以及 SQL Server 的初始化信息。因此,如果 SQL Server master 数据库不可用,则无法启动。

②msdb 数据库。代理使用 msdb 数据库来计划警报和作业,SQL Server Management Slmlio、Service Broker 和数据库邮件等其他功能也要使用该数据库。

例如,SQL Server 在 msdb 数据库的表中自动保留一份完整的联机备份和还原历史记录。这份信息包括执行备份一方的名称、备份时间和用来存储备份的设备或文件。SQL Server Management Studio 使用这些信息来提出计划,还原数据库和应用任何事务日志备份。msdb 数据库将会记录有关所有数据库备份事件,即使它们是由自定义应用程序或第三方工具创建的。例如,如果使用调用 SQL Server 管理对象(SMO)的 Microsoft Visual Basic 应用程序执行备份操作,则事件将记录在 msdb 系统表、Microsoft Windows 应用程序日志和 SQL Server 错误日志中。为了保护存储在 msdb 中的信息,建议将 msdh 事务日志放在容错存储区中。

③model 数据库。用于在 SQL Server 实例上创建的所有数据库的模板。因为 SQL Server 每次启动时都会创建 tempdb 数据库,所以 model 数据库必须始终存在于 SQL Server 系统中。model 数据库的全部内容(包括数据库选项)都会被复制到新的数据库中。启动期间,也可使用 model 数据库的某些设置创建新的 tempdb。因此 model 数据库必须始终存在于 SQL Server 系统中。

④tempdb 数据库。tempdb 数据库是一个全局资源,可供连接到 SQL Server 实例或 SQL 数据库的所有用户使用。tempdb 用于保留:a.显式创建的临时用户对象。例如,全局或局部临时表及索引、临时存储过程、表变量、表值函数返回的表或游标。b.由数据库引擎创建的内部对象。其中包括用于储存假脱机、游标、排序和临时大型对象(LOB)存储的

中间结果的工作表;用于哈希连接或哈希聚合操作的工作文件;用于创建或重新生成索引等操作(如果指定了 SORT_IN_TEMPDB)的中间排序结果,或者某些 GROUP BY、ORDER BY 或 UNION 查询的中间排序结果。c.版本存储区,即数据页的集合,它包含支持使用行版本控制功能所需的数据行。

tempdb 中的操作是最小日志记录操作,以便回滚事务。每次启动时都会重新创建 tempdb 数据库,从而在系统启动时总是具有一个干净的数据库副本。在断开连接时会自动删除临时表和存储过程,并且在系统关闭后没有活动连接。因此 tempdb 中不会有什么内容从 SQL Server 的一个会话保存到另一个会话。不允许对 tempdb 数据库进行备份和还原操作。

⑤resource 数据库。resource 数据库为只读数据库,它包含了 SQL Server 中的所有系统对象。SQL Server 系统对象(如 sys.objects)在物理上保留在 resource 数据库中,但在逻辑上却显示在每个数据库的 sys 架构中。resource 数据库不包含用户数据或用户元数据。

resource 数据库的物理文件名为 mssqlsystemresource.mdf 和 mssqlsystemresource.ldf。这些文件位于〈drive〉:\Program Files\Microsoft SQL Server\MSSQL<version>.<instance_name>\ MISSQL\ Binn\ ,不应移动。每个 SQL Server 实例都具有一个(也是唯一的一个)关联的 mssqlsystemre source. mdf 文件,并且实例间不共享此文件。

(2)用户数据库

用户数据库指由用户建立并使用的数据库,用于存储用户使用的数据信息。用户数据库由用户建立,且由永久存储表和索引等数据库对象的磁盘空间构成,空间被分配在操作系统文件上。系统数据库与用户数据库结构如图 4.17 所示。用户数据库和系统数据库一样,也被创分成许多逻辑页,通过指定数据库 ID、文件 ID 和页号,可引用任何一页。当扩大文件时,新空间被追加到文件末尾。

本书所创建的数据库都是用户数据库,用户数据库和系统数据库在结构上是相同的。例如,创建的学生管理数据库,如图 4.18 所示。

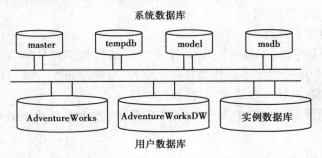

图 4.17 系统数据库与用户数据库结构

图 4.18 用户数据库

(3)示例数据库

示例数据库是一种实用的学习数据库的范例,SQL Server 2019 安装时,默认情况下不会自动安装,需要单独下载、安装和设置。

2)数据库逻辑组件

数据库(空间)的存储(安排),实际上按物理方式在磁盘上以多个文件方式实现的。用户使用数据库时主要调用的是逻辑组件,如图4.19所示。

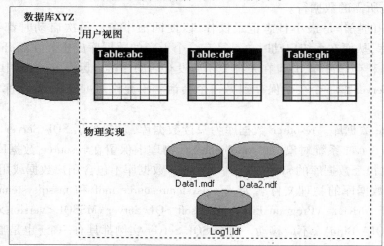

图4.19　用数据库时使用的逻辑组件

# 4.6　SQL Server 的命名规则

1)认识标识符

SQL Server 的所有对象,包括服务器、数据库及数据对象等都可以有一个标志符,对绝大多数对象来说,标识符是必不可少的,但对某些对象来说,是否规定标志符是可以选择的。对象的标识符一般在创建对象时定义,作为引用对象的工具使用。

SQL Server 标识符的命名遵循以下规则:

①标识符包含的字符数必须在 1~128。

②标识符的第一个字符必须是字母、下画线"_"、at 符号"@"或者数字符号"#"。在 SQL Server 中不区分大小写;数字 0~9,数字不能作为第一个字符;特殊字符"_""#""@""$",其中"$"不能作为第一个字符;其他一些语言字符,如汉字。

③标识符的后续字符可以为字母、数字或"@"符号、"$"符号、数字符号或下画线。不允许嵌入空格或其他特殊字符。

④标识符不能是 T-SQL 的保留字。

2)对象命名规则

SQL Server 数据库管理系统中的数据库对象名称由 1~128 个字符组成,不区分大小写。使用标识符也可以作为对象的名称。在一个数据库中创建了一个数据库对象后,数据库对象的完整名称应该由服务器名、数据库名、所有者名和对象名 4 部分组成,其格式如下:

[[[server.][database].][owner_name].]object_name

服务器、数据库和所有者的名称即所谓的对象名称限定符。当引用一个对象时,不需要指定服务器、数据库和所有者,可以利用句号标出它们的位置,从而省略限定符。

> 注意:不允许存在4部分名称完全相同的数据库对象。在同一个数据库中可以存在两个名为EXAMPLE的表格,但前提必须是这两个表的所有者不同。

3)实例命名规则

使用SQL Server 2019,可以在一台计算机上安装SQL Server的多个实例。SQL Server 2019提供了两种类型的实例,即默认实例和命名实例。

(1)默认实例

此实例由运行它的计算机的网络名称标识,使用以前版本SQL Server客户端软件的应用程序可以连接到默认实例。但是,一台计算机上每次只能有一个版本作为默认实例运行。

(2)命名实例

计算机可以同时运行多个SQL Server命名实例。实例通过计算机的网络名称加上实例名称以<计算机名称>\<实例名称>格式进行标识,即computer_name\instance_name,但该实例名不能超过16个字符。

# 本章小结

本章首先介绍了SQL Server 2019数据库管理系统,包括服务器组件、管理工具以及主要版本的功能差异,然后重点介绍了SQL Server 2019的安装步骤,最后介绍了SQL Server 2019中常用的工具——SSMS(SQL Server Management Studio),以及查询编辑器的主要界面和使用方法。

①在SQL Server 2019中,最重要的服务是SQL Server(MSSQLSERVER),只有启动了该服务,SQL Server的功能才能显现出来。

②SQL Server 2019是一个支持多实例的数据库管理系统,一个实例就是一个独立运行的数据库管理系统。在一台服务器上可以安装多个SQL Server实例,但其中只能有一个默认实例(通常是第一个安装的SQL Server实例),其他都是命名实例。

# 习题4

**一、选择题**

1.在SQL Server 2019中,有系统数据库和用户数据库,下列不属于系统数据库的是( )。

    A.master                    B.model                    C.msdb                    D.pubs

2.创建数据库时,关于数据库文件,以下说法正确的是(    )。

  A.只会创建一个主数据文件

  B.至少会创建一个主数据文件和一个日志文件

  C.至少会创建一个主数据文件和一个次数据文件

  D.可以创建多个主数据文件和多个日志文件

3.SQL Server 2019 采用的身份验证模式有(    )。

  A.仅 Windows 身份验证模式

  B.仅 SQL Server 身份验证模式

  C.仅混合模式

  D.Windows 身份验证模式和混合模式

4.下面对 SQL Server 2019 描述正确的是(    )。

  A.该数据库可以安装到 Linux 操作系统中

  B.该数据库不能安装到 Linux 操作系统中

  C.该数据库可以安装到 Windows 7 操作系统中

  D.以上都不对

5.下面对 SQL Server 2019 登录描述正确的是(    )。

  A.该数据库不用启动任何服务就可以直接登录

  B.该数据库只能使用用户名和密码的方式登录

  C.该数据库只能使用 Windows 用户登录的方式登录

  D.以上都不对

6.下面对系统数据库描述正确的是(    )。

  A.系统数据库是指在安装 SQL Server 后自带的数据库,所有系统数据库都能备份
   和还原

  B.系统数据库是指在安装 SQL Server 后自带的数据库,master 数据库删除后不影
   响 SQL Server 的启动

  C.系统数据库可以不安装

  D.以上都不对

**二、填空题**

  1.访问 SQL Server 数据库对象时,需要经过身份验证和_____两个阶段,其中身份
验证分为 Windows 验证模式和_____验证模式。

  2.系统数据库包括_____。

  3.三级模式是指_____。

  4.SQL Server 的登录方式有_____种。

# 第 5 章　SQL Server 数据库建立及操作

习近平同志指出"面对信息化潮流,只有积极抢占制高点,才能赢得发展先机"。① 数据库可以说是一个逻辑上的概念和手段,它通过一组系统文件将相互关联的数据库表及其相关的数据库对象统一组织和管理。因此把表放入数据库中可以减少数据的冗余,保护数据的完整性,同时数据库使得对数据的管理更加方便和有效。

在实际应用中,数据库一般通过数据库管理系统(DBMS)创建,并可通过数据库对象对其进行操作和管理。本章介绍用 SQL Server 2019 创建数据库表,以及对 SQL Server 数据库的操作和管理。创建好数据库之后,下一步就需要建立数据库表。表是数据库中最基本的数据对象,用于存放数据库中的数据。

## 5.1　SQL Server 数据库基本操作

SQL Server 的数据库是所涉及的对象以及数据的集合。它不仅反映数据本身的内容,而且反映对象以及数据之间的联系。

### 5.1.1　数据库的创建

若要创建数据库,必须确定数据库的名称、所有者、大小以及存储该数据库的文件和文件组。

创建数据库的注意事项如下:

①创建数据库需要一定许可,在默认情况下,只有系统管理员和数据库拥有者可以创建数据库。数据库被创建后,创建数据库的用户自动成为该数据库的所有者。

②创建数据库的过程实际上就是为数据库设计名称、设计所占用的存储空间和存放文件位置的过程等,数据库名字必须遵循 SQL Server 命名规范。

③所有的新数据库都是系统样本数据库 model 的副本。

④单个数据库可以存储在单个文件上,也可以跨越多个文件存储。

⑤数据库的大小可以被增大或者收缩。

⑥当新的数据库创建时,SQL Server 自动更新"sysdatabases"系统表。

⑦一台服务器上最多可能创建 32 767 个数据库。

本书设计了学生管理信息数据库 XSGL,该数据库中有学生表 Student、课程表 Course、成绩表 Grade,教学管理数据库 JXGL,该数据库中有教师表 Teacher、系部表 Department。

---

① 　2015 年 6 月 17 日,习近平在贵州调研时强调。

本节将以建立"学生管理数据库"为例,讲解用 SSMS 图形化界面方式和 T-SQL 语言创建数据库这两种方法。

下面就以创建名称为"学生管理数据库"为例,说明创建数据库的步骤。

在 SQL Server 2019 中,创建数据库的方法主要有两种:一种是在 SQL Server Managemem Studio 中使用现有命令和功能,通过方便的图形化工具进行创建;另一种是通过 T-SQL 语句创建。

图 5.1　新建数据库

**方法一:利用 SSMS 创建**

【例 5.1】　使用"SQL Server Management Studio"创建学生管理数据 stsc。

①选择"开始"→"所有程序"→"SQL Server",单击"SQL Server Management Studio",出现"连接到服务器"对话框,在"服务器名称"框中选择(local),在"身份验证"框中选择 SQL Server 身份验证,单击"连接"按钮,连接到服务器。

②屏幕出现 SQL Server Management Studio 窗口,在左边"对象资源管理器"窗口中选中"数据库"节点,单击鼠标右键,在弹出的快捷菜单中选择"新建数据库"命令,如图 5.1 所示。

③进入"新建数据库"窗口,在"新建数据库"窗口的左上方有 3 个选项卡:"常规"选项卡、"选项"选项卡和"文件组"选项卡,"常规"选项卡首先出现。在"数据库名称"文本框中输入创建的数据库名称学生数据库,"所有者"文本框使用系统默认值,系统自动在"数据库文件"列表中生成一个主数据文件"stsc.mdf"和一个日志文件"stsc_log.ldf",主数据文件"stsc.mdf"初始大小为 8 MB,增量为 64 MB,存放的路径为 C:\Program Files\Microsoft SQL Server\MSSQL15.MSSQLSERVER\MSSQL\DATA\,日志文件"stsc_log.ldf"初始大小为 8 MB,增量 64 MB,存放的路径与主数据文件的路径相同,如图 5.2 所示。这里只配置"常规"选项卡,其他选项卡采用系统默认设置。

④单击"确定"按钮,stsc 数据库创建完成,在"C:\Program Files\Microsoft SQL Server\MSSQL15.MSSQLSERVER\MSSQL\DATA\"文件夹中,增加了两个数据文件 stsc.mdf 和 stsc_log.ldf。

**方法二:命令方式——CREATE DATABASE**

除了采用 SQL Server Management Studio 管理工具创建数据库外,还可以在 SQL Server Management Studio 集成的查询分析器中使用 T-SQL 语言中的 CREATE DATABASE 语句创建数据库,在创建时可以指定数据库名称、数据库文件存放位置、大小、文件的最大容量和文件的增量等。

CREATE DATABASE 语句的基本格式:

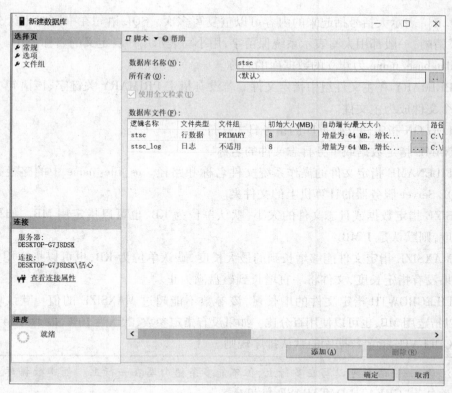

图 5.2　数据库命名

CREATE DATABASE database_name

　[ON

　{[PRIMARY](NAME=logical_file_name,

　　FILENAME='os_file_name'

　　[,SIZE=size]

　　[,MAXSIZE={max_size|UNLIMITED}]

　　[,FILEGROWTH=grow_increment])

　}[,…n]

　LOG ON

　{(NAME=logical_file_name,

　　FILENAME='os_file_name'

　　[,SIZE=size]

　　[,MAXSIZE={max_size|UNLIMITED}]

　　[,FILEGROWTH=grow_increment])

　}[,…n]

　COLLATE collation_name

说明:在以上的语法格式中,"[ ]"表示该项可省略,省略时各参数取默认值,

"{}[,…n]"表示大括号括起来的内容可以重复写多次。SQL语句在书写时不区分大小写,为了清晰,一般都用大写表示系统保留字,用小写表示用户自定义的名称。

①database_name 为建立的数据库的名称。

②PRIMARY 在主文件组中指定文件。若没有指定 PRIMARY 关键字,该语句中所列的第一个文件成为主文件。

③LOG ON 指定建立数据库的事务日志文件。

④NAME 指定数据或事务日志文件的名称。

⑤FILENAME 指定文件的操作系统文件名称和路径。os_file_name 中的路径必须为安装 SQL Server 服务器的计算机上的文件夹。

⑥SIZE 指定数据或日志文件的大小,默认单位为 KB,也可以指定用 MB。如果没有指定长度,则默认是 1 MB。

⑦MAXSIZE 指定文件能够增长到的最大长度,默认单位为 KB,也可以指定用 MB 单位。如果没有指定长度,文件将一直增长到磁盘满为止。

⑧FILEGROWTH 指定文件的增长量,该参数不能超过 MAXSIZE 的值。默认单位为 KB,可以指定用 MB,也可以使用百分比。如果没有指定参数,默认为 10%,最小为 64 KB。

⑨COLLATE 指定数据库的默认排序规则。

> 注意:一条语句可以写在多行上,但不能多条语句写在一行上。创建数据库最简单的语句是"CREATE DATABASE 数据库名"。

【例 5.2】 创建数据库 stsc,并指定数据库的数据文件所在位置、初始容量、最大容量和文件增长量。

```
CREATE DATABASE    stsc    ON
(    NAME = ' stsc ',
    FILENAME = ' C：\SQL Server2019\stsc.mdf ',
    SIZE = 5MB,
    MAXSIZE = 10MB,
    FILEGROWTH = 5% )
    GO
```

【例 5.3】 创建教学管理数据库 JXGL,并指定数据库的数据文件和日志文件的所在位置、初始容量、最大容量和文件增长量。

```
CREATE DATABASE JXGL
ON PRIMARY
( NAME = ' JXGL ',
    FILENAME = ' C：\SQL Server2019\JXGL.mdf ',
    SIZE = 6MB,
```

MAXSIZE = 30MB,

　　　FILEGROWTH = 1MB)

### 5.1.2　数据库的打开

在连接上 SQL Server 时,打开数据库有以下 3 种方式:

**方法一:在"对象资源管理器"中打开数据库**

在"对象资源管理器"窗格中展开"数据库"结点,单击要打开的数据库(如学生管理数据库)前的展开按钮"+"号,如图 5.3 所示。此时右窗格中列出的是当前打开的数据库的对象。

图 5.3　用命令方式打开当前数据库

### 方法二:使用 T-SQL 语句打开数据库

在查询分析器中,可以通过使用 USE 语句打开并切换数据库,其语法格式为:

$$USE\ database\_name$$

其中,database_name 是想要打开的数据库名称。

【例 5.4】 打开"学生管理数据库"。

在查询编辑器窗口输入并执行如下 T-SQL 语句:

$$USE\ 学生管理数据库$$

按"F5"键执行上述语句,即可打开并切换到"学生管理数据库",执行结果如图 5.4 所示。

图 5.4 用命令方式打开当前数据库

### 方法三:用"SQL 编辑器"进行数据库切换

图 5.5 为用"SQL 编辑器"工具栏的下拉列表打开当前数据库。

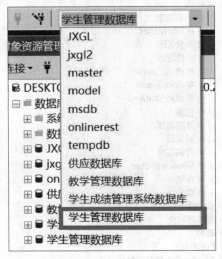

图 5.5 用工具栏方式打开当前数据库

## 5.1.3 数据库的修改

数据库创建完成后,用户在使用过程中根据需要对其原始定义进行修改。数据库设计器的打开有两种方法：

①利用 SSMS 进行修改。

②使用 ALTER DATABASE 语句对指定的数据库进行参数修改。

**方法一：**

【例5.5】　在 JXGL 数据库(已创建)中增加数据文件 abc.ndf 和日志文件 abc_log.ldf。

①启动 SSMS 界面,在左边"对象资源管理器"窗口中展开"数据库"节点,选中数据库"JXGL",单击鼠标右键,在弹出的快捷菜单中选择"属性"命令。

②在"数据库属性——JXGL"对话框中,单击"选择页"中的"文件"选项,进入文件设置页面,如图 5.6 所示。通过本对话框可增加数据文件和日志文件。

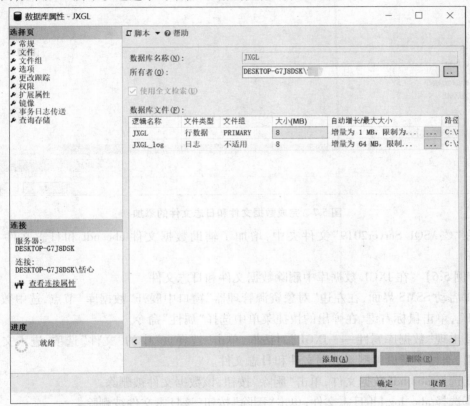

**图 5.6　添加数据文件和日志文件**

③增加数据文件。单击"添加"按钮,在"数据库文件"列表中出现一个新的文件位置,单击"逻辑名称"文本框并输入名称"abc",单击"初始大小"文本框,通过该框后的微调按钮将大小设置为 3,"文件类型"文本框、"文件组"文本框、"自动增长"文本框和"路径"文本框都选择默认值。

④增加日志文件。单击"添加"按钮,在"数据库文件"列表中出现一个新的文件位置,单击"逻辑名称"文本框并输入名称"abc_log",单击"文件类型"文本框,通过该框后的下拉箭头设置为"日志","初始大小"文本框、"文件组"文本框、"自动增长"文本框和"路

径"文本框都选择默认值,如图 5.7 所示,单击"确定"按钮。

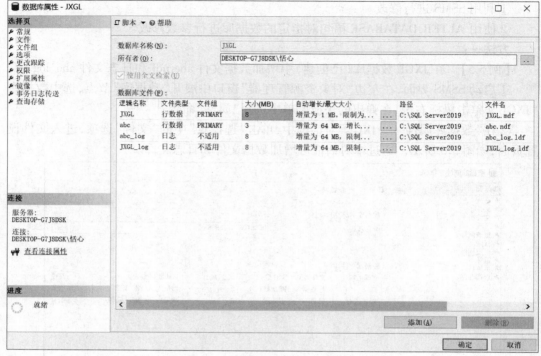

**图 5.7 完成数据文件和日志文件的添加**

在"C:\SQL Server2019"文件夹中,增加了辅助数据文件 abc.ndf 和日志文件 abc_log.ldf。

【例 5.6】 在 JXGL 数据库中删除数据文件和日志文件。

①启动 SSMS 界面,在左边"对象资源管理器"窗口中展开"数据库"节点,选中数据库"JXGL",单击鼠标右键,在弹出的快捷菜单中选择"属性"命令。

②出现"数据库属性——JXGL"对话框,单击"选择页"中的"文件"选项,进入文件设置页面,通过本窗口可删除数据文件和日志文件。

③选择 abc.ndf 数据文件,单击"删除"按钮,该数据文件被删除。

④选择 abc_log.ldf 日志文件,单击"删除"按钮,该日志文件被删除。

⑤单击"确定"按钮,返回 SSMS 窗口。

**方法二:命令方式——ALTER DATABASE**

修改数据库的语句 ALTER DATABASE。

ALTER DATABASE 语句的语法

  ALTER DATABASE database_name    ——需修改的数据库名

   | &lt;add_or_modify_files&gt;    ——增加或修改数据库文件

   | &lt;add_or_modify_filegroups&gt;  ——增加或修改数据库文件组

   | &lt;set_database_options&gt;   ——设置数据库选项

| MODIFY NAME = new_database_name　　　——数据库重命名

　　　　　　| COLLATE collation_name　　　　　　　——更改排序规则

　　　　}［;］

【例5.7】　为 JXGL 数据库增加一个日志文件 edf。

　　　　ALTER DATABASE JXGL

　　　　ADD LOG FILE

　　　　(　　NAME＝edf_log,

　　　　　　FILENAME＝' C：\SQL Server2019\edf_log.LDF ',

　　　　　　SIZE＝2 MB,

　　　　　　MAXSIZE＝6 MB,

　　　　　　FILEGROWTH＝1MB)

　　　　GO

【例5.8】　修改 JXGL 数据库的排序规则。

　　　　ALTER DATABASE JXGL

　　　　COLLATE Chinese_PRC_CI_AS_KS

【例5.9】　给 JXGL 数据库添加文件组 jxglfgrp,再添加数据文件 jxglfile.ndf 到文件组 jxglfgrp 中。

　　　　ALTER DATABASE JXGL

　　　　ADD FILEGROUP jxglfgrp

　　　　GO


　　　　ALTER DATABASE JXGL

　　　　ADD FILE

　　　　(　　NAME ='jxglfile ',

　　　　　　FILENAME = ' C：\SQL Server2019\jxglfile.ndf ' )

　　　　　　TO FILEGROUP jxglfgrp

　　　　GO

【例5.10】　将名为"学生管理数据库"改名为"xsgl"。

　　　　ALTER DATABASE 学生管理数据库

　　　　MODIFY NAME＝xsgl


## 5.1.4　数据库的删除

　　当系统中不再需要的用户数据库,用户可根据自己的权限选择将其删除。数据库的删除有以下两种方式:

　　1) 使用 SSMS 删除数据库

　　启动 SSMS 界面,连接到本地数据库默认实例。在对象资源管理器中,展开树形目录,定位到要删除的数据库,右击该数据库,再选择"删除"命令,如图 5.8 所示删除数据库"学生管理数据库"。

图 5.8　删除数据库对话框

确认选择了正确的数据库,在弹出的对话框中再单击"确定"按钮。若删除了数据库,则不能恢复内容。

2)命令方式:使用 T-SQL 语句删除数据库

具体格式如下:

DROP DATABASE {database_name} [ ,…n ] [ ; ]

【例 5.11】　删除已创建的数据库 JXGL。

DROP DATABASE JXGL

GO

若要执行 DROP DATABASE 操作,用户至少需对数据库具有 CONTROL 权限。执行删除数据库操作会从 SQL Server 实例中删除数据库,并删除该数据库使用的物理磁盘文件。

## 5.1.5 数据库的管理

在数据库创建后,数据库进入使用管理阶段,管理数据库通常包括查看数据库信息、扩充数据库文件容量、重命名数据库、分离和附加数据库、更改数据库状态和删除数据库等操作。

1) 查看数据库状态信息

在 SQL Server 2019 中,数据库文件的状态独立于数据库的状态。文件始终处于一个特定状态,若要查看文件的当前状态,请使用 sys.master_files 或 sys.database_files 目录视图。如果数据库处于离线状态,则可以从 sys.master_files 目录视图中查看文件的状态,如图 5.9 所示。

```
Select name, physical_name, type, type_desc, state, state_desc
From sys.master_files
```

100 %

结果 消息

| | name | physical_name | type | type_desc | state | state_desc |
|---|---|---|---|---|---|---|
| 1 | master | C:\Program Files\Microsoft SQL Server\MSSQL15.M... | 0 | ROWS | 0 | ONLINE |
| 2 | mastlog | C:\Program Files\Microsoft SQL Server\MSSQL15.M... | 1 | LOG | 0 | ONLINE |
| 3 | tempdev | C:\Program Files\Microsoft SQL Server\MSSQL15.M... | 0 | ROWS | 0 | ONLINE |
| 4 | templog | C:\Program Files\Microsoft SQL Server\MSSQL15.M... | 1 | LOG | 0 | ONLINE |
| 5 | temp2 | C:\Program Files\Microsoft SQL Server\MSSQL15.M... | 0 | ROWS | 0 | ONLINE |
| 6 | temp3 | C:\Program Files\Microsoft SQL Server\MSSQL15.M... | 0 | ROWS | 0 | ONLINE |
| 7 | temp4 | C:\Program Files\Microsoft SQL Server\MSSQL15.M... | 0 | ROWS | 0 | ONLINE |
| 8 | modeldev | C:\Program Files\Microsoft SQL Server\MSSQL15.M... | 0 | ROWS | 0 | ONLINE |
| 9 | modellog | C:\Program Files\Microsoft SQL Server\MSSQL15.M... | 1 | LOG | 0 | ONLINE |
| 10 | MSDBData | C:\Program Files\Microsoft SQL Server\MSSQL15.M... | 0 | ROWS | 0 | ONLINE |
| 11 | MSDBLog | C:\Program Files\Microsoft SQL Server\MSSQL15.M... | 1 | LOG | 0 | ONLINE |
| 12 | 学生管理数据库 | C:\Program Files\Microsoft SQL Server\MSSQL15.M... | 0 | ROWS | 0 | ONLINE |
| 13 | 学生管理数据库_log | C:\Program Files\Microsoft SQL Server\MSSQL15.M... | 1 | LOG | 0 | ONLINE |
| 14 | 教学管理数据库 | C:\Program Files\Microsoft SQL Server\MSSQL15.M... | 0 | ROWS | 0 | ONLINE |
| 15 | 教学管理数据库_log | C:\Program Files\Microsoft SQL Server\MSSQL15.M... | 1 | LOG | 0 | ONLINE |
| 16 | teaching | C:\jxgl教学管理数据库\teaching.mdf | 0 | ROWS | 0 | ONLINE |
| 17 | teaching_log | C:\jxgl教学管理数据库\teaching_log.1df | 1 | LOG | 0 | ONLINE |
| 18 | 供应数据库 | C:\Program Files\Microsoft SQL Server\MSSQL15.M... | 0 | ROWS | 0 | ONLINE |
| 19 | 供应数据库_log | C:\Program Files\Microsoft SQL Server\MSSQL15.M... | 1 | LOG | 0 | ONLINE |
| 20 | 学生成绩管理系统数据库 | C:\Program Files\Microsoft SQL Server\MSSQL15.M... | 0 | ROWS | 0 | ONLINE |
| 21 | 学生成绩管理系统数据库_log | C:\Program Files\Microsoft SQL Server\MSSQL15.M... | 1 | LOG | 0 | ONLINE |
| 22 | onlinerest | C:\Program Files\Microsoft SQL Server\MSSQL15.M... | 0 | ROWS | 0 | ONLINE |
| 23 | onlinerest_log | C:\Program Files\Microsoft SQL Server\MSSQL15.M... | 1 | LOG | 0 | ONLINE |
| 24 | JXGL | C:\SQL Server2019\JXGL.mdf | 0 | ROWS | 0 | ONLINE |
| 25 | JXGL_log | C:\SQL Server2019\JXGL_log.1df | 1 | LOG | 0 | ONLINE |
| 26 | abc | C:\SQL Server2019\abc.ndf | 0 | ROWS | 0 | ONLINE |
| 27 | abc_log | C:\SQL Server2019\abc_log.1df | 1 | LOG | 0 | ONLINE |
| 28 | edf_log | C:\SQL Server2019\edf_log.LDF | 1 | LOG | 0 | ONLINE |
| 29 | gxglfile | C:\SQL Server2019\jxglfile.ndf | 0 | ROWS | 0 | ONLINE |

**图 5.9 查看数据库状态信息**

可以在查询设计器窗口中输入如下代码并执行,即可查看到相关数据文件的状态信息。

Select name,physical_name,type,type_desc,state, state_desc

From sys.master_files

其中数据库状态有以下几种情况:

①ONLINE 表示可以对数据库进行访问。即使可能尚未完成恢复的撤销阶段,主文件组仍处于在线状态。

②OFFLINE 表示数据库无法使用。数据库由于显式的用户操作而处于离线状态,并保持离线状态直至执行了其他的用户操作。

③RESTORING 表示正在还原主文件组的一个或多个文件,或正在离线还原一个或多个辅助文件,此时数据库不可用。

④RECOVERING 表示正在恢复的数据库。恢复进程是一个暂时性状态,恢复成功后数据库将自动处于在线状态。

⑤RECOVERY PENDING 表示 SQL Server 在恢复过程中遇到了与资源相关的错误。此时数据库不可用。

⑥SUSPECT 表示至少主文件组可疑或可能已损坏。在 SQL Server 启动过程中无法恢复数据库。

⑦EMERGENCY 表示用户更改了数据库,并将其状态设置为 EMERGENCY。数据库处于单用户模式,可以修复或还原。数据库标记为 READ_ONLY,禁用日志行,并且仅限 sysadmin 固定服务器角色的成员访问。EMERGENCY 主要用于故障排除。

数据库文件状态含义:

①ONLINE 表示文件可用于所有操作。如果数据库本身处于在线状态,则主文件组中的文件始终处于在线状态。

②OFFLINE 表示文件不可访问,并且可能不显示在磁盘中。文件通过显式用户操作变为离线,并在执行其他用户操作之前保持离线状态。

③RESTORING 表示正在还原文件。文件处于还原状态,并且在还原完成及文件恢复之前,一直保持此状态。

④RECOVERY PENDING 表示文件恢复被推迟。由于在段落还原过程中未还原和恢复文件,因此文件将自动进入此状态。

⑤SUSPECT 表示联机还原过程中,恢复文件失败。如果文件位于主文件组,则数据库还将标记为可疑。否则,仅文件处于可疑状态,而数据库仍处于在线状态。

⑥DEFUNCT 表示当文件不处于在线状态时被删除。删除离线文件组后,文件组中的所有文件都将失效。

2)查看数据库信息

在查询编辑器窗口中,使用 sp_helpdb 存储过程可以查看该服务器上所有数据库或指定数据库的基本信息。如果指定了数据库名,将返回指定数据库的信息。语法格式如下:

sp_helpdb [[ @ dbname = ]' name ']

其中,[ @ dbname = ]' name '为要报告其信息的数据库的名称。

例如,查看"学生管理数据库",新建查询窗口,输入"sp_helpdb 学生管理数据库",如图5.10所示。

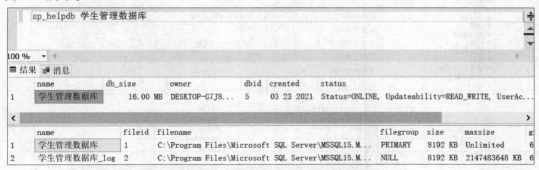

**图 5.10 当前服务器上所有数据库的信息**

3)数据库的属性设置

通过 SSMS 可以查看数据库文件的物理文件及相关属性。从例 5.11 的例题可知,利用命令修改了部分数据库属性,下面再对其他一些数据库属性做进一步的设置。

(1)数据库更名

一种方法是 SSMS 中选中此数据库,单击鼠标右键,在弹出的快捷菜单中选择"重命名"。或者直接利用 ALTER DATABASE 命令来实现,如例 5.10;另一种方法是使用系统存储过程 sp_renamedb 更改数据库的名称。系统存储过程 sp_renamedb 语法如下:

> sp_renamedb [ @ dbname = ]' old_name ',
>
> [ @ newname = ]' new_name '

例如,将例 5.10 中的新的数据库名"xsgl"还改为原来的"学生管理数据库",输入语句:

> sp_renamedb ' xsgl ', '学生管理数据库'

(2)限制用户对数据库的访问

在 SQL Server 2019 的运行过程中,有时需要限制用户的访问。在数据库 test01 的"数据库属性"对话框中选择"选项"选项卡,如图 5.11 所示。选择"状态"中"限制访问"下拉框,出现 3 个选项。

①MULTI_USER:数据库处于正常生产状态,允许多个用户同时访问数据库。

②SINGLE_USER:指定一次只能一个用户访问,其他用户的连接被中断。

③RESTRICTED_USER:限制除 db_ower(数据库所有者)、dbcreator(数据库创建者)和 sysadmin(系统管理员)以外的角色成员访问数据库,但对数据库的连接不加限制。一般在维护数据库时,将数据库设置为该状态。

(3)修改数据库的排序规则

前面的例题 5.8 是利用命令方式更改数据库的排序规则,下面介绍如何利用可视化方式修改排序规则。同样是在图 5.11 所示的"选项"选项卡内,利用"排序规则"下拉框,可以设置数据库采用的排序规则,如图 5.12 所示。

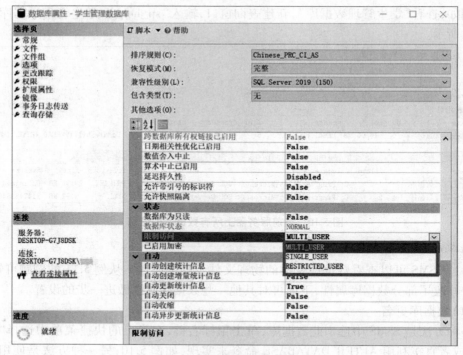

图 5.11　限制用户对数据库的访问

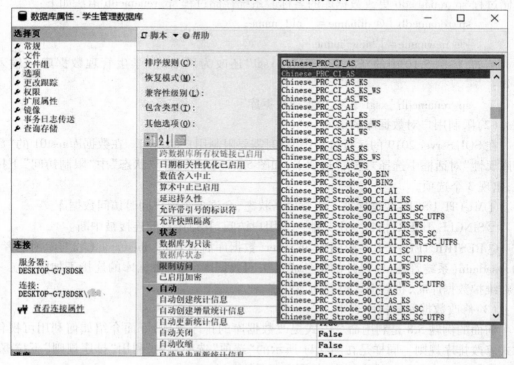

图 5.12　修改数据库的排序规则

SQL Server 的排序规则指定了字符的物理存储模式,以及存储和比较字符的规则。以 Chinese_PRC_CS_AI_WS 为例,该规则可以分成两部分来理解。前半部分指排序规则所支持的字符集。如 Chinese_PRC_表示对简体字 UNICODE 的排序规则。

而后半部分常见的组合的含义如下。

①_BIN:二进制排序。

②_CI(CS):是否区分大小写,CI 不区分,CS 区分。

③_AI(AS):是否区分重音,AI 不区分,AS 区分。

④_KI(KS):是否区分假名类型,KI 不区分,KS 区分。

⑤_WI(WS):是否区分宽度,WI 不区分,WS 区分。

排序规则的层次。SQL Server 2019 的排序规则分为 3 个层次:服务器排序规则、数据库排序规则和表的排序规则。当排序规则在层次之间发生冲突时,以低层次、细粒度为准。假如服务器的排序规则和数据库的排序规则不一致,在数据库中自然以数据库的排序规则为准。

（4）更改数据库所有者

在数据库属性窗体中选择"文件"选项卡,然后单击"所有者"文本框后面的"…"按钮,则会弹出"选择数据库所有者"对话框,如图 5.13 所示。

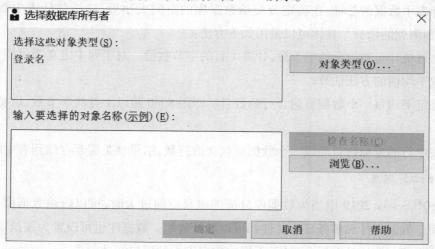

**图 5.13　选择数据库所有者**

单击"浏览"按钮,则会弹出"查找对象"对话框,如图 5.14 所示。在"匹配的对象"列表框中选择数据库所有者,单击"确定"按钮即可实现更改数据库所有者的操作。如果是附加的数据库,可以通过此项操作实现数据库所有者的更改,以此获得更多的权限。

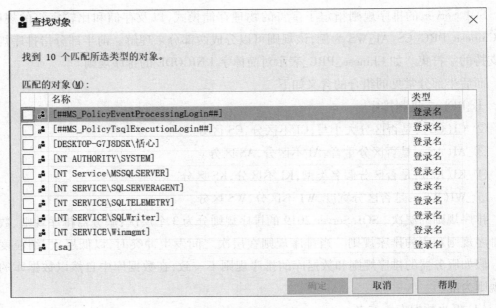

图 5.14　查找对象

4）估算数据库大小

估计表中数据的总量，在确定分配给数据库的空间大小后，应该估计表中数据的总量，包括预测到的增长。具体可以采用如下方法：

①通过统计每列包含的字节数，计算 1 行的字节数量。对于列中定义为可变长度，可以采用取平均值的方法估算。

②确定平均每一个数据页包含行的数目。即用 8060 除以 1 行的字节数，取整即可得到结果。

③表中行的近似数目除以一个数据页包含的行数，结果就是需要存储到表中的页数。

5）收缩数据库

在 SQL Server 2019 中当为数据库分配的磁盘空间过大时，可以收缩数据库，以节省存储空间。数据文件和事务日志文件都可以进行收缩。数据库也可设置为按给定的时间间隔自动收缩。该活动在后台进行，不影响数据库内的用户活动。

①设置自动收缩数据库：设置数据库的自动收缩，可以在数据库的属性中"选项"选项卡页面中设置，只要将选项中的"自动收缩"设为 True 即可。

②手动收缩数据库：手动收缩用户数据库的步骤。

在 SSMS 界面中，右击相应的数据库，如 JXGL，从弹出的快捷菜单中依次选择"任务"——"收缩"——"数据库"命令。

在弹出的对话框中进行设置，如图 5.15 所示。数据库 JXGL 的当前分配空间为 37 MB，设置收缩后的最大空间为37%,单击"确定"按钮,即可完成操作。系统将根据数据库的具体情况对数据库进行收缩。

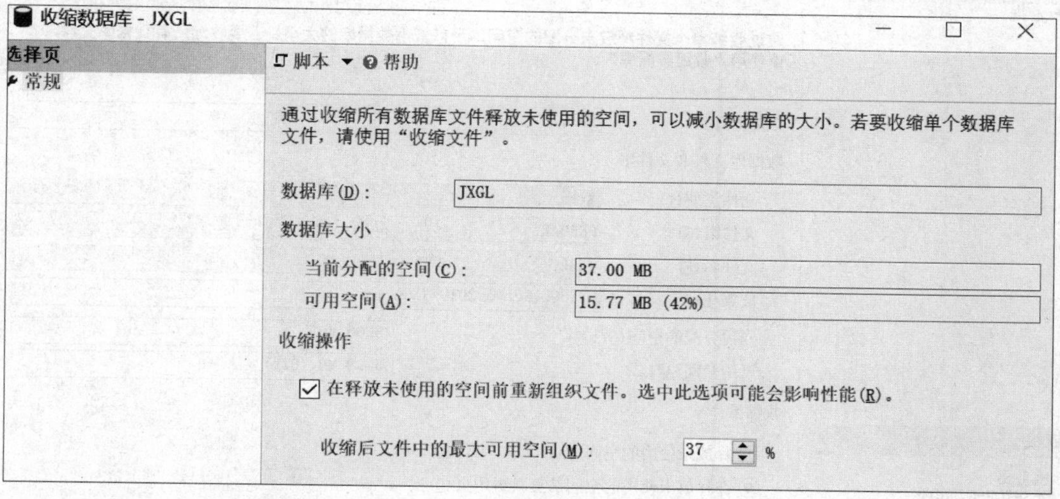

图 5.15 收缩数据库

如果单击"脚本"按钮,系统还能够将收缩操作的脚本显示到"新建查询"界面中,结果如下:

```
USE JXGL
GO
DBCC SHRINKDATABASE( N ' JXGL ' , 37 )
GO
```

③手动收缩数据库文件:

在 SSMS 界面中,右击相应的数据库,如 JXGL,从弹出的快捷菜单中选择"任务"→"收缩"→"文件"命令。在弹出的对话框中进行设置,如图 5.16 所示。数据库 JXGL 的数据文件当前分配空间为 8 MB,设置收缩数据库文件参数,将该文件收缩为 6 MB,单击"确定"按钮,即可完成操作。

从前面操作中可以看出,使用 T-SQL 语句中的 DBCC SHRINKDATABASE 命令可以收缩数据库,同样,使用 DBCC SHRINKFILE 命令可以收缩数据库文件。代码如下:

```
USE JXGL
GO
DBCC SHRINKFILE ( N ' JXGL ' , 6)
GO
```

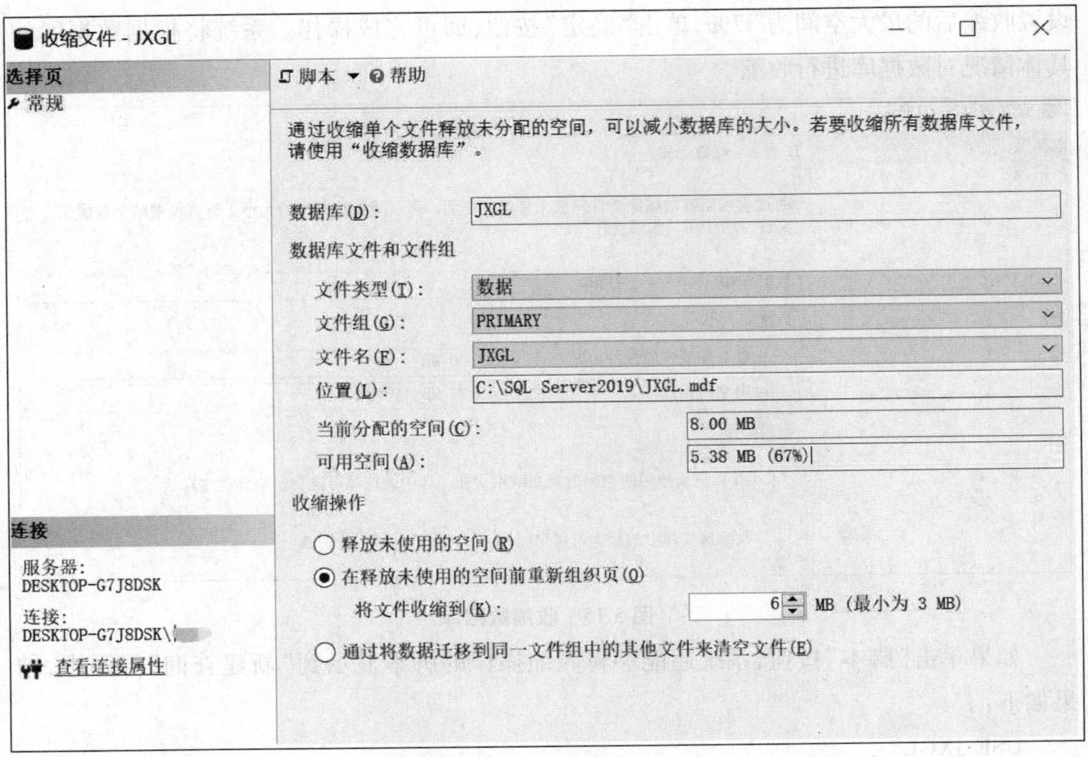

图 5.16　收缩数据库文件

6）分离和附加用户数据库

在 SQL Server 2019 中，除了系统数据库外，其他数据库都可以从服务器的管理中进行分离，以脱离服务器的管理，同时保持数据文件与日志文件的完整性和一致性。而分离出来的数据库可以附加到其他 SQL Server 服务器上，构成完整的数据库。分离和附加是系统开发过程中的重要操作。

（1）分离用户数据库

所谓分离就是将数据库从 SQL Server 实例中删除，使其数据文件和日志文件在逻辑上脱离服务器。经过分离后，数据库的数据文件和日志文件就变成了操作系统中的文件，与服务器脱离，但保存了数据库的所有信息。若想备份数据库或移动到其他地方时，只要保存和转移这些数据文件和日志文件（两者缺一不可）即可。

在 SSMS 界面中，右击相应的数据库，如 JXGL，从弹出的快捷菜单中依次选择"任务"→"分离"命令。在弹出的对话框中进行设置，如图 5.17 所示。设置数据库 JXGL 的分离参数，单击"确定"按钮，即可完成操作。

其中的主要参数项含义如下。

①删除连接：是否断开与指定服务器的连接。

②更新统计信息：选择在分离数据库之前是否更新过时的优化统计信息。

③状态：显示数据库分离前是否"就绪"或"未就绪"。

图 5.17　分离数据库

④消息：是否成功的消息。

（2）附加数据库

附加数据库的工作是分离数据库的逆操作，通过附加数据库，可以将没有加入 SQL Server 服务器的数据库文件加到服务器中。

附加数据库可以将已经分离的数据库重新附加到当前或其他 SQL Server 2019 的实例。在 SSMS 界面中，右击"对象资源管理器"中的"数据库"，从弹出的快捷菜单中选择"附加"命令。在弹出的"附加数据库"对话框中，单击"添加"按钮，目的是将要附加数据库的主数据文件添加到实例。在弹出的"数据库定位文件"界面中，选择要添加的数据库的主数据文件，如图 5.18 所示。数据库 teaching 主数据文件为 teaching.mdf。

图 5.18　附加数据库

单击"确定"按钮,返回"附加数据库"对话框。单击"确定"按钮,数据库 teaching 就附加到当前的实例中了。

7)联机和脱机用户数据库

脱机操作可以使某个用户数据库暂停服务,联机可以使某个用户数据库提供服务。

(1)脱机用户数据库

在 SSMS 界面中,右击相应的数据库,如 JXGL,从弹出的快捷菜单中依次选择"任务"→"脱机"命令。弹出如图 5.19 所示的对话框。完成脱机过程后,单击"关闭"按钮。系统中将数据库标注为"JXGL 脱机"。

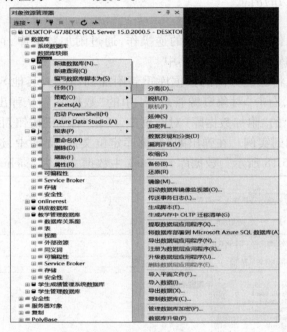

图 5.19　脱机用户数据库

(2)联机用户数据库

在 SSMS 界面中,右击已经脱机的数据库"JXGL 脱机",从弹出的快捷菜单中依次选择"任务"→"联机",弹出如图 5.20 所示的对话框。完成联机过程后,单击"关闭"按钮,系统中将数据库恢复原样。

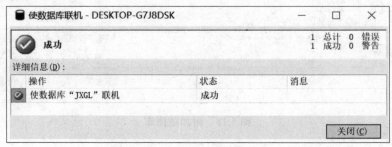

图 5.20　联机用户数据库

## 5.2　数据类型

数据库中的所有数据都存放在数据表中,数据表按行与列的格式组成。在创建列时,要为列指定列名、数据类型等属性。数据类型是数据的一种属性,决定数据存储的空间和格式。正确选择数据类型可以为数据库的设计和管理奠定良好的基础,对数据的存储和查询等操作有着重要的影响。

为数据库对象选择数据类型时,可以为对象定义4个属性:

①对象包含的数据种类。

②所存储值占有的空间(字节数)和数值范围。

③数值的精度(仅适用于数值类型)。

④数值的小数位数(仅适用于数值类型)。

SQL Server 支持两类数据类型:系统数据类型和用户自定义数据类型。

### 5.2.1　系统数据类型

数据库系统中的各种数据类型及符号标识见表5.1。

表 5.1　系统数据类型及符号标识

| 数据类型 | 符号标识 |
| --- | --- |
| 整数型 | BIGINT, INT, SMALLINT, TINYINT |
| 精确数值型 | DECIMAL, NUMERIC |
| 浮点型 | FLOAT, REAL |
| 货币型 | MONEY, SMALLMONEY |
| 位型 | BIT |
| 字符型 | CHAR, VARCHAR, VARCHAR(MAX) |
| Unicode 字符型 | NCHAR, NVARCHAR, NVARCHAR(MAX) |
| 文本型 | TEXT, NTEXT |
| 二进制型 | BINARY, VARBINARY, VARBINARY(MAX) |
| 日期时间类型 | DATETIME, SMALLDATETIME, DATE, TIME, DATETIME2, DATETIMEOFFSET |
| 时间戳型 | TIMESTAMP |
| 图像型 | IMAGE |
| 其他 | CURSOR, SQL_VARIANT, TABLE, UNIQUEIDENTIFIER, XML, HIERARCHYID |

1）整数型

整数型是常用的一种数据类型,主要用于存储整数,可以直接进行数据运算而不必使用函数转换。

整数型主要包括 BIT、TINYINT、SMALLINT、INT、BIGINT。它们的取值范围是从小到大的。在实际应用中,用户要根据存储数据的大小来选择数据类型,这样能够节省数据库的存储空间。在这组数据类型中,INT 是最常用的数据类型。表 5.2 列出了 SQL Server 支持的整数数据类型。

表 5.2　整数数据类型

| 类型名称 | 取值范围及说明 |
| --- | --- |
| INT | $-2^{31} \sim 2^{31}-1$,4 字节 |
| SMALLINT | $-2^{15}(-32\ 768) \sim 2^{15}-1(32\ 767)$,2 字节 |
| BIGINT | $-2^{63} \sim 2^{63}-1$,8 字节 |
| TINYINT | $0 \sim 255$,1 字节 |
| BIT | 可以取值为 1、0 或 NULL 的整型数据类型。字符串值 TRUE 和 FALSE 可以转换为以下 BIT 值:TRUE 转换为 1,FALSE 转换为 0 |

2）浮点型

浮点型用于存储十进制小数。如果要精确表示小数可以使用 DECIMAL(m,n) 或 NUMERIC(m,n),如果不需要精确并且表示更多的小数位数,可以使用 REAL 或 FLOAT。总之,还是要根据用户需要的数据的大小和精度来选择合适的浮点数。

使用时,必须指明小数位数和精确度,如 NUMERIC(7,2)表示精确度为 7,小数位数为 2。在这组数据类型中,DECIMAL 是最常用的数据类型。

由于浮点数据是近似值,此类型的数据不一定有精确的表示,可具体分为 FLOAT 和 REAL 两种。而 FLOAT 或 REAL 数据类型中存储的数据,只能精确到数据类型定义中指定的精度,不能保证小数点右边的所有数字都被正确存储。

在涉及该数据类型的计算时,会出现舍入误差。只有在精确数据类型不够大,不能存储数值时,才可以考虑使用 FLOAT。表 5.3 列出了 SQL Server 支持的近似数字数据类型。

表 5.3　浮点数据类型

| 类型名称 | 取值范围及说明 |
| --- | --- |
| REAL | 范围为 $-3.40E+38 \sim 3.40E+38$,精度为 7 位,4 字节 |
| FLOAT[(n)] | n:尾数的位数。如果指定了 n,则它必须是介于 $1 \sim 53$ 的某个值。n 的默认值为 53。$1 \leqslant n \leqslant 24$,则将 n 视为 24。如果 $25 \leqslant n \leqslant 53$,则将 n 视为 53 |

续表

| 类型名称 | 取值范围及说明 |
|---|---|
| DECIMAL$[(p[,s])]$ | $-10^{38}+1 \sim 10^{38}-1$。p:总位数，$1 \leq p \leq 38$。默认精度为18。s:小数位数，$0 \leq s \leq p$，默认值为0 |
| NUMERIC$[(p[,s])]$ | 功能上等价于 DECIMAL$[(p[,s])]$ |

3)字符型

字符型也是 SQL Server 中最常用的数据类型之一,用来存储各种字母、数字符号和特殊符号,在使用字符数据类型时,需要在其前后加上英文单引号。字符串类型可以分为3类:一类是1个字符占用1字节的字符串类型,包括 CHAR、VARCHAR 和 TEXT;一类是1个字符占用2个字节的字符串类型,包括 NCHAR、NVARCHAR 和 NTEXT;一类是存放二进制数据的字符串类型,包括 BINARY、VARBINARY 和 IMAGE。

例如,CHAR(10)最多可以存储10个字符,因为每个字符要求1个字节的存储空间,而 NCHAR(10)最多可以存储10个字符,而每个 Unicode 字符要求使用2个字节的存储空间。表5.4列出了 SQL Server 支持的字符数据类型。

表5.4　字符型数据类型

| 类型名称 | 取值范围及说明 |
|---|---|
| CHAR$[(n)]$ | 定长非 Unicode 字符,$1 \leq n \leq 8\,000$,默认值1 |
| VARCHAR$[(n \mid MAX)]$ | 变长非 Unicode 字符,$1 \leq n \leq 8\,000$。MAX 表示 $2^{31}-1$ 个字节。存储大小是输入数据的实际长度加2个字节 |
| TEXT | 可变的非 Unicode 数据,最大长度为 $2^{31}-1$ 个字节。尽量避免使用 TEXT 数据类型,应使用 VARBINARY(MAX)存储大文本数据 |
| NCHAR$[(n)]$ | 固定长度的 Unicode 字符数据。$1 \leq n \leq 4\,000$。存储大小为两倍 n 字节 |
| NVARCHAR$[(n \mid MAX)]$ | 可变长度 Unicode 字符数据 |
| NTEXT | 长度可变的 Unicode 数据 |

VARCHAR(MAX)和 NVARCHAR(MAX)数据类型,同时结合了 TEXT/NTEXT 数据类型和 VARCHAR/NVARCHAR 数据类型的功能,最多可以存储 2 GB 数据,并且对操作或者使用它们的函数没有任何限制。

另外,在每一类中,字符串类型又分为存放固定长度和可变长度的类型,在实际应用中,建议使用可变长度的类型,这样可以节省数据的存储空间。

4)日期时间类型

日期时间类型用于存储日期和时间数据,可具体分为 DATE、TIME、DATETIME、

DATETIME2、SMALLDATETIME 与 DATETIMEOFFSET 等 6 种类型。

DATETIME 数据类型存储为一对 4 字节整数,它们一起表示自 1753 年 1 月 1 日午夜 12 点钟经过的毫秒数。

SMALLDATETIME 数据类型存储为一对 2 字节整数,它们一起表示自 1900 年 1 月 1 日午夜 12 点钟经过的分钟数。表 5.5 列出了 SQL Server 2019 支持的日期和时间数据类型。

表 5.5　日期和时间性数据类型

| 类型名称 | 取值范围及说明 |
| --- | --- |
| DATE | 0001 年 1 月 1 日—9999 年 12 月 31 日的日期 |
| DATETIME | 1753 年 1 月 1 日—9999 年 12 月 31 日的日期和时间,"2011-12-12 20:12:30.876" |
| DATETIME2[（fractional seconds precision）] | 0001 年 1 月 1 日—9999 年 12 月 31 日的日期和时间,默认的秒的小数部分精度达到 100 ns,1 秒 = 1 000 000 000 纳秒(ns) |
| DATETIMEOFFSET[（fractional seconds precision）] | 用于定义一个与采用 24 小时制并可识别时区的一日内时间相组合的日期 |
| SMALLDATETIME | 1900 年 1 月 1 日—2079 年 6 月 6 日的日期和时间,时间表示精度为分钟 |
| TIME[（fractional second precision）] | 定义一天中的某个时间 |

5）货币型

货币型用于存储货币值,使用时在数据前加上货币符号,不加货币符号的情况下默认为"￥"。货币数据包括 MONEY 和 SMALLMONEY,它们是简化的精确浮点数据。货币数据的具体类型名称、表示范围和有效存储空间见表 5.6。

表 5.6　货币类型

| 类型名称 | 取值范围及说明 |
| --- | --- |
| MONEY | 取值范围为 $-2^{63} \sim 2^{63}-1$,占 8 字节,精确到它们所代表的货币单位的万分之一 |
| SMALLMONEY | 取值范围为 $-2^{31} \sim 2^{31}-1$,占 4 字节,精确到它们所代表的货币单位的万分之一 |

6）其他数据类型

除上述介绍的数据类型外,SQL Server 还提供有大量其他数据类型供用户进行选择。

（1）二进制数据类型

有很多时候需要存储二进制数据。因此,SQL Server 2019 提供了 3 种二进制数据类型（表 5.7）,允许在一个表中存储各种数量的二进制数据。二进制数据类型基本上用来存储 SQL Server 2016 中的文件。BINARY/VARBINARY 数据类型用来存储小文件,诸如一组4 KB或6 KB文件的数据。VARBINARY(MAX)数据类型可以存储数值较大的二进制数据类型,并且可以使用它执行所有可以用BINARY/VARBINARY数据类型执行的操作和函数。

表5.7　二进制数据类型

| 类型名称 | 取值范围及说明 |
|---|---|
| BINARY[(n)] | 固定长度的n字节二进制数据,$1 \leqslant n \leqslant 8\ 000$,存储大小为n字节,默认值1 |
| VARBINARY[(n\|MAX)] | 可变长度二进制数据。$1 \leqslant n \leqslant 8\ 000$。MAX指示最大存储大小为$2^{31}-1$字节。存储大小为所输入数据的实际长度+2字节 |
| IMAGE | 长度可变的二进制数据,从$0 \sim 2^{31}-1$字节。在Microsoft SQL Server的未来版本将删除该数据类型,请避免在新的开发工作中使用,并考虑修改当前使用该数据类型的应用程序 |

（2）特殊数据类型

SQL Server 2019 还提供了多种特殊数据类型,包括GEOGRAPHY、GEOMETRY、HIERARCHYID、SQL_VARIANT、TIMESTAMP、ROWVERSION、CURSOR、TABLE、UNIQUE-IDENTIFIER与XML。表5.8描述了这些特殊数据类型。

表5.8　特殊数据类型

| 类型名称 | 取值范围及说明 |
|---|---|
| GEOGRAPHY | 地理空间数据类型 |
| GEOMETRY | 平面空间数据类型 |
| HIERARCHYID | 是一种长度可变的系统数据类型 |
| SQL_VARIANT | 用于存储Microsoft SQL Server支持的各种数据类型的值 |
| TIMESTAMP | 返回当前数据库的当前timestamp数据类型的值。这一时间戳值在数据库中必须是唯一的 |
| UNIQUEIDENTIFIER | 16字节GUID |
| XML | 存储XML数据的数据类型 |

①XML:存储XML实例,大小不能超过2 GB。

②TIMESTAMP:一个自动生成的在数据库范围内唯一的值,反映数据修改的相对顺序。表示SQL Server活动的先后顺序,以二进制投影的格式表示。TIMESTAMP数据与插入数据或者日期和时间没有关系。

③UNIQUEIDENTIFIER:一个16位的GUID,使用newid()函数获得的全局唯一标识符。当表的记录行要求唯一时,guid是非常有用。例如,在客户标识号列使用这种数据类型可以区别不同的客户。

④SQL_VARIANT:可以存储除文本、图形和Timestamp之外的任意数据类型的值。

⑤CURSOR:供声明游标的应用程序使用。

### 5.2.2　用户自定义数据类型

在 SQL Server 中,除提供的系统数据类型外,用户还可以自己定义数据类型。用户自定义数据类型根据基本数据类型进行定义,可将一个名称用于一个数据类型,能更好地说明该对象中保存值的类型,方便用户使用。例如 Student 表和 Grade 表都有学号列,该列应有相同的类型,即均为字符型值、长度为 10,不允许为空值,为了含义明确、使用方便,由用户定义一个数据类型,命名为:grade_student_num,作为 Student 表和 Grade 表的学号列的数据类型。

自定义类型提供了一种可以将更能清楚地说明对象中值的类型的名称应用于数据类型的机制,这使程序员或数据库管理员能够更容易地理解用该数据类型定义的对象的用途。用户定义的数据类型基于在 SQL Server 中提供的数据类型。在 SQL Server 的实践过程中,基本数据类型已经能够满足需要了,除非特别需要,就不必使用用户自定义数据类型。

创建用户自定义数据类型应有以下 3 个属性:

①新数据类型的名称。

②新数据类型所依据的系统数据类型。

③为空性。

1)创建用户自定义数据类型

(1)使用图形界面方式定义

【例 5.12】　使用图形界面创建用户自定义数据类型 grade_student_num。

操作步骤如下:

①启动 SSMS,在对象资源管理器中,展开"数据库"节点,选中"学生管理数据库",展开该数据库节点,展开"可编程性"节点,展开"类型"节点,右键单击"用户定义数据类型"选项,在弹出的快捷菜单中选择"新建用户定义数据类型"命令,出现"新建用户定义数据类型"窗口,如图 5.21 所示。

②在"名称"文本框中输入自定义的数据类型名称,此处是 grade_student_num。在"数据类型"下拉框中选择自定义数据类型的系统数据类型,此处是 char。在"长度"栏中输入要定义的数据类型的长度,此处是 10。其他选项使用默认值,如图 5.22 所示,单击"确定"按钮,完成用户自定义数据类型的创建。

(2)使用 CREATE TYPE 命令定义

使用 CRETAE TYPE 语句来实现用户数据类型的定义的语法格式如下:

CREATE TYPE ［ schema_name. ］ type_name

FROM base_type ［ ( precision ［ , scale ］ ) ］

［ NULL | NOT NULL ］

［ ; ］

说明:type_name 为指定用户自定义数据类型名称,base_type 为用户自定义数据类型所依据的系统数据类型。

图 5.21 用图形界面的方式定义创建用户自定义数据类型

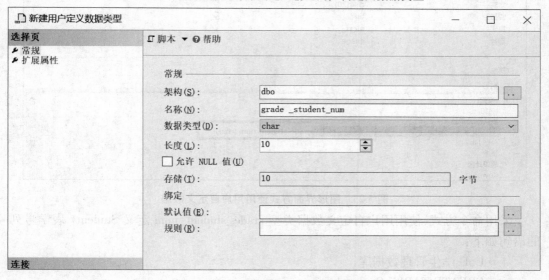

图 5.22 新建用户定义数据类型

【例 5.13】 使用 CREATE TYPE 命令创建用户自定义数据类型 grade_student_num。

CREATE TYPE grade_student_num

FROM char(10) NOT NULL

该语句创建了用户自定义数据类型 grade_student_num。

2)删除用户自定义数据类型

(1)使用图形界面方式删除

如果要删除用户自定义数据类型,例如删除用户自定义数据类型 grade_student_num,

选择该类型,单击鼠标右键,在弹出的快捷菜单中选择"删除"命令,在打开的"删除对象"对话框中单击"确定"按钮即可。

(2)使用 DROP TYPE 命令删除

使用 DROP TYPE 语句删除自定义数据类型的语法格式如下:

        DROP TYPE [ schema_name. ] type_name [ ; ]

例如,删除前面定义的类型 grade_student_num 的语句为:

        DROP TYPE grade_student_num

3)使用用户自定义数据类型定义列

使用用户自定义数据类型定义列,采用图形界面方式和 T-SQL 命令两种方式实现。例如,采用图形界面方式,使用用户自定义数据类型 grade_student_num 定义 Student 表学号列,如图 5.23 所示。

| 列名 | 数据类型 | 允许 Null 值 |
|---|---|---|
| 学号 | grade_student_num:char(10) | ☐ |
| 姓名 | char(8) | ☐ |
| 性别 | char(2) | ☑ |
| 出生日期 | date | ☑ |
| 学院 | char(20) | ☑ |
| 党员否 | bit | ☑ |
| 备注 | ntext | ☑ |
| 照片 | image | ☑ |

列属性

| (常规) | |
|---|---|
| (名称) | 学号 |
| 默认值或绑定 | |
| 数据类型 | grade_student_num (char) |
| 允许 Null 值 | 否 |
| 长度 | 10 |
| 表设计器 | |
| RowGuid | 否 |

图 5.23　图形界面方式使用用户自定义数据

采用命令方式,使用用户自定义数据类型 grade_student_num 定义 Student1 表学号列的语句如下:

```
USE 学生管理数据库
CREATE TABLE Student1 (
学号 grade_student_num NOT NULL PRIMARY KEY,
姓名 char(8) NOT NULL,
性别 char(2) NOT NULL,
出生日期 date NOT NULL,
)
```

该语句创建 Student1 表,与以前不同的是在定义学号列时引用了用户自定义数据类型 grade_student_num,如图 5.24 所示。

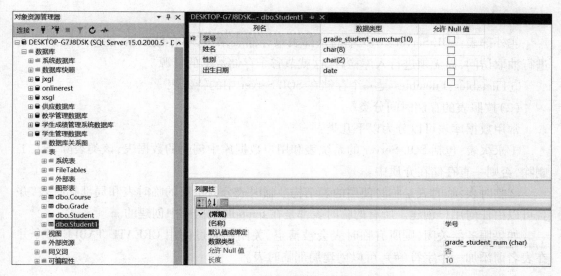

图 5.24　SQL 语句使用用户自定义数据

## 5.3　创建数据库表

数据库是表的集合,即在一个数据库中可以包含若干个通过关键字段相互关联的表。一个数据库文件中存储了所包含的表与表之间的联系,以及依赖于表的视图、联接和存储过程等信息。党的十八届五中全会通过的《中共中央关于制定国民经济和社会发展第十三个五年规划的建议》明确提出实施网络强国战略以及与之密切相关的"互联网+"行动计划。国家正着力实现关键技术自主可控,为维护国家安全、网络安全提供技术保障。中国信息化需求巨大,但在一些关键技术领域如操作系统、芯片技术、CPU 技术等方面,还难以做到自主可控,对国家安全造成威胁。

数据库是存放数据的容器,但如果将数据不加分类都放在一个容器里,显示时就会很混乱。表就好像是数据容器里的抽屉,它们可以将 SQL Server 数据库中的数据分门别类地进行存储。通过表可以定义数据库的结构,还可以定义约束来指定表中保存的数据类型,也就是定义限制条件。作为 SQL Server 数据库管理员,对表进行管理是必须掌握的基本技能。

### 5.3.1　表的基本分类

(1)按照表的用途分类

常用数据库表可以分为以下几类:

①系统表:用于维护 SQL Server 2019 服务器和数据库正常工作的只读数据表。

②用户表:由用户自己创建的表。

③已分区表:将数据水平划分为多个单元的表,这些单元可以分布到数据库中的多个

文件组中。

④外部表：SQL Server 2019中的外部表只存储表结构，不存储数据，能够对定期数据进行抽取访问，而无须进行入库检查，这就节省了存储数据的资源。

⑤Filetables：Filetables是一个存储在SQL Server中的特殊表。

（2）按照表的存储时间分类

常用数据库表可以分为以下几类：

①永久表：包括SQL Server的系统表和用户数据库中创建的数据表，该类表除非人工删除，否则一直存储在介质中。

②临时表：临时表是临时使用的表结构。临时表分为全局的临时表和局部临时表，并且可以由任何用户创建。所有的临时表都是在tempdb数据库中创建的。

如果服务器关闭，则所有临时表会被清空、关闭。通过使用CREATE TABLE命令并在表名前添加一个字符(#)，可以创建局部临时表。

### 5.3.2 表结构设计

表是数据库的数据对象，是用于存储和操作数据的一种逻辑结构，是一系列列的集合。表由表头和若干行数据构成。

1）创建表的步骤

（1）定义表结构

给表的每一列取字段名，并确定每一列的数据类型、数据长度、列数据是否可以为空等。

（2）设置约束

设置约束来限制该列输入值的取值范围，以保证输入数据的正确性和一致性。主码约束体现实体完整性，即主码各列不能为空且主码作为行的唯一标识，外键约束体现参照完整性，默认值和规则等体现用户定义完整性。

（3）添加数据

表结构建立完成后，应向表中输入数据。

2）SQL Server创建表的限制

①每个数据库里最多有20亿个表。

②每个表上最多可以创建一个聚集索引，249个非聚集索引。

③每个表最多可以设置1 024个字段。

④每条记录最多占8 064 B，但不包括TEXT字段和IMAGE字段。

下面以前面创建的学生管理数据库XSGL中的表为例，例如，在学生成绩管理系统中，图5.25是一个学生表（Student）。

| 学号 | 姓名 | 性别 | 出生日期 | 学院 | | 党员否 | 备注 | 照片 |
|---|---|---|---|---|---|---|---|---|
| 2012052102 | 黎明 | *NULL* | 1986-09... | *NULL* | | *NULL* | *NULL* | *NULL* |
| 2014033132 | 张涛 | *NULL* | 1988-04... | *NULL* | | *NULL* | *NULL* | *NULL* |
| 2014038219 | 邓莉莉 | 女 | 1994-12... | 航空运输与工程学院 | ... | True | *NULL* | *NULL* |
| 2015023112 | 王静 | 女 | 1995-05... | 信息工程学院 | | True | 获奖情况：20... | *NULL* |
| 2015023223 | 周家伟 | 男 | 1996-02... | 信息工程学院 | | False | 喜欢喝100%... | *NULL* |
| 2016013118 | 张雨 | 女 | 1996-12... | 艺术与传媒学院 | | False | *NULL* | *NULL* |
| 2016024226 | 张豪 | 男 | 1997-09... | 信息工程学院 | | True | 喜欢喝100%... | *NULL* |
| 2016052106 | 周家伟 | 男 | 1996-04... | 艺术与传媒学院 | | False | 转专业 | *NULL* |
| 2016063322 | 孙琦 | 女 | 1995-11... | 航空运输与工程学院 | ... | True | *NULL* | *NULL* |
| 2016112109 | 周怡 | 女 | 1996-06... | 艺术与传媒学院 | | True | *NULL* | *NULL* |
| 2017041311 | 封伟 | 男 | 1996-12... | 国际商学院 | | False | *NULL* | *NULL* |
| 2017064214 | 钱珊珊 | 女 | 1998-10... | 信息工程学院 | | True | *NULL* | *NULL* |
| 2017121337 | 周洋 | 男 | 1997-10... | 航空运输与工程学院 | ... | False | *NULL* | *NULL* |
| 2018011313 | 孙通 | 男 | 1998-08... | 机电工程与自动化学院 | ... | True | *NULL* | *NULL* |
| 2018012312 | 刘海龙 | 男 | 1999-01... | 机电工程与自动化学院 | ... | False | *NULL* | *NULL* |
| 2018033311 | 朱贝贝 | 女 | 1999-03... | 航空运输与工程学院 | ... | True | *NULL* | *NULL* |
| 2019041122 | 王维维 | 女 | 2001-05... | 国际商学院 | | False | *NULL* | *NULL* |
| 2019051107 | 李泽东 | 男 | 2000-07... | 艺术与传媒学院 | | True | 喜欢喝90%纯... | *NULL* |

图 5.25　学生表

（1）表

表是数据库中存储数据的数据库对象，每个数据库包含了若干个表，表由行和列组成。例如，图 5.25 的学生表由 18 行 8 列组成。

（2）表结构

每个表具有一定的结构，表结构包含一组固定的列，由数据类型、长度、允许 Null 值等组成。

（3）记录

每个表包含若干行数据，表中一行称为一个记录（Record）。图 5.25 的学生表有 18 个记录。

（4）字段

表中每列称为字段（Field），每个记录由若干个数据项（列）构成，构成记录的每个数据项就称为字段。图 5.25 的学生表有 8 个字段。

（5）空值

空值（Null）通常表示未知、不可用或将在以后添加的数据。

（6）关键字

关键字用于唯一标识记录，如果表中记录的某一字段或字段组合能唯一标识记录，则该字段或字段组合称为候选关键字（Candidate Key）。如果一个表有多个候选关键字，则选定其中的一个为主关键字（Primary Key），又称为主键。图 5.25 的学生表的主键为"学号"。

在 SSMS 中创建数据表：首先以创建如图 5.25 所示的学生信息表 Student 表结构，学生表 Student 包含学号、姓名、性别、出生日期、学院、党员否、备注、照片等字段，其中，学号列是学生的学号，例如 2019033311 中 2019 表示学生入学年代为 2019 年，03 表示学生所在学院，33 表示学生的专业，11 表示学生的序号，所以学号列的数据类型选定长的字符型

char(n),n 的值为 10,不允许空;姓名列是学生的姓名,姓名一般不超过 4 个中文字符,所以选定长的字符型数据类型,n 的值为 8,不允许空;性别列是学生的性别,选定长的字符型数据类型,n 的值为 2,可以允许空;其他以此类推。在 Student 表中,只有学号列能唯一标识一个学生,所以将学号列设为主键。Student 的表结构设计如图 5.26 所示。

| | 列名 | 数据类型 | 允许 Null 值 |
|---|---|---|---|
| 🔑 | 学号 | char(10) | ☐ |
| ▶ | 姓名 | nchar(8) | ☐ |
| | 性别 | nchar(2) | ☑ |
| | 出生日期 | date | ☑ |
| | 学院 | nchar(20) | ☑ |
| | 党员否 | bit | ☑ |
| | 备注 | ntext | ☑ |
| | 照片 | image | ☑ |

图 5.26　Student 表结构

### 5.3.3　表的创建

表的创建是使用表的前提,数据库中的表是组织和管理数据的基本单位,数据库的数据保存在一个个表中,数据库的各种开发和管理都依赖于它。因此,表对用户而言是非常重要的。表是由行和列组成的二维结构,表中的一行称为一条记录,表中的一列称为一个字段。

表是 SQL Server 中最基本的数据库对象,用于存储数据的一种逻辑结构,由行和列组成,它又称为二维表。

创建数据表有两种方法:一种是利用 SSMS 创建表;另一种是利用 T-SQL 语句创建数据表,该种方法会在后续章节里介绍。本章主要是采用第一种方法。

操作步骤如下:

①启动 SSMS,在"对象资源管理器"中展开"数据库"节点,选中"学生管理数据库",展开该数据库,选中表,单击鼠标右键,在弹出的快捷菜单中,选择"新建表"命令,如图 5.27 所示。

图 5.27　新建表

②屏幕出现表设计器窗口,根据已经设计好 Student 的表结构分别输入或选择各列的数据类型、长度、允许 Null 值,根据需要,可以在每列的"列属性"表格填入相应内容,输入完成后的结果如图 5.28 所示。

| 列名 | 数据类型 | 允许 Null 值 |
|---|---|---|
| 学号 | char(10) | ☐ |
| 姓名 | char(10) | ☑ |
| 性别 | char(10) | ☐ |
| 出生日期 | date | ☑ |
| 学院 | char(20) | ☑ |
| 党员否 | bit | ☑ |
| 备注 | ntext | ☑ |
| 照片 | image | ☑ |
| | | ☐ |

**列属性**

**(常规)**
| | |
|---|---|
| (名称) | 学号 |
| 默认值或绑定 | |
| 数据类型 | char |
| 允许 Null 值 | 否 |
| 长度 | 10 |
| **表设计器** | |
| RowGuid | 否 |
| 标识规范 | 否 |
| 不用于复制 | 否 |
| 大小 | 10 |
| 计算列规范 | |
| 简洁数据类型 | char(10) |
| 具有非 SQL Server 订阅服务器 | 否 |
| 排序规则 | <数据库默认设置> |
| 全文规范 | 否 |
| 确定性密钥 | 是 |
| 是 DTS 发布的 | 否 |
| 是合并发布的 | 否 |
| 是可索引的 | 是 |
| 是列集 | 否 |
| 说明 | |
| 稀疏 | 否 |
| 已复制 | 否 |

**图 5.28　表结构**

③在"学号"行上单击鼠标右键,在弹出的快捷菜单选择"设置主键"命令,如图 5.28 所示,此时,"学号"左边会出现一个钥匙图标。

④单击工具栏中的"保存"按钮,出现"选择名称"对话框,输入表名"Student", 如图 5.29 所示。

图 5.29  设置表的名称

### 5.3.4  表结构的修改

为了在进行表的修改时不必删除原表,需要进行的操作如下:在 SSMS 面板中单击
"工具"主菜单,选择"选项"子菜单,在出现的"选项"窗口中展开"Designers",选择"表设
计器和数据库设计器"选项卡,将窗口右边的"阻止保存要求重新创建表的更改"复选框
前的勾去掉,单击"确定"按钮,就可进行表的修改了,如图 5.30 所示。

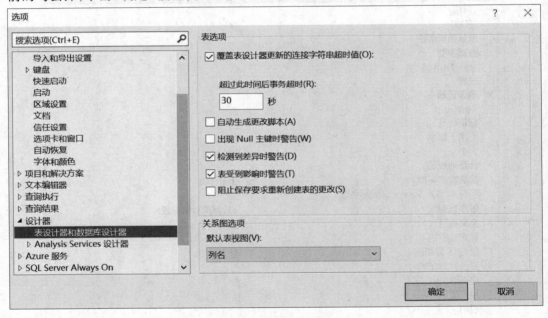

图 5.30  选项设置

【例 5.14】  在 Student 表中增加一列"班级"在"学院"列之后,然后删除该列。

①启动 SSMS,在"对象资源管理器"中展开"数据库"节点,选中"学生管理数据库",
展开该数据库,选中表,将其展开,选中表"dbo. Student",单击鼠标右键,在弹出的快捷菜
单中选择"设计"命令,打开"表设计器"窗口,为在"学院"列之后加入新列,右击该列,在
弹出的快捷菜单中选择"插入列"命令,如图 5.31 所示。

图 5.31　插入列

②在"表设计器"窗口中的"学院"列之后出现空白行,输入列名"班级",选择数据类型"char(10)",允许空,如图 5.32 所示,完成插入新列操作。

| 列名 | 数据类型 | 允许 Null 值 |
|---|---|---|
| 学号 | char(10) | ☐ |
| 姓名 | char(10) | ☑ |
| 性别 | char(10) | ☐ |
| 出生日期 | date | ☑ |
| 学院 | char(20) | ☑ |
| 班级 | char(10) | ☑ |
| 党员否 | bit | ☑ |
| 备注 | ntext | ☑ |
| 照片 | image | ☑ |

图 5.32　插入班级列

③在"表设计器"窗口中选择需删除的"班级"列,单击鼠标右键,在弹出的快捷菜单中选择"删除列"命令,该列即被删除,如图 5.33 所示。

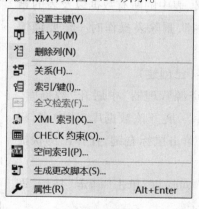

图 5.33　删除列

上面是与利用 SSMS 修改表结构,还可以利用 T-SQL 语句修改表结构:

ALTER TABLE 的语法格式如下:

ALTER TABLE〔database_name.〔schema_name〕.︱schema_name.〕table_name

　　　{　ALTER COLUMN column_name　　　　　　——要修改的列名

　　　{〔type_schema_name.〕type_name〔({precision〔,scale〕︱max︱xml_schema_

collection})〕

　　　　　〔COLLATE collation_name〕　　　　　　——设置排序规则

　　　　　　〔NULL︱NOT NULL〕

　　　︱{ADD︱DROP}

　　　{ROWGUIDCOL︱PERSISTED

　　　︱NOT FOR REPLICATION

　　　︱SPARSE}}

　　　︱〔WITH{CHECK︱NOCHECK}〕

︱ADD

　　{　<column_definition>

　　　︱<computed_column_definition>

　　　︱<table_constraint>　　　　　}〔,…n〕

︱DROP　　　　　　　　　　　　　　　　　　——删除

　　{〔CONSTRAINT〕constraint_name　　　　　——删除约束

　　　︱COLUMN column_name　　　　　　　　——删除列

　　}〔,…n〕　}〔;〕

## 5.3.5 删除表

删除表时,表的结构定义、表中的所有数据以及表的索引、触发器、约束等都被删除掉,删除表操作时一定要谨慎小心。

【例 5.15】 删除学生表(已创建)。

①启动 SSMS,在"对象资源管理器"中展开"数据库"节点,选中"学生管理数据库",展开该数据库,选中表,将其展开,选中表"dbo.学生",单击鼠标右键,在弹出的快捷菜单中选择"删除"命令。

②系统弹出"删除对象"对话框,单击"确定"按钮,即可删除学生表,如图 5.34 所示。

在 SSMS 中删除数据表应注意以下几点:

图 5.34　删除表

①如果出现"删除失败"的消息,那么表示目前不能删除该数据表,原因可能是该数据表正在被使用,或与其他表存在约束关系。

②此时可在"删除对象"对话框中,单击"显示依赖关系"按钮,在弹出的"依赖关系"对话框中,可看到该表的依赖关系。

③若存在依赖关系,则数据表不能被删除,除非先删除依赖于该数据表的关系。

# 5.4 表的基本操作

表是处理数据和建立关系型数据库及应用程序的基本单元。换句话说,表是数据库的基础。表一旦建立起来,就需要对它进行相应的操作,表的操作包括表数据的输入,向表中添加新的记录、删除无用的记录、修改有问题的记录、查看记录等。

## 5.4.1 表数据的输入

为数据表输入数据的方式有多种,常见的有通过命令方式添加行数据的,也可以通过程序实现表数据的添加。为 Student 表输入数据的步骤如下:

启动 SSMS 中的窗口,展开"资源管理器"→"数据库"中"学生管理数据库"子目录,右击 Student 表,在弹出的快捷菜单中,单击"编辑前 200 行"命令,如图 5.35 所示。

屏幕中出现"dbo.Student 表编辑"窗口,可在各个字段输入或编辑有关数据,在输入过程中,要针对不同的数据类型输入合法的数据。这里插入 Student 表的 18 个记录,如图5.36所示,单击"保存"按钮,即可完成数据的输入过程。

图 5.35 表数据输入

【例 5.16】 在 Student 表中删除记录和修改记录。

①在"dbo.Student 表编辑"窗口中,选择需要删除的记录,单击鼠标右键,在弹出的快捷菜单中选择"删除"命令。

②此时出现一个确认对话框,单击"是"按钮,即删除该记录。

③定位到需要修改的字段,对该字段进行修改,然后将光标移到下一个字段即可保存修改的内容。

| 学号 | 姓名 | 性别 | 出生日期 | 学院 | 党员否 | 备注 | 照片 |
|---|---|---|---|---|---|---|---|
| ▶ 2012052102 | 黎明 | *NULL* | 1986-09... | *NULL* | *NULL* | *NULL* | *NULL* |
| 2014033132 | 张涛 | *NULL* | 1988-04... | 航空运输... | True | *NULL* | *NULL* |
| 2014038219 | 邓莉莉 | 女 | 1994-12... | 信息工程... | True | 获奖情况... | *NULL* |
| 2015023112 | 王静 | 女 | 1995-05... | 信息工程... | False | 喜欢喝10... | *NULL* |
| 2015023223 | 周家伟 | 男 | 1996-02... | 艺术与传... | False | *NULL* | *NULL* |
| 2016013118 | 张雨 | 女 | 1996-12... | 艺术与传... | False | *NULL* | *NULL* |
| 2016024226 | 张豪 | 男 | 1997-09... | 信息工程... | True | 喜欢喝10... | *NULL* |
| 2016052106 | 周家伟 | 男 | 1996-04... | 艺术与传... | False | 转专业 | *NULL* |
| 2016063322 | 孙琦 | 女 | 1995-11... | 航空运输... | True | *NULL* | *NULL* |
| 2016112109 | 周怡 | 女 | 1996-06... | 艺术与传... | True | *NULL* | *NULL* |
| 2017041311 | 封伟 | 男 | 1996-12... | 国际商学... | False | *NULL* | *NULL* |
| 2017064214 | 钱珊珊 | 女 | 1998-03... | 国际商学... | True | *NULL* | *NULL* |
| 2017121337 | 周洋 | 男 | 1997-10... | 航空运输... | False | *NULL* | *NULL* |
| 2018011313 | 孙通 | 男 | 1998-08... | 机电工程... | True | *NULL* | *NULL* |
| 2018012312 | 刘海龙 | 男 | 1999-01... | 机电工程... | False | *NULL* | *NULL* |
| 2018033311 | 朱贝贝 | 女 | 1999-03... | 航空运输... | True | *NULL* | *NULL* |
| 2019041122 | 王维维 | 女 | 2001-05... | 国际商学... | False | *NULL* | *NULL* |
| 2019051107 | 李泽东 | 男 | 2000-07... | 艺术与传... | True | 喜欢喝90... | *NULL* |
| * *NULL* | *NULL* | *NULL* | *NULL* | *NULL* | *NULL* | *NULL* | *NULL* |

图 5.36　Student 表数据录入结果

### 5.4.2　表数据的修改

表的数据输入后,可以直接展开"数据库"——"表"子目录,选择要修改数据的表,右击该表,在弹出的菜单中选择"编辑前 200 行"命令,然后在窗体中直接修改表的数据即可。该方法与表数据输入是一样的操作步骤。

还可以通过 3 种 T-SQL 语句:INSERT、UPDATE 和 DELETE 进行数据的添加、更新和删除操作,利用这 3 种语句维护和修改表的数据。该方法会在后面章节里详细介绍。

### 5.4.3　表记录的浏览

如果需要查看数据库中表的数据可以通过查询窗口和命令等多种方式实现。现以 Student 表为例介绍在查询窗口中浏览表数据的步骤,具体步骤如下:

启动 SSMS 中窗口,展开"资源管理器"——"数据库"学生管理数据库子目录,右击 Student 表,在弹出的对话框中,选择"选择前 1000 行"命令。

如图 5.37 所示的代码窗口和浏览数据窗口,可以在代码窗口修改代码,数据输出窗口就会重新按新修改代码在浏览数据窗口显示数据。例如,修改输出为前 5 行,窗口就会显示前 5 行数据。

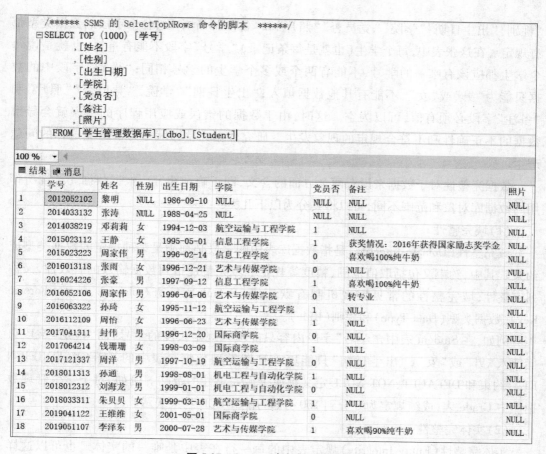

图 5.37　Student 表数据录入结果

# 5.5　数据库的完整性

在使用数据库的过程中,数据的正确与完整直接影响数据库的使用质量。数据不正确,程序功能无论怎样完善,也无法得到正确的结果。在创建数据库时,利用数据完整性是解决这些问题的重要方法。

数据完整性是指数据的精确性和可靠性,是为防止数据库中存在不符合语义规定的数据,防止因错误信息的输入、输出而造成无效的操作或错误信息所提出的,数据完整性在数据库管理系统中是十分重要的。

## 5.5.1　数据完整性的类型

数据完整性(Data Integrity)是指数据的精确性(Accuracy)和可靠性(Reliability)。它是应防止数据库中存在不符合语义规定的数据和防止因错误信息的输入/输出造成无效操作或错误信息而提出的。例如,在"学生管理数据库"中,"学生"表中有"学号""姓名"

"性别""出生日期""学院""党员否""照片"和"备注"8个字段,各个字段的数据类型都有规定。在这张表中,每个学生(也就是每条记录)"学号"字段不能有重复,也就是说每个学生都应该有唯一的学号,不能有两个或多个学生的学号相同;"性别"字段中的数据只能为"男"或"女",不能有其他数据填入;"出生日期""学院""党员否""照片"和"备注"字段必须有值,可以为空。这时,由于数据的错误或应用程序的错误就会导致数据的不正确性和不符合规定的现象发生。研究数据完整性就是为了避免这样的问题产生。

数据完整性对于数据来说有两个方面的含义,即正确和相容。根据数据完整性所作用的数据库对象和范围不同,可以将其分为以下几类:

(1)域完整性

域完整性(Domain Integrity)是指数据库表中的字段必须满足某种特定的数据类型或约束。其中,约束又包括取值范围、精度等规定。域完整性指列数据输入的有效性,又称列完整性,域完整性的常见实现机制有默认值(Default)、检查(Check)、外键(Foreign Key)、数据类型(Data Type)和规则(Rule)。

例如,在Student表中,"学号"字段内容只能填入规定长度的学号,而"性别"字段只能填入"男"或"女","出生日期"只能填入日期类型数据。表中的CHECK、FOREIGN KEY约束和DEFAULT、NOT NULL定义都属于域完整性的范畴。例如,对于学生管理数据库中Grade表,成绩规定为0分到100分,可用CHECK约束表示。

(2)实体完整性

实体完整性(Entity Integrity)规定表中的每一行在表中是唯一的实体。也可以这样说,在表中不能存在完全相同的记录,而且每条记录都要有一个非空并且不重复的主键。主键的存在保证了任何记录都是不重复的,可以区分,在对数据进行操作时才可以和其他记录区分开。

实体完整性要求表中有一个主键,其值不能为空且能唯一地标识对应的记录,又称为行完整性,通过PRIMARY KEY约束、UNIQUE约束、索引或IDENTITY属性等实现数据的实体完整性。

实体对应的是行,实体完整性是要求表中的每一行具有唯一的标识。实体完整性的实现机制有主键(Primary Key)、唯一码(Unique Key)、唯一索引(Unique Index)和标识列(Identity Column)。

例如,对于"学生管理数据库"中的Student表,学号列作为主键,每一个学生的学号列能唯一地标识该学生对应的行记录信息,要对"学生"表中姓名为"张雨"的记录进行更改,针对更新这个操作只能针对"张雨"这个人(这条记录),那么选择查询或操作时就只能靠学号的唯一性来判断,而其他字段的内容可能与其他记录产生重复。这就是通过学号列建立主键约束实现Student表的实体完整性。

（3）参照完整性

参照完整性（Referential Integrity）是指两个表的主键和外键的数据应对应一致。它确保了有主键的表中对应其他表的外键的存在，即保证了表之间数据的一致性，防止了数据丢失或无意义的数据在数据库中扩散。参照完整性是建立在外键和主键之间或外键和唯一性关键字之间的关系上的。在 SQL Server 2019 中，参照完整性作用表现在以下 3 个方面：

①禁止在从表中插入包含主表中不存在的关键字的数据行。

②禁止会导致从表中相应值孤立的主表中的外键值改变。

③禁止删除在从表中有对应记录的主表记录。

参照完整性保证主表中的数据与从表中数据的一致性，又称为引用完整性，可以保证两个引用表间的数据的一致性实现引用完整性的实现机制有外键（Foreign Key）、检查（Check）、触发器（Trigger）和存储过程（Stored Procedure）。

主键：表中能唯一标识每个数据行的一个或多个列。

外键：一个表中的一个或多个列的组合是另一个表的主键。

例如，将 Student 表作为主表，表中的学号列作为主键，Grade 表作为从表，表中的学号列作为外键，从而建立主表与从表之间的联系实现参照完整性。

如果定义了两个表之间的参照完整性，则要求：

①从表不能引用不存在的键值。

②如果主表中的键值更改了，那么在整个数据库中，对从表中该键值的所有引用要进行一致的更改。

③如果要删除主表中的某一记录，应先删除从表中与该记录匹配的相关记录。

（4）用户定义完整性

不同的关系数据库系统根据其应用环境的不同，往往还需要一些特殊的约束条件。用户定义的完整性（User-defined Integrity）即是针对某个特定关系数据库的约束条件，它反映了某一具体应用所涉及的数据必须满足的语义要求。

可以定义不属于其他任何完整性类别的特定业务规则，所有完整性类别都支持用户定义完整性，用户定义完整性的实现机制有规则（Rule）、触发器（Trigger）和存储过程（Stored Procedure）及创建数据表时的所有约束（Constraint）。

## 5.5.2 约束

约束（Constraint）是定义关于列中允许值的规则，是强制实施完整性的标准机制。SQL Server 2019 通过 6 种约束可以定义自动强制实施数据库完整性的方式。

①NOT NULL 约束：列的为空性决定表中的行是否可为该列包含空值。

②PRIMARY KEY 约束：标识具有唯一标识表中行的值的列或列集。在一个表中，不

能有两行具有相同的主键值。不能为主键中的任何列输入 NULL 值。每个表都应有一个主键。

③FOREIGN KEY 约束:外键用于建立和加强两个表数据之间的连接的一列或多列。通过定义 FOREIGN KEY 约束来创建外键可以标识并强制实施表间的关系。

④UNIQUE 约束:强制实施列集中值的唯一性。表中的任何两行都不能有相同的列值。UNIQUE 约束可以输入 NULL 值。

⑤CHECK 约束:通过限制可放入列中的值来强制实施域完整性。CHECK 约束指定逻辑表达式来检测输入的相关列值,若输入列值使得计算结果为 FALSE,则该行被拒绝添加。可以在一个表中为每列指定多个 CHECK 约束。

⑥DEFAULT 约束:在用户输入某些数据时,希望一些数据在没有特例的情况下被自动输入,例如,学生性别默认是"男"等情况,这时需要对数据表创建默认约束。

下面就上述几种约束利用 SSMS 进行操作:

(1)创建 NOT NULL 约束

在 SSMS 中选择表,利用执行"设计"命令后弹出窗体中,对表中的列的"允许空"项进行选择即可。

(2)创建 PRIMARY KEY 约束

在 SSMS 中选择表,利用执行"设计"命令后弹出窗体中,右击表中被选择的列,在弹出的快捷菜单中执行"设置主键"命令即可,如果需要选择多个字段作为主键,可按住"Ctrl"键再选择其他列。执行完命令后,在该列前面会出现钥匙图样,说明主键设置成功。

(3)创建 FOREIGN KEY 约束

以 Grade 表为例介绍创建 FOREIGN KEY 约束步骤如下:

图 5.38 "关系"的设置

①在 SSMS 中选择表 Grade 表,执行"设计"命令后弹出窗体,单击"关系"按钮,如图 5.38 所示。

②在弹出的"外键关系"对话框中,单击"添加"按钮,然后选择"表和列规范"后的"…"按钮,如图 5.39 所示。

③在弹出的"表和列"对话框中,选择主键表 Student 和外键表 Grade 及共有的列学号,如图 5.40 所示。单击"确定"按钮,外键约束创建完毕。

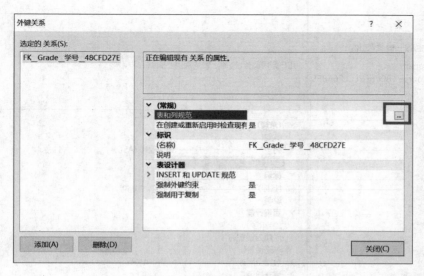

图 5.39　"外键关系"对话框

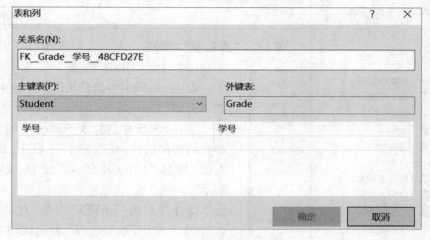

图 5.40　"表和列"对话框

（4）创建 UNIQUE 约束

在 Grade 表中创建 UNIQUE 约束的步骤如下：

①在 SSMS 中选择表 Course，执行"设计"命令后弹出窗体，单击"索引/键"命令，如图 5.41 所示。

②在弹出的"索引/键"对话框中，单击"添加"按钮，选择课程名列，然后选择"是唯一的"后的列表框按钮，如图 5.42 所示。选择"是"按钮，单击"关闭"按钮即可。

图 5.41　选择"索引/键"

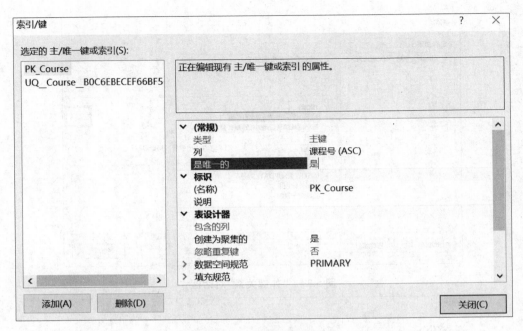

图 5.42 "索引/键"对话框

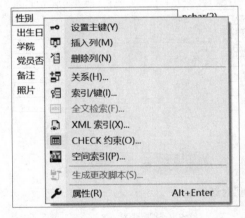

图 5.43 选择"CHECK 约束"

（5）创建 CHECK 约束

在表 Student 中创建 CHECK 约束的步骤如下：

①在 SSMS 中选择表 Student，执行"设计"命令后弹出窗体，在"性别"字段上，单击鼠标右键，选择"CHECK 约束"按钮，如图 5.43 所示。

②在弹出的"CHECK 约束"对话框中，单击"添加"按钮，然后选择"表达式"后的"…"按钮，如图 5.44 所示。

③在弹出的"CHECK 约束表达式"对话框中，输入表达式" 性别 ='男' OR 性别 ='女' "。如图 5.45 所示。单击"确定"按钮，CHECK 约束创建完毕。

此外，也可利用 T-SQL 语句创建或修改约束，创建约束可以使用 CREATE TABLE 或 ALTER TABLE 语句完成。使用 CREATE TABLE 语句表示在创建表时定义约束，使用 ALTER TABLE 语句表示在已有的表中添加约束。即使表中已经有了数据，也可以在表中增加约束。

当创建约束时，可以指定约束的名称。否则，系统将提供一个复杂的、系统自动生成的名称。对于一个数据库来说，约束名称必须是唯一的。一般来说，约束的名称应该按照这种格式：约束类型简称_表名_列名_代号。

该方法会在后续章节进行介绍。

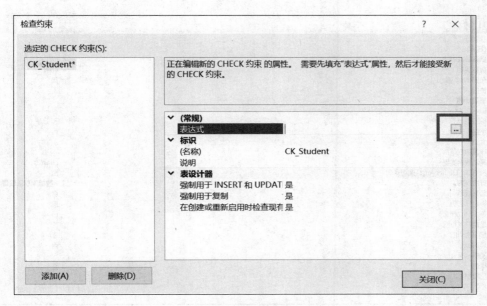

图 5.44　检查约束

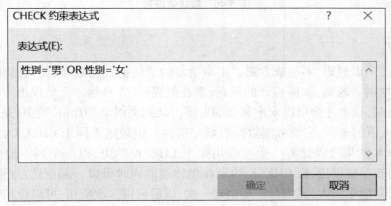

图 5.45　"CHECK 约束表达式"对话框

（6）创建 Default 约束

下面以 Student 表为例，在"性别"字段创建默认为"男"的默认约束。操作步骤如下：

①在"对象资源管理器"窗格中，右击需要创建默认约束的表（这里为 Student 表），在弹出的快捷菜单中选择"设计"命令，打开"表设计器"窗口。

②选择需要创建默认约束的字段（这里为"性别"字段），然后在下方的"列属性"选项卡中的"默认值或绑定"文本框中输入默认值，本例为选择"性别"字段，在默认值中输入"男"，如图 5.46 所示。

> 注意：单引号不需要输入，将表保存后，在单引号外还会自动生成一对小括号。

| (常规) | 性别 |
| --- | --- |
| (名称) | ('男') |
| 默认值或绑定 | |
| 数据类型 | char |
| 允许 Null 值 | 是 |
| 长度 | 2 |
| **表设计器** | |
| RowGuid | 否 |
| 标识规范 | 否 |
| 不用于复制 | 否 |
| 大小 | 2 |
| 计算列规范 | |
| 简洁数据类型 | char(2) |
| 具有非 SQL Server 订阅服务器 | 否 |
| 排序规则 | <数据库默认设置> |
| 全文规范 | 否 |
| 确定性密钥 | 是 |
| 是 DTS 发布的 | 否 |
| 是合并发布的 | 否 |
| 是可索引的 | 是 |
| 是列集 | 否 |
| **说明** | |
| **稀疏** | 否 |
| 已复制 | 否 |

图 5.46　默认值设置

### 5.5.3　规则

孟子曰:"不以规矩,不能成方圆。"本章学习的语法格式比较多,无论做什么事情,都要有一定的规则。规则,如同盛开的鲜花,繁花似锦时,大自然才会呈现出一派和谐的美景,遵守规则时,社会才会得以安定和谐的发展。规则类似于 CHECK 约束,是用来限制数据字段的输入值的范围,实现强制数据的域完整性。但规则不同于 CHECK 约束,在前面用到的 CHECK 约束可以针对一个列应用多个 CHECK 约束,但一个列不能应用多个规则;规则需要被单独创建,而 CHECK 约束在创建表的同时可以一起创建;规则比 CHECK 约束更复杂,功能更强大;规则只需要创建一次,以后可以多次应用,可以应用于多个表多个列,还可以应用到用户定义的数据类型上。使用规则包括规则的创建、绑定、解绑和删除。可以在查询分析器中用 SQL 语句完成。

1)创建规则

使用 CREATE RULE 语句创建规则的语法格式:

  CREATE RULE [schema_name.]rule_name

   AS condition_expression

 [;]

其中:

①rule_name 是规则的名称,命名必须符合 SQL Server 2019 的命名规则。

②condition_expression 是条件表达式。

【例5.17】　为"学生管理数据库"创建一条规则 score_rule,该规则规定凡是分数类的列值必须为 0~100。

```
CREATE RULE score_rule
    AS
    @ score BETWEEN 0 and 100
GO
```

2）绑定规则

要使创建好的规则作用到指定的列或表等，还必须将规则绑定到列或用户定义的数据类型上才能起作用。在查询分析器中，可以利用系统存储过程将规则绑定到字段或用户定义的数据类型上。其语法格式如下：

［EXECUTE］sp_bindrule '规则名称','表名.字段名'|'自定义数据类型名'

【例5.18】 创建一个 xb_rule 规则，将它绑定到"学生"表的"性别"字段，保证输入数据只能为"男"或"女"。

代码如下：

```
CREATE RULE xb_rule
AS
@ xb in('男','女')
GO
EXEC sp_bindrule ' xb_rule ',' Student.性别'
GO
```

3）解除列上绑定的规则

如果某条规则已经与列或者用户定义数据类型绑定，要删除规则，首先要解除规则的绑定，解除规则的绑定 sp_unbindrule 存储过程。sp_unbindrule 存储过程的语法格式如下：

［EXECUTE］sp_unbindrule '表名.字段名'|'自定义数据类型名'

4）删除规则

解除规则绑定后，就可以用 DROP RULE 语句删除规则 xb_rule 了。

DROP RULE xb_rule

当然，也可通过右击规则 xb_rele，在弹出菜单中选择"删除"命令来删除规则。

### 5.5.4 默认值

默认（也称默认值、缺省值）是一种数据对象，它与 DEFAULT（默认）约束的作用相同，也是当向表中输入数据时，没有为列输入值时，系统自动给该列赋一个"默认值"。与DEFAULT 约束不同的是默认对象的定义独立于表，类似规则，可以通过定义一次，多次应用任意表的任意列，也可以应用于用户定义数据类型。

默认对象的使用方法类似于规则，同样包括创建、绑定、解绑和删除。在 SQL Server 2019 中要创建默认值，只能通过 T-SQL 语句的中的 CREATE DEFAULT 命令进行。

1）创建默认值

在查询分析器中，创建默认对象的语法格式如下：

```
CREATE DEFAULT default_name
AS default_description
```

其中：

default_name 是默认值名称,必须符合 SQL Server 2019 命名规则。

default_description 是常量表达式,可以包含常量、内置函数或数学表达式。

例如,在"学生管理数据库"中创建一个 type_default 默认值对象的程序代码如下：

```
CREATE DEFAULT type_default AS '必修'
GO
```

2)利用存储过程绑定默认值

在默认值创建之后,必须将其绑定到表的字段或用户自定义的数据类型上才能产生作用。在查询分析器中使用系统存储过程来完成绑定。其语法格式如下：

［EXECUTE］sp_bindefault '默认名称','表名.字段名'|'自定义数据类型名'

例如,将上面的 type_default 默认值对象绑定 Course 表的课程性质列上,可以用以下 T-SQL 语句,如图 5.47 所示。

EXEC sp_bindefault ' type_default ',' Course.课程性质'

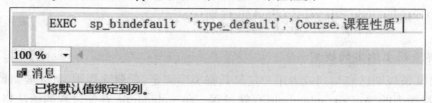

图 5.47　绑定默认值

3)解除默认值对象的绑定

类似规则,对于不需要再利用默认的列,可以利用系统存储过程对其解绑。其语法格式如下：

［EXECUTE］sp_unbindefault '表名.字段名'|'自定义数据类型名'

例如,用下面的 T-SQL 语句就可以解除 Course 表课程性质列上的默认值绑定。

EXEC sp_unbindefault ' Course.课程性质'

4)删除默认值对象

当默认值不再有存在的必要时,可以将其删除。在删除前,必须先对默认值解绑。在查询分析器中使用 DROP 语句删除默认值。其语法格式如下：

DROP DEFAULT default_name［,…n］

当然,也可以通过右击默认值对象 type_default,在弹出菜单中选择"删除"命令来删除默认值。

### 5.5.5 强制数据完整性

SQL Server 2019 提供了许多实现数据完整性的方法。除了本章介绍的约束、默认和规则外,还有前面章节介绍的数据类型和后面需要学习的触发器等。对于某一问题可能存在多种解决办法,应该根据系统的实际要求,从数据完整性方法实现的功能和开销综合考虑。下面来简单讨论一下各种实现数据完整性的方法的功能和性能开销。

触发器功能强大,既可以维护基础的数据完整性逻辑,又可以维护复杂的完整性逻辑,如多表的级联操作,但是开销较高;约束的功能比触发器弱,但开销低;默认和规则功能更弱,开销也更低;数据类型提供最低级别的数据完整性功能,开销也是最低的。

在选择完整性方案时,应该遵循在完成同样任务的条件下,选择开销低的方案解决。也就是说,能用约束完成的功能,就不用触发器完成;能用数据类型完成的功能,就不用规则来完成。

# 5.6 数据库关系图

恩格斯在谈到事物普遍联系的“辩证图景”时指出,“当我们通过思维来考察自然界或人类历史或我们自己的精神活动的时候,首先呈现在我们眼前的是一幅由种种联系和相互作用无穷无尽的交织起来的画面”。联系具有多样性。世界上的事物都是多种多样的,因而事物的联系也具有多样性。数据库表允许用户在表间建立临时关联和永久关联,去引导学生养成观察和理解事物之间联系的习惯,培养学生的人际关系处理能力,使自己能够更好地融入各个团体。

数据库关系图(Database Diagram)是数据库中对象的图形表示形式。在数据库设计过程中,可以利用数据库关系图对数据库对象(如表、列、键、索引、关系和约束等)进行进一步设计和修改。

数据库关系图包括表对象、表所包含的列以及它们之间的相互关联的情况。可以通过创建关系图或打开现有的关系图来打开数据库关系图设计器。

1)创建数据库关系图

创建数据库关系图的步骤如下:

在对象资源管理器中,右击“数据库关系图”文件夹或该文件夹中的任何关系图。从快捷菜单中选择“新建数据库关系图”,如图 5.48 所示。

将显示“添加表”对话框。在“表”列表中选择所需的表,再单击“添加”按钮,如图 5.49 所示。选择的表将以图形方式显示在新的数

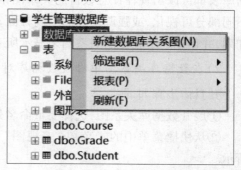

图 5.48 新建数据库关系图

据库关系图中。

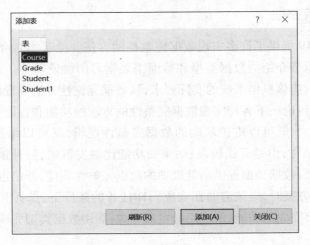

图 5.49  添加表

继续添加或删除表,按照设计的方案修改表或更改表关系,如添加 Student、Grade 和 Course 3 个表,创建数据库关系图,如图 5.50 所示。

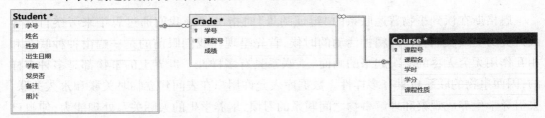

图 5.50  创建数据库关系图

在"文件"菜单中,选择"保存关系图…"项,在弹出的对话框中输入关系图名称 Diagram _xsgl1,单击"确定"按钮,即可建成数据库关系图。

通过保存数据库关系图,可以保存对数据库所做的所有更改,包括对表、列和其他数据库对象所做的任何更改。对于任何数据库,可以创建任意数目的数据库关系图;每个数据库表都可以出现在任意数目的关系图中。这样,便可以创建不同的关系图使数据库的不同部分可视化,或强调设计的不同方面。例如,可以创建一个大型关系图来显示所有表和列,并创建一个较小的关系图来显示所有表但不显示列。

2)在数据库关系图中修改数据库对象

其具体步骤如下:

①展开数据库关系图,选择要重命名列的表,再右击要重命名的列。

②从快捷菜单中的子菜单"表视图"中选择"标准""列名"或"键"命令,如图 5.51 所示。

③在显示要重命名列的单元格中输入新的"列名"。

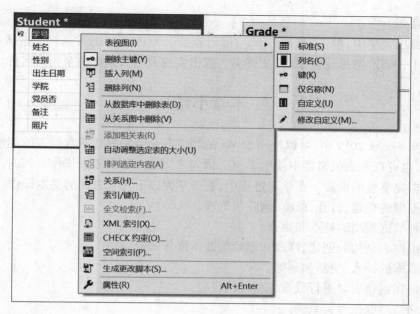

图 5.51　修改数据库对象

使用资源管理器还可以创建新的数据库关系图。数据库关系图以图形方式显示数据库的结构。使用数据库关系图可以创建和修改表、列、关系和键。此外,还可以修改索引和约束。

3)数据库关系图中的要素

在数据库关系图中,每个表都可带有 3 种不同的功能:标题栏、行选择器和一组属性列。

①标题栏。标题栏显示表的名称。如果修改了某个表,但尚未保存该表,则表名末尾将显示一个星号（＊）,表示未保存更改。

②行选择器。可以通过单击行选择器来选择表中的数据库列。如果该列是表的主键,则行选择器将显示一个键符号。

③属性列。属性列组仅在表的某些视图中可见。

在数据库关系图中,每个关系都可以带有 3 种不同的功能:终结点、线型和相关表。

a.终结点。如果某个关系在一个终结点处有键,在另一个终结点处有无穷符号,则该关系是一对多关系。

b.线型。线本身表示当向外键表添加新数据时,DBMS 是否强制关系的引用完整性。如果为实线,则在外键表中添加或修改行时,DBMS 将强制关系的引用完整性。

c.相关表。关系线表示两个表之间存在外键关系。对于一对多关系,外键表是靠近线的无穷符号的那个表。

4)查看数据库关系图

查看数据库关系图的步骤如下:

①在对象资源管理器中,右击相应数据库的"数据库关系图"子目录下的已经建成的

数据库关系图。

②在弹出菜单中,单击"修改"命令,即可查看和修改选择的关系图。或者在对象资源管理器中,展开"数据库关系图"文件夹。双击要打开的数据库关系图的名称。

# 本章小结

在 SQL Server 2019 中,可以使用 SSMS 的功能和命令来完成对数据表的创建、修改及删除操作,也可在查询编辑器中使用 T-SQL 语句来完成对数据表的操作。同时,还可以对表进行数据完整性的设置。在学习过程中,重点掌握以下几个方面的基本操作。

①数据库的创建、打开、修改、删除与管理。

②各种数据类型的特点和用途。

③数据库表结构的创建、修改和删除等基本操作和命令。

④表数据的插入、更新和删除。

⑤如何在创建表时进行数据完整性的设置。

⑥如何绘制数据库关系图。

# 习题 5

## 一、选择题

1.SQL Server 数据库文件有三类,其中主数据文件的后缀为(　　)。

  A. .ndf       B. .ldf       C. .mdf       D. .idf

2.下面标志符不合法的是(　　)。

  A.［mydelete］        B._mybase

  C.$ money         D.trigger1

3.SQL Server 的字符型系统数据类型主要包括(　　)。

  A.INT、MONEY、CHAR     B.CHAR、VARCHAR、TEXT

  C.DATETIME、BINARY、INT    D.CHAR、VARCHAR、INT

4.关于 SQL 常用的数据类型,以下(　　)说法是错误的。

  A.IMAGE 数据类型可以用来存储图像

  B.使用字符数据类型时,可以改变长度信息

  C.使用数字数据类型时,可以改变长度信息

  D.BIT 数据类型只有两种值:TRUE 和 FALSE

5.定义列中可以接受的数据值或格式,称为(　　)。

  A.唯一性约束        B.检查约束

  C.主键约束         D.默认约束

6.在 SQL Server 中,附加数据库操作是指(　　)。

  A.把 SQL Server 数据库文件保存为其他数据库文件

B.根据数据库物理文件中的信息,把数据库在 SQL Server 中恢复

C.把所有该数据库表的数据清空

D.把数据库删除掉

7.以下(　　　)约束不是用于实施域完整性。

    A.非空约束　　　　　　　B.外键约束　　　　　　　C.唯一约束　　　　　　　D.默认值

8.下面是合法的 SMALLINT 数据类型数据的是(　　　　)。

    A.223.5　　　　　　　　B.32 768　　　　　　　　C.-32 767　　　　　　　D.58 345

9.CREATE DATABASE 命令用来建立(　　　　)。

    A.数据库　　　　　　　　B.关系　　　　　　　　　C.表　　　　　　　　　　D.数据文件

10.在使用 CREATE DATABASE 命令创建数据库时,FILENAME 选项定义的(　　　　)。

    A.文件增长量　　　　　　B.文件大小　　　　　　　C.逻辑文件名　　　　　　D.物理文件名

11.关于表结构的定义,下面说法中错误的是(　　　　)。

    A.表名在同一个数据库内应是唯一的

    B.创建表使用 CREATE TABLE 命令

    C.删除表使用 DELETE TABLE 命令

    D.修改表使用 ALTER TABLE 命令

12.下列哪一个约束用来禁止输入重复值? (　　　　)

    A.UNIQUE　　　　　　　　　　　　　　　　B.NULL

    C.DEFAULT　　　　　　　　　　　　　　　　D.FOREIGN KEY

13.下列途径哪个不是实现值域完整性? (　　　　)

    A.rule(规则)　　　　　　B.primarykey　　　　　　C.not null　　　　　　　D.default

14.在 SQL Server 中,建立表用的命令是(　　　　)。

    A.CREATE TABLE　　　　　　　　　　　　　B.CREATE RULE

    C.CREATE VIEW　　　　　　　　　　　　　D.CREATE INDEX

15.在 MS SQL Server 中,用来显示数据库信息的系统存储过程是(　　　　)。

    A.sp_dbhelp　　　　　　B.sp_db　　　　　　　　C.sp_help　　　　　　　D.sp_helpdb

16.在学生成绩表中的列成绩用来存放某学生学习某课程的考试成绩(0~100 分,没有小数),用下列哪种类型最节省空间? (　　　　)

    A.INT　　　　　　　　　　　　　　　　　　B.SMALLINT

    C.TINYINT　　　　　　　　　　　　　　　　D.DECIMAL(3,0)

17.数据的完整性,不包括(　　　　)。

    A.域完整性　　　　　　　　　　　　　　　　B.行完整性

    C.实体完整性　　　　　　　　　　　　　　　D.自定义完整性

18.外键约束可以用于实施(　　　　)。

    A.实体完整性　　　　　　　　　　　　　　　B.行完整性

    C.引用完整性　　　　　　　　　　　　　　　D.域完整性

19.关于主外键关系,以下说法不正确的是(　　　)。

A.可以在子表中随意修改数据　　　　　B.不能在子表中随意删除数据

C.可以在主表中随意增加数据　　　　　D.不能在主表中随意修改数据

## 二、综合题

1.什么是实体完整性,域完整性,参照完整性,可以通过哪些方法实现这些完整性?

2.列出 SQL Server 数据库中常见的数据库对象。

3.执行下列语句,创建 bookdb 数据库:

```
Create database bookdb
On primary
( name = bookdb_dat,
Filename = ' d:\mssql\book.mdf '
Size = 2mb,
Maxsize = 20mb,
Filegrowth = 1mb)
Log on
( name = bookdb_log,
Filename = ' d:\mssql\book.ldf ',
Size = 1mb,
Maxsize = 5mb,
Filegrowth = 1mb)
Go
```

①建立的 bookdb 数据库的主文件名是_____,操作系统使用的主文件名是_____,主文件的初始大小是_____,最大增长是_____,每一次的增量是_____。

②建立的 bookdb 数据库的日志文件是_____,操作系统使用的事务日志文件名是_____,事务日志文件的初始大小是_____,最大增长是_____,每一次的增量是_____。

③查看该数据库的信息使用_____命令。

# 第6章　结构化查询语言 SQL

习近平强调"推动高质量发展,首先要完整、准确、全面贯彻新发展理念。新发展理念和高质量发展是内在统一的,高质量发展就是体现新发展理念的发展。要坚持系统观念,找准在服务和融入构建新发展格局中的定位,优化提升产业结构,加快推动数字产业化、产业数字化。要加大创新支持力度,优化创新生态环境,激发创新创造活力"。[①]

结构化查询语言(Structured Query Language,SQL)是关系数据库的标准语言。查询是 SQL 语言的重要组成部分,但不是全部,SQL 还包含数据定义、数据操纵和数据控制功能等部分。本章将从数据查询、数据定义、数据修改 3 方面来介绍 SQL Server 支持的 SQL 语言。

## 6.1　SQL 简介

SQL 包含数据查询、数据定义、数据操纵和数据控制等功能。其中查询是 SQL 语言的重要组成部分。SQL 是关系数据库的标准语言,所有的关系数据库管理系统都支持 SQL。

### 6.1.1　SQL 的产生和发展

在 1970 年代初,由 IBM 公司 San Jose,California 研究实验室的埃德加·科德发表将数据组成表格的应用原则(Codd's Relational Algebra)。

1974 年,同一实验室的 D.D.Chamberlin 和 R.F. Boyce 对 Codd's Relational Algebra 在研制关系数据库管理系统 System R 中,研制出一套规范语言——SEQUEL(Structured English QUEry Language),并在 1976 年 11 月的 IBM Journal of R&D 上公布新版本的 SQL(称为 SEQUEL/2)。1980 年改名为 SQL。

1979 年 ORACLE 公司首先提供商用的 SQL,IBM 公司在 DB2 和 SQL/DS 数据库系统中也实现了 SQL。

1986 年 10 月,美国 ANSI 采用 SQL 作为关系数据库管理系统的标准语言(ANSI X3.135—1986),后为国际标准化组织(ISO)采纳为国际标准。

1989 年,美国 ANSI 采纳在 ANSI X3.135—1989 报告中定义的关系数据库管理系统的 SQL 标准语言,称为 ANSI SQL 89,该标准替代 ANSI X3.135—1986 版本。

1990 年,我国也颁布了《信息处理系统 数据库语言 SQL》,将其定为中国国家标准。

---

[①]　习近平 2021 年 3 月 22 日至 25 日在福建考察时的讲话。

1998 年 4 月,ISO 提出了具有完整性特征的 SQL,并将其定为国际标准,推荐它为标准关系数据库语言。

2016 年 12 月 14 日,ISO/IEC 发布了最新版本的数据库语言 SQL 标准(ISO/IEC 9075:2016)。从此,它替代了之前的 ISO/IEC 9075:2011 版本。SQL 标准发展历程具体见表 6.1。但是目前没有一个数据库系统能够支持 SQL 标准的所有概念和特性。大部分数据库能够支持 SQL/92 标准中的大部分功能以及 SQL99、SQL2003 中部分新概念;同时,许多软件厂商对 SQL 命令集进行了不同程度的扩充和修改,又可以支持标准以外的一些功能特性。

表 6.1　SQL 标准

| 标准 | 大致页数 | 发布日期 |
|---|---|---|
| SQL/86 | | 1986 年 |
| SQL/89( FIPS 127-1) | 120 页 | 1989 年 |
| SQL/92 | 622 页 | 1989 年 |
| SQL99(SQL 3) | 1 700 页 | 1989 年 |
| SQL2003 | 3 600 页 | 2003 年 |
| SQL2008 | 3 777 页 | 2006 年 |
| SQL2011 | | 2010 年 |
| SQL2016 | | 2016 年 |

### 6.1.2　SQL 语言特点

1) 综合统一,一体化语言

SQL 是集数据定义语言(DDL)、数据操纵语言(DML)、数据控制语言(DCL)功能于一体。可以独立完成数据库生命周期中的全部活动。它可以完成以下功能:

①定义和修改、删除关系模式,定义和删除视图,插入数据,建立数据库;

②对数据库中的数据进行查询和更新;

③数据库安全性、完整性控制以及事务控制;

④对数据库进行重构和维护;

⑤嵌入式 SQL 和动态 SQL 定义。

2) 高度非过程化

非关系数据模型的数据操纵语言"面向过程",必须指定存取路径。而 SQL 只要提出

"做什么",无须了解存取路径。存取路径的选择以及 SQL 的操作过程由系统自动完成。

例如:

SELECT book_name,price

from books

where price<=80

order by price;

该语句含义是从 books 表中选择价格在 80 元以内的图书,并按照价格的升序排列;只需要输入 SQL 语句,而不必告诉计算机如何存储数据、查找步骤、如何排序等操作,它是一种高度非过程化的语言。

3)语言简洁,易学易用

SQL 包括数据定义语言 DDL、数据操纵语言 DML 和数据控制语言 DCL。

DDL 用来建立数据库、删除数据库对象和定义其列,语句有 CREATE TABLE 、DROP TABLE 等。

DML 语言用来查询、插入、删除和修改数据库中的数据;语句有 SELECT、INSERT、UPDATE、DELETE 等。其中数据查询是核心,单独拿出来进行讲解。

DCL 语言用来控制存取许可、存取权限等,语句有 GRANT、REVOKE 等。

SQL 功能极强,完成核心功能只用了 9 个动词。SQL 命令动词具体见表 6.2。

表 6.2  SQL 命令动词

| SQL 功能 | 动词 |
| --- | --- |
| 数据查询 | SELECT |
| 数据定义 | CREATE, DROP, ALTER |
| 数据操纵 | INSERT, UPDATE, DELETE |
| 数据控制 | GRANT, REVOKE |

4)统一的语法格式,不同的工作方式

SQL 是独立的语言,能够独立地用于联机交互的使用方式。

SQL 又是嵌入式语言,SQL 能够嵌入高级语言(如 C, C++,Java)程序中,供程序员设计程序时使用。

5)视图数据结构

在用户眼中,基本表和视图都是关系,存储文件对用户是透明的;SQL 操作的两个基本数据结构对象是表和视图,如图 6.1 所示。

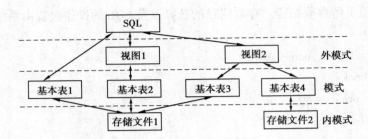

图 6.1　SQL 关系数据库三级模式结构

### 6.1.3　T-SQL

Transact-SQL(Transact Structure Query Language,T-SQL)是对标准 SQL 语言功能的扩充,是 Microsoft 公司在关系型数据库管理系统 SQL Server 中的 SQL-3 标准实现,是微软对 SQL 的扩展,具有 SQL 的主要特点,同时增加了变量、运算符、函数、流程控制和注释等语言元素,使得其功能更加强大。

T-SQL 对 SQL Server 十分重要,SQL Server 中使用图形界面能够完成所有的功能,都可以利用 T-SQL 来实现。使用 T-SQL 操作时,与 SQL Server 通信的所有应用程序都通过向服务器发送 T-SQL 语句来进行,而与应用程序的界面无关。现在很多大型关系型数据库都在标准 SQL 基础上,结合自身特点推出可进行高级编程的、结构化的 SQL 语言,如 SQL Server 2019 的 T-SQL。

根据其完成的具体功能,可以将 T-SQL 语句分为四大类,分别为数据操作语句、数据定义语句、数据控制语句和一些附加的语言元素。

(1)操作语句

　　SELECT,INSERT,DELETE,UPDATE;

(2)定义语句

　　CREATE TABLE,DROP TABLE,ALTER TABLE;

　　CREATE VIEW,DROP VIEW;

　　CREATE INDEX,DROP INDEX;

　　CREATE PROCEDURE,ALTER PROCEDURE,DROP PROCEDURE;

　　CREATE TRIGGER,ALTER TRIGGER,DROP TRIGGER;

(3)控制语句

　　GRANT,DENY,REVOKE

(4)语言元素

　　BEGIN TRANSACTION/COMMIT,ROLLBACK,SET TRANSACTION;

　　DECLARE OPEN,FETCH,CLOSE,EXECUTE;

下面以如图 6.2 所示的"教师管理数据库"中的 Department 表、Teacher 表以及"学生管理数据库"的 student 表、course 表和 grade 表为例,通过大量的实例来介绍 SQL 语句。

| | 学号 | 姓名 | 性别 | 出生日期 | 学院 | 党员否 | 备注 | 照片 |
|---|---|---|---|---|---|---|---|---|
| 1 | 2015023112 | 王静 | 女 | 1995-05-01 | 信息工程学院 | 1 | 获奖情况：2016年获得国家励志奖学金 | NULL |
| 2 | 2015023223 | 周家伟 | 男 | 1996-02-14 | 信息工程学院 | 0 | 喜欢喝100%纯牛奶 | NULL |
| 3 | 2016024226 | 张豪 | 男 | 1997-09-12 | 信息工程学院 | 1 | 喜欢喝100%纯牛奶 | NULL |
| 4 | 2016013118 | 张雨 | 女 | 1996-12-21 | 艺术与传媒学院 | 0 | NULL | NULL |
| 5 | 2019051107 | 李泽东 | 男 | 2000-07-28 | 艺术与传媒学院 | 1 | 喜欢喝90%纯牛奶 | NULL |
| 6 | 2018011313 | 孙通 | 男 | 1998-08-01 | 机电工程与自动化学院 | 1 | NULL | NULL |
| 7 | 2018012312 | 刘海龙 | 男 | 1999-01-01 | 机电工程与自动化学院 | 0 | NULL | NULL |
| 8 | 2016063322 | 孙琦 | 女 | 1995-11-12 | 航空运输与工程学院 | 1 | NULL | NULL |
| 9 | 2018033311 | 朱贝贝 | 女 | 1999-03-16 | 航空运输与工程学院 | 1 | NULL | NULL |
| 10 | 2017121337 | 周洋 | 男 | 1997-10-19 | 航空运输与工程学院 | 0 | NULL | NULL |
| 11 | 2017064214 | 钱珊珊 | 女 | 1998-03-09 | 国际商学院 | 1 | NULL | NULL |
| 12 | 2019041122 | 王维维 | 女 | 2001-05-01 | 国际商学院 | 0 | NULL | NULL |
| 13 | 2017041311 | 封伟 | 男 | 1996-12-20 | 国际商学院 | 0 | NULL | NULL |
| 14 | 2014038219 | 邓莉莉 | 女 | 1994-12-03 | 航空运输与工程学院 | 1 | NULL | NULL |
| 15 | 2016112109 | 周怡 | 女 | 1996-06-23 | 艺术与传媒学院 | 1 | NULL | NULL |
| 16 | 2016052106 | 周家伟 | 男 | 1996-04-06 | 艺术与传媒学院 | 0 | 转专业 | NULL |
| 17 | 2012052102 | 黎明 | NULL | 1986-09-10 | NULL | NULL | NULL | NULL |
| 18 | 2014033132 | 张涛 | NULL | 1988-04-25 | NULL | NULL | NULL | NULL |

| | 学号 | 课程号 | 成绩 |
|---|---|---|---|
| 1 | 2015023112 | 0312020352 | 88.00 |
| 2 | 2015023223 | 0312020352 | 76.00 |
| 3 | 2016024226 | 0312020164 | 80.00 |
| 4 | 2016013118 | 0312020164 | 90.00 |
| 5 | 2019051107 | 0312020164 | 74.00 |
| 6 | 2018011313 | 0312020022 | 91.00 |
| 7 | 2018012312 | 0312020022 | 90.00 |
| 8 | 2015023112 | 0312020022 | 95.00 |
| 9 | 2019041122 | 0312020302 | 79.00 |
| 10 | 2017041311 | 0312020302 | 84.00 |
| 11 | 2019051107 | 0312020302 | 90.00 |

| | 课程号 | 课程名 | 学时 | 学分 | 课程性质 |
|---|---|---|---|---|---|
| 1 | 0312020302 | 多媒体应用 | 53 | 3.0 | 选修 |
| 2 | 0312020022 | 数据库管理系统 | 56 | 3.5 | 必修 |
| 3 | 0312020352 | 管理信息系统 | 56 | 3.0 | 必修 |
| 4 | 0607010271 | 概率论与数理统计 | 53 | 3.0 | 选修 |
| 5 | 06900160 | 配载与平衡 | 32 | 2.0 | 必修 |
| 6 | 9412050022 | 信息检索与利用 | 29 | 1.5 | 选修 |
| 7 | 0208093092 | 数据结构 | 56 | 3.5 | 实践 |
| 8 | 0308100313 | 结构设计软件应用 | 37 | 2.0 | 选修 |

| | 系号 | 系名 |
|---|---|---|
| 1 | d001 | 机电工程与自动化系 |
| 2 | d002 | 信息工程 |
| 3 | d003 | 航空运输 |
| 4 | d004 | 中文系科学 |
| 5 | d006 | 外国语系科学 |
| 6 | d007 | 体育科学 |
| 7 | d008 | 艺术系 |

| | 教师编号 | 教师姓名 | 性别 | 系号 | 出生日期 | 籍贯 | Email | 电话 | 职称 | 工资 |
|---|---|---|---|---|---|---|---|---|---|---|
| 1 | 120109 | 是天舒 | 男 | D003 | 1991-12-01 00:00:00.000 | 江苏南京 | tianshu@126.com | NULL | 助教 | 4500.00 |
| 2 | 120252 | 张丽英 | 女 | D002 | 1969-04-16 00:00:00.000 | 山西运城 | liying@yahoo.com | NULL | 副教授 | 6501.05 |
| 3 | 120312 | 王丽娟 | 女 | D002 | 1962-06-06 00:00:00.000 | 湖南岳阳 | lijuan@126.com | NULL | 副教授 | 7100.70 |
| 4 | 120341 | 吕如国 | 男 | D001 | 1975-09-22 00:00:00.000 | 河南新乡 | laolv@163.comq | NULL | 讲师 | 5000.00 |
| 5 | 120353 | 蒋秀英 | 女 | D001 | 1969-04-15 00:00:00.000 | 山东聊城 | xiuying@sina.com | NULL | 教授 | 8400.00 |
| 6 | 120363 | 迟庆云 | 女 | D001 | 1977-09-25 00:00:00.000 | 山东日照 | qingyun@sina.com | NULL | 讲师 | 5934.88 |
| 7 | 120411 | 赵燕 | 女 | D003 | NULL | 河南郑州 | NULL | NULL | 助教 | 4000.54 |
| 8 | 120423 | 李小亮 | 男 | D004 | 1982-01-20 00:00:00.000 | 山东济宁 | xiaoliang@sohu.com | NULL | 讲师 | 5420.40 |
| 9 | 120603 | 韩晓丽 | 女 | D006 | 1973-05-30 00:00:00.000 | 辽宁沈阳 | xiaoli_han@sohu.com | NULL | 副教授 | 6356.67 |

**图 6.2　本章涉及的数据库表**

## 6.2　数据查询

所谓查询,就是对已经存在于数据库中的数据按特定的组合、条件或次序进行检索。查询功能是数据库最基本也是最重要的功能。数据库查询是数据库的核心操作,SQL Server 从数据表中查询数据的基本语句为 SELECT 语句。SELECT 语句的基本格式是:

SELECT[ALL|DISTINCT]<目标列表达式>[ ,<目标列表达式>]…
FROM<表名或视图名>[ ,<表名或视图名>]…
[WHERE<条件表达式>]
[GROUP BY<列名 1>[HAVING<条件表达式>]]
[ORDER BY<列名 2>[ASC|DESC]];

整个 SELECT 语句的含义:

根据 WHERE 子句中的条件表达式,从 FROM 子句指定的基本表或视图中找出满足条件的元组,再将满足条件的元组在 SELECT 子句中规定的列上做投影,最后得到了一个结果表。其他子句是对得到的结果表进行再处理,其中 GROUP 子句将结果关系按<列名1>的值进行分组,该属性列值相等的元组为一个组,通常会在每组中使用聚集函数。如果 GROUP 子句带 HAVING 短语,则只有满足指定条件的组才给予输出;如果有 ORDER 子句,则结果表还要按<列名2>的值的升序或降序排序。

SELECT 语句既可以完成简单的单表查询,也可以完成复杂的连接查询和嵌套查询。

### 6.2.1　单表查询

单表查询是指仅涉及一个表的查询,比如选择一个表中的某些列值、选择一个表中的某些特定行等。

1)选择表中的若干列

通过指定 SELECT 语句中的<目标列表达式>,有选择地列出表中的全部列或部分列,相当于关系代数中的投影运算。注意各列名之间要以逗号分隔。

(1)查询表中部分字段

【例6.1】　查询 student 表中学生的学号和姓名。

　　Select 学号,姓名 from student

查询结果如图6.3所示。

| | 学号 | 姓名 |
|---|---|---|
| 1 | 2015023112 | 王静 |
| 2 | 2015023223 | 周家伟 |
| 3 | 2016024226 | 张豪 |
| 4 | 2016013118 | 张雨 |
| 5 | 2019051107 | 李泽东 |
| 6 | 2018011313 | 孙通 |
| 7 | 2018012312 | 刘海龙 |
| 8 | 2016063322 | 孙琦 |
| 9 | 2018033311 | 朱贝贝 |
| 10 | 2017121337 | 周洋 |
| 11 | 2017064214 | 钱珊珊 |
| 12 | 2019041122 | 王维维 |
| 13 | 2017041311 | 封伟 |
| 14 | 2014038219 | 邓莉莉 |
| 15 | 2016112109 | 周怡 |

图6.3　例6.1查询结果

(2)使用 DISTINCT 短语

如果带 DISTINCT 关键字表示要将表中的重复行去掉。如果没有 DISTINCT 关键字的话,则保留重复行。

【例6.2】 列出学生表中的学院名称(无重复行)。

Select distinct 学院 from student

查询结果如图6.4所示。

| | 学院 |
|---|---|
| 1 | 国际商学院 |
| 2 | 航空运输与工程学院 |
| 3 | 机电工程与自动化学院 |
| 4 | 信息工程学院 |
| 5 | 艺术与传媒学院 |

图6.4 有distinct查询结果

(3)查询表中全部字段

【例6.3】 查询course表中的所有元组。

Select * from course

查询结果如图6.5所示。

| | 课程号 | 课程名 | 学时 | 学分 | 课程性质 |
|---|---|---|---|---|---|
| 1 | 0312020302 | 多媒体应用 | 48 | 3.0 | 选修 |
| 2 | 0312020022 | 数据库管理系统 | 56 | 3.5 | 必修 |
| 3 | 0312020352 | 管理信息系统 | 56 | 3.5 | 必修 |
| 4 | 0607010271 | 概率论与数理统计 | 48 | 3.0 | 选修 |
| 5 | 06900160 | 配载与平衡 | 32 | 2.0 | 必修 |
| 6 | 9412050022 | 信息检索与利用 | 24 | 1.5 | 选修 |
| 7 | 0208093092 | 数据结构 | 56 | 3.5 | 实践 |
| 8 | 0308100313 | 结构设计软件应用 | 32 | 2.0 | 选修 |

图6.5 例6.3查询结果

> 注意:"＊"是通配符,表示所有属性(字段)。

2)选择表中的若干行

如果只想选择部分元组的全部或部分列,则需要指定WHERE子句中的条件表达式。WHERE子句是在行方向上对表进行操作,返回满足条件的元组集,相当于关系代数中的选择运算。

(1)比较大小

　　=(等于)

　　>(大于)

　　<(小于)

>=（大于等于）

<=（小于等于）

！=或<>（不等于）

有些产品中还包括：

！>（不大于）

！<（不小于）

逻辑运算符 NOT 可对条件表达式求非。

【例6.4】 查询1998年9月1日以后出生的学生名单。

Select 姓名 from student where 出生日期>' 1998-09-01 '

查询结果如图6.6所示。

| | 姓名 |
|---|---|
| 1 | 李泽东 |
| 2 | 刘海龙 |
| 3 | 朱贝贝 |
| 4 | 王维维 |

图 6.6　例 6.4 查询结果

注意：时间' 1998-09-01 '上的符号为西文状态下的单引号，不能是双引号。

【例6.5】 列出选修课的课程名称和课程号。

Select 课程名,课程号 from course where 课程性质='选修'

查询结果如图6.7所示。

| | 课程名 | 课程号 |
|---|---|---|
| 1 | 多媒体应用 | 0312020302 |
| 2 | 概率论与数理统计 | 0607010271 |
| 3 | 信息检索与利用 | 9412050022 |
| 4 | 结构设计软件应用 | 0308100313 |

图 6.7　例 6.4 查询结果

【例6.6】 查询课程号是"0312020022,成绩大于90分"的学生学号及成绩,且将成绩由高到低列出。

Select 学号,成绩 from grade where 课程号=' 0312020022 ' and 成绩>90 order by 成绩 desc

查询结果如图6.8所示。

图 6.8 例 6.6 查询结果

注意：多个查询条件可以用 AND、OR 或者 NOT 连接。

（2）确定范围

谓词 BETWEEN…AND… 和 NOT BETWEEN…AND… 可以用来查找属性值在（或不在）指定范围内的元组，其中 BETWEEN 后是范围的下限（即低值），AND 后是范围的上限（即高值）。

【例 6.7】 查询成绩在 80 分到 90 分之间的学生得分情况。

Select * from grade where 成绩 between 80 and 90

等价于

Select * from grade where 成绩>=80 and 成绩<=90

查询结果如图 6.9 所示。

| | 学号 | 课程号 | 成绩 |
|---|---|---|---|
| 1 | 2015023112 | 0312020352 | 88.00 |
| 2 | 2016024226 | 0312020164 | 80.00 |
| 3 | 2016013118 | 0312020164 | 90.00 |
| 4 | 2017041311 | 0312020302 | 84.00 |
| 5 | 2019051107 | 0312020302 | 90.00 |

图 6.9 例 6.7 查询结果

【例 6.8】 查询工资不在 5000 元到 7000 元范围内的教师信息。

Select * from teacher where 工资 not between 5000 and 7000

查询结果如图 6.10 所示。

| | 教师编号 | 教师姓名 | 性别 | 系号 | 出生日期 | 籍贯 | Email | 电话 | 职称 | 工资 |
|---|---|---|---|---|---|---|---|---|---|---|
| 1 | 120109 | 楚天舒 | 男 | D003 | 1991-12-01 00:00:00.000 | 江苏南京 | tianshu@126.com | NULL | 助教 | 4500.00 |
| 2 | 120312 | 王丽娟 | 女 | D002 | 1962-06-06 00:00:00.000 | 湖南岳阳 | lijuan@126.com | NULL | 副教授 | 7100.70 |
| 3 | 120353 | 蒋秀英 | 女 | D001 | 1969-04-15 00:00:00.000 | 山东聊城 | xiuying@sina.com | NULL | 教授 | 8400.00 |
| 4 | 120411 | 赵燕 | 女 | D003 | NULL | 河南郑州 | NULL | NULL | 助教 | 4000.54 |

图 6.10 例 6.8 查询结果

（3）确定集合

IN 关键字用来查询满足指定条件范围内的记录，使用 IN 关键字时，将所有检索条件用括号括起来,检索条件用逗号分隔开,只要满足条件范围内的一个值即为匹配项。简单来说,谓词 IN 可以用来查找属性值属于指定集合的元组。

【例 6.9】 列出课程号是"0312020164"和课程号是"0312020302"的全体学生的学号、课程号和成绩。

Select 学号,课程号,成绩 from grade where 课程号 in ( ' 0312020164 ',' 0312020302 ')

等价于

Select 学号,课程号,成绩 from grade where 课程号 = ' 0312020164 ' or 课程号 = ' 0312020302 '

查询结果如图 6.11 所示。

| | 学号 | 课程号 | 成绩 |
|---|---|---|---|
| 1 | 2016024226 | 0312020164 | 80.00 |
| 2 | 2016013118 | 0312020164 | 90.00 |
| 3 | 2019051107 | 0312020164 | 74.00 |
| 4 | 2019041122 | 0312020302 | 79.00 |
| 5 | 2017041311 | 0312020302 | 84.00 |
| 6 | 2019051107 | 0312020302 | 90.00 |

图 6.11 例 6.9 查询结果

注意:
①与 IN 相对的谓词是 NOT IN,用于查找属性值不属于指定集合的元组。
②IN 和 BETWEEN 的区别。

(4)模糊匹配

利用字符串的匹配运算可以进行模糊查询,使用的关键字是 LIKE,LIKE 关键字可以用来进行字符串的匹配运算,其一般语法格式如下:

[NOT] LIKE '匹配串' [ESCAPE '匹配串']

该语句的含义是查找指定的属性列值与"匹配串"相匹配的元组。"匹配串"可以是一个完整的字符串,也可以含有通配符"%""_""[ ]"和"[^]"。通配符的用法见表 6.3。

表 6.3 通配符

| 通配符 | 解释 | 示例 |
|---|---|---|
| '_' | 任意单个字符 | A LIKE ' C_' |
| % | 任意长度的字符串 | B LIKE ' CO_%' |
| [ ] | 括号中所指定范围内的一个字符 | C LIKE '9W0[1-2]' |
| [^] | 不在括号中所指定范围内的一个字符 | D LIKE '%[A-D][^1-2]' |

说明：

①LIKE 关键字后面的表达式必须用单引号"''"括起来。

②NOT LIKE 关键字为 LIKE 关键字的逻辑非（即相反）。

③如果用户要查询的字符串本身就含有通配符,这时需要使用"ESCAPE '<换码字符>'"短语对通配符进行转义。

通配符的示例：

①LIKE ' AB% '：返回以"AB"开始的任意字符串。

②LIKE '%abc '：返回以"abc"结束的任意字符串。

③LIKE '%abc% '：返回包含"abc"的任意字符串。

④LIKE '_ab '：返回以"ab"结束的三个字符的字符串。

⑤LIKE ' [ACK]% '：返回以"A""C"或"K"开始的任意字符串。

⑥LIKE ' [A-T]ing '：返回四个字符的字符串,结尾是"ing",首字符的范围从 A 到 T。

⑦LIKE ' M[^c]% '：返回以"M"开始且第二个字符不是"c"的任意长度的字符串。

【例 6.10】 在 student 表中,查询 2016 级学生的基本情况。

Select * from student where 学号 like ' 2016% '

查询结果如图 6.12 所示。

| | 学号 | 姓名 | 性别 | 出生日期 | 学院 | 党员否 | 备注 | 照片 |
|---|---|---|---|---|---|---|---|---|
| 1 | 2016024226 | 张豪 | 男 | 1997-09-12 | 信息工程学院 | 1 | NULL | NULL |
| 2 | 2016013118 | 张雨 | 女 | 1996-12-21 | 艺术与传媒学院 | 0 | NULL | NULL |
| 3 | 2016063322 | 孙琦 | 女 | 1995-11-12 | 航空运输与工程学院 | 1 | NULL | NULL |
| 4 | 2016112109 | 周怡 | 女 | 1996-06-23 | 艺术与传媒学院 | 1 | NULL | NULL |

图 6.12　例 6.10 查询结果

【例 6.11】 在 student 表中,查询所有姓"王"和"孙"的学生姓名、学院。

Select 姓名,学院 from student where 姓名 like ' [王孙]% '

查询结果如图 6.13 所示。

| | 姓名 | 学院 |
|---|---|---|
| 1 | 王静 | 信息工程学院 |
| 2 | 孙通 | 机电工程与自动化学院 |
| 3 | 孙琦 | 航空运输与工程学院 |
| 4 | 王维维 | 国际商学院 |

图 6.13　例 6.11 查询结果

【例6.12】 在 student 表中,查询所有姓"张"的,但第二个字不是"雨"的学生学号和姓名。

Select 学号,姓名 from student where 姓名 like '张[^雨]%'

查询结果如图6.14所示。

图 6.14 例 6.12 查询结果

针对"%",为了避免 SQL 将其解释成通配符,使用 ESCAPE '<换码字符>'短语。

【例6.13】 查询"喜欢喝 100%纯牛奶"的学生信息。

Select * from Student Where 备注 like '喜欢喝 100\%纯牛奶' ESCAPE '\'

查询结果如图6.15所示。

| | 学号 | 姓名 | 性别 | 出生日期 | 学院 | 党员否 | 备注 | 照片 |
|---|---|---|---|---|---|---|---|---|
| 1 | 2015023223 | 周家伟 | 男 | 1996-02-14 | 信息工程学院 | 0 | 喜欢喝100%纯牛奶 | NULL |
| 2 | 2016024226 | 张豪 | 男 | 1997-09-12 | 信息工程学院 | 1 | 喜欢喝100%纯牛奶 | NULL |

图 6.15 例 6.13 查询结果

> 注意:ESCAPE '\'短语表示"\"为换码字符,这样匹配串中紧跟在"\"后面的字符"_"不再具有通配符的含义,转义为普通的"_"字符。

(5)涉及空值的查询

创建数据表时,设计者可以指定某列中是否可以包含空值(NULL)。空值不同于0,也不同于空字符串,空值一般表示数据未知、不适用或将在以后添加。在 SELECT 语句中使用 IS NULL 子句,可以查询某字段内容为空记录。

【例6.14】 查询 teacher 表中出生日期还没有确定的教师信息。

Select * from teacher where 出生日期 is null

查询结果如图6.16所示。

| | 教师编号 | 教师姓名 | 性别 | 系号 | 出生日期 | 籍贯 | Email | 电话 | 职称 | 工资 |
|---|---|---|---|---|---|---|---|---|---|---|
| 1 | 120411 | 赵燕 | 女 | D003 | NULL | 河南郑州 | NULL | NULL | 助教 | 4000.54 |

图 6.16 例 6.14 查询结果

> 注意:这里的"IS NULL"不能用等号"=NULL"代替。

【例6.15】 查询 teacher 表中已经确定了出生日期的教师信息。

Select * from teacher where 出生日期 is not null

查询结果如图 6.17 所示。

| | 教师编号 | 教师姓名 | 性别 | 系号 | 出生日期 | 籍贯 | Email | 电话 | 职称 | 工资 |
|---|---|---|---|---|---|---|---|---|---|---|
| 1 | 120109 | 楚天舒 | 男 | D003 | 1991-12-01... | 江苏南京 | tianshu@126.com | NULL | 助教 | 4500.00 |
| 2 | 120252 | 张丽英 | 女 | D002 | 1969-04-16... | 山西运城 | liying@yahoo.com | NULL | 副教授 | 6501.05 |
| 3 | 120312 | 王丽娟 | 女 | D002 | 1962-06-06... | 湖南岳阳 | lijuan@126.com | NULL | 副教授 | 7100.70 |
| 4 | 120341 | 吕加国 | 男 | D001 | 1975-09-22... | 河南新乡 | laolv@163.comq | NULL | 讲师 | 5000.00 |
| 5 | 120353 | 蒋秀英 | 女 | D001 | 1969-04-15... | 山东聊城 | xiuying@sina.com | NULL | 教授 | 8400.00 |
| 6 | 120363 | 迟庆云 | 女 | D001 | 1977-09-25... | 山东日照 | qingyun@sina.com | NULL | 讲师 | 5934.88 |
| 7 | 120423 | 李小亮 | 男 | D004 | 1982-01-20... | 山东济宁 | xiaoliang@sohu.com | NULL | 讲师 | 5420.40 |
| 8 | 120603 | 韩晓丽 | 女 | D006 | 1973-05-30... | 辽宁沈阳 | xiaoli_han@sohu.com | NULL | 副教授 | 6356.67 |

**图 6.17　例 6.15 查询结果**

3）对查询结果排序

在说明 SELECT 语句语法时介绍了 ORDER BY 子句，使用该子句可以根据指定的字段的值进行排序。

语法格式：

ORDER BY order_by_expression1［ASC|DESC］

　　　　　　［，order_by_expression2［ASC|DESC］］［，…］

说明：

①对查询结果按照一个或多个属性列的升序（ASC）或降序（DESC）排列，默认为升序。

②当按多列排序时，先按前面的列排序，值相同再按后面的列排序。

【例 6.16】　对学生表按姓名排序。

Select ＊ from student order by 姓名

查询结果如图 6.18 所示。

| | 学号 | 姓名 | 性别 | 出生日期 | 学院 | 党员否 | 备注 | 照片 |
|---|---|---|---|---|---|---|---|---|
| 1 | 2014038219 | 邓莉莉 | 女 | 1994-12-03 | 航空运输与工程学院 | 1 | NULL | NULL |
| 2 | 2017041311 | 封伟 | 男 | 1996-12-20 | 国际商学院 | 0 | NULL | NULL |
| 3 | 2019051107 | 李泽东 | 男 | 2000-07-28 | 艺术与传媒学院 | 1 | 喜欢喝90%纯牛奶 | NULL |
| 4 | 2018012312 | 刘海龙 | 男 | 1999-01-01 | 机电工程与自动化学院 | 0 | NULL | NULL |
| 5 | 2017064214 | 钱珊珊 | 女 | 1998-03-09 | 国际商学院 | 1 | NULL | NULL |
| 6 | 2016063322 | 孙琦 | 女 | 1995-11-12 | 航空运输与工程学院 | 1 | NULL · | NULL |
| 7 | 2018011313 | 孙通 | 男 | 1998-08-01 | 机电工程与自动化学院 | 1 | NULL | NULL |
| 8 | 2015023112 | 王静 | 女 | 1995-05-01 | 信息工程学院 | 1 | 获奖情况：2016年获得国家励志奖学金 | NULL |
| 9 | 2019041122 | 王维维 | 女 | 2001-05-01 | 国际商学院 | 0 | NULL | NULL |
| 10 | 2016024226 | 张豪 | 男 | 1997-09-12 | 信息工程学院 | 1 | 喜欢喝100%纯牛奶 | NULL |
| 11 | 2016013118 | 张雨 | 女 | 1996-12-21 | 艺术与传媒学院 | 0 | NULL | NULL |
| 12 | 2015023223 | 周家伟 | 男 | 1996-02-14 | 信息工程学院 | 0 | 喜欢喝100%纯牛奶 | NULL |
| 13 | 2017121337 | 周洋 | 男 | 1997-10-19 | 航空运输与工程学院 | 0 | NULL | NULL |
| 14 | 2016112109 | 周怡 | 女 | 1996-06-23 | 艺术与传媒学院 | 1 | NULL | NULL |
| 15 | 2018033311 | 朱贝贝 | 女 | 1999-03-16 | 航空运输与工程学院 | 1 | NULL | NULL |

**图 6.18　例 6.16 查询结果**

【例6.17】 对 teacher 表按工资降序检索出全部教师的教师编号、姓名、年龄和工资。

Select 教师编号,教师姓名,YEAR(GETDATE( ))-YEAR(出生日期) AS 年龄,工资

From teacher

Order by 工资 desc

查询结果如图6.19所示。

| | 教师编号 | 教师姓名 | 年龄 | 工资 |
|---|---|---|---|---|
| 1 | 120353 | 蒋秀英 | 52 | 8400.00 |
| 2 | 120312 | 王丽娟 | 59 | 7100.70 |
| 3 | 120252 | 张丽英 | 52 | 6501.05 |
| 4 | 120603 | 韩晓丽 | 48 | 6356.67 |
| 5 | 120363 | 迟庆云 | 44 | 5934.88 |
| 6 | 120423 | 李小亮 | 39 | 5420.40 |
| 7 | 120341 | 吕加国 | 46 | 5000.00 |
| 8 | 120109 | 楚天舒 | 30 | 4500.00 |
| 9 | 120411 | 赵燕 | NULL | 4000.54 |

图6.19　例6.17查询结果

当数据表中包含大量的数据时,可以通过指定显示记录数限制返回的结果集中的行数,方法是在 SELECT 语句中使用 TOP 关键字,其语法格式如下:

SELECT TOP〔n | PERCENT〕FROM table_name

说明:

①TOP n,则查询结果只显示表中前面 n 条记录;

②TOP n PERCENT 关键字,则查询结果只显示前面 n%条记录。

【例6.18】 在 grade 表中查询成绩最高的5位学生的得分情况。

Select Top 5 * From grade Order by 成绩 desc

查询结果如图6.20所示。

| | 学号 | 课程号 | 成绩 |
|---|---|---|---|
| 1 | 2015023112 | 0312020022 | 95.00 |
| 2 | 2018011313 | 0312020022 | 91.00 |
| 3 | 2016013118 | 0312020164 | 90.00 |
| 4 | 2019051107 | 0312020302 | 90.00 |
| 5 | 2015023112 | 0312020352 | 88.00 |

图6.20　例6.18查询结果

【例6.19】 在 grade 表中查询成绩最低的30%学生的得分情况。

Select Top 30 percent * From grade Order by 成绩

查询结果如图6.21所示。

| | 学号 | 课程号 | 成绩 |
|---|---|---|---|
| 1 | 2019051107 | 0312020164 | 74.00 |
| 2 | 2018012312 | 0312020022 | 75.00 |
| 3 | 2015023223 | 0312020352 | 76.00 |
| 4 | 2019041122 | 0312020302 | 79.00 |

图6.21　例6.19查询结果

注意：TOP短语必须和ORDER BY短语配合起来使用才有效,它不能单独使用。

4)修改查询结果中的列标题(显示标题)

当显示查询结果时,选择的列通常是以原表中的列名作为标题,这些列名在建表时,处于节省空间的考虑,通常比较短,含义也模糊。为了改变查询结果中显示的列表,可以根据实际需要对查询数据的列标题进行修改,或者为没有标题的列加上临时的标题。

常用方式如下：

①在列表达式后面给出列名。

②用"="来连接列表达式。

③用AS关键字来连接列表达式和指定的列名。

【例6.20】　查询student表中所有学生的学号、姓名,结果中各列的标题分别指定为"sno"和"sname"。

Select 学号 AS sno, 姓名 AS sname From student

等价于

Select sno =学号, sname =姓名 From student

等价于

Select 学号 sno, 姓名 sname From student

查询结果如图6.22所示。

| | sno | sname |
|---|---|---|
| 1 | 2015023112 | 王静 |
| 2 | 2015023223 | 周家伟 |
| 3 | 2016024226 | 张豪 |
| 4 | 2016013118 | 张雨 |
| 5 | 2019051107 | 李泽东 |
| 6 | 2018011313 | 孙通 |
| 7 | 2018012312 | 刘海龙 |
| 8 | 2016063322 | 孙琦 |
| 9 | 2018033311 | 朱贝贝 |
| 10 | 2017121337 | 周洋 |
| 11 | 2017064214 | 钱珊珊 |
| 12 | 2019041122 | 王维维 |
| 13 | 2017041311 | 封伟 |
| 14 | 2014038219 | 邓莉莉 |
| 15 | 2016112109 | 周怡 |

图6.22　例6.20查询结果

注意：列标题别名只在定义的语句中有效,即只是显示标题。

5)使用聚集函数

SQL不仅具有一般的检索能力,而且还有计算方式的检索,用于计算检索的库函数有：COUNT(计算查询结果的数目)、SUM(计算数值列的和)、AVG(计算数值列的平均值)、MAX(计算列的最大值)和MIN(计算列的最小值)。具体的聚集函数的含义见表6.4。

表 6.4　聚集函数

| 聚集函数 | 含义 |
|---|---|
| COUNT(＊) | 统计元组个数 |
| COUNT([DISTINCT]<列名>) | 统计一列中取值的个数,用 DISTINCT 时相同的值不重复计算,即只返回该列中不同取值的个数 |
| SUM([DISTINCT]<列名>) | 计算一列中值的总和(此列必须是数值型),用 DISTINCT 时相同的值只计算一次 |
| AVG([DISTINCT]<列名>) | 计算一列值的平均值(此列必须是数值型),用 DISTINCT 时相同的值只计算一次 |
| MAX(<列名>) | 求一列值中的最大值(此列必须是数值型) |
| MIN(<列名>) | 求一列值中的最小值(此列必须是数值型) |

(1)使用 COUNT( )统计

COUNT 函数统计数据表中包含的记录行的总数,或者根据查询结果返回列中包含的数据行数。其使用方法有两种:

COUNT(＊):计算表中总的行数,不管某列有数值或者为空值。

COUNT(字段名):计算指定列下总的行数,计算时将忽略字段值为空值的行。

【例 6.21】　统计 student 表中学院的个数。

select count(distinct 学院) as 学院个数 from student

查询结果如图 6.23 所示。

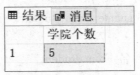

图 6.23　例 6.21 查询结果

【例 6.22】　统计 student 表中男生人数。

select count(＊) as 男生人数 from student where 性别='男'

查询结果如图 6.24 所示。

图 6.24　例 6.22 查询结果

【例 6.23】　查询 1998 年 1 月 1 日后出生的学生人数。

select count(＊) from student where 出生日期>'1998-01-01'

查询结果如图 6.25 所示。

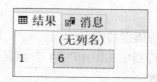

图 6.25 例 6.23 查询结果

（2）使用 SUM（）求列的和

SUM（）是一个求总和的函数，返回指定列值的总和。另外，SUM（）可以与 GROUP BY 一起使用，来计算每个分组的总和。

（3）使用 AVG（）求列平均值

AVG（）函数通过计算返回指定列数据的平均值。另外，AVG（）可以与 GROUP BY 一起使用，来计算每个分组的平均值。

（4）使用 MAX（）求列最大值

MAX（）返回指定列中的最大值。MAX（）也可以和 GROUP BY 子句一起使用，求每个分组中的最大值。

（5）使用 MIN（）求列最小值

MIN（）返回查询列中的最小值。另外，MIN（）也可以和 GROUP BY 子句一起使用，求每个分组中的最小值。

【例 6.24】 查询 grade 表中成绩的最高分、最低分及平均分。

Select max（成绩）as 最高分，min（成绩）as 最低分，avg（成绩）as 平均分 from grade

查询结果如图 6.26 所示。

| | 最高分 | 最低分 | 平均分 |
|---|---|---|---|
| 1 | 95.00 | 74.00 | 83.818181 |

图 6.26 例 6.24 查询结果

【例 6.25】 查询 grade 表中所有选修课的成绩总和。

Select sum（成绩）as 选修课成绩 from grade where 课程号 in（select 课程号 from course where 课程性质＝'选修'）

查询结果如图 6.27 所示。

| | 选修课成绩 |
|---|---|
| 1 | 253.00 |

图 6.27 例 6.25 查询结果

6）对查询结果分组

分组查询是对数据按照某个或多个字段进行分组，SQL Server 中使用 GROUP BY 子句对数据进行分组，基本语法形式为：

［GROUP BY 字段］［HAVING <条件表达式>］

主要参数介绍如下：

①"字段"表示进行分组时所依据的列名称。

②"HAVING <条件表达式>"指定 GROUP BY 分组显示时需要满足的限定条件。

【例 6.26】 查询男女生人数。

Select 性别,count( * ) as 人数 from student group by 性别

等价于

Select 性别,count(性别) as 人数 from student group by 性别

查询结果如图 6.28 所示。

| | 性别 | 人数 |
|---|---|---|
| 1 | 男 | 7 |
| 2 | 女 | 8 |

图 6.28　例 6.26 查询结果

【例 6.27】 求每个系的教师的平均工资。

Select 系号, avg(工资) as 平均工资 from teacher group by 系号

查询结果如图 6.29 所示。

| | 系号 | 平均工资 |
|---|---|---|
| 1 | D001 | 6444.960000 |
| 2 | D002 | 6800.875000 |
| 3 | D003 | 4250.270000 |
| 4 | D004 | 5420.400000 |
| 5 | D006 | 6356.670000 |

图 6.29　例 6.27 查询结果

【例 6.28】 求至少有两名教师的每个系的平均工资。

Select 系号, count( * ) as 个数, avg(工资) as 平均工资 from teacher group by 系号 having count( * )>=2

查询结果如图 6.30 所示。

| | 系号 | 个数 | 平均工资 |
|---|---|---|---|
| 1 | D001 | 3 | 6444.960000 |
| 2 | D002 | 2 | 6800.875000 |
| 3 | D003 | 2 | 4250.270000 |

图 6.30　例 6.28 查询结果

【例 6.29】 列出各门课的平均成绩、最高成绩、最低成绩和选课人数。

Select 课程号, avg(成绩) as 平均成绩, max(成绩) as 最高分, min(成绩) as 最低

分,count(学号) as 选课人数 from grade group by 课程号

查询结果如图 6.31 所示。

| | 课程号 | 平均成绩 | 最高分 | 最低分 | 选课人数 |
|---|---|---|---|---|---|
| 1 | 0312020022 | 87.000000 | 95.00 | 75.00 | 3 |
| 2 | 0312020164 | 81.333333 | 90.00 | 74.00 | 3 |
| 3 | 0312020302 | 84.333333 | 90.00 | 79.00 | 3 |
| 4 | 0312020352 | 82.000000 | 88.00 | 76.00 | 2 |

**图 6.31 例 6.29 查询结果**

【例 6.30】 列出最少选修二门课程的学生姓名。

Select 姓名 from student where 学号 in（select 学号 from grade group by 学号 having count（ * ）>=2）

查询结果如图 6.32 所示。

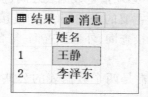

| | 姓名 |
|---|---|
| 1 | 王静 |
| 2 | 李泽东 |

**图 6.32 例 6.30 查询结果**

【例 6.31】 求出总分大于 150 的学生的学号和总成绩。

Select grade.学号,sum（成绩）as 总成绩 from student,grade

Where student.学号=grade.学号

Group by grade.学号 having sum（成绩）>150

查询结果如图 6.33 所示。

| | 学号 | 总成绩 |
|---|---|---|
| 1 | 2015023112 | 183.00 |
| 2 | 2019051107 | 164.00 |

**图 6.33 例 6.31 查询结果**

含有 GROUP BY 子句的查询语句有一定的限制条件：

①使用 GROUP BY 子句为每一个组产生一个汇总结果,每个组只返回一行,不返回详细信息。

②SELECT 子句只能含有 3 种成分构成的表达式：

a.一种成分是出现于 GROUP BY 子句的列名,如例 6.31 中的学号;

b.一种成分是作用于任意列的聚集函数,如 AVG（成绩）、COUNT（ * ）等;

c.一种是常数。

③HAVING 短语中的条件表达式中的列名也必须出现在 GROUP BY 子句中,或者有聚集函数的作用。

④如果查询语句中包含 WHERE 子句,则只对满足 WHERE 条件的行进行分组汇总。

### 6.2.2 多表查询

在实际应用中,经常需要同时从两个表或两个以上表中检索数据。实现从两个或两个以上表中检索数据且结果集中出现的列来自两个或两个以上表中的检索操作被称为连接操作。在 SQL Server 中,连接操作又可以分为内连接、自连接、外连接、交叉连接等。

1)连接查询

连接查询定义:同时涉及两个及以上表的查询称为连接查询。用来连接两个表的条件称为连接条件或连接谓词。

注意:对于连接查询,检索项来自不同的关系,在 FROM 短语后多个数据表的名称之间用逗号隔开,在 WHERE 短语中必须指定数据表之间进行的连接条件。

连接查询是关系数据库中最主要的查询,SQL 中连接查询的主要类型:等值连接、自然连接、非等值连接查询、自身连接查询、外连接查询、复合条件连接查询。

（1）等值连接

对于等值连接,连接条件通常是两个数据表的公共字段的值相等。连接运算符为"＝"。

【例 6.32】 找出工资多于 5000 元的教师编号和他们所在的系名。

Select 教师编号,系名 From teacher, department

Where（工资>5000）and（teacher.系号＝department.系号）

查询结果如图 6.34 所示。

| | 教师编号 | 系名 |
|---|---|---|
| 1 | 120252 | 信息工程 |
| 2 | 120312 | 信息工程 |
| 3 | 120353 | 机电工程与自动化系 |
| 4 | 120363 | 机电工程与自动化系 |
| 5 | 120423 | 中文系科学 |
| 6 | 120603 | 外国语系科学 |

图 6.34 例 6.32 查询结果

注意:如果某列在两个表都出现,在引用时必须加上表名前缀。

【例 6.33】 找出成绩大于 90 分的学生的学号、姓名及成绩。

Select student.学号,姓名,成绩 from student,grade where 成绩>90 and student.学号＝

grade.学号

等价于

Select s.学号,姓名,成绩 from student s,grade g where 成绩>90 and s.学号=g.学号

查询结果如图6.35所示。

| | 学号 | 姓名 | 成绩 |
|---|---|---|---|
| 1 | 2015023112 | 王静 | 95.00 |
| 2 | 2018011313 | 孙通 | 91.00 |

图6.35　例6.33查询结果

【例6.34】　查询王静所学课程的课程名及其对应的成绩。

Select 姓名,课程名,成绩 from student s，course c，grade g

Where 姓名='王静' and s.学号=g.学号 and g.课程号=c.课程号

查询结果如图6.36所示。

| | 姓名 | 课程名 | 成绩 |
|---|---|---|---|
| 1 | 王静 | 管理信息系统 | 88.00 |
| 2 | 王静 | 数据库管理系统 | 95.00 |

图6.36　例6.34查询结果

> 注意:对于3个表的连接查询,使用WHERE子句指定查询条件时,其形式为:
> FROM <数据表1>,<数据表2>,<数据表3> WHERE <连接条件1> AND <连接条件2>

（2）自连接查询

一个表与其自己进行连接,称为表的自身连接。

由于所有属性名都是同名属性,必须要给表起别名以示区别,因此属性前面必须使用别名前缀。

【例6.35】　找出至少选修"0312020352"号课和"0312020022"号课学生的学号。

Select x.学号 from grade x，grade y where x.学号=y.学号 and x.课程号='0312020352'

and y.课程号='0312020022'

查询结果如图6.37所示。

| | 学号 |
|---|---|
| 1 | 2015023112 |

图6.37　例6.35查询结果

（3）复合条件连接

如果 WHERE 子句中有多个连接条件的话，则称为复合条件连接。

连接操作除了可以是两表连接，一个表与其自身连接外，还可以是两个以上的表进行连接，后者通常称为多表连接。

【例 6.36】 查询每个学生的学号、姓名、课程名及成绩。

Select student.学号，姓名，课程名，成绩 from student，course，grade

Where student.学号＝grade.学号 and grade.课程号＝course.课程号

查询结果如图 6.38 所示。

| | 学号 | 姓名 | 课程名 | 成绩 |
|---|---|---|---|---|
| 1 | 2015023112 | 王静 | 管理信息系统 | 88.00 |
| 2 | 2015023112 | 王静 | 数据库管理系统 | 95.00 |
| 3 | 2015023223 | 周家伟 | 管理信息系统 | 76.00 |
| 4 | 2019051107 | 李泽东 | 多媒体应用 | 90.00 |
| 5 | 2018011313 | 孙通 | 数据库管理系统 | 91.00 |
| 6 | 2018012312 | 刘海龙 | 数据库管理系统 | 75.00 |
| 7 | 2019041122 | 王维维 | 多媒体应用 | 79.00 |
| 8 | 2017041311 | 封伟 | 多媒体应用 | 84.00 |

图 6.38 例 6.36 查询结果

2）外连接

在通常的连接操作中，只有满足连接条件的元组才能作为结果输出，这种查询统称为内连接。

用 WHERE 指定的连接条件一般都是等值连接，即只有满足连接条件的记录才会出现在查询结果中。在 SQL 标准中还支持表的超连接，使用下面的命令：

SELECT …

FROM Table1 INNER ｜ LEFT ｜ RIGHT ｜ FULL JOIN Table2 On<连接条件>

WHERE …

其中，INNER 代表内连接，即普通连接；LEFT、RIGHT、FULL 分别代表左连接、右连接和全连接，LEFT、RIGHT、FULL 这 3 种连接方式也称为外连接。

①INNER JOIN（JOIN），普通连接：只有满足连接条件的记录才出现在查询结果中。

【例 6.37】 从 student 表中查询同名学生的信息。

Select ＊ From student a Inner Join student b ON a.姓名＝b.姓名 AND a.学号<>b.学号

查询结果如图 6.39 所示。

| | 学号 | 姓名 | 性别 | 出生日期 | 学院 | 党员否 | 备注 | 照片 | 学号 | 姓名 | 性别 | 出生日期 | 学院 | 党员否 | 备注 | 照片 |
|---|---|---|---|---|---|---|---|---|---|---|---|---|---|---|---|---|
| 1 | 2015023223 | 周家伟 | 男 | 1996-02-14 | 信息工程学院 | 0 | 喜欢喝100%纯牛奶 | NULL | 2016052106 | 周家伟 | 男 | 1996-04-06 | 艺术与传媒学院 | 0 | NULL | NULL |
| 2 | 2016052106 | 周家伟 | 男 | 1996-04-06 | 艺术与传媒学院 | 0 | NULL | NULL | 2015023223 | 周家伟 | 男 | 1996-02-14 | 信息工程学院 | 0 | 喜欢喝100%纯牛奶 | NULL |

图 6.39 例 6.37 查询结果

【例 6.38】 将 teacher 表和 department 表的部分字段通过公共的字段"系号"进行连接。

Select d.系号,系名,教师编号,教师姓名 from Department d，teacher t where d.系号=t.系号

等价于

Select d.系号,系名,教师编号,教师姓名 from Department d join teacher t on d.系号=t.系号

等价于

Select d.系号,系名,教师编号,教师姓名 from Department d inner join teacher t on d.系号=t.系号

查询结果如图 6.40 所示。

| | 系号 | 系名 | 教师编号 | 教师姓名 |
|---|---|---|---|---|
| 1 | d003 | 航空运输 | 120109 | 楚天舒 |
| 2 | d002 | 信息工程 | 120252 | 张丽英 |
| 3 | d002 | 信息工程 | 120312 | 王丽娟 |
| 4 | d001 | 机电工程与自动化系 | 120341 | 吕加国 |
| 5 | d001 | 机电工程与自动化系 | 120353 | 蒋秀英 |
| 6 | d001 | 机电工程与自动化系 | 120363 | 迟庆云 |
| 7 | d003 | 航空运输 | 120411 | 赵燕 |
| 8 | d004 | 中文系科学 | 120423 | 李小亮 |
| 9 | d006 | 外国语系科学 | 120603 | 韩晓丽 |

图 6.40　例 6.38 查询结果

②LIFT JOIN,左连接:在进行连接运算时,首先将满足连接条件的所有元组放在结果关系中,同时将第一个表(或称 JOIN 左边的表)中不满足连接条件的元组也放入结果关系中,这些元组对应第二个表(或称 JOIN 右边的表)的属性值为空值。

【例 6.39】　左连接。

Select d.系号,系名,教师编号,教师姓名 from Department d Left join teacher t on d.系号=t.系号

查询结果如图 6.41 所示。

| | 系号 | 系名 | 教师编号 | 教师姓名 |
|---|---|---|---|---|
| 1 | d001 | 机电工程与自动化系 | 120341 | 吕加国 |
| 2 | d001 | 机电工程与自动化系 | 120353 | 蒋秀英 |
| 3 | d001 | 机电工程与自动化系 | 120363 | 迟庆云 |
| 4 | d002 | 信息工程 | 120252 | 张丽英 |
| 5 | d002 | 信息工程 | 120312 | 王丽娟 |
| 6 | d003 | 航空运输 | 120109 | 楚天舒 |
| 7 | d003 | 航空运输 | 120411 | 赵燕 |
| 8 | d004 | 中文系科学 | 120423 | 李小亮 |
| 9 | d006 | 外国语系科学 | 120603 | 韩晓丽 |
| 10 | d007 | 体育系科学 | NULL | NULL |
| 11 | d008 | 艺术系 | NULL | NULL |

图 6.41　例 6.39 查询结果

③RIGHT JOIN，右连接：在进行连接运算时，首先将满足连接条件的所有元组放在结果关系中，同时将第二个表（或称 JOIN 右边的表）中不满足连接条件的元组也放入结果关系中，这些元组对应第一个表（或称 JOIN 左边的表）的属性值为空值。

【例 6.40】　右连接。

假设 teacher 表插入一条记录"120504、刘武、男、1972－06－24、四川绵阳、副教授、6400.87"，执行下列语句：

Select d.系号，系名，教师编号，教师姓名 from Department d Right join teacher t on d.系号＝t.系号

查询结果如图 6.42 所示。

| | 系号 | 系名 | 教师编号 | 教师姓名 |
|---|---|---|---|---|
| 1 | d003 | 航空运输 | 120109 | 楚天舒 |
| 2 | d002 | 信息工程 | 120252 | 张丽英 |
| 3 | d002 | 信息工程 | 120312 | 王丽娟 |
| 4 | d001 | 机电工程与自动化系 | 120341 | 吕加国 |
| 5 | d001 | 机电工程与自动化系 | 120353 | 蒋秀英 |
| 6 | d001 | 机电工程与自动化系 | 120363 | 迟庆云 |
| 7 | d003 | 航空运输 | 120411 | 赵燕 |
| 8 | d004 | 中文系科学 | 120423 | 李小亮 |
| 9 | NULL | NULL | 120504 | 刘武 |
| 10 | d006 | 外国语系科学 | 120603 | 韩晓丽 |

图 6.42　例 6.40 查询结果

④FULL JOIN，全连接：在进行连接运算时，首先将满足连接条件的所有元组放在结果关系中，同时将两个表中不满足连接条件的元组也放入结果关系中，这些元组对应另一个表的属性值为空值。

【例 6.41】　全连接。

Select d.系号，系名，教师编号，教师姓名 from Department d Full join teacher t on d.系号＝t.系号

查询结果如图 6.43 所示。

| | 系号 | 系名 | 教师编号 | 教师姓名 |
|---|---|---|---|---|
| 1 | d001 | 机电工程与自动化系 | 120341 | 吕加国 |
| 2 | d001 | 机电工程与自动化系 | 120353 | 蒋秀英 |
| 3 | d001 | 机电工程与自动化系 | 120363 | 迟庆云 |
| 4 | d002 | 信息工程 | 120252 | 张丽英 |
| 5 | d002 | 信息工程 | 120312 | 王丽娟 |
| 6 | d003 | 航空运输 | 120109 | 楚天舒 |
| 7 | d003 | 航空运输 | 120411 | 赵燕 |
| 8 | d004 | 中文系科学 | 120423 | 李小亮 |
| 9 | d006 | 外国语系科学 | 120603 | 韩晓丽 |
| 10 | d007 | 体育系科学 | NULL | NULL |
| 11 | d008 | 艺术系 | NULL | NULL |
| 12 | NULL | NULL | 120504 | 刘武 |

图 6.43　例 6.41 查询结果

### 6.2.3 集合查询

SELECT 语句的查询结果是元组集合,那么对多个 SELECT 语句的查询结果进行集合操作则是很自然的事情。

SQL 提供的集合操作主要包括:

①UNION(并);

②INTERSECT(交);

③EXCEPT(差)。

SQL 还提供了一些其他集合操作符:

①IN(用于检查某个元素是否属于某个集合);

②EXISTS(用于检查某个集合是否为空)等;

③IN 和 EXISTS 操作符的前面还可以加上逻辑运算符 NOT。

参与集合操作的结果表必须具有相同的属性个数,并且两个结果表的对应属性要具有相同的数据类型。

1)并集运算

语法:

<SQL 子查询语句>

UNION ALL

<SQL 子查询语句>

【例 6.42】 查询课程性质是选修课和必修课的课程名和课程号。

Select 课程名,课程号 from course where 课程性质='选修'

Union

Select 课程名,课程号 from course where 课程性质='必修'

等价于

Select 课程名,课程号 from course where 课程性质='选修' or 课程性质='选修'

查询结果如图 6.44 所示。

| | 课程名 | 课程号 |
|---|---|---|
| 1 | 多媒体应用 | 0312020302 |
| 2 | 概率论与数理统计 | 0607010271 |
| 3 | 管理信息系统 | 0312020352 |
| 4 | 结构设计软件应用 | 0308100313 |
| 5 | 配载与平衡 | 06900160 |
| 6 | 数据库管理系统 | 0312020022 |
| 7 | 信息检索与利用 | 9412050022 |

图 6.44 例 6.42 查询结果

本查询实际上是求选修课和必修课的并集。使用 UNION 将多个查询结果合并起来时,系统会自动去掉重复元组。如果要保留重复元组则用 UNION ALL 操作符。

2)交集运算

语法:

&lt;SQL 子查询语句&gt;

INTERSECT

&lt;SQL 子查询语句&gt;

【例 6.43】 查询成绩低于 90 分和高于 80 分学生的交集。

Select ＊ From grade Where 成绩&lt;90

INTERSECT

Select ＊ From grade Where 成绩&gt;80

等价于

Select ＊ From grade Where 成绩&gt;80 and 成绩&lt;90

查询结果如图 6.45 所示。

| | 学号 | 课程号 | 成绩 |
|---|---|---|---|
| 1 | 2015023112 | 0312020352 | 88.00 |
| 2 | 2017041311 | 0312020302 | 84.00 |

图 6.45 例 6.43 查询结果

以上语句不等价于下列语句,因为 between … and…涵盖临界值 80 和 90。

Select ＊ From grade Where 成绩 between 80 and 90

3)差集运算

语法:

&lt;SQL 子查询语句&gt;

EXCEPT

&lt;SQL 子查询语句&gt;

【例 6.44】 查询成绩高于 80 分和成绩高于 90 分的差集。

Select ＊

From grade

Where 成绩&gt;80

EXCEPT

Select ＊

From grade

Where 成绩&gt;90

等同于

Select ＊ From grade Where 成绩&gt;80 and 成绩&lt;=90

查询结果如图 6.46 所示。

| | 学号 | 课程号 | 成绩 |
|---|---|---|---|
| 1 | 2015023112 | 0312020352 | 88.00 |
| 2 | 2016013118 | 0312020164 | 90.00 |
| 3 | 2017041311 | 0312020302 | 84.00 |
| 4 | 2019051107 | 0312020302 | 90.00 |

图 6.46　例 6.44 查询结果

### 6.2.4　嵌套查询

在 SQL Server 中,一个 SELECT-FROM-WHERE 语句被叫作一个查询块。将一个查询块嵌套在另一个查询块的 WHERE 子句或 HAVING 短语的条件中的查询称为嵌套查询或子查询。子查询通常与 IN、比较运算符及 EXISTS 谓词结合使用。

上层的查询块又称为外层查询或父查询或主查询,下层查询块又称为内层查询或子查询。

**嵌套查询所要求的结果出自一个关系,但相关的条件却涉及多个关系:一般外层查询的条件依赖内层查询的结果,而内层查询与外层查询无关。**

【例 6.45】　查找课程号是"0312020022"的学生姓名。

Select 姓名

From student

Where 学号 IN

　　　　（Select 学号

　　　　　From course

　　　　　Where 课程号 =' 0312020022 '）

查询结果如图 6.47 所示。

| | 姓名 |
|---|---|
| 1 | 王静 |
| 2 | 孙通 |
| 3 | 刘海龙 |

图 6.47　例 6.45 查询结果

按照与主查询的关系,可将子查询分为无关子查询和相关子查询。

（1）无关子查询

由里向外逐层处理,即每个子查询在上一级查询处理之前求解,与主主查询没有任何关系,子查询作为一个独立的查询先执行,子查询的结果用于建立其父查询的查找条件。无关子查询的执行不依赖于外部查询。

（2）相关子查询

相关子查询则不同，子查询的查询条件依赖于外层主查询的某个属性值，求解相关子查询不能像求解不相关子查询那样，一次将子查询求解出来，然后求解父查询。相关子查询的内层查询由于与外层查询相关，因此必须反复求值。

相关子查询的查询步骤如下：

①首先取外层查询中表的第一个元组，根据它与内层查询相关的属性值处理内层查询，若 WHERE 子句返回值为真，则取此元组放入结果表；

②然后再取外层表的下一个元组；

③重复这一过程，直至外层表全部检查完为止。

> 注意：子查询不能使用 ORDER BY 子句，ORDER BY 子句只能对最终查询结果排序。

1）带有 IN 谓词的子查询

带有 IN 谓词的子查询是指父查询与子查询之间用 IN 进行连接，判断某个属性列值是否在子查询的结果集合中。由于在嵌套查询中，子查询的结果往往是一个集合，所以谓词 IN 是嵌套查询中最常使用的查询。

【例 6.46】 查询哪些系至少有一个教师的工资为 5000 元。

Select 系名 from department where 系号 in（select 系号 from teacher where 工资 = 5000）

等价于简单连接查询：

Select 系名 from department join teacher on teacher. 系号 = department. 系号 where 工资 = 5000

查询结果如图 6.48 所示。

【例 6.47】 查询所有教师的工资都多于 6000 元的系部信息。

Select * from department where 系号 not in（select 系号 from teacher where 工资<=6000）and 系号 in（select 系号 from teacher）

查询结果如图 6.49 所示。

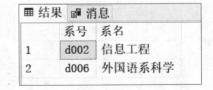

| 结果 | 消息 |
| --- | --- |
| | 系名 |
| 1 | 机电工程与自动化系 |

图 6.48 例 6.46 查询结果

| | 结果 | 消息 |
| --- | --- | --- |
| | 系号 | 系名 |
| 1 | d002 | 信息工程 |
| 2 | d006 | 外国语系科学 |

图 6.49 例 6.47 查询结果

这道题目注意题干要求是所有教师，如果采用以下 SQL 语句，均是错误的。

错误语句 1：

Select * from department where 系号 in（select 系号 from teacher where 工资>6000）

查询结果如图 6.50 所示。

该情况忽略了所有教师,如系号 D001 里面并不是所有教师工资都大于 6000,只是其中有一名教师满足情况,所以此语句是错误的。

错误语句 2:

Select * from department where 系号 not in (select 系号 from teacher where 工资<= 6000)

该情况虽然满足所有教师工资都大于 6000 元,但是忽略了 department 表中还有一些系号 D007 和 D008 不在 teacher 表中,所以此语句是错误的。

查询结果如图 6.51 所示。

| | 系号 | 系名 |
|---|---|---|
| 1 | d001 | 机电工程与自动化系 |
| 2 | d002 | 信息工程 |
| 3 | d006 | 外国语系科学 |

图 6.50 例 6.47 错误示例 1

| | 系号 | 系名 |
|---|---|---|
| 1 | d002 | 信息工程 |
| 2 | d006 | 外国语系科学 |
| 3 | d007 | 体育系科学 |
| 4 | d008 | 艺术系 |

图 6.51 例 6.47 错误示例 2

【例 6.48】 查询还没有被学生选修课程的课程号和课程名。

Select 课程号,课程名 from course where 课程号 not in (select 课程号 from grade)

查询结果如图 6.52 所示。

| | 课程号 | 课程名 |
|---|---|---|
| 1 | 0607010271 | 概率论与数理统计 |
| 2 | 06900160 | 配载与平衡 |
| 3 | 9412050022 | 信息检索与利用 |
| 4 | 0208093092 | 数据结构 |
| 5 | 0308100313 | 结构设计软件应用 |

图 6.52 例 6.48 查询结果

【例 6.49】 查询同时选修了课程号为"0312020164"和"0312020302"两门课程的学生姓名。

Select 姓名 from student where 学号 in (select g1.学号 from grade g1,grade g2 where g1.学号=g2.学号 and g1.课程号='0312020164' and g2.课程号='0312020302')

查询结果如图 6.53 所示。

| | 姓名 |
|---|---|
| 1 | 李泽东 |

图 6.53 例 6.49 查询结果

2）带有比较运算符的子查询

带有比较运算符的子查询是指父查询与子查询之间用比较运算符进行连接。当用户能确切知道内层查询返回的是单值时，可以用>、<、=、>=、<=、!=或<>等比较运算符。

处理过程是：父查询通过比较运算符将父查询中的一个表达式与子查询返回的结果（单值）进行比较，如果为真，那么，父查询中的条件表达式返回真（TRUE），否则返回假（FALSE）。

【例6.50】 查询选修"多媒体应用"课程的所有学生的学号及成绩。

Select 学号，成绩 from grade where 课程号 =（select distinct 课程号 from course where 课程名 ='多媒体应用'）

查询结果如图6.54所示。

| | 学号 | 成绩 |
|---|---|---|
| 1 | 2019041122 | 79.00 |
| 2 | 2017041311 | 84.00 |
| 3 | 2019051107 | 90.00 |

图6.54 例6.50查询结果

如果查询没有选修多媒体应用课程的学生信息，可以将"="改为"<>"。

3）带有 ANY 或 ALL 谓词的子查询

子查询返回单值时可以用比较运算符，而使用 ANY 或 ALL 谓词修饰符时则必须同时使用比较运算符。其语义为：

| | |
|---|---|
| >ANY | 大于子查询结果中的某个值； |
| >ALL | 大于子查询结果中的所有值； |
| <ANY | 小于子查询结果中的某个值； |
| <ALL | 小于子查询结果中的所有值； |
| >=ANY | 大于等于子查询结果中的某个值； |
| >=ALL | 大于等于子查询结果中的所有值； |
| <=ANY | 小于等于子查询结果中的某个值； |
| <=ALL | 小于等于子查询结果中的所有值； |
| =ANY | 等于子查询结果中的某个值； |
| =ALL | 等于子查询结果中的所有值（通常没有实际意义）； |
| !=（或<>）ANY | 不等于子查询结果中的某个值； |
| !=（或<>）ALL | 不等于子查询结果中的任何一个值。 |

【例6.51】 查询选修"管理信息系统"的所有学生的学号及成绩。

Select 学号，成绩 from grade where 课程号 =（select distinct 课程号 from course where 课程名 ='管理信息系统'）

查询结果如图6.55所示。

| 结果 | 消息 | |
|---|---|---|
| | 学号 | 成绩 |
| 1 | 2015023112 | 88.00 |
| 2 | 2015023223 | 76.00 |

图6.55 例6.51查询结果

【例6.52】 求必修课程号是"0312020164"的学生中成绩比必修课号是"0312020022"课的最低成绩要高的学生的学号与成绩。

Select 学号,成绩 from grade where 课程号='0312020164'

and 成绩>any（select 成绩 from grade where 课程号='0312020022'）

等价于

Select 学号,成绩 from grade where 课程号='0312020164'

and 成绩>（select min（成绩）from grade where 课程号='0312020022'）

查询结果如图6.56所示。

| 结果 | 消息 | |
|---|---|---|
| | 学号 | 成绩 |
| 1 | 2016024226 | 80.00 |
| 2 | 2016013118 | 90.00 |

图6.56 例6.52查询结果

【例6.53】 求必修课程号是"0312020022"的学生中成绩比必修课号是"0312020164"课的最高成绩要高的学生的学号与成绩。

Select 学号,成绩 from grade where 课程号='0312020022' and 成绩>all（select 成绩 from grade where 课程号='0312020164'）

等价于

Select 学号,成绩 from grade where 课程号='0312020022' and 成绩>（select max（成绩）from grade where 课程号='0312020164'）

查询结果如图6.57所示。

| 结果 | 消息 | |
|---|---|---|
| | 学号 | 成绩 |
| 1 | 2018011313 | 91.00 |
| 2 | 2015023112 | 95.00 |

图6.57 例6.53查询结果

具体运算符与ANY、ALL的关系见表6.5。

表 6.5　具体运算符与 ANY、ALL 的关系

| 运算符 | = | <>或!= | < | <= | > | >= |
|---|---|---|---|---|---|---|
| ANY | IN | | <MAX | <=MAX | >MIN | >=MIN |
| ALL | | NOT IN | <MIN | <=MIN | >MAX | >=MAX |

4)带有 EXISTS 谓词的子查询

格式:[NOT] EXISTS 子查询

EXISTS 注重的不是使用子查询的查询结果而是注重子查询是否有结果。它返回逻辑值 TRUE 或 FALSE,并不产生其他任何实际值。

如果子查询返回一个或多个行,则主查询执行查询,否则主查询不执行查询。这种子查询的选择列表常用"SELECT *"格式。

【例 6.54】　检索哪些系中还没有教师的系的信息。

Select * from department where not exists (select * from teacher where teacher.系号=department.系号)

等价于

Select * from department where 系号 not in (select 系号 from teacher)

查询结果如图 6.58 所示。

| 结果 消息 | | |
|---|---|---|
| | 系号 | 系名 |
| 1 | d007 | 体育系科学 |
| 2 | d008 | 艺术系 |

图 6.58　例 6.54 查询结果

【例 6.55】　检索哪些系中至少已经有一个教师的系的信息。

Select * from department where exists (select * from teacher Where 系号=department.系号)

等价于

Select * from department where 系号 in (select 系号 from teacher)

查询结果如图 6.59 所示。

【例 6.56】　查询还没有被学生选修课程的课程号和课程名。

Select 课程号,课程名 from course where not exists (select * from grade where course.课程号=grade.课程号)

查询结果如图 6.60 所示。

| | 系号 | 系名 |
|---|---|---|
| 1 | d001 | 机电工程与自动化系 |
| 2 | d002 | 信息工程 |
| 3 | d003 | 航空运输 |
| 4 | d004 | 中文系科学 |
| 5 | d006 | 外国语系科学 |

图 6.59　例 6.55 查询结果

| | 课程号 | 课程名 |
|---|---|---|
| 1 | 0607010271 | 概率论与数理统计 |
| 2 | 06900160 | 配载与平衡 |
| 3 | 9412050022 | 信息检索与利用 |
| 4 | 0208093092 | 数据结构 |
| 5 | 0308100313 | 结构设计软件应用 |

图 6.60　例 6.56 查询结果

> 注意：[NOT]EXISTS 只是判断子查询中是否有或没有结果返回，它本身并没有任何运算或比较。

## 6.3　数据操纵

数据操纵除了包含数据查询外，还有数据插入、数据更新和数据删除。数据更新语句往表中插入相应的数据，插入的数据在需要的时候可以修改或删除。数据的插入、修改和删除统称为数据的更新。

### 6.3.1　数据插入

数据插入的语句格式为：
INSERT
INTO<表名>[(<属性列 1>[,<属性列 2>])…]
VALUES(<常量 1>[,<常量 2>]…)；
功能：向表中添加一行数据(元组)。其中新元组在属性列 1 的值为常量 1，属性列 2 的值为常量 2……没有在 INTO 子句中出现的属性列，新元组在这些列上将取空值。

> 注意：在表定义时说明了 NOT NULL 的属性列不能取空值，否则会出错。

如果 INTO 子句中没有指明任何列名,则新插入的记录必须在每个属性列上均有值。

(1)给表里的所有字段插入数据

【例 6.57】 在 course 表中插入记录。

Insert into course values('0600010',' ',48,3,'选修')

插入记录结果如图 6.61 所示。

| | 课程号 | 课程名 | 学时 | 学分 | 课程性质 |
|---|---|---|---|---|---|
| 1 | 0312020302 | 多媒体应用 | 48 | 3.0 | 选修 |
| 2 | 0312020022 | 数据库管理系统 | 56 | 3.5 | 必修 |
| 3 | 0312020352 | 管理信息系统 | 56 | 3.5 | 必修 |
| 4 | 0607010271 | 概率论与数理统计 | 48 | 3.0 | 选修 |
| 5 | 06900160 | 配载与平衡 | 32 | 2.0 | 必修 |
| 6 | 9412050022 | 信息检索与利用 | 24 | 1.5 | 选修 |
| 7 | 0208093092 | 数据结构 | 56 | 3.5 | 实践 |
| 8 | 0308100313 | 结构设计软件应用 | 32 | 2.0 | 选修 |
| 9 | 0600010 | | 48 | 3.0 | 选修 |

图 6.61 例 6.57 插入记录结果

其含义是在 course 表中插入记录,课程号为“0600010”,课程名为空,学时为 48,学分为 3,课程性质为“选修”。

(2)向表中添加数据时使用默认值

为表的指定字段插入数据,就是在 INSERT 语句中只向部分字段中插入值,而其他字段的值为表定义时的默认值。

【例 6.58】 在 course 表中插入记录(部分字段)。

Insert into course(课程号,课程名) Values ('0600020', '信息资源管理')

插入记录结果如图 6.62 所示。

| | 课程号 | 课程名 | 学时 | 学分 | 课程性质 |
|---|---|---|---|---|---|
| 1 | 0312020302 | 多媒体应用 | 48 | 3.0 | 选修 |
| 2 | 0312020022 | 数据库管理系统 | 56 | 3.5 | 必修 |
| 3 | 0312020352 | 管理信息系统 | 56 | 3.5 | 必修 |
| 4 | 0607010271 | 概率论与数理统计 | 48 | 3.0 | 选修 |
| 5 | 06900160 | 配载与平衡 | 32 | 2.0 | 必修 |
| 6 | 9412050022 | 信息检索与利用 | 24 | 1.5 | 选修 |
| 7 | 0208093092 | 数据结构 | 56 | 3.5 | 实践 |
| 8 | 0308100313 | 结构设计软件应用 | 32 | 2.0 | 选修 |
| 9 | 0600010 | | 48 | 3.0 | 选修 |
| 10 | 0600020 | 信息资源管理 | NULL | NULL | NULL |

图 6.62 例 6.58 插入记录结果

其含义在 course 表中插入记录,课程号为“0600020”,课程名为“信息资源管理”。

（3）一次插入多条数据

使用 INSERT 语句可以同时向数据表中插入多条记录,插入时指定多个值列表,每个值列表之间用逗号分隔开。具体的语法格式如下:

INSERT INTO 表名（属性列1,属性列2,…）

VALUES（值1,值2,…）,

　　　　（值1,值2,…）,

【例6.59】　向 student 表中学号、姓名和出生日期字段添加相对应的数值,具体如下:

INSERT INTO student（学号,姓名,出生日期）

VALUES（'2012052102','黎明','1986-09-10'）,

（'2014033132','张涛','1988-04-25'）

插入记录结果如图6.63所示。

| | 学号 | 姓名 | 性别 | 出生日期 | 学院 | 党员否 | 备注 | 照片 |
|---|---|---|---|---|---|---|---|---|
| 1 | 2015023112 | 王静 | 女 | 1995-05-01 | 信息工程学院 | 1 | 获奖情况：2016年获得国家励志奖学金 | NULL |
| 2 | 2015023223 | 周家伟 | 男 | 1996-02-14 | 信息工程学院 | 0 | 喜欢喝100%纯牛奶 | NULL |
| 3 | 2016024226 | 张豪 | 男 | 1997-09-12 | 信息工程学院 | 1 | 喜欢喝100%纯牛奶 | NULL |
| 4 | 2016013118 | 张雨 | 女 | 1996-12-21 | 艺术与传媒学院 | 0 | NULL | NULL |
| 5 | 2019051107 | 李泽东 | 男 | 2000-07-28 | 艺术与传媒学院 | 1 | 喜欢喝90%纯牛奶 | NULL |
| 6 | 2018011313 | 孙通 | 男 | 1998-08-01 | 机电工程与自动化学院 | 1 | NULL | NULL |
| 7 | 2018012312 | 刘海龙 | 男 | 1999-01-01 | 机电工程与自动化学院 | 0 | NULL | NULL |
| 8 | 2016063322 | 孙琦 | 女 | 1995-11-12 | 航空运输与工程学院 | 1 | NULL | NULL |
| 9 | 2018033311 | 朱贝贝 | 女 | 1999-03-16 | 航空运输与工程学院 | 1 | NULL | NULL |
| 10 | 2017121337 | 周洋 | 男 | 1997-10-19 | 航空运输与工程学院 | 0 | NULL | NULL |
| 11 | 2017064214 | 钱珊珊 | 女 | 1998-03-09 | 国际商学院 | 1 | NULL | NULL |
| 12 | 2019041122 | 王维维 | 女 | 2001-05-01 | 国际商学院 | 0 | NULL | NULL |
| 13 | 2017041311 | 封伟 | 男 | 1996-12-20 | 国际商学院 | 0 | NULL | NULL |
| 14 | 2014038219 | 邓莉莉 | 女 | 1994-12-03 | 航空运输与工程学院 | 1 | NULL | NULL |
| 15 | 2016112109 | 周怡 | 女 | 1996-06-23 | 艺术与传媒学院 | 1 | NULL | NULL |
| 16 | 2016052106 | 周家伟 | 男 | 1996-04-06 | 艺术与传媒学院 | 0 | 转专业 | NULL |
| 17 | 2012052102 | 黎明 | NULL | 1986-09-10 | NULL | NULL | NULL | NULL |
| 18 | 2014033132 | 张涛 | NULL | 1988-04-25 | NULL | NULL | NULL | NULL |

**图6.63　例6.59插入记录结果**

（4）通过复制表数据插入数据

INSERT 还可以将 SELECT 语句查询的结果插入表中,而不需要把多条记录的值一个一个地输入,只需要使用一条 INSERT 语句和一条 SELECT 语句组成的组合语句即可快速地从一个或多个表中向另一个表中插入多个行。

INSERT INTO 表名1（属性列名1,属性列名2,…）

SELECT 属性列名1,属性列名2,…

FROM 表名2

WHERE

【例6.60】　在 course 表中插入记录,插入的课程号必须是学生成绩高于90的。

INSERT INTO course（课程号）

SELECT 课程号 FROM grade WHERE 成绩>90

插入记录结果如图 6.64 所示。

| | 课程号 | 课程名 | 学时 | 学分 | 课程性质 |
|---|---|---|---|---|---|
| 1 | 0312020302 | 多媒体应用 | 48 | 3.0 | 选修 |
| 2 | 0312020022 | 数据库管理系统 | 56 | 3.5 | 必修 |
| 3 | 0312020352 | 管理信息系统 | 56 | 3.5 | 必修 |
| 4 | 0607010271 | 概率论与数理统计 | 48 | 3.0 | 选修 |
| 5 | 06900160 | 配载与平衡 | 32 | 2.0 | 必修 |
| 6 | 9412050022 | 信息检索与利用 | 24 | 1.5 | 选修 |
| 7 | 0208093092 | 数据结构 | 56 | 3.5 | 实践 |
| 8 | 0308100313 | 结构设计软件应用 | 32 | 2.0 | 选修 |
| 9 | 0600010 | | 48 | 3.0 | 选修 |
| 10 | 0600020 | 信息资源管理 | NULL | NULL | NULL |
| 1 | 0312020022 | NULL | NULL | NULL | NULL |
| 2 | 0312020022 | NULL | NULL | NULL | NULL |

图 6.64　例 6.60 插入记录结果

## 6.3.2　数据修改

数据修改的语句的一般格式是：

UPDATE　　<表名>

SET<列名>=<表达式>[ ,<列名>=<表达式>]…

[WHERE<条件>]；

功能：修改指定表中满足 WHERE 子句条件的元组。其中 SET 子句用于指定修改方法，即用<表达式>的值取代相应的属性列值。如果省略 WHERE 子句，则表示要修改表中的所有元组。

表达式中可以出现常数、列名、系统支持的函数以及运算符。最简单的条件是列名=常数。

1）更新表中的全部数据

更新表中某列所有数据记录的操作比较简单，只要在 SET 关键字后设置更新条件即可。

【例 6.61】　将 teacher 表中所有教师的工资增加 1000 元。

Update teacher Set 工资=工资+1000

更新前数据的对比如图 6.65、图 6.66 所示。

| | 教师编号 | 教师姓名 | 性别 | 系号 | 出生日期 | 籍贯 | Email | 电话 | 职称 | 工资 |
|---|---|---|---|---|---|---|---|---|---|---|
| 1 | 120109 | 楚天舒 | 男 | D003 | 1991-12-01 00:00:00.000 | 江苏南京 | tianshu@126.com | NULL | 助教 | 4500.00 |
| 2 | 120252 | 张丽英 | 女 | D002 | 1969-04-16 00:00:00.000 | 山西运城 | liying@yahoo.com | NULL | 副教授 | 6501.05 |
| 3 | 120312 | 王丽娟 | 女 | D002 | 1962-06-06 00:00:00.000 | 湖南岳阳 | lijuan@126.com | NULL | 副教授 | 7100.70 |
| 4 | 120341 | 吕加国 | 男 | D001 | 1975-09-22 00:00:00.000 | 河南新乡 | laolv@163.comq | NULL | 讲师 | 5000.00 |
| 5 | 120353 | 蒋秀英 | 女 | D001 | 1969-04-15 00:00:00.000 | 山东聊城 | xiuying@sina.com | NULL | 教授 | 8400.00 |
| 6 | 120363 | 迟庆云 | 女 | D001 | 1977-09-25 00:00:00.000 | 山东日照 | qingyun@sina.com | NULL | 讲师 | 5934.88 |
| 7 | 120411 | 赵燕 | 女 | D003 | NULL | 河南郑州 | NULL | NULL | 助教 | 4000.54 |
| 8 | 120423 | 李小亮 | 男 | D004 | 1982-01-20 00:00:00.000 | 山东济宁 | xiaoliang@sohu.com | NULL | 讲师 | 5420.40 |
| 9 | 120603 | 韩晓丽 | 女 | D006 | 1973-05-30 00:00:00.000 | 辽宁沈阳 | xiaoli_han@sohu.com | NULL | 副教授 | 6356.67 |

图 6.65　更新前的数据

| | 教师编号 | 教师姓名 | 性别 | 系号 | 出生日期 | 籍贯 | Email | 电话 | 职称 | 工资 |
|---|---|---|---|---|---|---|---|---|---|---|
| 1 | 120109 | 楚天舒 | 男 | D003 | 1991-12-01 00:00:00.000 | 江苏南京 | tianshu@126.com | NULL | 助教 | 5500.00 |
| 2 | 120252 | 张丽英 | 女 | D002 | 1969-04-16 00:00:00.000 | 山西运城 | liying@yahoo.com | NULL | 副教授 | 7501.05 |
| 3 | 120312 | 王丽娟 | 女 | D002 | 1962-06-06 00:00:00.000 | 湖南岳阳 | lijuan@126.com | NULL | 副教授 | 8100.70 |
| 4 | 120341 | 吕加国 | 男 | D001 | 1975-09-22 00:00:00.000 | 河南新乡 | laolv@163.comq | NULL | 讲师 | 6000.00 |
| 5 | 120353 | 蒋秀英 | 女 | D001 | 1969-04-15 00:00:00.000 | 山东聊城 | xiuying@sina.com | NULL | 教授 | 9400.00 |
| 6 | 120363 | 迟庆云 | 女 | D001 | 1977-09-25 00:00:00.000 | 山东日照 | qingyun@sina.com | NULL | 讲师 | 6934.88 |
| 7 | 120411 | 赵燕 | 女 | D003 | NULL | 河南郑州 | NULL | NULL | 助教 | 5000.54 |
| 8 | 120423 | 李小亮 | 男 | D004 | 1982-01-20 00:00:00.000 | 山东济宁 | xiaoliang@sohu.com | NULL | 讲师 | 6420.40 |
| 9 | 120603 | 韩晓丽 | 女 | D006 | 1973-05-30 00:00:00.000 | 辽宁沈阳 | xiaoli_han@sohu.com | NULL | 副教授 | 7356.67 |

图 6.66　更新后的数据

2）更新表中指定单行数据

通过设置条件，可以更新表中指定单行数据记录。

【例 6.62】 将 teacher 表中赵燕教师的职称由"助教"变成"讲师"。

Update teacher Set 职称='讲师' Where 教师姓名='赵燕'

更新数据结果如图 6.67 所示。

| | 教师编号 | 教师姓名 | 性别 | 系号 | 出生日期 | 籍贯 | Email | 电话 | 职称 | 工资 |
|---|---|---|---|---|---|---|---|---|---|---|
| 1 | 120109 | 楚天舒 | 男 | D003 | 1991-12-01 00:00:00.000 | 江苏南京 | tianshu@126.com | NULL | 助教 | 4500.00 |
| 2 | 120252 | 张丽英 | 女 | D002 | 1969-04-16 00:00:00.000 | 山西运城 | liying@yahoo.com | NULL | 副教授 | 6501.05 |
| 3 | 120312 | 王丽娟 | 女 | D002 | 1962-06-06 00:00:00.000 | 湖南岳阳 | lijuan@126.com | NULL | 副教授 | 7100.70 |
| 4 | 120341 | 吕加国 | 男 | D001 | 1975-09-22 00:00:00.000 | 河南新乡 | laolv@163.comq | NULL | 讲师 | 5000.00 |
| 5 | 120353 | 蒋秀英 | 女 | D001 | 1969-04-15 00:00:00.000 | 山东聊城 | xiuying@sina.com | NULL | 教授 | 8400.00 |
| 6 | 120363 | 迟庆云 | 女 | D001 | 1977-09-25 00:00:00.000 | 山东日照 | qingyun@sina.com | NULL | 讲师 | 5934.88 |
| 7 | 120411 | 赵燕 | 女 | D003 | NULL | 河南郑州 | NULL | NULL | 讲师 | 4000.54 |
| 8 | 120423 | 李小亮 | 男 | D004 | 1982-01-20 00:00:00.000 | 山东济宁 | xiaoliang@sohu.com | NULL | 讲师 | 5420.40 |
| 9 | 120603 | 韩晓丽 | 女 | D006 | 1973-05-30 00:00:00.000 | 辽宁沈阳 | xiaoli_han@sohu.com | NULL | 副教授 | 6356.67 |

图 6.67　例 6.62 更新后的结果

3）更新表中指定多行数据

通过指定条件，可以同时更新指定表中的多行数据记录。

【例 6.63】 将 course 表中所有选修课的学时增加 5 个学时。

Update course Set 学时=学时+5 Where 课程性质='选修'

更新数据的结果对比如图 6.68、图 6.69 所示。

| | 课程号 | 课程名 | 学时 | 学分 | 课程性质 |
|---|---|---|---|---|---|
| 1 | 0312020302 | 多媒体应用 | 48 | 3.0 | 选修 |
| 2 | 0312020022 | 数据库管理系统 | 56 | 3.5 | 必修 |
| 3 | 0312020352 | 管理信息系统 | 56 | 3.5 | 必修 |
| 4 | 0607010271 | 概率论与数理统计 | 48 | 3.0 | 选修 |
| 5 | 06900160 | 配载与平衡 | 32 | 2.0 | 必修 |
| 6 | 9412050022 | 信息检索与利用 | 24 | 1.5 | 选修 |
| 7 | 0208093092 | 数据结构 | 56 | 3.5 | 实践 |
| 8 | 0308100313 | 结构设计软件应用 | 32 | 2.0 | 选修 |

图 6.68　更新前的数据

| | 课程号 | 课程名 | 学时 | 学分 | 课程性质 |
|---|---|---|---|---|---|
| 1 | 0312020302 | 多媒体应用 | 53 | 3.0 | 选修 |
| 2 | 0312020022 | 数据库管理系统 | 56 | 3.5 | 必修 |
| 3 | 0312020352 | 管理信息系统 | 56 | 3.5 | 必修 |
| 4 | 0607010271 | 概率论与数理统计 | 53 | 3.0 | 选修 |
| 5 | 06900160 | 配载与平衡 | 32 | 2.0 | 必修 |
| 6 | 9412050022 | 信息检索与利用 | 29 | 1.5 | 选修 |
| 7 | 0208093092 | 数据结构 | 56 | 3.5 | 实践 |
| 8 | 0308100313 | 结构设计软件应用 | 37 | 2.0 | 选修 |

图 6.69　更新后的数据

4)更新表中前 N 条数据

如果用户想要更新满足条件的前 N 条数据记录,仅仅使用 Update 语句是无法完成的,这时就需要添加 TOP 关键字了。具体的语法格式如下:

UPDATE TOP(n) table_name

SET column_name1 = value1,column_name2=value2,…,column_nameN=valueN

WHERE search_condition

其中 n 是指前几条记录,是一个整数。

【例 6.64】　修改前面 4 条女教师信息,使她们工资增加 500,电话号码为"02511111111"。

UPDATE Top(4) teacher

Set 工资=工资+500,电话=02511111111

where 性别='女'

更新前后的结果如图 6.70、图 6.71 所示。

⊞ 结果 | ▣ 消息

| | 教师编号 | 教师姓名 | 性别 | 系号 | 出生日期 | 籍贯 | Email | 电话 | 职称 | 工资 |
|---|---|---|---|---|---|---|---|---|---|---|
| 1 | 120109 | 楚天舒 | 男 | D003 | 1991-12-01 00:00:00.000 | 江苏南京 | tianshu@126.com | NULL | 助教 | 4500.00 |
| 2 | 120252 | 张丽英 | 女 | D002 | 1969-04-16 00:00:00.000 | 山西运城 | liying@yahoo.com | NULL | 副教授 | 6501.05 |
| 3 | 120312 | 王丽娟 | 女 | D002 | 1962-06-06 00:00:00.000 | 湖南岳阳 | lijuan@126.com | NULL | 副教授 | 7100.70 |
| 4 | 120341 | 吕加国 | 男 | D001 | 1975-09-22 00:00:00.000 | 河南新乡 | laolv@163.comq | NULL | 讲师 | 5000.00 |
| 5 | 120353 | 蒋秀英 | 女 | D001 | 1969-04-15 00:00:00.000 | 山东聊城 | xiuying@sina.com | NULL | 教授 | 8400.00 |
| 6 | 120363 | 迟庆云 | 女 | D001 | 1977-09-25 00:00:00.000 | 山东日照 | qingyun@sina.com | NULL | 讲师 | 5934.88 |
| 7 | 120411 | 赵燕 | 女 | D003 | NULL | 河南郑州 | NULL | NULL | 助教 | 4000.54 |
| 8 | 120423 | 李小亮 | 男 | D004 | 1982-01-20 00:00:00.000 | 山东济宁 | xiaoliang@sohu.com | NULL | 讲师 | 5420.40 |
| 9 | 120603 | 韩晓丽 | 女 | D006 | 1973-05-30 00:00:00.000 | 辽宁沈阳 | xiaoli_han@sohu.com | NULL | 副教授 | 6356.67 |

**图 6.70　更新前的数据**

| | 教师编号 | 教师姓名 | 性别 | 系号 | 出生日期 | 籍贯 | Email | 电话 | 职称 | 工资 |
|---|---|---|---|---|---|---|---|---|---|---|
| 1 | 120109 | 楚天舒 | 男 | D003 | 1991-12-01 00:00:00.000 | 江苏南京 | tianshu@126.com | NULL | 助教 | 4500.00 |
| 2 | 120252 | 张丽英 | 女 | D002 | 1969-04-16 00:00:00.000 | 山西运城 | liying@yahoo.com | 2511111111 | 副教授 | 7001.05 |
| 3 | 120312 | 王丽娟 | 女 | D002 | 1962-06-06 00:00:00.000 | 湖南岳阳 | lijuan@126.com | 2511111111 | 副教授 | 7600.70 |
| 4 | 120341 | 吕加国 | 男 | D001 | 1975-09-22 00:00:00.000 | 河南新乡 | laolv@163.comq | NULL | 讲师 | 5000.00 |
| 5 | 120353 | 蒋秀英 | 女 | D001 | 1969-04-15 00:00:00.000 | 山东聊城 | xiuying@sina.com | 2511111111 | 教授 | 8900.00 |
| 6 | 120363 | 迟庆云 | 女 | D001 | 1977-09-25 00:00:00.000 | 山东日照 | qingyun@sina.com | 2511111111 | 讲师 | 6434.88 |
| 7 | 120411 | 赵燕 | 女 | D003 | NULL | 河南郑州 | NULL | NULL | 助教 | 4000.54 |
| 8 | 120423 | 李小亮 | 男 | D004 | 1982-01-20 00:00:00.000 | 山东济宁 | xiaoliang@sohu.com | NULL | 讲师 | 5420.40 |
| 9 | 120603 | 韩晓丽 | 女 | D006 | 1973-05-30 00:00:00.000 | 辽宁沈阳 | xiaoli_han@sohu.com | NULL | 副教授 | 6356.67 |

**图 6.71　更新后的数据**

### 6.3.3　数据删除

数据删除操作用来将表中不再需要的元组从表中永久去除,不再保存在数据库中。SQL 中删除语句的一般格式为:

DELETE

FROM <表名>

［WHERE <条件>］;

功能:从指定表中删除满足 WHERE 子句条件的所有元组。如果省略 WHERE 子句,表示删除表中全部元组,但表的定义仍在字典中。也就是说,DELETE 语句删除的是表中的数据,而不是关于表的定义。

1)根据条件清除数据

当要删除数据表中部分数据时,需要指定删除记录的满足条件,即在 WHERE 子句后设置删除条件。

【例 6.65】　在 course 表中删除课程号是"0600010"的课程。

Delete from course where 课程号=' 0600010 '

删除数据前后的结果如图 6.72、图 6.73 所示。

图 6.72　删除前的数据

图 6.73　删除后的数据

2) 删除前 N 条数据

使用 TOP 关键字可以删除符合条件的前 N 条件数据记录,具体的语法格式如下:

DELETE TOP(n) FROM table_name

WHERE <condition>;

其中 n 是指前几条记录,是一个整数。

【例 6.66】　删除前 3 条记录中课程名是空置的课程信息。

利用 SQL 语句对 course 表按照学分进行排序,显示结果如图 6.74 所示。

Select ＊ from course order by 学分

再执行下列语句,在 SQL Server 中执行两次,如图 6.75 所示。

Delete TOP（3）From course where 课程名 is null

| | 课程号 | 课程名 | 学时 | 学分 | 课程性质 |
|---|---|---|---|---|---|
| 1 | 0600020 | 信息资源管理 | NULL | NULL | NULL |
| 2 | 0312020022 | NULL | NULL | NULL | NULL |
| 3 | 0312020022 | NULL | NULL | NULL | NULL |
| 4 | 9412050022 | 信息检索与利用 | 24 | 1.5 | 选修 |
| 5 | 06900160 | 配载与平衡 | 32 | 2.0 | 必修 |
| 6 | 0308100313 | 结构设计软件应用 | 32 | 2.0 | 选修 |
| 7 | 0607010271 | 概率论与数理统计 | 48 | 3.0 | 选修 |
| 8 | 0312020302 | 多媒体应用 | 48 | 3.0 | 选修 |
| 9 | 0312020022 | 数据库管理系统 | 56 | 3.5 | 必修 |
| 10 | 0312020352 | 管理信息系统 | 56 | 3.5 | 必修 |
| 11 | 0208093092 | 数据结构 | 56 | 3.5 | 实践 |

图 6.74　排序

| | 课程号 | 课程名 | 学时 | 学分 | 课程性质 |
|---|---|---|---|---|---|
| 1 | 0312020302 | 多媒体应用 | 48 | 3.0 | 选修 |
| 2 | 0312020022 | 数据库管理系统 | 56 | 3.5 | 必修 |
| 3 | 0312020352 | 管理信息系统 | 56 | 3.5 | 必修 |
| 4 | 0607010271 | 概率论与数理统计 | 48 | 3.0 | 选修 |
| 5 | 06900160 | 配载与平衡 | 32 | 2.0 | 必修 |
| 6 | 9412050022 | 信息检索与利用 | 24 | 1.5 | 选修 |
| 7 | 0208093092 | 数据结构 | 56 | 3.5 | 实践 |
| 8 | 0308100313 | 结构设计软件应用 | 32 | 2.0 | 选修 |
| 9 | 0600020 | 信息资源管理 | NULL | NULL | NULL |

图 6.75　例 6.66 的查询结果

3）清空表中的数据

删除表中的所有数据记录也就是清空表中的所有数据，该操作非常简单，只需要抛掉 WHERE 子句即可。

例如：删除 student 表中所有记录。

Delete from student

# 6.4　SQL 数据定义

## 6.4.1　定义表

SQL 语言提供的定义表的命令是 CREATE TABLE。在使用这个命令之前，首先要设计好表结构的各种细节，包括：

①表名。

②各列（字段）的名称、数据类型、宽度；数据表的字段，一般都要求在数据类型后加"（）"，并在其中声明长度。比如，CHAR, VARCHAR 等。但 INT, SMALLINT, FLOAT,

DATETIME,IMAGE,BIT 和 MONEY 类型不需要声明字段的长度。

③哪(几)列将组成表的主键。

④表中的哪些列必须提供数据,该列是否为空(NULL)、是否是标识列(自动编号)、是否有默认值等。

1)定义表格式

CREATE TABLE <表名>(<列名> <数据类型> [列级完整性约束条件]

                [,<列名> <数据类型> [列级完整性约束条件]]…

                [,<表级完整性约束条件>]);

下面就创建各种形式的表:

【例 6.67】 在"学生成绩管理系统数据库"中创建"学生"表。

USE 学生成绩管理系统数据库

CREATE TABLE 学生

( 学号 char(10),

    姓名 char(20),

    性别 char(2),

    籍贯 char(20),

    出生日期 date,

    专业班级 char(30),

    入学时间 date,

    学制 int,

    学院编号 char(2),

    密码 char(20)

);

创建结果如图 6.76 所示。

| 列名 | 数据类型 | 允许 Null 值 |
|---|---|---|
| 学号 | char(10) | ☑ |
| 姓名 | char(20) | ☑ |
| 性别 | char(2) | ☑ |
| 籍贯 | char(20) | ☑ |
| 出生日期 | date | ☑ |
| 专业班级 | char(30) | ☑ |
| 入学时间 | date | ☑ |
| 学制 | int | ☑ |
| 学院编号 | char(2) | ☑ |
| 密码 | char(20) | ☑ |
| | | ☐ |

图 6.76 创建学生表

【例 6.68】 创建员工工资表"salary",包括"姓名""基本工资""奖金"和"总计"字段,其中"总计"字段是计算列,其值为基本工资和奖金之和。

```
CREATE   TABLE   salary
(    姓名   varchar( 10 ) ,
     基本工资   money,
     奖金   money,
     总计   AS   基本工资 + 奖金
);
```

创建结果如图 6.77 所示。

| 列名 | 数据类型 | 允许 Null 值 |
|---|---|---|
| 姓名 | varchar(10) | ☑ |
| 基本工资 | money | ☑ |
| 奖金 | money | ☑ |
| 总计 | | ☑ |
| | | ☐ |

**图 6.77  创建员工工资表**

2）定义表的约束

在 SQL Server 中可以通过各种规则（Rule）、默认（Default）、约束（Constraint）和触发器（Trigger）等数据库对象来保证数据的完整性。

约束（Constraint）是 SQL Server 提供的自动保持数据库完整性的一种机制，它定义了可输入表或表的单个列中的数据的限制条件。使用约束优先于使用触发器、规则和默认值。

约束独立于表结构，作为数据库定义部分在 CREATE TABLE 语句中声明，可以在不改变表结构的基础上，通过 ALTER TABLE 语句添加或删除。当表被删除时，表所带的所有约束定义也随之被删除。

- 空值/非空值约束（NULL/NOT NULL）
- 主键约束（PRIMARY KEY）
- 外键约束（FOREIGN KEY）
- 唯一性约束（UNIQUE）
- 检查约束（CHECK）
- 默认约束（DEFAULT）

（1）空值/非空值（NULL/NOT NULL）约束

【例 6.69】 创建"教师"表，为"教师编号""姓名"和"学院编号"列设置非空值约束，为"性别"列设置空值约束。

```
CREATE   TABLE   教师
(    教师编号   char( 10 )   NOT   NULL,
     姓名   char( 20 )   NOT   NULL,
     性别   char( 2 ) ,
     出生日期   date,
```

　　职称　char(20),

　　学院编号　char(2)　NOT　NULL,

　　密码　char(20)

);

创建结果如图6.78所示。

| 列名 | 数据类型 | 允许 Null 值 |
|------|----------|-------------|
| 教师编号 | char(10) | ☐ |
| 姓名 | char(20) | ☐ |
| 性别 | char(2) | ☑ |
| 出生日期 | date | ☑ |
| 职称 | char(20) | ☑ |
| 学院编号 | char(2) | ☐ |
| 密码 | char(20) | ☑ |
| | | ☐ |

图 6.78　创建教师表

注意：对于未设置空值/非空值的列，系统视其具有空值约束。

(2)主键(PRIMARY　KEY)约束

①定义列级主键约束的语法格式如下：

　　[CONSTRAINT　constraint_name]　PRIMARY　KEY　[CLUSTERED | NONCLUSTERED]

②定义表级主键约束的语法格式如下：

　　[CONSTRAINT　constraint_name]　PRIMARY　KEY　[CLUSTERED | NONCLUSTERED]　{(column_name [,…n])}

【例6.70】　创建"学院"表,包括"学院编号""学院名称""学院电话"和"学院地址"字段。将"学院编号"字段设置为主键。

CREATE　TABLE　学院

(　学院编号 char(2)　PRIMARY　KEY,

　　学院名称 char(30),

　　学院电话 char(12),

　　学院地址 char(50)

);

创建结果如图6.79所示。

| 列名 | 数据类型 | 允许 Null 值 |
|------|----------|-------------|
| 🔑 学院编号 | char(2) | ☐ |
| 学院名称 | char(30) | ☑ |
| 学院电话 | char(12) | ☑ |
| 学院地址 | char(50) | ☑ |

图 6.79　创建学院表

【例6.71】 创建"选课成绩"表,将"学号"和"课堂编号"字段设置为主键,并为主键约束命名。

CREATE TABLE 选课成绩
( 学号 char(10),
  课堂编号 char(16),
  成绩 int,
  CONSTRAINT PK_选课成绩 PRIMARY KEY(学号,课堂编号)
);

创建结果如图6.80所示。

| | 列名 | 数据类型 | 允许 Null 值 |
|---|---|---|---|
| ⚷ | 学号 | char(10) | ☐ |
| ⚷ | 课堂编号 | char(16) | ☐ |
| | 成绩 | int | ☑ |

图6.80 创建选课成绩表

(3)外键约束

外键(Foreign Key,FK)约束定义了表与表之间的关系。通过将一个表中一列或多列添加到另一个表中,创建两个表之间的连接,这个列就成为第二个表的外键,即外键是用于建立和加强两个表数据之间的连接的一列或多列,通过它可以强制参照完整性。

当一个表中的一列或多列的组合和其他表中的主键定义相同时,就可以将这些列或列的组合定义为外键,并设定与它关联的表或列。这样,当向具有外键的表中插入数据时,如果与之相关联的表的列中没有与插入的外键列值相同的值时,系统会拒绝插入数据。

外键约束与主键约束相同,也分为表约束与列约束。

①定义列级外键约束的语法格式如下:

[CONSTRAINT constraint_name]
[FOREIGN KEY]
REFERENCES ref_table[(ref_column[,…n])]
[ON DELETE {CASCADE|NO ACTION}]
[ON UPDATE {CASCADE|NO ACTION}]

②定义表级外键约束的语法格式如下:

[CONSTRAINT constraint_name]
FOREIGN KEY(column_name[,…n])
REFERENCES ref_table[(ref_column[,…n])]
[ON DELETE {CASCADE|NO ACTION}]
[ON UPDATE {CASCADE|NO ACTION}]

【例6.72】 在创建"课程"表时,指明"学院编号"列为外键,对应的主键为"学院"表的"学院编号"列。

```
CREATE  TABLE  课程
(  课程编号  char(8)  PRIMARY  KEY,
   课程名称  varchar(50),
   学时数  int,
   学分数  float,
   课程性质  char(10),
   课程介绍  text,
   学院编号  char(2)  FOREIGN  KEY  REFERENCES  学院(学院编号)
);
```

创建结果如图 6.81 所示。

| 列名 | 数据类型 | 允许 Null 值 |
|------|----------|-------------|
| 课程编号 | char(8) | ☐ |
| 课程名称 | varchar(50) | ☑ |
| 学时数 | int | ☑ |
| 学分数 | float | ☑ |
| 课程性质 | char(10) | ☑ |
| 课程介绍 | text | ☑ |
| 学院编号 | char(2) | ☑ |

```
☐ dbo.课程
  ☐ 列
    ➤ 课程编号 (PK, char(8), not null)
    ⊟ 课程名称 (varchar(50), null)
    ⊟ 学时数 (int, null)
    ⊟ 学分数 (float, null)
    ⊟ 课程性质 (char(10), null)
    ⊟ 课程介绍 (text, null)
    ⊟ 学院编号 (FK, char(2), null)
  ☐ 键
    ➤ PK_课程_CA4967E2310E1770
    ➤ FK_课程_学院编号_4E88ABD4
```

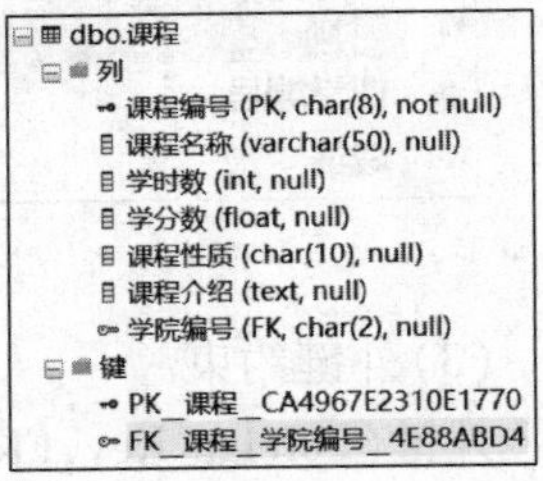

**图 6.81 创建课程表**

> 注意:为了能定义外键,必须先定义"学院"表的"学院编号"列为主键。

(4)唯一性约束

唯一性(Unique)约束指定一个或多个列的组合的值具有唯一性,以防止在列中输入重复的值,为表中的一列或者多列提供实体完整性。

唯一性约束指定的列可以有 NULL 属性。主键也强制执行唯一性,但主键不允许空值,故主键约束强度大于唯一约束。因此主键列不需再设定唯一性约束。

①定义列级唯一性约束的语法格式如下:

```
[CONSTRAINT  constraint_name]
UNIQUE  [CLUSTERED | NONCLUSTERED]
```

②定义表级唯一性约束的语法格式如下:

```
[CONSTRAINT  constraint_name]
UNIQUE  [CLUSTERED | NONCLUSTERED]
(column_name [, … n])
```

【例 6.73】 创建"学院"表时,要求"学院名称"具有唯一性。

```
CREATE  TABLE  学院
(  学院编号  char(2)  PRIMARY  KEY,
   学院名称  char(30)  UNIQUE,
   学院电话  char(12),
```

学院地址　char(50)
);

【例6.74】 为了避免不方便,在创建"学生"表时,要求同一个班级里没有同名的学生。

CREATE　TABLE　学生
(　学号　char(10)　PRIMARY　KEY,
　　姓名　char(20),
　　性别　char(2),
　　籍贯　char(20),
　　出生日期　date,
　　专业班级　char(30),
　　入学时间　date,
　　学制　int,
　　学院编号　char(2),
　　密码　char(20),
　　UNIQUE（姓名,专业班级）
);

(5)检查约束

检查(Check)约束对输入列或整个表中的值设置检查条件,以限制输入值,保证数据库的数据完整性。

当对具有检查约束列进行插入或修改时,SQL Server将用该检查约束的逻辑表达式对新值进行检查,只有满足条件(逻辑表达式返回 TRUE)的值才能填入该列,否则报错。可以为每列指定多个 CHECK 约束。

定义检查约束的语法格式:

［CONSTRAINT　constraint_name］

CHECK　（logical_expression）

【例6.75】 创建"教师"表时,要求"性别"列的取值只能是"男"或"女"。

CREATE　TABLE　教师
(　教师编号　char(10)　PRIMARY　KEY,
　　姓名　char(20)　NOT　NULL,
　　性别　char(2)　CHECK（性别='男' OR 性别='女'）,
　　出生日期　date,
　　职称　char(20),
　　学院编号　char(2)　NOT　NULL,
　　密码 char(20)
);

【例 6.76】 创建"选课成绩"表时,要求"成绩"列的取值范围为 0~100。

CREATE TABLE 选课成绩

( 学号 char(10),

课堂编号 char(16),

成绩 int CHECK (成绩 >= 0 AND 成绩 <= 100),

CONSTRAINT PK_选课成绩 PRIMARY KEY (学号,课堂编号)

);

【例 6.77】 创建"学院"表时,要求"学院电话"列的取值需符合中国地区固定电话的编码格式。

CREATE TABLE 学院

( 学院编号 char(2) PRIMARY KEY,

学院名称 char(30) UNIQUE,

学院电话 char(12),

学院地址 char(50),

CHECK (学院电话 LIKE '0[1-9][0-9][0-9]-[1-9][0-9][0-9][0-9][0-9][0-9][0-9]'

OR 学院电话 LIKE '0[1-9][0-9]-[1-9][0-9][0-9][0-9][0-9][0-9][0-9][0-9]')

);

【例 6.78】 创建"销售订单"表。定义检查约束以保证发货日期在订货日期之后,到货日期在发货日期之后。

CREATE TABLE 销售订单

( 订单编号 char(10) PRIMARY KEY,

商品编号 char(10),

数量 float,

价格 float,

订货日期 date,

发货日期 date,

到货日期 date,

CHECK (发货日期 > 订货日期 AND 到货日期 > 发货日期)

);

(6)默认约束

默认(Default)约束通过定义列的默认值或使用数据库的默认值对象绑定表的列,以确保在没有为某列指定数据时,来指定列的值。默认值可以是常量,也可以是表达式,还可以为 NULL 值。

定义默认约束的语法格式:

[CONSTRAINT constraint_name]

DEFAULT constant_expression ［FOR column_name］

> 注意：FOR column_name 子句只能在 ALTER TABLE 语句中使用，在 CREATE
> TABLE 语句中不能使用。因此，在 CREATE TABLE 语句中只能定义列约束，不能定
> 义表约束。

【例6.79】 创建"课程"表时，为"课程性质"列设置默认值"必修"。

CREATE TABLE 课程

（ 课程编号 char(8) PRIMARY KEY,

课程名称 varchar(50),

学时数 int,

学分数 float,

课程性质 char(10)

CONSTRAINT DF_课程_课程性质 DEFAULT '必修',

课程介绍 text

);

【例6.80】 创建"销售订单"表，为"订货日期"列设置默认值。

CREATE TABLE 销售订单

（ 订单编号 char(10) PRIMARY KEY,

商品编号 char(10),

数量 float,

价格 float,

订货日期 date DEFAULT getdate( ),

发货日期 date,

到货日期 date

);

## 6.4.2 修改表

ALTER TABLE 命令用于修改表结构，可以增添字段、删除字段、改变字段的定义、增添或删除约束等。

语法格式：

ALTER TABLE <表名>

［ ADD <新列名> <数据类型> ［ 完整性约束 ］ ］

［ ADD <表级完整性约束> ］

［ DROP ［COLUMN］ <列名> ［CASCADE | RESTRICT］ ］

［ DROP CONSTRAINT <完整性约束名> ［CASCADE | RESTRICT］ ］

［ ALTER COLUMN<列名> <数据类型> ］;

其中各参数含义如下：

①ALTER COLUMN：修改已有列的属性。

②ADD：添加列或约束。

③DROP：删除列或约束。

④其他参数与创建表的参数含义相同。

（1）增加新属性

语法格式：

ALTER TABLE<表名>

ADD<新列名><数据类型>[完整性约束]；

【例6.81】 向 student 表中增加"入学时间"列，其数据类型为日期型。

Alter table student ADD 入学时间 DATE

修改结果如图6.82所示。

| 列名 | 数据类型 | 允许 Null 值 |
| --- | --- | --- |
| 学号 | nchar(10) | ☐ |
| 姓名 | nchar(8) | ☑ |
| 性别 | nchar(2) | ☑ |
| 出生日期 | date | ☑ |
| 学院 | nchar(20) | ☑ |
| 党员否 | bit | ☑ |
| 备注 | ntext | ☑ |
| 照片 | image | ☑ |
| 入学时间 | date | ☑ |
|  |  | ☐ |

图 6.82　例 6.81 修改结果

（2）删除已有属性

语法格式：

ALTER TABLE<表名>

DROP COLUMN <列名>；

当某列上没有其他已经创建的约束条件时，可以删除某一列。

【例6.82】 删除例6.81中的列"入学时间"。

Alter table student DROP COLUMN 入学时间

（3）补充定义主码

语法格式：

ALTER TABLE<表名>

ADD PRIMARY KEY（<列名>）；

注意：只能是一个非空列，才能补设为主码。

【例6.83】 把 student 表的学号列设为主码。

ALTER TABLE student    ADD primary key(学号)

修改结果如图6.83所示。

| 列名 | 数据类型 | 允许 Null 值 |
|---|---|---|
| 学号 | nchar(10) | ☐ |
| 姓名 | nchar(8) | ☑ |
| 性别 | nchar(2) | ☑ |
| 出生日期 | date | ☑ |
| 学院 | nchar(20) | ☑ |
| 党员否 | bit | ☑ |
| 备注 | ntext | ☑ |
| 照片 | image | ☑ |

图6.83 例6.83修改结果

(4)补充定义外码

语法格式：

ALTER TABLE<表名1>

ADD FOREIGN KEY（<列名1>）

REFERENCES <表名2>［（<列名2>）］

［ON DELETE｛RESTRICT｜CASCADE｜SET NULL｝］；

【例6.84】 把 grade 表的学号列设为外码,其参照的是 student 表的学号列。

Alter table grade

ADD FOREIGN KEY（学号）

REFERENCES student

(5)补充一列用户定义的完整性约束条件

语法格式：

ALTER TABLE<表名>

ADD <完整性约束名> CHECK(<完整性约束条件>)；

【例6.85】 限制 grade 表中的成绩都必须低于或等于100。

Alter table grade

ADD CONSTRAINT 成绩 CHECK(成绩<=100)

修改结果如图6.84所示。

图6.84 例6.85修改结果

(6)删除一个完整性约束条件

语法格式：

ALTER TABLE<表名>

DROP<完整性约束名>；

【例 6.86】 将 grade 表中的成绩都必须低于或等于 100 的约束去掉。

ALTER TABLE grade DROP 成绩

其中,成绩是在定义表时创建的一个完整性约束条件。

(7)修改一个属性的数据类型

语法格式为:

ALTER TABLE<表名>

ALTER COLUMN <列名><数据类型>;

【例 6.87】 将课程表的"课程名"字段的宽度改为 30。

Alter table course Alter Column 课程名 nchar(30)

无论基本表中原来是否已有数据,新增加的列都一律为空值。

【例 6.88】 增加课程名称必须取唯一值的约束条件。

Alter table course ADD UNIQUE(课程名)

### 6.4.3 删除表

1)格式 1

DROP TABLE<表名> ;

说明:当不再需要某个表时,可以使用 DROP TABLE 语句删除它。

【例 6.89】 在"教学管理数据库"中建一个表 test,然后删除。

USE 教学管理数据库

GO

DROP TABLE test

删除另一个数据库内的表。

DROP TABLE 学生管理数据库.dbo.grade

本例删除"学生管理数据库"内的 grade 表,可以在任何数据库内执行此操作。

2)格式 2

DROP TABLE<表名>［RESTRICT|CASCADE］

如果一个表被其他表参照,直接使用上述的 DROP TABLE 语句将会失败,可以采用 RESTRICT 或 CASCADE 模式处理。

①RESTRICT:如果其他表参照了该表,拒绝进行 DROP 操作。

②CASCADE:存在参照的情况下也允许进行 DROP 操作,表示删除一个表时,同时也将删除其他表对该表的引用关系。

如果用 DROP TABLE student CASCADE 执行删除操作,则删除学生表 student 的同时,也删除了成绩表 crade 对 student 表的外码参照关系。只能删除自己建立的表,不能删除其他用户所建的表。

# 本章小结

1.数据查询功能 SELECT 语句,即实现对表的选择、投影与连接操作。WHERE 子句对应选择操作(选择行),SELECT 子句对应投影操作(选择列),FROM 子句对应连接操作(多表连接)。

2.SELECT 语句中条件表达式用到的所有运算符(关系、逻辑、特殊)、消除重复行的 DISTINCT 短语、库函数、分组 GROUP BY 子句、分组条件 HAVING 子句,对查询结果进行排序的 ORDER BY 短语,嵌套查询、连接查询等。

3.数据操作功能的 INSERT、UPDATE 以及 DELETE 命令动词的格式和功能。

4.数据定义功能的 CREATE、ALTER 以及 DROP 命令动词的格式和功能。

# 习题 6

## 一、选择题

1.SQL 的数据操作语句不包括(　　　　)。

　　A.INSERT　　　　　　　　　　　　　　B.UPDATE

　　C.DELETE　　　　　　　　　　　　　　D.CHANGE

2.SQL 语句中条件短语的关键字是(　　　　)。

　　A.WHERE　　　　　　　　　　　　　　B.FOR

　　C.WHILE　　　　　　　　　　　　　　D.CONDITION

3.SQL 语句中修改表结构的命令是(　　　　)。

　　A.MODI STRU　　　　　　　　　　　　B.ALTER TABLE

　　C.ALTER STRUCTURE　　　　　　　　D.MODI TABLE

4.SQL 语句中删除表的命令是(　　　　)。

　　A.DROP TABLE　　　　　　　　　　　B.ERASE TABLE

　　C.DETETE TABLE　　　　　　　　　　D.DELETE DBF

5.在 SQL 的 SELECT 查询结果中,消除重复记录的方法是(　　　　)。

　　A.通过指定主关系键　　　　　　　　　B.通过指定唯一索引

　　C.使用 DISTINCT 子句　　　　　　　　D.使用 HAVING 子句

6.SQL 查询语句中 ORDER BY 子句的功能是(　　　　)。

　　A.对查询结果进行排序　　　　　　　　B.分组统计查询结果

　　C.限定分组检索结果　　　　　　　　　D.限定查询条件

7.SQL 查询语句中 HAVING 子句的作用是(　　　　)。

　　A.指出分组查询的范围　　　　　　　　B.指出分组查询的值

C.指出分组查询的条件          D.指出分组查询的字段

8.在下列选项中,不属于 SQL 数据定义功能的是(　　　)。

   A.SELECT                      B.CREATE

   C.ALTER                       D.DROP

9.嵌套查询命令中的 IN,相当于(　　　)。

   A.等号 =                       B.集合运算符 ∈

   C.加号+                       D.减号−

10.关于语句 INSERT-SQL 描述正确的是(　　　)。

   A.在表中任何位置插入一条记录         B.可以向表中输入若干条记录

   C.在表头插入一条记录                 D.在表尾插入一条记录

11.在 SQL 语句中,与表达式"工资 BETWEEN 1210 AND 1240"功能相同的表达式是(　　　)。

       A.工资>= 1210 AND 工资<= 1240

       B.工资>1210 AND 工资<= 1240

       C.工资>1210 AND 工资<1240

       D.工资>= 1210 OR 工资<= 1240

12.在 SQL 语句中,与表达式"仓库号 NOT IN("wh1","wh2")"功能相同的表达式是(　　　)。

       A.仓库号="wh1" AND 仓库号="wh2"

       B.仓库号!="wh1" OR 仓库号="wh2"

       C.仓库号<>"wh1" OR 仓库号!="wh2"

       D.仓库号!="wh1" AND 仓库号!="wh2"

13.在 VFP 中,执行 SQL 的 DELETE 命令和传统的非 SQL DELETE 命令都可以删除数据库表中的记录,下面对它们正确的描述是(　　　)。

       A.SQL 的 DELETE 命令删除数据库表中的记录之前,不需要用命令 USE 打开该表

       B.SQL 的 DELETE 命令和传统的非 SQL DELETE 命令删除数据库表中的记录之前,都需要用命令 USE 打开该表

       C.SQL 的 DELETE 命令可以物理地删除数据库表中的记录,而传统的非 SQL 的 DELETE 命令只能逻辑删除数据库表中的记录

       D.传统的非 SQL DELETE 命令可以删除其他工作区中打开的数据库表中的记录

14.设有 S(学号,姓名,性别)和 SC(学号,课程号,成绩)两个表,如下 SQL 语句检索选修的每门课程的成绩都高于或等于 85 分的学生的学号、姓名和性别,正确的 SQL 语句是(　　　)。

       A.SELECT 学号,姓名,性别 FROM S WHERE EXISTS

（SELECT * FROM SC WHERE SC.学号＝S.学号 AND 成绩<＝85）

B.SELECT 学号,姓名,性别 FROM S WHERE NOT EXISTS

（SELECT * FROM SC WHERE SC.学号＝S.学号 AND 成绩<＝85）

C.SELECT 学号,姓名,性别 FROM S WHERE EXISTS

（SELECT * FROM SC WHERE SC.学号＝S.学号 AND 成绩>85）

D.SELECT 学号,姓名,性别 FROM S WHERE NOT EXISTS

（SELECT * FROM SC WHERE SC.学号＝S.学号 AND 成绩<85）

15.数据库表"评分"有歌手号、分数和评委号 3 个字段,假设某记录的字段值分别是1001、9.9 和 105,插入该记录到"评分"表的正确的 SQL 语句是（　　　）。

A.INSERT VALUES（"1001"，9.9，"105"）INTO 评分（歌手号，分数，评委号）

B.INSERT TO 评分（歌手号，分数，评委号）VALUES（"1001"，9.9，"105"）

C.INSERT INTO 评分（歌手号，分数，评委号）VALUES（"1001"，9.9，"105"）

D.INSERT VALUES（"1001"，9.9，"105"）TO 评分（歌手号,分数,评委号）

16."图书"表中有字符型字段"图书号",要求用 SQL-DELETE 命令将图书号以字母 A开头的图书记录全部打上删除标记,正确的命令是（　　　）。

A.DELETE　FROM　图书　FOR　图书号 LIKE "A%"

B.DELETE　FROM　图书　WHILE　图书号 LIKE "A%"

C.DELETE　FROM　图书　WHERE　图书号＝"A * "

D.DELETE　FROM　图书　WHERE　图书号 LIKE "A%"

17.要使"产品"表中所有产品的单价上浮8%,正确的 SQL 命令是（　　　）。

A.UPDATE 产品 SET 单价＝单价+单价 * 8% FOR ALL

B.UPDATE 产品 SET 单价＝单价 * 1.08 FOR ALL

C.UPDATE 产品 SET 单价＝单价 * 8%

D.UPDATE 产品 SET 单价＝单价 * 1.08

18.假设同一名称的产品有不同的型号和产地,则计算每种产品平均单价的 SQL 语句是（　　　）。

A.SELECT 产品名称，AVG（单价）FROM 产品 GROUP BY 单价

B.SELECT 产品名称，AVG（单价）FROM 产品 ORDER BY 单价

C.SELECT 产品名称，AVG（单价）FROM 产品 ORDER BY 产品名称

D.SELECT 产品名称，AVG（单价）FROM 产品 GROUP BY 产品名称

19.假设有如下 SQL 语句：

SELECT DISTINCT 歌手号 FROM 歌手 WHERE 最后得分>＝ALL

（SELECT 最后得分 FROM 歌手 WHERE SUBSTR（歌手号,1,1）＝"2"）

与之等价的 SQL 语句是（　　　）。

A.SELECT DISTINCT 歌手号 FROM 歌手 WHERE 最后得分>＝

（SELECT MAX（最后得分）FROM 歌手 WHERE SUBSTR（歌手号,1,1）="2"）

B.SELECT DISTINCT 歌手号 FROM 歌手 WHERE 最后得分>=

（SELECT MIN（最后得分）FROM 歌手 WHERE SUBSTR（歌手号,1,1）="2"）

C.SELECT DISTINCT 歌手号 FROM 歌手 WHERE 最后得分>=ANY

（SELECT 最后得分 FROM 歌手 WHERE SUBSTR（歌手号,1,1）="2"）

D.SELECT DISTINCT 歌手号 FROM 歌手 WHERE 最后得分>=SOME

（SELECT 最后得分 FROM 歌手 WHERE SUBSTR（歌手号,1,1）="2"）

**二、填空题**

1.SQL 中,用_____短语来完成集合的并运算。

2.在 SQL 查询语句中,显示部分结果的 TOP 短语必须要与_____短语一起来使用。

3.SQL SELECT 语句的功能是_____。

4."职工"表有工资字段,计算工资合计的 SQL 语句是:SELECT_____FROM 职工。

5.要在"成绩"表中插入一条记录,应该使用的 SQL 语句是:

INSERT INTO 成绩(学号,英语,数学,语文)_____（'2001100111',91,78,86)。

6.在 SQL Server 支持的 SQL 语句中,可以从数据库删除表的命令是_____;可以修改表结构的命令是_____。

7.在 SQL 语句中空值用_____表示。

8.SQL DELETE 命令是_____删除记录。

9.SQL SELECT 语句为了将查询结果存放到临时表中应该使用_____短语。

10.SQL SELECT 语句为了将查询结果存储到永久表中应该使用_____短语。

11.在 SQL SELECT 语句的 ORDER BY 子句中,加上短语 DESC 表示按_____输出,省略 DESC 表示按_____输出。

12.在 SQL SELECT 语句中可以包含一些统计函数,这些函数包括_____函数、_____函数、_____函数、MAX 和 MIN 等。

13.设有学生选课表 SC(学号,课程号,成绩),用 SQL 语言检索每门课程的课程号及平均分的语句是:

SELECT 课程号,AVG(成绩) FROM SC_____。

14.将学生表 STUDENT 中的所有学生的年龄(字段名是 AGE)增加 1 岁,应该使用的 SQL 命令是:

UPDATE STUDENT_____。

15.在 SQL Server 中,使用 SQL 语言的 ALTER TABLE 命令给学生表 STUDENT 增加一个 Email 字段,长度为30,命令是:

ALTER TABLE STUDENT_____ Email C(30)。

16.如下命令将"产品"表的"名称"字段名修改为"产品名称":

ALTER TABLE 产品 RENAME _____ 名称 TO 产品名称。

17.在 SQL 中,如果要将学生表 S(学号,姓名,性别,年龄)中"年龄"属性删除,正确的 SQL 命令是:

ALTER TABLE S _____ 年龄。

18.假设"歌手"表中有"歌手号""姓名"和"最后得分"3 个字段,"最后得分"越高名次越靠前,查询前 10 名歌手的 SQL 语句是:

SELECT * _____ FROM 歌手 ORDER BY 最后得分 _____。

19.在 SQL SELECT 中用于计算检索的函数有 COUNT、_____、_____、MAX 和 MIN。

20.SQL SELECT 语句中的_____短语用于实现关系的连接操作。

21.在 SQL 的 CREATE TABLE 语句中,为属性说明取值范围(域完整性约束)的是_____短语。

22.SQL 语言称为_____。

# 第7章 索引与视图

在 SQL Server 中,设计有效的索引(Index)是影响数据库性能的重要因素之一,合理的索引可以显著提高数据库的查询性能。

SQL Server 的索引是为了加速对表中数据检索而创建的一种分散的、物理的数据结构。数据库中的索引的形式与图书的目录相似,键值就像目录中的标题,指针相当于页码。

## 7.1 索 引

### 7.1.1 索引概述

数据库中的索引与书中的目录一样,可以快速找到表中的特定行。索引是与表关联的存储在磁盘上的单独结构,它包含由表中的一列或多列生成的键,以及映射到指定表行的存储位置的指针,这些键存储在一个结构(B 树)中,使 SQL Server 可以快速有效地查找与键值关联的行。创建索引对于信息的整合归纳有着极为重要的作用。

1)索引的用途

索引是一个逻辑文件,包含从表或视图中一个或多个列生成的键,以及映射到指定数据行的存储位置指针。当 SQL Server 执行查询时,查询优化器会对可用的多种数据检索方法的成本进行估计,从中选用最有效的查询计划。

(1)索引的作用

①加速数据检索:索引能够以一列或多列值为基础实现快速查找数据行。

②优化查询:查询优化器是依赖于索引起作用的,索引能够加速连接、排序和分组等操作。

③强制实施行的唯一性:通过给列创建唯一索引,可以保证表中的数据不重复。

在数据库中合理地使用索引可以提高查询数据的速度,下面介绍索引的优缺点,索引的优点主要有以下几条:

(2)索引的优点

①通过创建唯一索引,可以保证数据库表中每一行数据的唯一性。

②可以大大加快数据的查询速度,这也是创建索引的最主要原因。

③实现数据的参照完整性,可以加速表和表之间的连接。

④在使用分组和排序子句进行数据查询时,也可以显著减少查询中分组和排序的时间。

（3）索引的缺点

①创建索引和维护索引要耗费时间，并且随着数据量的增加所耗费的时间也会增加。

②索引需要占用磁盘空间，除了数据表占数据空间之外，每一个索引还要占用一定的物理空间，如果有大量的索引，索引文件可能比数据文件更快达到最大文件尺寸。

③当对表中的数据进行增加、删除和修改的同时，也要动态地维护索引，这样就降低了数据的维护速度。

2）索引的类型

SQL Server 2019 中常用的有聚集索引、非聚集索引和唯一索引 3 种类型。聚集索引和非聚集索引是按照索引的存储结构划分的，而唯一索引和非唯一索引是按照索引取值划分的。这是两种截然不同的索引类型划分方法。

（1）聚集索引

在聚集索引中，索引键值的顺序与数据表中记录的物理顺序相同，即聚集索引决定了数据库表中记录行的存储顺序，每个表只能创建一个聚集索引，因为数据行本身只能按一个顺序存储。聚集索引按 B 树索引结构实现，B 树索引结构支持基于聚集索引键值对行进行快速检索。

表列定义了 PRIMARY KEY 约束和 UNIQUE 约束时，会自动创建索引。例如，如果创建了表并将一个特定列标识为主键，则数据库引擎自动对该列创建 PRIMARY KEY 约束和索引。

创建聚集索引时应考虑以下几个因素：

①每个表只能有一个聚集索引。

②表中的物理顺序和索引中行的物理顺序是相同的，创建任何非聚集索引之前要首先创建聚集索引，这是因为非聚集索引改变了表中行的物理顺序。

③关键值的唯一性使用 UNIQUE 关键字或者由内部的唯一标识符明确维护。

④在索引的创建过程中，SQL Server 临时使用当前数据库的磁盘空间，所以要保证有足够的空间创建聚集索引。

（2）非聚集索引

非聚集索引具有完全独立于数据行的结构，使用非聚集索引不用将物理数据页中的数据按列排序。非聚集索引包含索引键值和指向表数据存储位置的行定位器。

可以对表或索引视图创建多个非聚集索引。通常，设计非聚集索引是为了改善经常使用的、没有建立聚集索引的查询的性能。

查询优化器在搜索数据值时，先搜索非聚集索引以找到数据值在表中的位置，然后直接从该位置检索数据。这使得非聚集索引成为完全匹配查询的最佳选择，因为索引中包含所搜索的数据值在表中的精确位置的项。

具有以下特点的查询可以考虑使用非聚集索引：

①使用 JOIN 或 GROUP BY 子句。应为连接和分组操作中所涉及的列创建多个非聚集索引，为任何外键列创建一个聚集索引。

②包含大量唯一值的字段。

③不返回大型结果集的查询。创建筛选索引以覆盖从大型表中返回定义完善的行子集的查询。

④经常包含在查询的搜索条件(如返回完全匹配的 WHERE 子句)中的列。

其中聚集索引与非聚集索引的区别如下:

①在聚集索引中,表中各行的物理顺序与键值的逻辑(索引)顺序相同。表只能包含一个聚集索引。

②SQL Server 中,一个表只能创建 1 个聚集索引,多个非聚集索引。

③聚集索引改变数据的物理排序方式,使得数据行的物理顺序与索引键值的物理存储顺序一致。要在创建所有的非聚集索引前创建聚集索引。

④聚集索引页的大小根据被索引的列的情况有所不同,平均大小占表的 5%。非聚集索引页的大小可由用户在创建时指定。

简而言之,当进行单行查找时,聚集索引的输入/输出速度比非聚集索引快,因为聚集索引的索引级别较小。聚集索引非常适合于范围查询,因为服务器可以缩小数据范围,先得到第一行,再进行扫描,无须再次使用索引;非聚集索引速度稍慢,占用空间大,但也是一种较好的表扫描方法。非聚集索引可能覆盖了查询的全部过程。也就是说,假如所需数据在索引中,服务器就不必再返回到数据行中。

(3)唯一索引

唯一索引可确保所有表中任意两行的索引列值(不包括 NULL)不重复,如果在多列创建唯一索引,则该索引可以确保索引列中每个值组合都是唯一的。

在表中创建主键约束时,如果表上还没有创建聚集索引,则 SQL Server 将自动在创建主键约束的列或组合上创建聚集唯一索引。

3)索引设计的准则

索引设计不合理或者缺少索引都会对数据库和应用程序的性能造成障碍。高效的索引对于获得良好的性能非常重要。设计索引时,应该考虑以下准则:

①索引并非越多越好,一个表中如果有大量的索引,不仅占用大量的磁盘空间,而且会影响 INSERT、DELETE、UPDATE 等语句的性能。因为当表中数据更改的同时,索引也会进行调整和更新。

②避免对经常更新的表进行过多的索引,并且索引中的列尽可能少。而对经常用于查询的字段应该创建索引,但要避免添加不必要的字段。

③数据量小的表最好不要使用索引,由于数据较少,查询花费的时间可能比遍历索引的时间还要短,索引可能不会产生优化效果。

④在条件表达式中经常用到的、不同值较多的列上建立索引,在不同值少的列上无须建立索引。比如在学生表的"性别"字段上只有"男"与"女"两个不同值,因此就无须建立索引。如果建立索引,不但不会提高查询效率,反而会严重降低更新速度。

⑤当唯一性是某种数据本身的特征时,指定唯一索引。使用唯一索引能够确保定义的列的数据完整性,提高查询速度。

⑥在频繁进行排序或分组(即进行 GROUP BY 或 ORDER BY 操作)的列上建立索引,如果待排序的列有多个,可以在这些列上建立组合索引。

## 7.1.2 创建索引

SQL Server 2019 中创建索引的方法包括:使用索引设计器创建索引和利用 SQL 语句汇总 CREATE INDEX 语句创建索引。还可以在 CREATE TABLE 或 ALTER TABLE 语句中定义或修改表结构时创建索引。

在创建索引之前,应该考虑到权限问题,只有表的拥有者才能在表上创建索引,每个表最多可以创建 249 个非聚集索引。

在创建聚集索引时还要考虑到数据库剩余空间的问题,创建聚集索引时所需要的可用空间是数据库表中数据量的 120%。如果空间不足会降低性能,甚至导致索引操作失败。

当为表的某个字段建立了主键或者唯一性约束,系统会自动为这个字段创建索引,例如设置了主键(Primary Key),系统会自动建立聚集索引;设置了唯一(Unique)键,系统会自动建立非聚集索引。此外,也可以通过图形界面方式 SSMS 创建索引,或者通过 T-SQL 语句创建。

1) 利用 SSMS 创建索引

【例 7.1】 使用图形界面方式,在"学生管理数据库"中的 Student 表的出生日期列,创建一个升序的非聚集索引 idx_birthday。

①启动 SSMS,在"对象资源管理器"中,展开"数据库"节点,选中"学生管理数据库",展开该数据库节点,展开"表"节点,展开"dbo. Student"节点,选中"索引"项,单击鼠标右键,在弹出的快捷菜单中选择"新建索引"命令,选择"非聚集索引",如图 7.1 所示。

图 7.1 新建索引

②在"索引名称"框中输入索引名称,这里输入"idx_birthday",选择索引类型为"非聚集",不勾选"唯一"复选框,单击"添加"按钮,如图 7.2 所示。

③出现"选择列"窗口,从列表中勾选需要建立索引的列,这里勾选"出生日期",单击"确定"按钮,如图 7.3 所示。

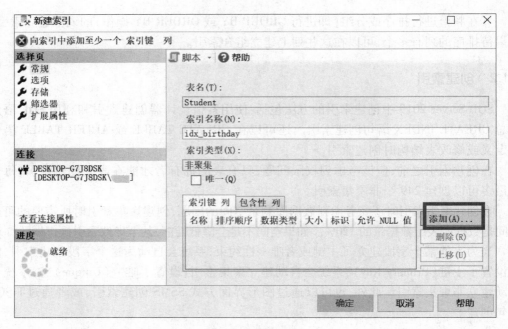

图 7.2　添加索引

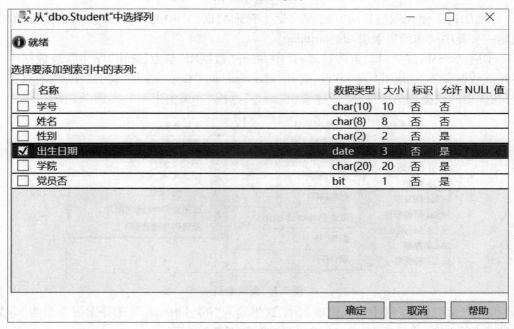

图 7.3　选择索引列

④返回到"新建索引"对话框,单击索引键列中的"排序顺序",这里选择"升序"项,如图 7.4 所示。

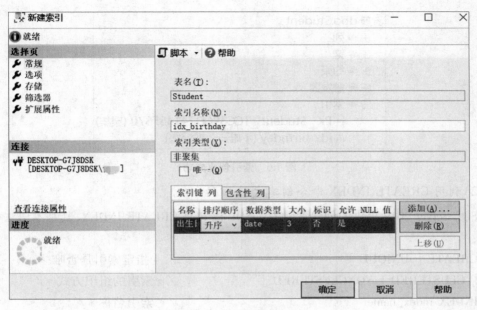

**图 7.4　选择排序**

⑤单击"选项"选项卡，出现如图 7.5 所示界面，在选项中，"自动重新计算统计信息""在访问索引时使用行锁""在访问索引时使用页锁""使用索引"等复选框均保持默认值，不做任何修改。

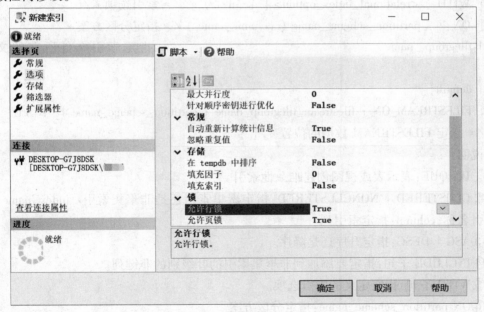

**图 7.5　选项对话框**

⑥单击"存储"选项卡，默认设置的文件组为"PRIMARY"（主文件组）。

⑦单击"确定"按钮，完成创建索引工作，如图 7.6 所示。

图 7.6　索引创建成功

2)利用 CREATE INDEX 命令创建索引

SQL Server 2019 提供的创建索引的 T-SQL 语句是 CREATE INDEX,其基本语法格式如下:

```
CREATE [ UNIQUE ]                            /* 指定索引是否唯一 */
[ CLUSTERED | NONCLUSTERED ]                 /* 索引的组织方式 */
INDEX index_name                             /* 索引名称 */
ON {[ database_name. [ schema_name ] . | schema_name. ] table_or_view_name}
( column [ ASC | DESC ] [ ,…n ] )            /* 索引定义的依据 */
[ INCLUDE ( column_name [ ,…n ] ) ]
[ WITH ( <relational_index_option> [ ,…n ] ) ] /* 索引选项 */
[ ON {    partition_scheme_name ( column_name ) /* 指定分区方案 */
| filegroup_name                             /* 指定索引文件所在的文件
                                                组 */

| default}]
[ FILESTREAM_ON { filestream_filegroup_name | partition_scheme_name | "NULL" } ]
/* 指定 FILESTREAM 数据的位置 */ [ ; ]
```

说明:

①UNIQUE:表示表或视图创建唯一性索引。

②CLUSTERED | NONCLUSTERED:指定聚集索引还是非聚集索引。index_name:指定索引名称;column:指定索引列。

③ASC | DESC:指定升序还是降序。

④INCLUDE 子句:指定要添加到非聚集索引的叶级别的非键列。

⑤WITH 子句:指定定义的索引选项。

⑥ON partition_scheme_name:指定分区方案。

⑦ON filegroup_name:为指定文件组创建指定索引。

⑧ON default:为默认文件组创建指定索引。

【例7.2】 在"学生管理数据库"中的 Grade 表的成绩列上,创建一个非聚集索引 idx_grade。

USE 学生管理数据库

CREATE INDEX idx_grade ON Grade（成绩）

创建结果如图 7.7 所示。

【例7.3】 在"学生管理数据库"中的 Grade 表的学号列和课程号列,创建一个唯一聚集索引 idx_sno_cno。

USE 学生管理数据库

CREATE UNIQUE CLUSTERED INDEX idx_sno_cno ON Grade（学号,课程号）

创建结果如图 7.8 所示。

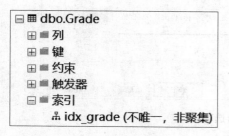

图 7.7 创建非聚集索引

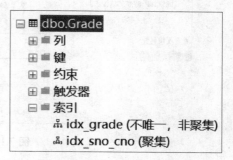

图 7.8 创建聚集索引

### 7.1.3 修改索引

在 SQL Server 2019 中修改索引的方法有两种:使用 SSMS 图形工具和 T-SQL 语句。

1）利用 SSMS 修改索引

【例7.4】 使用图形界面方式查看在"学生管理数据库"中的 Student 表上建立的索引。

①启动 SSMS,在"对象资源管理器"中,展开"数据库"节点,选中"学生管理数据库",展开该数据库节点,展开"表"节点,展开"dbo. Student"节点。

②选中"索引"项,在其下方列出所有已建的索引,这里是 idx_birthday 和 PK_Student,前者是例 7.1 所建的非聚集索引,后者是在创建 Student 表时指定学号为主键,由 SQL Server 系统自动创建的聚集索引,如图 7.9 所示。

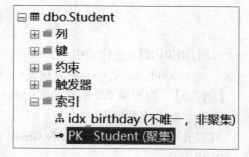

图 7.9 修改索引

③选中索引 idx_birthday,单击鼠标右键,在弹出的快捷菜单中选择"属性"命令。

④屏幕出现"索引属性"对话框,如图 7.10 所示,在其中对索引各选项进行修改,方法与"新建索引"窗口的操作类似。

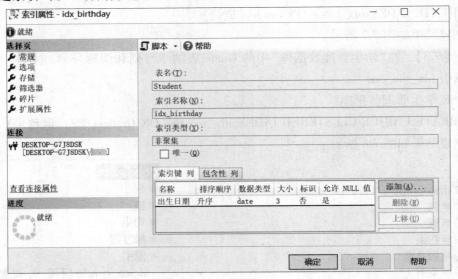

图 7.10　修改索引选项

2)利用 ALTER INDEX 命令修改索引

SQL Server 2019 提供的创建索引的 T-SQL 语句是 ALTER INDEX,其语法基本格式如下:

ALTER INDEX { index_name | ALL }

ON <object>

　　{ REBUILD

　　　　{ [PARTITION = ALL]

　　　　　　　　[ WITH <rebuild_index_option> [ ,...n ] . ]}

　　　　　　　　　　…

　　}

说明:REBUILD:重建索引。

　　　　rebuild_index_option:重建索引选项。

【例 7.5】　修改例 7.2 创建的索引 idx_grade,将填充因子(FILLFACTOR)改为 80。

USE 学生管理数据库

ALTER INDEX idx_grade　ON Grade

REBUILD

WITH ( PAD_INDEX = ON, FILLFACTOR = 80)

GO

该语句执行结果将索引 idx_grade 的填充因子修改为 80,如图 7.11 所示。

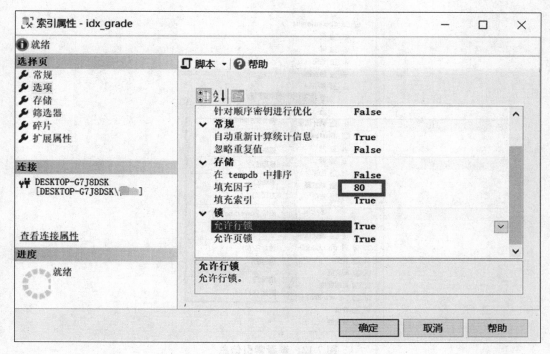

图 7.11　修改填充因子

### 7.1.4　查看索引

1)使用对象资源管理器查看索引信息

①在"对象资源管理器"中,展开"学生管理数据库"实例,打开要查看索引表的下属对象,选择"索引"对象,窗口就会列出该表的所有索引。

②在要查看的索引上右击,通过点击弹出的快捷菜单的选项,可以完成"重命名""删除""查看属性"等操作,如图 7.12 所示。

2)使用系统存储过程查看索引属性

语法格式:

$$sp\_helpindex\ [\ @\ objname\ =\ ]\ 'name'$$

其中,name 为需要查看其索引的表。

【例 7.6】　使用系统存储过程 sp_helpindex 查看 Student 表上所建索引。

USE 学生管理数据库

GO

EXEC sp_helpindex Student

GO

该语句执行结果如图 7.13 所示。

图 7.12 查看索引信息

| | index_name | index_description | index_keys |
|---|---|---|---|
| 1 | idx_birthday | nonclustered located on PRIMARY | 出生日期 |
| 2 | PK__Student | clustered, unique, primary key located on PRIMARY | 学号 |

图 7.13 使用系统存储过程查看索引属性

3）更改索引标识

语法格式：

sp_rename ' table_name.OldName ',' NewName '[ , object_type ]

其中，table_name 是索引所在的表的名字，OldName 是要重命名的索引名称，NewName 是新的索引名称。

【例 7.7】 更改 Student 表中索引标志 "idx_birthday"为"idx_出生日期"。

USE 学生管理数据库

GO

EXEC sp_rename ' Student. idx_birthday ', 'idx_出生日期'

GO

该语句执行结果如图 7.14 所示。

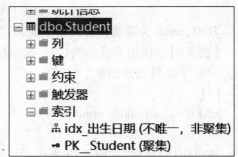

图 7.14 更改索引标识

当然还有一种简单方法,直接选择"idx_birthday",右击,选择"重命名",修改为"idx_出生日期"。

### 7.1.5 删除索引

当一个索引不再需要时,可将其从数据库中删除,以回收其当前所使用的磁盘空间。删除索引之前,必须先删除 PRIMARY KEY 或 UNIQUE 约束,才能删除约束使用的索引。

如果数据已经排序,则重新生成索引的过程无须按索引列对数据排序,重新生成索引有助于重新创建聚集索引。

另外,删除视图或表时,系统将自动删除为永久性和临时性视图或表创建的索引。

1)利用 SSMS 删除索引

【例 7.8】 使用图形界面方式删除 Grade 表上建立的索引 idx_grade。

操作步骤:启动 SSMS,在"对象资源管理器"中,展开"数据库"节点,选中"学生管理数据库",展开该数据库节点,展开"表"节点,展开"dbo.Grade"节点,选中"idx_grade"索引,单击鼠标右键,在弹出的对话框中选择"删除"命令。

2)使用 DROP INDEX 语句删除索引

使用 DROP INDEX 语句可从当前数据库中删除一个或多个索引。语法格式:

```
DROP INDEX
{ index_name ON   table_or_view_name [ ,…n ]
  | table_or_view_name.index_name [ ,…n ]
}
```

【例 7.9】 删除已建索引"idx_grade"。

```
USE 学生管理数据库
DROP INDEX Grade.idx_grade
```

当然在删除索引时要注意:

①在系统表的索引上不能指定 DROP INDEX。

②若要除去为实现 PRIMARY KEY 或 UNIQUE 约束而创建的索引,必须除去约束。

③在删除聚集索引时,表中的所有非聚集索引都将被重建。

④在删除表时,表中存在的所有索引都被删除。

## 7.2 视 图

视图是一张虚拟表,它表示一张表的部分数据或多张表的综合数据,其结构和数据是建立在对表的查询基础上。视图中并不存放数据,而是存放在视图所引用的原始表(基表)中。同一张原始表,根据不同用户的不同需求,可以创建不同的视图。

### 7.2.1 视图概述

导出的视图是一种数据库对象,是从一个或者多个表或视图中而来的虚拟表,其结构和数据是查询而来。

1)基表与视图

基表:独立存在的表,在视图中被查询的表称为基表。

视图——是通过定义查询语句 SELECT 建立的虚拟表。在 SQL 中只存储视图的定义,不存放视图所对应的记录。

视图只是用来查看数据的窗口而已。

对视图所引用的基础表来说,视图的作用类似于筛选。

可以对视图进行查询操作,可以像使用表一样使用视图。

对视图的更新操作(增、删、改)即是对视图的基表的操作,因此有一定的限制条件。

2)视图的作用

视图通常用来集中、简化和自定义每个用户对数据库的不同认识。

(1)简化操作

可以把经常使用多表查询的操作定义成视图,直接使用视图完成查询。

(2)定制数据

能使不同的用户以不同的方式看待同一数据。

(3)导入导出数据

使用拷贝程序把数据通过视图导出,使用拷贝程序或 BULK INSERT 语句把数据文件导入到指定的视图中。

(4)安全性

可以通过只授权于用户访问视图的权限,而不授予访问表的权限。

3)视图的分类

(1)标准视图

标准视图组合了一个或多个表中的数据,可以获得使用视图的大多数好处,包括将重点放在特定数据上及简化数据操作。

(2)索引视图

索引视图是被具体化了的视图,即它已经过计算并存储。可以为视图创建索引,即对视图创建一个唯一的聚集索引。索引视图可以显著提高某些类型查询的性能。索引视图尤其适于聚合许多行的查询,但它们不太适于经常更新的基本数据集。

(3)分区视图

分区视图在一台或多台服务器间水平连接一组成员表中的分区数据。这样,数据看上去如同来自一个表。连接同一个 SQL Server 实例中的成员表的视图是一个本地分区视图。

(4)系统视图

公开目录元数据。可以使用系统视图返回与 SQL Server 实例或在该实例中定义的对象有关的信息。

4）创建视图时应该注意以下情况

①只能在当前数据库中创建视图,在视图中最多只能引用1024列,视图中记录的数目由其基表中的记录数决定。

②如果视图引用的基表或者视图被删除,则该视图不能再被使用,直到创建新的基表或者视图。

③如果视图中某一列是函数、数学表达式、常量或者来自多个表的列名相同,则必须为列定义名称。

④不能在视图上创建索引,不能在规则、默认、触发器的定义中引用视图。

⑤视图的名称必须遵循标识符的规则,且对每个用户必须是唯一的。此外,该名称不得与该用户拥有的任何表的名称相同。

⑥用户必须拥有数据库所有者授予的创建视图的权限、对定义视图时所引用到的表有适当的权限。

⑦查询不能包含 ORDER BY 和 INTO 子句。

⑧不能创建临时视图,也不能对临时表创建视图。

### 7.2.2　创建视图

1）使用对象资源管理器创建视图

在 SSMS 中创建视图最大的好处就是无须记住 SQL 语句,下面介绍在 SSMS 中创建视图的方法。

【例7.10】　在"学生管理数据库"中选择 Student、Course、Grade 三个表,创建 student_course_grade 视图,包括学生的学号、姓名、学院、课程号、课程名和成绩。

①在"对象资源管理器"中右击"视图"节点,选择"新建视图"。

②弹出"添加表"对话框,选择相应的表或视图,单击"添加"按钮就可以添加创建视图的基表,重复此操作,可以添加多个基表。这里分别选择 Student、Course、Grade 三个表,并单击"添加"按钮,最后单击"关闭"按钮,如图7.15所示。

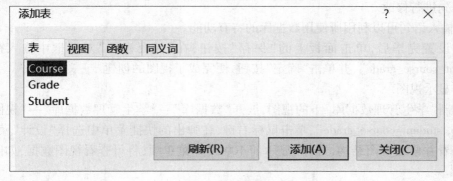

图7.15　新建视图

③此时,即可打开"视图设计器",选择要投影的列,选择条件等;窗口包含了4块区域,第1块区域是"关系图"窗格,在这里可以添加或者删除表。第2块区域是"条件"窗格,在这里可以对视图的显示格式进行修改,在"排序类型"栏中指定列的排序方式,在"筛选器"栏中指定创建视图的规则;第3块区域是"SQL"窗格,在这里用户可以输入SQL执行语句。第4块区域是结果窗口。在"关系图"窗格区域中单击表中字段左边的复选框选择需要的字段,如图7.16所示。

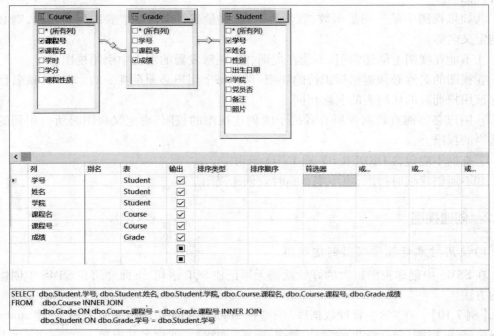

图7.16　视图设计器

提示:在"SQL"窗格区域中,可以进行以下具体操作:

a.通过输入SQL语句创建新查询。

b.根据在"关系图"窗格和"条件"窗格中进行的设置,对查询和视图设计器创建的SQL语句进行修改。

c.输入语句可以利用所使用数据库的特有功能。

④设置完毕后,单击面板上的"保存"按钮,在"保存视图"对话框中输入视图名"student_course_grade",并单击"确定"按钮,便完成了视图的创建。

⑤显示视图。

刷新"学生管理数据库"下的视图,展开"数据库"→"学生管理数据库"→"视图",选择"dbo. student_course_grade",单击鼠标右键,在弹出的快捷菜单中选择"设计"菜单项,可以查看并修改视图结构,选择"显示前1000行"菜单项,将可查看视图数据,如图7.17所示。

| | 学号 | 姓名 | 学院 | 课程名 | 课程号 | 成绩 |
|---|---|---|---|---|---|---|
| 1 | 2018012312 | 刘海龙 | 机电工程与自动化学院 | 数据库管理系统 | 0312020022 | 75.00 |
| 2 | 2015023223 | 周家伟 | 信息工程学院 | 管理信息系统 | 0312020352 | 76.00 |
| 3 | 2019041122 | 王维维 | 国际商学院 | 多媒体应用 | 0312020302 | 79.00 |
| 4 | 2017041311 | 封伟 | 国际商学院 | 多媒体应用 | 0312020302 | 84.00 |
| 5 | 2015023112 | 王静 | 信息工程学院 | 管理信息系统 | 0312020352 | 88.00 |
| 6 | 2019051107 | 李泽东 | 艺术与传媒学院 | 多媒体应用 | 0312020302 | 90.00 |
| 7 | 2018011313 | 孙通 | 机电工程与自动化学院 | 数据库管理系统 | 0312020022 | 91.00 |
| 8 | 2015023112 | 王静 | 信息工程学院 | 数据库管理系统 | 0312020022 | 95.00 |

图 7.17 查看视图数据

2）使用 T-SQL 语句建立视图

语法格式：

CREATE VIEW［database_name.］［owner_name.］view_name［（column［，］）］

［WITH｛ENCRYPTION|SCHEMABINDING|VIEW_METADATA｝］

AS

select_statement

［WITH CHECK OPTION］

其中：

①view_name：视图的名称。

②column：视图中的字段的名称。

③ENCRYPTION：在系统表 syscomments 中存储创建视图语句时进行加密，不能对该视图进行修改和查看语句。

④SCHEMABINDING：将视图与其所依赖的表或视图结构相关联，即在 select_statement 语句中如果包含表、视图或者引用用户自定义函数，则表名、视图名或者函数名前必须包含所有者前缀。

⑤VIEW_METADATA：表示如果某一查询中引用该视图且要求返回浏览模式的结构数据时，那么 SQL Server 将向 DBLIB 和 OLE DB APLS 返回视图的结构数据信息。

⑥select_statement：创建视图的 SELECT 语句。

⑦WITH CHECK OPTION：强制视图上执行的所有数据修改语句都必须符合由 select_statement 设置的准则。

例 7.10 中用 SQL 代码编写如下：

CREATE VIEW    student_course_grade

AS

SELECT a.学号,a.姓名,b.成绩,c.课程号,c.课程名

FROM　Student a，Grade b，Course c

WHERE a.学号＝b.学号　AND b.课程号＝c.课程号

### 7.2.3　修改和查看视图

1）使用对象资源管理器修改视图

①打开"对象资源管理器"，展开相应数据库文件夹。

②展开"视图"选项，右击要修改的视图，选择"设计"命令，打开的对话框可用来查看和修改视图的定义。

2）使用 T-SQL 语句修改视图

语法格式：

ALTER VIEW ［＜ database_name ＞.］［＜ owner ＞.］view_name ［（ column ［ ,…n ］） ］

［ WITH ＜ view_attribute ＞ ［ ,…n ］ ］

AS

　　select_statement

［ WITH CHECK OPTION ］

＜ view_attribute ＞ ∷ ＝

　　　｛ ENCRYPTION ｜SCHEMABINDING ｜ VIEW_METADATA ｝

【例 7.11】　修改视图 student_course_grade，使其显示成绩大于 85 的学生信息。代码如下：

USE 学生管理数据库

GO

ALTER VIEW　　student_course_grade

AS

SELECT a.学号，a.姓名，c.课程号，c.课程名，b.成绩

FROM　　Student a，Grade b，Course c

WHERE （a.学号＝b.学号　AND b.课程号＝c.课程号　AND　（b.成绩>85））

GO

修改视图后的查询结果如图 7.18 所示。

3）执行系统存储过程查看视图的定义

语法格式：

EXEC sp_helptext　　view_name

参数说明：view_name 为用户需要查看的视图名称。

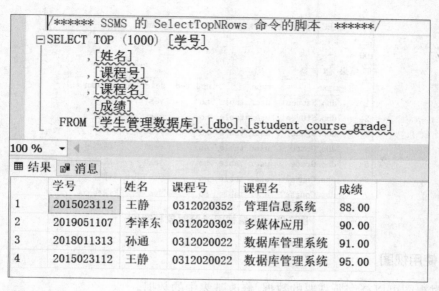

**图7.18　修改视图信息**

【例7.12】 查看 student_course_grade 视图。代码如下：

EXEC sp_helptext　　student_course_grade

执行结果如图7.19所示。

| | Text |
|---|---|
| 1 | CREATE VIEW　　student_course_grade |
| 2 | AS |
| 3 | SELECT a.学号,a.姓名,c.课程号,c.课程名,b.成绩 |
| 4 | FROM　Student a, Grade b, Course c |
| 5 | WHERE（a.学号=b.学号）AND（b.课程号=c.课程号）AND（b.成绩>85） |

**图7.19　系统存储过程查看视图**

4）执行系统存储过程获得视图的参照对象和字段

语法格式：

EXEC sp_depends view_name

【例7.13】 查看 student_course_grad 的对象的参照对象和字段。代码如下：

EXEC sp_depends student_course_grade

执行结果如图7.20所示。

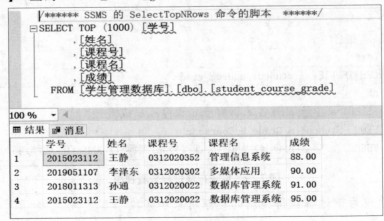

图 7.20　查看视图参照对象和字段

### 7.2.4　使用视图

通过视图可以查询所需要的数据、修改基表中的数据。

1)数据查询

(1)使用对象资源管理器

在"对象资源管理器"中,右击要查询的视图,选择"选择前 1000 行"选项,即可浏览该视图前 1000 行数据。

【例 7.14】　查询 student_course_grade 视图。运行结果如图 7.21 所示。

图 7.21　查看视图

(2)使用 T-SQL 语句查询视图

【例 7.15】　查询 student_course_grade 视图。代码如下:

SELECT　∗　FROM student_course_grade

执行结果如图 7.22 所示。

SELECT * FROM student_course_grade

100 %
结果　消息

| | 学号 | 姓名 | 课程号 | 课程名 | 成绩 |
|---|---|---|---|---|---|
| 1 | 2015023112 | 王静 | 0312020352 | 管理信息系统 | 88.00 |
| 2 | 2019051107 | 李泽东 | 0312020302 | 多媒体应用 | 90.00 |
| 3 | 2018011313 | 孙通 | 0312020022 | 数据库管理系统 | 91.00 |
| 4 | 2015023112 | 王静 | 0312020022 | 数据库管理系统 | 95.00 |

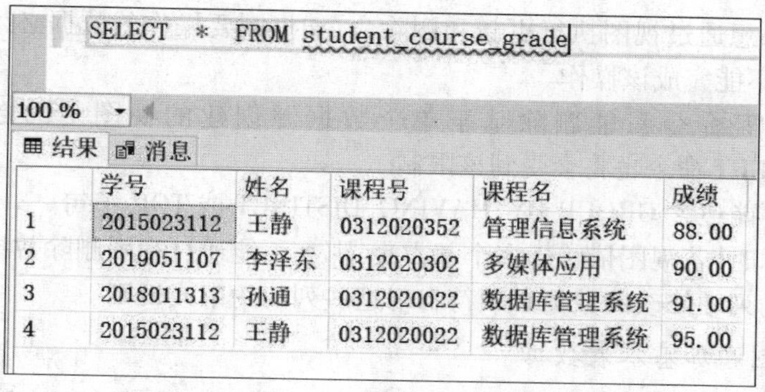

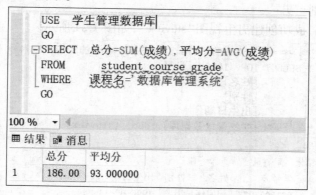

图 7.22　T-SQL 语句查询视图 1

【例 7.16】　查询 student_course_grade 视图，统计"数据库管理系统"课程的总分和平均分。

```
USE　学生管理数据库
GO
SELECT　总分=SUM(成绩),平均分=AVG(成绩)
FROM　　student_course_grade
WHERE　课程名='数据库管理系统'
GO
```

执行结果如图 7.23 所示。

```
USE　学生管理数据库
GO
SELECT　总分=SUM(成绩),平均分=AVG(成绩)
FROM　　student_course_grade
WHERE　课程名='数据库管理系统'
GO
```

100 %
结果　消息

| | 总分 | 平均分 |
|---|---|---|
| 1 | 186.00 | 93.000000 |

图 7.23　T-SQL 语句查询视图 2

2)使用视图修改基本表中数据

修改视图的数据，就是对基本表进行修改，真正插入数据的地方是基本表，而不是视图，但同样可以使用 INSERT、UPDATE、DELETE 语句来完成。

使用视图修改数据源时需要注意以下几点：

①不能同时修改两个或多个基表中的数据。

②不能修改那些通过表达式计算得到的字段值。

③若用户在创建视图时，指定了 WITH CHECK OPTION 选项，那么所有对视图数据的操作，必须保证修改后的新数据满足视图定义的范围，否则在视图中不可见。

④用户如果想通过视图执行更新和删除命令时,则要操作的数据必须包含在视图的结果集中,否则不能完成该操作。

⑤用 DELETE 命令只能删除基于单个数据源创建的视图中的数据,同样利用 UPDATE 与 INSERT 命令也将会受到该限制。

⑥视图中不能包含 GROUP BY、HAVING、DISTINCT 或 TOP 子句。

⑦删除数据时,若视图依赖于多个基本表,那么不能通过视图删除数据。

⑧在基表的列中修改的数据必须符合对这些列的约束或规则。

3)通过视图添加基本表数据

语法格式:

INSERT INTO 视图名 VALUES(列值 1,列值 2,列值 3,…,列值 n)

注意:当视图所依赖的基本表有多个时,不能向该视图插入数据。

【例 7.17】 创建一个基于表 Student 的男生视图"stuview",只包括学号、姓名、性别、出生日期字段。并通过 stuview 插入一条新纪录('2017120112','李小龙','男','1999/7/18')。

代码如下:

```
CREATE    VIEW    stuview
AS
SELECT 学号,姓名,性别,出生日期
FROM    Student
WHERE    性别='男'
```

执行以上代码,成功创建男生视图"stuview",如图 7.24 所示。

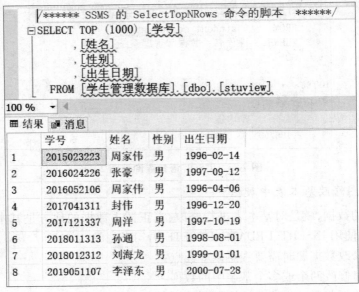

图 7.24　T-SQL 语句查询视图 3

INSERT　INTO　stuview

VALUES('2017120112','李小龙','男','1999/07/18')

执行插入代码后,查询结果如图 7.25 所示。

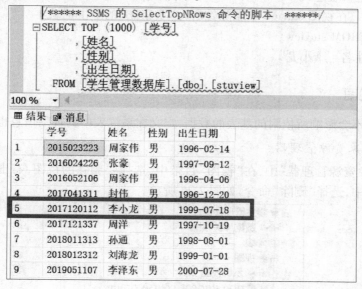

图 7.25　在视图中插入数据

4)通过视图修改基本表数据

语法格式:

UPDATE 视图名

SET 列 1=列值 1,

列 2=列值 2,

……

列 n=列值 n

WHERE 逻辑表达式

注意:若一个视图依赖于多个基本表,则一次修改该视图只能变动一个基本表的数据。

【例 7.18】　将视图 stuview 姓名为"李小龙"的学生的性别改为"女"。

代码如下:

UPDATE stuview

SET 性别='女'

WHERE 姓名='李小龙'

5)通过视图删除表数据

使用 DELETE 语句可以通过视图删除基本表的数据。

注意:对于依赖于多个基本表的视图,不能使用 DELETE 语句。

语法格式：

DELETE FROM 视图名

WHERE 逻辑表达式

【例 7.19】 在视图 stuview 中删除姓名为"李小龙"的学生记录。

DELETE FROM stuview

WHERE 姓名 ='李小龙'

### 7.2.5 删除视图

删除视图不会影响所依附的基表的数据，定义在系统表中的视图信息也会被删除。

1）使用对象资源管理器

①在"对象资源管理器"中，在"视图"目录中，选择要删除的视图，右击该节点，在弹出的快捷菜单中，选择"删除"命令，如图 7.26 所示。

图 7.26 图形化界面方式删除视图

②在确认消息对话框中，单击"确定"按钮即可。

2）使用 T-SQL 语句

语法格式：

DROP VIEW view_name [ …, n ]

参数说明如下：

view_name：指要删除的视图的名称，可以同时删除多个视图。

【例7.20】 删除视图 student_course_grade。

代码如下：

```
USE 学生管理数据库
IF EXISTS（SELECT TABLE_NAME FROM INFORMATION_SCHEMA.VIEWS
        WHERE TABLE_NAME=' student_course_grade ')
    DROP VIEW student_course_grade
```

# 本章小结

良好的索引可以显著提高数据库的性能。一般的视图中存储的只是一些查询语句，它不存储任何数据。学习本章后，需要重点掌握如下内容。

1.索引和视图类型和作用。

2.索引和视图创建、管理和删除方法。

3.索引和视图的常用命令。

# 习题 7

**一、选择题**

1.建立索引的主要作用是（　　　）。

　　A.节省存储空间　　　　　　　　　　　　B.便于管理

　　C.提高查询速度　　　　　　　　　　　　D.提高查询和更新的速度

2.在数据库设计阶段，需要考虑为关系表建立合适的索引。关于建立索引的描述：

　Ⅰ.对于经常在其上需要执行查询操作并且数据量大的表，可以考虑建立索引。

　Ⅱ.对于经常在其上需要执行插入、删除和更新操作的表，可以考虑建立索引。

　Ⅲ.对于经常出现在 WHERE 子句中的字段，可以考虑建立索引。

　Ⅳ.对于经常出现在 ORDERBY 子句、GROUPBY 子句中的属性，应尽量避免建立索引。

　　上述说法中正确的有（　　　）。

　　A.Ⅰ和Ⅱ　　　　　　B.Ⅰ、Ⅱ和Ⅳ　　　　　　C.Ⅰ和Ⅲ　　　　　　D.Ⅱ和Ⅳ

3.索引是对数据库表中（　　　）字段的值进行排序。

　　A.一个　　　　　　　　B.多个　　　　　　　　C.一个或多个　　　　　　D.零个

4.关于视图的叙述中正确的是（　　　）。

　　A.视图是一张虚表，所有的视图中都不含数据

　　B.用户一定能通过视图更新所有数据

　　C.视图是一张实际的物理表，所有的视图中都含有实际数据

D.视图只能通过表得到,不能通过其他视图得到

5.SQL Server 中的视图提高了数据库系统的(　　　)。

    A.完整性　　　　　　　B.可靠性　　　　　　　C.安全性　　　　　　　D.一致性

6.T-SQL 语言中,删除一个视图的命令是(　　　)。

    A.DELETE　　　　　　B.DROP　　　　　　　C.CLEAR　　　　　　D.REMOVE

7.在 SQL Server 2019 中,索引的顺序和数据表的物理顺序相同的索引是(　　　)。

    A.聚集索引　　　　　　B.非聚集索引　　　　　C.主键索引　　　　　D.唯一索引

8.要删除 mytable 表中的 myindex 索引,可以使用(　　　)语句。

    A.DROP myindex　　　　　　　　　　　B.DROP mytable.myindex

    C.DROP INDEX myindex　　　　　　　　D.DROP INDEX mytable.myindex

9.下列选项都是系统提供的存储过程,其中可以进行视图信息的查询是(　　　)。

    A.sp_helptext　　　　　B.sp_helpindex　　　　C.sp_bindrule　　　　D.sp_rename

**二、填空题**

1.如果创建唯一索引,只能用_____语句实现。如果创建聚集索引,可以用_____语句实现。

2.在 SQL SERVER 中,除了基表以外,_____有对应的物理存储,而_____没有对应的物理存储。

3._____是关系数据库中提供给用户以多种角度观察数据库中数据的重要机制。

4.数据库中只存放视图的_____,而不存放视图对应的数据,这些数据仍存放在导出视图的基础表中。

5.视图是虚表,它一经定义就可以和基表一样被查询,但_____操作将有一定限制。

6.在 SQL 中,create view、alter view 和 drop view 命令分别为_____、_____和删除视图的命令。

7.使用_____子句将创建聚集索引,使用_____子句将创建非聚集索引。

**三、简答题**

1.聚集索引与非聚集索引之间有哪些不同点?在一个表中可以建立多少个聚集索引和非聚集索引?

2.在什么场合下适合创建索引?请举例说明。

3.什么叫视图?视图有哪些用途?

4.在创建视图中,有 WITH CHECK OPTION 子句和没有 WITH CHECK OPTION 子句的区别是什么?

# 第8章　T-SQL 程序设计

习近平同志指出"核心技术是国之重器。要下定决心、保持恒心、找准重心,加速推动信息领域核心技术突破。要抓产业体系建设,在技术、产业、政策上共同发力。要遵循技术发展规律,做好体系化技术布局,优中选优、重点突破。要加强集中统一领导,完善金融、财税、国际贸易、人才、知识产权保护等制度环境,优化市场环境,更好释放各类创新主体创新活力。要培育公平的市场环境,强化知识产权保护,反对垄断和不正当竞争。要打通基础研究和技术创新衔接的绿色通道,力争以基础研究带动应用技术群体突破。"[①]

Transact-SQL 简称 T-SQL,遵循 ANSI 制定的 SQL-92 标准,是标准 SQL 程序设计语言的增强版。它对 SQL 进行了扩展,加入了程序流程控制结构、变量和其他一些语言元素,增强了可编程性和灵活性,是应用程序与 SQL Server 数据库引擎沟通的主要语言。不管应用程序的用户接口是什么,都会使用 T-SQL 语句与 SQL Server 数据库引擎进行沟通。前面第 5 章节简单介绍了 T-SQL 语言,本章就 T-SQL 涉及函数、程序流程、变量的知识点进行详细介绍。

## 8.1　T-SQL 简介

SQL 全称是"结构化查询语言(Structured Query Language)",最早是 IBM 的圣约瑟研究试验室为其关系数据库管理系统 SYSTEM R 开发的一种查询语言,其前身是 SQUARE 语言。SQL 结构简洁,功能强大,简单易学,目前已被确定为关系数据库系统的国际标准(ANSI-SQL),被绝大多数商品化关系数据库系统采用,如 Oracle、Sybase、DB2、Informix、SQL Server,这些数据库管理系统都支持以 SQL 为查询语言。SQL 是一种介于关系代数与关系演算之间的语言,其功能包括查询、操纵、定义和控制 4 个方面,是一个通用的功能极强的关系数据库标准语言。

1)T-SQL 构成

(1)数据定义语言

定义和管理数据库及其对象的语句,例如 CREATE、ALTER 和 DROP 等,数据库管理系统中常用的语句见表 8.1。

---

① 2018 年 4 月 20 日至 21 日,习近平在全国网络安全和信息化工作会议上强调。

表 8.1　数据定义语句

| 语句 | 功能 |
| --- | --- |
| CREATE DATABASE | 创建数据库 |
| CREATE TABLE | 创建数据表 |
| DROP TABLE | 删除数据表 |
| ALTER TABLE | 修改数据表的表结构 |
| CREATE VIEW | 创建视图 |
| ALTER VIEW | 修改视图的定义 |
| CREATE INDEX | 为数据表创建索引 |
| DROP INDEX | 删除索引 |
| CREATE PROCEDURE | 创建存储过程 |
| DROP PROCEDURE | 删除存储过程 |
| CREATE TRIGGER | 创建触发器 |
| DROP TRIGGER | 删除触发器 |
| CREATE SCHEMA | 创建新模式 |

（2）数据操纵语言

操纵数据库中各对象的语句见表8.2。例如 SELECT、INSERT 、DELETE 和 UPDATE。

表 8.2　数据操纵语句

| 语句 | 功能 |
| --- | --- |
| SELECT | 从数据库表中检索数据行和列 |
| INSERT | 把新的数据记录添加到数据库中 |
| DELETE | 从数据表中删除数据记录 |
| UPDATE | 修改现有的数据表中的数据 |

（3）数据控制语言

进行数据库安全管理和权限管理、事务管理等的语句见表 8.3 和表 8.4。例如 GRANT、DENY 和 REVOKE。

表8.3　数据权限控制语句

| 语句 | 功能 |
|------|------|
| GRANT | 授予用户权限 |
| DENY | 拒绝授予用户权限 |
| REVOKE | 收回用户权限 |

表8.4　事务控制类语句

| 语句 | 功能 |
|------|------|
| COMMIT | 提交事务 |
| ROLLBACK | 回滚事务 |
| SET TRANSACTION | 设置当前事务的数据访问特征 |

（4）附加的语言元素

T-SQL语言的附加语言元素主要包括变量、运算符、函数、注释和流程控制语句等。

2）SQL与T-SQL的区别与联系

T-SQL作为标准SQL的扩展，包含了许多SQL所不具备的编程功能。

例如，SQL Server查询分析器中使用了语句：

Select * From 表

这样的语句到底是SQL还是T-SQL？既是SQL，也是T-SQL，T-SQL就包含了标准SQL。但是比如输入的是语句：

BEGIN

　　PRINT "Hello World"

END

这不是SQL，只是T-SQL，包含了流程控制语句。

3）T-SQL的功能

T-SQL的编程功能主要包括基本功能和扩展功能。

（1）基本功能

基本功能概括为：数据定义语言功能、数据操纵语言功能、数据控制语言功能和事务管理语言功能等。

（2）扩展功能

扩展功能主要包括：程序流程控制结构以及T-SQL附加的语言元素，包括标识符、局部变量、系统变量、常量、运算符、表达式、数据类型、函数、错误处理语言和注释等。

# 8.2 常量与变量

## 8.2.1 常量

常量是在程序运行过程中保持不变的量,是表示一个特定值的符号标识。常量是在命令或程序中可以直接引用、具有具体值的命名数据项,其特征是在整个操作过程中它的值和表现形式保持不变。具体常量类型见表8.5。

表 8.5　常量类型

| 常量类型 | 举例 |
| --- | --- |
| ASCII 字符串常量 | ' 1234 ','北京大学' |
| Unicode 字符串常量 | N ' 1234 ',N '北京大学' |
| 整型常量 | 125,−134,0 |
| 数值型常量 | 125.34,−134.8 |
| 浮点型常量 | 1.25E+6 |
| 货币型常量 | ￥5000,＄3000 |
| 日期时间型常量 | ' 2011−12−12　10：12：30 ','2011.12.12 ',' 15：21：40 ' |
| 二进制常量 | Ox1E3A |

## 8.2.2 变量

变量是在操作过程中可以改变其取值或数据类型的数据项,其实质是内存中的一个存储单元的位置,其变量名是存储位置的符号标识。变量是可以对其赋值并参与运算的一个实体,其值在运算过程中可以发生改变。T-SQL 中有两种形式的变量,一种是用户自定义的局部变量,另外一种是系统提供的全局变量。

### 1) 局部变量

局部变量是用户自己定义、赋值、使用或输出的变量,其名称的命名规则同标识符一样,不区分大小写。

局部变量的作用范围仅在其声明的批处理内部。局部变量在程序中通常用来存储从表中查询到的数据,或当作程序执行过程中的暂存变量。引用局部变量时要在其名称前加上标志,必须以"@"开头,定义后才可以使用。而且必须先用 DECLARE 命令定义后才可以使用。

（1）局部变量的声明

局部变量的定义形式如下：

DECLARE @ 变量名 变量类型［,@ 变量名 变量类型,…］

说明：

①DECLARE 是声明局部变量的关键字。

②局部变量必须以"@"开头。

③务必为变量指明数据类型，如果该数据包含长度必须指明长度，例如，字符型需指明长度；DECIMAL 类型需指明精度和小数位数。

④允许一次声明多个变量，变量间用逗号隔开。

（2）局部变量的赋值

使用 DECLARE 命令声明并创建局部变量之后，其初始值为 NULL，如果想修改局部变量的值，需要使用 SELECT 命令或者 SET 命令。

①使用 SET 语句为变量赋值的语法格式如下：

SET @ 局部变量＝表达式

说明：SET 语句一次只能为一个变量赋值。

②使用 SELECT 语句为变量赋值的语法格式如下：

SELECT @ 局部变量＝表达式

说明：SELECT 语句允许同时为多个变量赋值，赋值表达式之间用逗号隔开。SELECT 语句也可以分开为不同变量赋值。

例如：

DECLARE @ name VARCHAR（8）,@ sex VARCHAR（2）,@ age SMALLINT

SET @ name＝'张力'

SELECT @ sex＝'男',@ age＝25

（3）局部变量及表达式的输出

在进行程序调试时往往需要将变量的值输出，可以使用 PRINT 命令或 SELECT 命令来完成，其语法格式如下：

①使用 PRINT 语句输出的语法格式如下：

PRINT @ 局部变量名|@ @ 全局变量名|表达式

说明：PRINT 语句一次只允许输出一个变量或表达式的值。

②使用 SELECT 语句输出的语法格式如下：

SELECT @ 局部变量|@ @ 全局变量名|表达式［,…］

说明：SELECT 语句允许一次输出多个变量或者表达式的值，多个变量或表达式之间用逗号隔开。

两种输出结果的显示形式是不一样的，PRINT 命令将以文本形式输出，而 SELECT 命令将以表格的形式输出。

【例8.1】 定义局部变量,对其进行赋值并显示变量的值。

declare @ sname    nchar(4)

declare @ s varchar(30)

select @ sname ='王飞'

set @ s ='Good Morning!'

print @ sname

select @ s

其结果输出如图8.1所示。

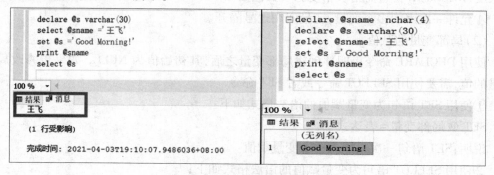

图 8.1  局部变量赋值结果 1

注意:PRINT 和 SELECT 输出结果的位置是不一样的,需要切换结果窗口才能看到。

【例8.2】 定义局部变量,对其进行赋值并显示变量的值。

DECLARE @ name VARCHAR(8),@ sex VARCHAR(2),@ age SMALLINT

DECLARE @ address VARCHAR(50)

SET @ name ='张力'

SELECT @ sex ='男',@ age =25,@ address ='河南郑州'

SELECT @ name,@ sex,@ age,@ address

结果输出如图8.2所示。

```
DECLARE @name VARCHAR(8), @sex VARCHAR(2), @age SMALLINT
DECLARE @address VARCHAR(50)
SET @name='张力'  SELECT @sex='男', @age=25, @address='河南郑州'
SELECT @name, @sex, @age, @address
```

| | (无列名) | (无列名) | (无列名) | (无列名) |
|---|---|---|---|---|
| 1 | 张力 | 男 | 25 | 河南郑州 |

图 8.2  局部变量赋值结果 2

2）全局变量

全局变量是 SQL Server 系统内部事先定义好的变量,任何程序均可随时调用。全局变量通常用于存储一些 SQL Server 的配置设定值和效能统计数据。SQL Server 提供了 30 多个全局变量,全局变量的名称都是以@@开头的。常用的全局变量及其含义见表 8.6。

表 8.6　常用的全局变量及其含义

| 全局变量名 | 含义 |
| --- | --- |
| @@ERROR | 最后一个 T-SQL 错误的错误号 |
| @@IDENTITY | 最后一次插入的标识值 |
| @@LANGUAGE | 当前使用的语言的名称 |
| @@MAX_CONNECTIONS | 可以创建的同时连接的最大数目 |
| @@ROWCOUNT | 受上一个 SQL 语句影响的行数 |
| @@SERVERNAME | 本地服务器的名称 |
| @@TRANSCOUNT | 当前连接打开的事务数 |
| @@VERSION | SQL Server 的版本信息 |

①@@ERROR:返回执行上一条 T-SQL 语句所返回的错误号。

②@@ROWCOUNT:返回上一条 T-SQL 语句所影响的数据的行数。在进行数据库编程时,经常要检测@@ROWCOUNT 的返回值,以便明确所执行的操作是否达到了目标。

③@@SERVERNAME:返回当前 SQL Server 服务器的名称。

【例8.3】　通过全局变量的引用来查看 SQL Server 的版本、当前所使用的 SQL Server 服务名称和到当前时间为止登录和试图登录的次数。

代码如下:

PRINT '当前所用 SQL Server 版本信息如下:'

PRINT @@VERSION　　--显示版本信息

PRINT ''　　　--换行

PRINT '目前所用的 SQL Server 服务名称为:'+@@SERVICENAME　　--显示服务名称

PRINT '到当前时间为止登录和试图登录的次数:'

PRINT @@CONNECTIONS

结果输出如图 8.3 所示。

```
        PRINT '当前所用SQL Server版本信息如下：'
        PRINT @@VERSION   --显示版本信息
        PRINT ''          --换行
        PRINT '目前所用的SQL Server服务名称为：'+@@SERVICENAME  --显示服务名称
        PRINT '到当前时间为止登录和试图登录的次数：'
        PRINT @@CONNECTIONS
```

```
100 %  ▾ ◀
消息
当前所用SQL Server版本信息如下：
Microsoft SQL Server 2019 (RTM) - 15.0.2000.5 (X64)
    Sep 24 2019 13:48:23
    Copyright (C) 2019 Microsoft Corporation
    Standard Edition (64-bit) on Windows 10 Pro 10.0 <X64> (Build 19041: )

目前所用的SQL Server服务名称为：MSSQLSERVER
到当前时间为止登录和试图登录的次数：
8299

完成时间: 2021-04-04T08:12:22.4573125+08:00
```

图 8.3　全局变量赋值结果

## 8.3　表达式与运算符

### 8.3.1　表达式

　　表达式就是按照一定的原则,用运算符将常量、变量、列名、函数等对象连接而成的一个有意义的式子。可以是一个常量、变量、字段名、函数或子查询,也可以通过运算符将两个或更多的简单表达式连接起来组成复杂的表达式。根据表达式值的不同类型,可以将表达式分为数值表达式、字符表达式、日期时间表达式、关系表达式、逻辑表达式。需要特别指出的是单个的常量、变量、函数是表达式的一种特例。

　　在一个表达式中可能包含多个同类或不同类的运算符,但是对一个运算符来说,它的两个操作对象一般来讲应该具有同一种数据类型,否则系统将会测试错误。在有多个操作符的表达式中,如何运算将由事先规定好的运算符的运算优先级来决定,如果要人为改变运算优先级,可以通过圆括号来实现。

### 8.3.2　运算符

　　运算符是一种符号,用来指定要在一个或多个表达式中执行的操作。SQL Server 中常用的运算符有:算术运算符、赋值运算符、位运算符、比较运算符、逻辑运算符、字符串连接运算符。此外,还有复合运算符、作用域解析运算符、集运算符、一元运算符等,此处不一一介绍。

1)算术运算符

　　算术运算符用来在两个表达式上执行数学运算,这两个表达式可以是任意两个数字数据类型的表达式。算术运算符包括" + "(加)、"-"(减)、" * "(乘)、"/"(除)、"%"

（模）5个。算术运算符的含义见表8.7。

表8.7　算术运算符

| 运算符 | 含义 |
|---|---|
| ＋ | 加 |
| － | 减 |
| * | 乘 |
| / | 除 |
| % | 取模，返回一个除法运算的整数余数。例如，12 % 5 = 2，这是因为12除以5，余数为2 |

在T-SQL中，"＋"除了表示加运算符外，还包括另外两方面的意义：

①表示正号，即在数值前添加"＋"号表示该数值是一个正数。

②连接两个字符型或BINARY型的数据，这时的"＋"号叫作字符串连接运算符。

2）赋值运算符

T-SQL有一个赋值运算符，即"＝"，用于将数据值指派给特定的对象。另外，还可以使用赋值运算符在列标题和为列定义值的表达式之间建立关系。

3）比较运算符

比较运算符用来测试两个表达式是否相同。除了TEXT、NTEXT或IMAGE数据类型的表达式外，比较运算符可以用于比较包括日期和时间、字符数据在内的表达式。比较运算符及其含义见表8.8。

表8.8　比较运算符及其含义

| 比较运算符 | 含义 |
|---|---|
| ＝ | 等于 |
| ＞ | 大于 |
| ＜ | 小于 |
| ＞＝ | 大于等于 |
| ＜＝ | 小于等于 |
| ＜＞ | 不等于 |

比较运算符的运算结果是布尔数据，即TRUE（表示表达式的结果为真）、FALSE（表示表达式的结果为假）及UNKNOWN。仅当比较表达式中出现NULL值时，表达式会返回UNKNOWN。在WHERE子句中使用带有布尔数据的表达式，可以筛选出符合搜索条件

的行,也可以在流程控制语句(如 IF 和 WHILE)中使用这种表达式。

4)逻辑运算符

逻辑运算符用来对某个条件进行测试,以获得其真实情况。逻辑运算符和比较运算符一样,返回带有 TRUE 或 FALSE 值的布尔数据。逻辑运算符及其含义见表 8.9。

表 8.9　逻辑运算符及其含义

| 运算符 | 含义 |
| --- | --- |
| AND | 如果两个布尔表达式都为 TRUE,那么就为 TRUE |
| OR | 如果两个布尔表达式中的一个为 TRUE,那么就为 TRUE |
| NOT | 对任何其他布尔运算符的值取反 |
| BETWEEN | 如果操作数在某个范围之内,那么就为 TRUE |
| LIKE | 如果操作数与一种模式相匹配,那么就为 TRUE |
| IN | 如果操作数等于表达式列表中的一个,那么就为 TRUE |
| ALL | 如果一组的比较都为 TRUE,那么就为 TRUE |
| ANY | 如果一组的比较中任何一个为 TRUE,那么就为 TRUE |
| EXISTS | 如果子查询包含一些行,那么就为 TRUE |
| SOME | 如果在一组比较中,有些为 TRUE,那么就为 TRUE |

5)字符串连接运算符

字符串允许通过"+"进行字符串串联,此时"+"被称为字符串连接运算符。例如,对于语句 SELECT ' abc ' + ' def ',其运算结果为' abcdef '。

当一个复杂的表达式有多个运算符时,需要根据运算符优先级决定执行运算的先后次序,执行的顺序可能严重地影响所得到的值。运算符的优先级见表 8.10,系统优先对较高级别的运算符进行求值。

表 8.10　运算符的优先级

| 级别 | 运算符 |
| --- | --- |
| 1 | ~(位非) |
| 2 | *(乘)、/(除)、%(取模) |
| 3 | +(正)、-(负)、+(加)、+(连接)、-(减)、&(位与)、(位异或)、l(位或) |
| 4 | = 、>、<、>=、<=、<>、!=、!>、!<(比较运算符) |
| 5 | NOT |
| 6 | AND |
| 7 | ALL、ANY、BETWEEN…AND…、IN、LIKE、OR、SOME |
| 8 | =(赋值) |

当一个表达式中的两个运算符有相同的运算符优先级别时,将按照它们在表达式中的位置对其从左到右进行求值。

# 8.4 SQL Server 函数

函数是能够完成特定功能并返回处理结果的一组 T-SQL 语句,处理结果称为"返回值",处理过程称为"函数体"。SQL Server 提供了许多系统内置函数,同时也允许用户根据需要自己定义函数。SQL Server 提供的常用的内置函数主要有:数学函数、字符串函数、日期函数、数据类型转换函数、聚合函数等。

## 8.4.1 数学函数

常用的数学函数的类别及功能见表 8.11。

表 8.11　数学函数

| 类别 | 函数名 | 功能 |
|---|---|---|
| 三角函数 | SIN(FLOAT 表达式) | 角度(弧度)的三角正弦值 |
| | COS(FLOAT 表达式) | 角度(弧度)的三角余弦值 |
| | TAN(FLOAT 表达式) | 角度(弧度)的三角正切值 |
| | COT(FLOAT 表达式) | 角度(弧度)的三角余切值 |
| 反三角函数 | ASIN(FLOAT 表达式) | 反正弦值(弧度) |
| | ACOS(FLOAT 表达式) | 反余弦值(弧度) |
| | ATAN(FLOAT 表达式) | 反正切值(弧度) |
| | ATN2(y,x) | 正 X 轴和原点至点(y, x)的弧度 |
| 角度弧度转换 | DEGREES(数值表达式) | 返回弧度值相对应的角度值 |
| | RADINANS(数值表达式) | 返回一个角度的弧度值 |
| 幂函数 | EXP(FLOAT 表达式) | 指数值 |
| | LOG(FLOAT 表达式) | 计算以 2 为底的自然对数 |
| | LOG10(FLOAT 表达式) | 计算以 10 为底的自然对数 |
| | POWER(X,Y) | $X^Y$ |
| | SQRT(FLOAT 表达式) | 平方根 |
| | SQUARE(FLOAT 表达式) | 返回指定的 FLOAT 表达式的平方 |
| | ROUND(x,decimals) | 四舍五入运算,decimals 小数位数 |
| 边界函数 | FLOOR(x) | 返回小于等于 x 的最大整数 |
| | CEILING(x) | 返回大于或等于 x 的最小整数 |

续表

| 类别 | 函数名 | 功能 |
|---|---|---|
| 符号函数 | ABS(数值表达式) | 返回一个数的绝对值 |
| | SIGN(FLOAT 表达式) | 根据参数是正还是负,返回-1、+1 和 0 |
| 随机函数 | RAND([seed]) | 返回 FLOAT 类型的随机数,该数的值在 0~1,seed 为提供种子值的整数表达式 |
| PI 函数 | PI( ) | 返回以浮点数表示的圆周率 |

【例 8.4】 在查询插口分别输出 $2^3$、$|-1|$、$2^2$、3.14 的整数部分、一个随机数。

GO

PRINT POWER(2,3)

PRINT ABS(-1)

PRINT SQUARE(2)

PRINT FLOOR(3.14)

PRINT RAND( )

GO

查询结果如图 8.4 所示。

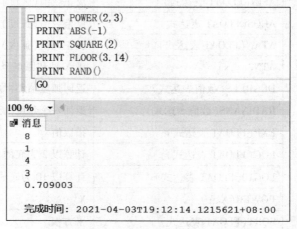

图 8.4　例 8.4 查询结果

【例 8.5】 按照下列要求使用数值运算函数计算值。

①使用函数计算 5 的平方以及 36 的平方根。

②使用函数计算半径是 3 的圆面积。

③使用函数计算 3 的 4 次幂。

④使用函数取 5.28 的最大整数和最小整数。

解：

①计算平方的函数是 SQUARE，计算平方根的函数是 SQRT，语句如下：

SELECT SQUARE（5），SQRT（36）

②计算圆的面积，需要知道圆的半径和 PI 的值，那么，PI 的值可以通过 PI 函数来得到。语句如下：

SELECT PI（）*SQUARE(3)

③计算 x 的 y 次幂使用的函数是 POWER。语句如下：

SELECT POWER（3，4）

④取最大整数用函数 FLOOR 函数，取最小整数用函数 CEILING。语句如下：

SELECT FLOOR（5.28），CEILING（5.28）

查询结果如图 8.5 所示。

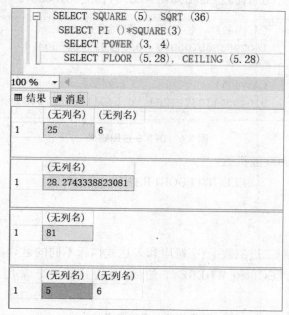

**图 8.5  例 8.5 查询结果**

【例 8.6】  按照下列要求使用三角函数计算值。

①使用三角函数计算 0.5 的正弦值、余弦值。

②使用三角函数计算 0.8 的正切值、余切值。

③使用三角函数计算 0.6 的反正弦、反正切值。

解：

①取正弦值的函数是 SIN（），取余弦值的函数是 COS（）。语句如下：

SELECT SIN（0.5），COS（0.5）

②取正切值使用 TAN，取余切值使用 COT。语句如下：

SELECT TAN（0.8），COT（0.8）

③取反正弦值的函数是 ASIN,取反正切值的函数是 ATAN。语句如下：

SELECT ASIN（0.6），ATAN（0.6）

查询结果如图8.6所示。

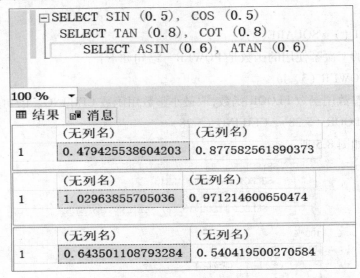

图 8.6　例 8.6 查询结果

思考：如何取 1~100 随机数？

$$SELECT\ FLOOR(\ RAND(\ )*100+1)$$

### 8.4.2　字符串函数

字符串函数可以对二进制数据、字符串和表达式执行不同的运算,通常用于 SELECT…WHERE…语句的 SELECT 和 WHERE 子句,以及表达式中。常用的字符串函数见表 8.12。

表 8.12　字符串函数

| 函数名 | 功能 |
| --- | --- |
| ASCII(字符表达式) | 返回最左侧字符的 ASCII 码值 |
| CHAR(整型表达式) | 将整型 ASCII 码值转换为字符 |
| LEFT(字符表达式,整数) | 从左边开始指定个数的字符串 |
| RIGHT(字符表达式,整数) | 从右边开始指定个数的字符串 |
| SUBSTRING(字符表达式,起始点,n) | 截取从起始点开始的 n 个字符 |

续表

| 函数名 | 功能 |
|---|---|
| CHARINDEX(字符表达式 1,字符表达式 2,[开始位置]) | 字符串表达式 1 在字符串表达式 2 中的位置,开始位置可省却 |
| LTRIM(字符表达式) | 剪去左空格 |
| RTRIM(字符表达式) | 剪去右空格 |
| REPLICATE(字符表达式,n) | 重复字符串 |
| REVERSE(字符表达式) | 倒置字符串 |
| STR(数字表达式) | 数值转字符串 |
| LEN(字符表达式) | 字符数,其中不包含尾随空格 |
| UPPER(字符表达式) | 字母转换为大写 |
| LOWER(字符表达式) | 字母转换为小写 |

1) 字符串转换函数

①ASCII( str) :将字符表达式最左端字符转换成 ASCII 码值。

参数描述:str 为 char 或 varchar 的表达式。

②CHAR( x) :将 ASCII 代码转换为字符的字符串函数。

参数描述:x 为介于 0~255 的整数,如果输入不在 0~255,返回 NULL。

③LOWER( str) :将大写字符数据转换为小写字符数据,返回类型为 varchar。

参数描述:str 是字符或二进制数据表达式。

④UPPER( str) :将小写字符数据转换为大写字符数据,返回类型为 varchar。

参数描述:str 是字符或二进制数据表达式。

【例 8.7】 在 SQL Server 查询窗口中,分别输入以下语句,得到相应结果:

①select ASCII(' A ')　　　　　/*返回字母 A 的 ASCII 码值 65*/

②select CHAR( 112)　　　　　/*返回 ASCII 码值为 112 的字母 p */

③select char( 297)　　　　　/*结果:NULL */

④select upper('你好 aBc ')　　　/*结果:你好 ABC */

⑤select lower('你好 aBc ')　　　/*结果:你好 abc */

2) 空格清除函数

①LTRIM( str) :删除起始空格,返回类型为 varchar。

参数描述:str 为字符或二进制数据表达式。

②RTRIM( str) :删除尾随空格,返回类型为 varchar。

参数描述:str 为字符或二进制数据表达式。

【例8.8】 在 SQL Server 查询窗口中,分别输入以下语句,得到相应结果:

①select 'hi,'+ltrim('  你好  ')+'!'

结果:hi,你好  !

②select 'hi,'+rtrim('  你好  ')+'!'

结果:hi,  你好!

3)字符串截取函数

①LEFT(str,x):返回字符串中从左边开始指定个数的字符。

参数描述:str 为指定字符串;x 为指定返回字符的个数。

②RIGHT(str,x):返回字符串中从右边开始指定个数的字符。

参数描述:str 为指定字符串;x 为指定返回字符的个数。

③SUBSTRING(str,start,len):截取指定的部分字符串。

参数描述:str 为待截取的表达式;strat 为截取部分的起始位置;len 为截取的长度。

【例8.9】 根据下面的要求选择合适的函数来实现。

①给定字符串"abcdefga",将其中 a 换成 A。

②给定字符串"abcdefabcdef",计算该字符串的长度,并将其逆序输出。

③给定字符串"abcdefg",从左边取该字符串的前3个字符。

④给定字符串"aabbcc",将该字符串转换成大写。

⑤给定字符串"abcdefg",查看字符"b"在该字符串中所在的位置。

解:

①替换字符串中的字符,可以选择 REPLACE 函数。语句如下:

SELECT REPLACE ('abcdefga','a','A')

②计算字符串长度使用的函数是 LEN,逆序输出使用的是 REVERSE 函数。语句如下:

SELECT LEN ('abcdefabcdef'), REVERSE ('abcdefabcdef')

③从左边开始截取字符串的函数是 LEFT。语句如下:

SELECT LEFT ('abcdefg', 3)

④将字符串转换成大写使用的函数是 UPPER。语句如下:

SELECT UPPER ('aabbcc')

⑤查找"b"在字符串"abcdefg"中的位置。语句如下:

SELECT CHARINDEX ('b','abcdefg')

4)字符串比较函数

①CHARINDEX(str1, str2):返回指定字符或字符串的位置值。若查询成功,函数返回值大于0;查询失败,函数返回值等于0。

参数描述:str1 为指定字符串;str2 为待查字符串或字段名。

例如:select Charindex('@','12@3.com',5)　　　　结果:0

select　Charindex('@','12@3.com')　　　　结果:3

select Charindex('@','12@3.com',-1)　　　　结果:3

【例8.10】 统计姓名字段中带有"伟"字或"贝"字的学生信息。

查询字段值包含指定字符使用函数 CHARINDEX('伟',姓名),第一个参数为指定字符,第二个参数"姓名"为查询指定字符所在字段名。

语句如下:

USE 学生管理数据库

select 学号,姓名

FROM Student

WHERE charindex('伟',姓名)>0 or charindex('贝',姓名)>0

结果如图8.7 所示。

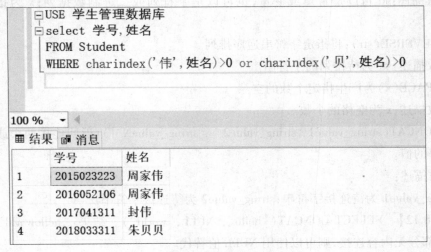

**图 8.7　例 8.10 查询结果**

【例8.11】 给定一个字符串' have a good time ',判断字符' g '在整个字符串中的位置。在查询编辑器窗口中输入并执行如下 T-SQL 语句:

```
GO
DECLARE @ s CHAR(20)
SET @ s =' have a good time '
PRINT CHARINDEX(' g ',@ s)
GO
```

运行结果为:8

②PATINDEX(%str1%, str2):返回指定字符或字符串的位置值。若查询成功,函数

返回值大于 0;查询失败,函数返回值等于 0。在 PATINDEX 函数中,指定字符串可以使用通配符%,且该函数可以适用于 CHAR、VARCHAR 和 TEXT 数据类型。

参数描述:str1 为指定字符串;str2 为待查字符串或字段名。

例如,SELECT PATINDEX('%tt%', 'wwttyy')。结果:3。

5)其他字符串处理函数

①LEN(str):返回字符串的字符个数,不包含尾随空格。

参数描述:str 为将进行长度计算的字符串。

②REPLACE(str1,str2,str3):用第三个表达式替换第一个字符串表达式中出现的所有第二个给定字符串表达式。

参数描述:str1 为包含待替换字符串的表达式;str2 为待替换字符串表达式;str3 为替换用的字符串表达式。

③REPLICATE(str,x):以指定的次数重复字符表达式。

参数描述:str 可以是常量或变量,也可以是字符列或二进制数据列;x 为指定重复次数。

④REVERSE(str):将指定字符串逆序排列。

参数描述:str 为待排列的字符串。

⑤SPACE(x)为产生指定个数的空。

参数描述:x 为空格的个数。

⑥CONCAT(string_value1, string_value2〔, string_valueN〕):返回连接两个或两个以上字符串的值。

参数描述:

string_value1 为待连接字符串;string_value2 为待连接字符串。

【例 8.12】 SELECT CONCAT('hello', NULL, 'world')。结果:"helloworld"。使用时,若某部分无内容连接,则可以使用 NULL 值替代。

⑦FORMAT(value, format〔, culture〕):返回指定格式化的值。

参数描述:

value 为待格式化的字符串;format 为格式化模式;culture 为指定区域格式。

【例 8.13】 FORMAT 函数使用方法。

语句如下:

declare @d datetime='01/17/2021'
SELECT FORMAT(@d, 'd', 'en-US') AS 'US English Result'
SELECT FORMAT(@d, 'D', 'en-US') AS 'US English Result'
SELECT FORMAT(@d, 'd', 'zh-cn') AS 'Simplified Chinese(PRC)Result'
SELECT FORMAT(@d, 'D', 'zh-cn') AS 'Simplified Chinese(PRC)Result'

语句中' en-US '表示以英语方式显示内容,' zh-cn '表示以简体中文显示内容。执行结果如图 8.8 所示。

```
declare @d datetime='01/17/2021'
SELECT FORMAT ( @d, 'd', 'en-US' ) AS 'US English Result'
SELECT FORMAT ( @d, 'D', 'en-US' ) AS 'US English Result'
SELECT FORMAT ( @d, 'd', 'zh-cn' ) AS 'Simplified Chinese (PRC) Result'
SELECT FORMAT ( @d, 'D', 'zh-cn' ) AS 'Simplified Chinese (PRC) Result'
```

100 % ◂

▦ 结果 ᵖ 消息

| | US English Result |
|---|---|
| 1 | 1/17/2021 |

| | US English Result |
|---|---|
| 1 | Sunday, January 17, 2021 |

| | Simplified Chinese (PRC) Result |
|---|---|
| 1 | 2021/1/17 |

| | Simplified Chinese (PRC) Result |
|---|---|
| 1 | 2021年1月17日 |

**图 8.8　例 8.13 查询结果**

### 8.4.3　日期和时间函数

日期和时间函数用于对日期和时间数据进行各种不同的处理和运算,并返回一个字符串、数字值或日期和时间值。与字符串函数一样,通常用 SELECT…WHERE…语句的 SELECT 和 WHERE 子句以及表达式中。常用的日期和时间函数的功能见表 8.13。

**表 8.13　日期和时间函数**

| 函数名 | 功能 |
|---|---|
| GETDATE( ) | 返回当前系统日期和时间 |
| DAY(日期) | 某日期的日 |
| MONTH(日期) | 某日期的月 |
| YEAR(日期) | 某日期的年 |
| DATEPART(datepart,日期) | 日期的指定 datepart 的整数 |
| DATENAME(datepart,日期) | 日期的指定 datepart 的字符串 |
| DATEDIFF(datepart,日期 1,日期 2) | 日期或时间 datepart 间隔数 |

续表

| 函数名 | 功能 |
|---|---|
| DATEADD(datepart,数值,日期) | 通过将一个时间间隔与指定日期的指定 datepart 相加,返回一个新的 DATETIME 值 |

DATENAME(datepart,date):返回某日期指定部分的字符串。

参数描述:

datepart 为指定应返回的日期部分,日期和时间函数缩写见表 8.14。

date 为指定的日期。

表 8.14　日期和时间函数缩写

| datepart | 缩写 | datepart | 缩写 |
|---|---|---|---|
| year | yy,yyyy | week | wk,ww |
| quarter | qq,q | weekday | dw,w |
| month | mm,m | hour | hh |
| dayofyear | dy,y | minute | mi,n |
| day | dd,d | second | ss,s |

【例 8.14】　使用日期时间函数完成如下操作。

①获取当前的系统时间。

②获取当前系统时间中的年份。

③在当前时间的基础上,添加 10 天。

④获取当前时间到 2021 年 1 月 1 日的时间间隔。

解:①使用 GetDate( )函数获取当前的系统时间,语句如下:

SELECT GetDate ( )

②使用 Year(date)函数来获取当前时间的年份,语句如下:

SELECT Year(GetDate ( ))

③使用 DateAdd(datepart,num,date)函数可以在当前日期的基础上加上 10 天,语句如下:

SELECT DateAdd (day,10,GetDate ( ))

④使用 DateDiff(datepart,begindate,enddate)函数计算时间间隔,语句如下:

SELECT DateDiff (day,GetDate ( ),'2021-1-1')

执行结果如图 8.9 所示。

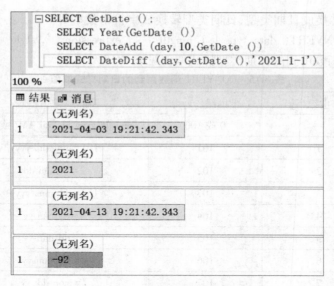

图 8.9  例 8.14 查询结果

【例 8.15】 计算 Student 表中学生年龄。

Use 学生管理数据库

select DATEDIFF(year,出生日期,getdate()）  as 年龄

from Student

### 8.4.4  数据类型转换函数

（1）STR 函数

STR(数值表达式[,N[,M]])：数值→字符型，$n$ 表示字符长度，$m$ 表示小数位数，默认 10 位整数，左侧补空格；如果给出的 $n$ 小于整数位数，则只返回 $*$ 。

【例 8.16】 在查询窗口输入以下语句：

①select str(12.45)

结果：    12   长度 10 位，前面 8 个空格。

②select str(12.45,5)

结果：   12   长度 5 位，前面 3 位空格。

③select str(12.45,5,1)

结果：12.4 长度 5 位，前面 1 位空格。

④select str(12.45,5,2)

结果：12.45   长度 5 位，前面无空格。

⑤select str(12.45,1)

结果：$*$ 。

（2）CONVERT 函数

CONVERT 函数主要用于不同数据类型之间数据的转换，比如：数值型转换成字符串

型、字符串类型转换成日期类型、日期类型转换成字符串类型等。

CONVERT( data_type〔( length )〕,expression〔, style 〕)

CONVERT 函数用到的日期类型样式取值见表 8.15。

表 8.15　CONVERT 函数用到的日期样式取值

| 不带世纪(yy) | 带世纪(yyyy) | 输入/输出格式 |
|---|---|---|
| — | 0 或 100 | mon dd yyyy hh:mi AM(或 PM) |
| 1 | 101 | 101 = mm/dd/yyyy |
| 2 | 102 | 2 = yy.mm.dd |
| 3 | 103 | 103 = dd/mm/yyyy |
| 4 | 104 | 4 = dd.mm.yy |
| 5 | 105 | 5 = dd-mm-yy |
| 6 | 106 | 6 = dd mon yy |
| 7 | 107 | 7 = mon dd,yy |
| 8 | 108 | hh:mi:ss |

【例 8.17】　在查询窗口输入以下语句：

①select convert( char,GETDATE( ) )

结果：08　2 2021　2:23PM

②select convert( char,GETDATE( ),1)

结果：08/02/21

③select convert( char,GETDATE( ),2)

结果：21.08.02

④select convert( char,GETDATE( ),102)

结果：2021.08.02

⑤将系统当前时间转化为 mm/dd/yyyy 格式的字符串。

DECLARE @ xtsj DATETIME

SET @ xtsj = GETDATE( )

PRINT CONVERT( CHAR(50),@ xtsj,101)

（3）CAST 函数

将某种数据类型的表达式转换为另一种数据类型。

CAST (expression AS data_type〔(length)〕)

参数描述：expression 为待转换的表达式；data_type 为表达式新的数据类型。

【例 8.18】　在查询窗口输入以下语句：

select cast( ' 123 ' as int)+20

结果：将字符数据' 123 '转换成整型后与 20 相加,结果为 143。

【例 8.19】　查询每一位学生的学号、姓名、年龄信息,并且将它们通过"+"运算符进行连接显示在查询结果中。

Use 学生管理数据库

SELECT 学号+姓名+'的年龄为:'

+CAST(DATEDIFF(yy,出生日期,GETDATE()) AS CHAR(2))

FROM student

查询结果如图 8.10 所示。

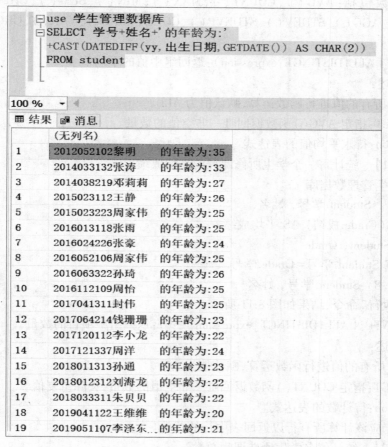

图 8.10　例 8.19 查询结果

【例 8.20】　按如下要求对数据类型进行转换。

①分别使用 CONVERT 函数和 CAST 函数将当前日期转换成字符串类型。

②使用 CAST 函数将字符串 1.23 转换成数值类型,并保留一位小数。

解:

①使用 CONVERT 函数完成当前日期转换成字符串类型,语句如下:

SELECT CONVERT(varchar(20),GetDate(),111)

②使用 CAST 函数将字符串型数据转换成数值型,语句如下:

SELECT CAST('1.23' AS decimal(3,1))

### 8.4.5 聚合函数

聚合函数用于对一组值执行计算,并返回单个值。聚合函数可以在 SELECT 语句的选择列表(子查询或外部查询)、GROUP BY 子句、COMPUTE BY 子句、HAVING 子句中作为表达式使用。

聚合函数包括:AVG( )、COUNT( )、MAX( )、MIN( )、SUM( )、CHECKSUM( )、CHECKSUM_AGG( )、STDEV( )、STDEVP( )、COUNT_BIG( )、VAR( )、GROUPING( )、VARP( )。

①AVG([ALL|DISTINCT]expression):返回组中值的平均值。

参数描述:

ALL:对所有的值进行函数运算,默认值为 ALL。

DISTINCT:指定 AVG()函数返回唯一非空值的数量。

expression:待求平均值的表达式。

【例 8.21】 统计每一个学生所修课程的平均成绩。

USE 学生管理数据库

SELECT  Student.学号, 姓名,

　　AVG(Grade.成绩) AS 平均成绩

FROM Student, Grade

WHERE Student.学号 = Grade.学号

GROUP BY Student.学号, 姓名

点击"执行"命令,结果如图 8.11 所示。

②COUNT({[ALL|DISTINCT]expression}|*):返回组中项目的数量。

参数描述:

ALL:对所有的值进行函数运算,默认值为 ALL。

DISTINCT:指定 COUNT()函数返回唯一非空值的数量,去除重复值。

expression:待计数的表达式。

＊:指定应该计算所有行以返回表中行的总数。

【例 8.22】 统计每名学生所选课程总数。

USE 学生管理数据库

SELECT  Student.学号,

　　　　Student.姓名,

　　　　COUNT(DISTINCT 课程号) AS 选课数量

FROM Student,Grade

WHERE Student.学号 = Grade.学号

GROUP BY Student.学号,Student.姓名

结果如图 8.12 所示。

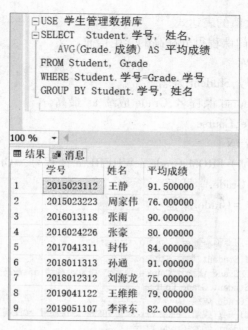

图8.11 例8.20查询结果

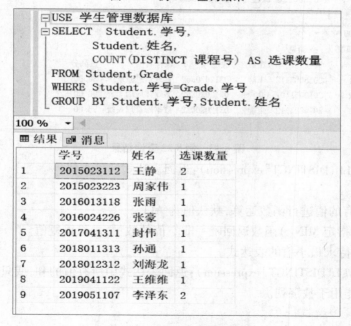

图8.12 例8.21查询结果

③MAX([ALL|DISTINCT]expression)：返回表达式的最大值。

参数描述：

ALL：对所有的值进行函数运算，默认值为ALL。

DISTINCT：指定MAX()函数返回唯一非空值的数量，去除重复值。

expression：待求最大值的表达式。

【例 8.23】 统计每门课程得分最高的学生信息。

USE 学生管理数据库

SELECT Student.学号，Student.姓名，

Grade.课程号，Course.课程名，Grade.成绩 as 最高分

FROM Student，Grade，Course

WHERE Grade.成绩 IN

（SELECT MAX（成绩）FROM Grade a WHERE a.课程号 ＝Grade.课程号 ）

AND Student.学号＝Grade.学号

AND Course.课程号 ＝Grade.课程号

结果如图 8.13 所示。

图 8.13 　例 8.22 查询结果

④MIN（［ALL｜DISTINCT］expression）：返回表达式的最小值。

参数描述：

ALL：对所有的值进行函数运算，默认值为 ALL。

DISTINCT：指定 MIN（）函数返回唯一非空值的数量，去除重复值。

expression：待求最小值的表达式。

⑤SUM（［ALL｜DISTINCT］expression）：返回表达式中所有值的和，或只返回 DISTINCT 值。SUM（）只能用于数字列。

参数描述：

ALL：对所有的值进行函数运算，默认值为 ALL。

DISTINCT：指定 SUM（）函数返回唯一值的和，即若有相同值则只相加一次。

expression：待求和的表达式。

### 8.4.6 元数据函数

元数据函数是返回有关数据库和数据库对象的信息。具体功能见表8.16。

表8.16 元数据函数

| 函数名 | 功能 |
| --- | --- |
| COL_LENGTH(表名,列名) | 返回列的定义长度(以字节为单位)<br>COL_LENGTH('student', 'sname') |
| OBJECT_ID(对象名,[对象类型]) | 对象标识号<br>OBJECT_ID('student','TABLE') |
| COL_NAME(表标识号,列标识号) | 列的名称<br>COL_NAME(OBJECT_ID('student','TABLE'),5) |
| DB_ID([数据库名称]) | 返回数据库标识(ID)号<br>DB_ID('pm')<br>DB_ID() |
| DB_NAME([数据库标识号]) | 返回数据库名称<br>DB_NAME(5)<br>DB_NAME() |

①COL_LENGTH(table,column):返回列的长度,且以字节为单位。

参数描述:table 为表名;column 为列名。

【例8.24】 返回"学生管理数据库"中的 Student 表中"学院"字段的长度。

USE 学生管理数据库

SELECT COL_LENGTH('Student','学院')

结果:20。

②COL_NAME(table_id,column_id):返回数据库列的名称。

参数描述:table_id 和 column_id 分别为表标识号和列标识号。

【例8.25】 返回"学生管理数据库"中的 Student 表中第二列的字段名称。

USE 学生管理数据库

SELECT COL_NAME(object_id('Student'),2)

结果:姓名。

③DB_ID(db_name):返回数据库标识号。

参数描述:db_name 用来返回相应数据库 ID 的数据库名。

④DB_NAME(db_id):返回数据库名。

参数描述:db_id 是应返回数据库的标识号。

### 8.4.7 自定义函数

根据函数返回值形式的不同将用户定义函数分为标量值函数和表值函数,其中表值函数包括内联表值函数和多语句表值函数。

(1)标量函数

标量函数返回一个确定类型的标量值,其函数值类型为 SQL Server 的系统数据类型(除 text、ntext、image、cursor、timestamp、table 类型外)。

(2)内联表值函数

内联表值函数返回的函数值为一个表。其返回的表是 RETURN 子句中的 SELECT 命令查询的结果集,不使用 BEGIN…END 语句,其功能相当于一个参数化的视图。

(3)多语句表值函数

多语句表值函数可以看作标量函数和内联表值函数的结合体。其函数值也是一个表,但函数体也用 BEGIN…END 语句定义,返回值的表中的数据由函数体中的语句插入。

1)创建自定义函数

(1)使用 SSMS 创建用户定义函数

在"对象资源管理器"窗格中展开"数据库"结点,接下来展开"可编程性"结点,右击"函数"结点,在弹出的快捷菜单中选择"新建"命令,在打开的级联菜单中选择需要创建的函数类型后,再添加相应代码即可,如图 8.14 所示。

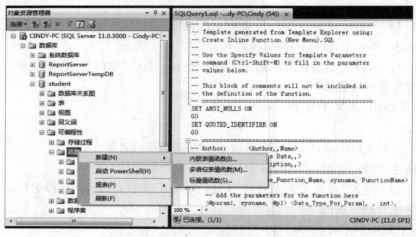

图 8.14 SSMS 创建自定义函数

(2)使用 CREATE FUNCTION 语句创建用户定义函数

①标量值函数的语法结构。

CREATE FUNCTION <函数名称>(<形参> AS <数据类型> [ ,…n])

RETURNS <返回数据类型>

AS

BEGIN

函数主体

　RETURN 表达式

END

【例 8.26】　创建一个用户定义函数 DatetoQuarter,将输入的日期数据转换为该日期对应的季度值。如输入'2020-8-5',返回'3Q2020',表示 2020 年 3 季度。

CREATE FUNCTION DatetoQuarter( @ dqdate datetime )

RETURNS char( 6 )

AS

BEGIN

　RETURN( datename( q , @ dqdate )+' Q '+datename( yyyy , @ dqdate ) )

END

执行以下语句:

SELECT dbo.DatetoQuarter ('2020-8-5')

运行结果为:3Q2020

②内联表值函数的语法结构。

CREATE FUNCTION <函数名称>( <形参> AS <数据类型> [ ,…n] )

RETURNS TABLE

AS

　RETURN <SELECT 语句>

【例 8.27】　创建一个用户定义函数 Sgrade,输入学号,返回该学生选修的课程号和成绩。

CREATE FUNCTION Sgrade( @ Sno int )

RETURNS TABLE

AS

　RETURN ( SELECT 课程号,成绩 FROM Grade

　　　　　　 WHERE 学号 =@ Sno)

创建的内联表值函数 Sgrade ,执行以下语句:

SELECT ＊ FROM dbo. Sgrade( 2018012312 )

运行结果为表的记录,如图 8.15 所示。

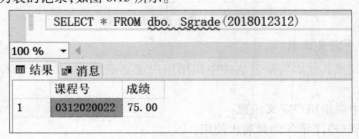

图 8.15　标量值函数的语法结构

③多语句表值函数。

CREATE FUNCTION <函数名称>(<形参> AS <数据类型> [ ,…n])

RETURNS  <表变量名> TABLE

AS

BEGIN

  <SQL 语句块>

RETURN

END

【例 8.28】 创建多语句表值函数,查询每门课程的平均成绩,返回课程号和平均成绩。

CREATE FUNCTION F_CPJCJ( )

RETURNS @ TB TABLE(课程号 INT,平均成绩 INT)

AS

BEGIN

  INSERT INTO @ TB

  SELECT 课程号 ,AVG(成绩) FROM GRADE GROUP BY 课程号

  RETURN

END

执行此多语句表值函数的语句:

select * from f_cpjcj( )

运行结果为表的记录,如图 8.16 所示。

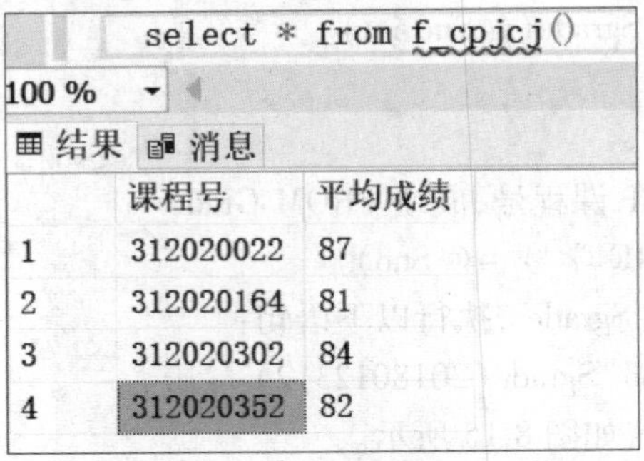

| | select * from f_cpjcj( ) |
|---|---|

| 100 % | ◂ |
|---|---|

结果 消息

| | 课程号 | 平均成绩 |
|---|---|---|
| 1 | 312020022 | 87 |
| 2 | 312020164 | 81 |
| 3 | 312020302 | 84 |
| 4 | 312020352 | 82 |

图 8.16  创建多语句表值函数

2)执行用户定义函数

可以在查询或其他语句及表达式中调用用户定义函数,也可用 EXECUTE 语句执行标量值函数。

①在查询中调用用户定义函数:

a.可以在 SELECT 语句的列表中使用。

b.可以在 WHERE 或 HAVING 子句中使用。

②赋值运算符(left_operand = right_operand)可调用用户定义函数,以便在指定为右操

作数的表达式中返回标量值。

3）修改用户定义函数

①使用 ALTER FUNCTION 语句修改：根据函数类别不同有不同的语法格式，参照 CREATE FUNCTION 用法。

②使用"对象资源管理器"修改：在"对象资源管理器"窗格中展开"数据库"结点，展开"可编程性"和"函数"结点，右击需要修改的函数，在弹出的快捷菜单中选择"修改"命令，在窗口中进行修改即可，如图 8.17 所示。

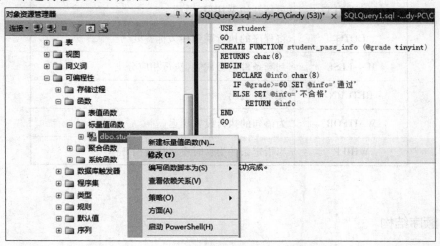

图 8.17　在对象资源管理器中修改函数

4）删除用户定义函数

①使用 DROP FUNCTION 语句删除。其语法格式：

DROP FUNCTION{［schema_name.］function_name}

参数描述：

schema_name：用户定义函数所属的架构的名称。

function_name：要删除的用户定义函数的名称，可以选择是否指定架构名称，不能指定服务器名称和数据库名称。

②使用"对象资源管理器"删除：在"对象资源管理器"窗格中展开"数据库"结点，展开"可编程性"和"函数"结点，右击需要删除的函数，在弹出的快捷菜单中选择"删除"命令，即可删除指定的函数。

## 8.5　流程控制

T-SQL 的流程控制语句采用了与程序设计语言相似的机制。使用流程控制语句能够产生控制程序执行及流程分支的作用，可以完成功能较为复杂的操作，并且使得程序具有更好的逻辑性和结构性。T-SQL 提供的主要流程控制语句见表 8.17。

表 8.17　T-SQL 提供的主要流程控制语句

| 语句 | 具体描述 |
| --- | --- |
| BEGIN…END | 定义语句块 |
| BREAK | 退出最内层的 WHILE 循环 |
| CASE | 允许表达式按照条件返回不同值 |
| CONTINUE | 重新开始 WHILE 循环 |
| GOTO | 将程序的执行跳到相关标签处 |
| IF…ELSE | 判断条件是否成立,执行相应分支 |
| RETURN | 无条件退出 |
| WAITFOR | 为语句的执行设置延迟 |
| WHILE | 当指定条件为真时重复执行循环体 |

### 8.5.1　顺序结构

顺序结构是最简单的程序结构,它按命令在程序中出现的先后次序依次执行,也就是说,一般情况下,从头至尾按序执行每一行语句或命令,直到遇到结束语句停止执行为止。本小节就按照程序中从上往下的顺序,介绍 BEGIN…END 语句、SET 语句、SELECT 语句、PRINT 输出语句。

1)BEGIN…END 语句

在条件和循环等流程控制语句中,要执行两个或两个以上的 T-SQL 语句时就需要使用 BEGIN…END 语句。BEGIN…END 语句将多个 T-SQL 语句组合成一个语句块,并将它们作为一个整体来处理。BEGIN…END 语句块可以嵌套。

BEGIN…END 语句的语法格式:

BEGIN

sql_statement | statement_block

END

参数说明:sql_statement | statement_block:任何有效的 T-SQL 语句或语句块。

使用 BEGIN…END 语句的注意事项:

①BEGIN…END 语句块中至少包含一条 T-SQL 语句。

②BEGIN 和 END 必须成对出现,不能单独使用。

③BEGIN…END 语句块常用在 IF 条件语句、WHILE 循环语句和创建事务的语句中。

④BEGIN…END 语句允许嵌套。

【例 8.29】 在 BEGIN…END 语句块中交换两个变量的值。

DECLARE @ a INT,@ b INT,@ t INT

SET @ a=5

SET @ b=10

BEGIN

   SET @ t=@ a

   SET @ a=@ b

   SET @ b=@ t

END

PRINT @ a

PRINT @ b

运行结果：10

       5

2）SET 语句

SET 语句常用于给局部变量赋值。

【例 8.30】 如果变量子查询返回多个值，SET 语句赋值失败。

DECLARE @ student_name AS char( 8 )

SET @ student_name=( SELECT 姓名

FROM Student

WHERE 性别='男')

SELECT @ student_name AS 学生姓名

GO

查询结果显示：子查询返回的值不止一个。当子查询跟随在 =、!=、<、<=、>、>= 之后，或子查询用作表达式时，这种情况是不允许的。

3）SELECT 语句

SELECT 语句可作为输出语句使用，其具体语法格式为：

                SELECT 表达式 1,[ , 表达式 2,…,表达式 n]

该语句的功能是输出指定表达式的结果，默认为字符型。另外，SQL Server 还支持一种非标准的赋值 SELECT 语句，允许在单个语句中既查询数据，又同时把从同一行中获取的多个值分配给多个变量。

【例 8.31】 将学号为"2017041311"的学生的姓名和学院分别赋值给两个变量。

DECLARE @ Name AS NVARCHAR(8) , @ Academy AS NVARCHAR(20)

SELECT

@ Name =姓名,

@ Academy =学院

FROM Student

WHERE 学号 =' 2017041311 '

GO

注意:当满足条件的查询结果只有一行时,赋值 SELECT 语句的执行过程符合预期希望。但是当查询返回多个满足条件的结果行时,这段代码又该如何执行呢?

在执行过程中,对于每个满足条件的结果行,都会给相应变量进行赋值。但是,每次会用当前行的值覆盖掉变量中的原有值。这样当语句执行结束时,变量中的值是 SQL Server 访问到的最后一行中的值。

4)PRINT 输出语句

PRINT <表达式>   或者

PRINT msg_str | @ local_variable| string_expr

说明:

①若表达式的值不是字符型,则需要先用 Convert 函数转换为字符型。

②msg_str 为字符串或 Unicode 字符串常量。

③@ local_variable 为字符类型的局部变量,此变量必须是 CHAR、NCHAR、VARCHAR 或 NVARCHAR 类型的变量,或者是能够隐式转换为这些数据类型的变量。

④string_expr 为返回字符串的表达式。可包括串联(即字符串拼接,T-SQL 用"+"号实现)的文本值、函数和变量。

⑤消息字符串为非 Unicode 字符串时,最长为 8000;如果为 Unicode 字符串时,最长为 4000。超过该长度的字符串会被截断。

【例 8.32】   查看教师表中职称为教授的教师人数。

Use jxgl

DECLARE @ count int

IF EXISTS (SELECT 教师编号 FROM Teacher WHERE 职称 ='副教授')

BEGIN

SELECT @ count =count(教师编号)    FROM Teacher WHERE 职称 ='副教授'

PRINT '教师表中职称为副教授的人数为:'+ CONVERT(CHAR(5) ,@ count) +'人'

END

查询结果如图 8.18 所示。

```
use jxg1
DECLARE @count int
IF EXISTS (SELECT 教师编号 FROM Teacher WHERE 职称='副教授')
BEGIN
    SELECT @count=count(教师编号) FROM Teacher WHERE 职称='副教授'
    PRINT '教师表中职称为副教授的人数为: '+ CONVERT(CHAR(5),@count) +'人'
end
```

100 %

消息

教师表中职称为副教授的人数为: 3 人

完成时间: 2021-04-03T19:59:41.0172902+08:00

图 8.18 例 8.31 查询结果

### 8.5.2 选择结构

在程序中,经常需要根据条件指示 SQL Server 执行不同的操作和运算,也就是进行程序分支控制。SQL Server 利用 IF…ELSE 语句或者 CASE 语句使程序有不同的条件分支,从而实现分支条件程序设计。

1) IF…ELSE 语句

程序中经常需要根据不同条件执行不同的操作,T-SQL 提供 IF…ELSE 语句实现不同的条件分支。IF…ELSE 语句的语法格式如下:

IF Boolean_expression

sql_statement | statement_block

[ELSE

sql_statement | statement_biock]

参数说明:

①Boolean_expression:返回 TRUE 或 FALSE 的表达式。如果布尔表达式中含有 SELECT 语句,则必须用括号将 SELECT 语句括起来。

②sql_statement | statement_biock:有效的 T-SQL 语句或语句块。如果是语句块,必须用 BEGIN…END 语句,否则 If 或 Else 条件只能影响其后的一条语句的执行。

【例 8.33】 通过 IF…ELSE…语句判断今天是不是今年的最后一天。

If YEAR(SYSDATETIME( )) < > YEAR (DATEADD (day, 1, SYSDATETIME( )))

    /∗SYSDATETIME( )函数可以获得当前的系统时间 ∗/

PRINT '今天是今年的最后一天! ';

ELSE

PRINT '今天不是今年的最后一天! ';

GO

使用 IF…ELSE 语句的注意事项:

①可以在 IF 之后或在 ELSE 下面嵌套另一个 IF 语句。

②IF…ELSE 语句可以用在批处理、函数、存储过程和触发器中。

③IF…ELSE 语句的执行流程是:如果 IF 后面的布尔表达式的值为 TRUE,则执行 IF 后面的语句或语句块,否则执行 ELSE 后面的语句或语句块。

④ELSE 子句是可选的,最简单的 IF 语句没有 ELSE 子句。

【例 8.34】 将指定的百分制分数转换成其对应的成绩等级(优秀、良好、中等、及格和不及格)输出。

```
declare @ grade int
set @ grade = 76
if @ grade> = 90
    print '优秀'
else if   @ grade> = 80
    print '良好'
      else if   @ grade> = 70
            print '中等'
            else if   @ grade> = 60
                print '及格'
                else
                    print '不及格'
```

运行结果:中等。

【例 8.35】 统计学生 Student 中的女生人数,输入以下语句。

```
Use 学生管理数据库
DECLARE @ dy INTEGER
SELECT @ dy = COUNT( * )
FROM Student
WHERE SUBSTRING(学号,1,6) = ' 201803 ' AND 性别 = '女'
IF @ dy>0 BEGIN
PRINT '女生人数为:'
PRINT @ dy
END
ELSE
PRINT '该班级没有女生'
```

2)CASE 语句

CASE 语句也称为多分支结构,可以计算多个条件式,并将其中一个符合条件的结果表达式返回,它是特殊的 T-SQL 表达式,用于实现多条件分支选择结构,通常用于将含有多重嵌套的 IF…ELSE 语句替换为可读性更强的代码。CASE 语句有简单 CASE 和搜索 CASE 两种形式。

(1)简单 CASE 语句语法形式

CASE input_expression

WHEN when_expression Then result_expression

[…n]

[ELSE else_result_expression]

END

参数如下:

①input_expression:测试表达式,用于条件判断。

②when_expression:测试匹配值,用于和测试表达式进行比较。

③result_expression:返回表达式,如果测试表达式和某个测试值相等,则返回该测试值对应的返回表达式的值。

④ELSE 子句:可选子句,若测试表达式和所有测试值都不相等,则返回 ELSE 子句对应的表达式的值。

使用简单 CASE 语句的注意事项:

①CASE 表达式必须以 CASE 开始,以 END 结束。

②简单 CASE 表达式的执行流程为:用测试表达式的值依次与每一个 WHEN 子句的测试匹配值做比较,直到找到第一个与测试表达式的值完全相同的测试值时,便将该 WHEN 子句指定的结果表达式的值返回。如果没有任何一个 WHEN 子句的测试匹配值与测试表达式相同,则返回 ELSE 子句之后的结果表达式;如果没有 ELSE 子句,则返回 NULL 值。

③在 CASE 表达式中,只能有一个 WHEN 子句指定的结果表达式的值返回。如果同时有多个测试匹配值与测试表达式的值相同,则只有第一个与测试表达式的值相同的 WHEN 子句指定的结果表达式的值返回。

【例8.36】 使用简单 CASE 语句输出今天星期几。

```
DECLARE @ dt DATETIME
SET @ dt = DATEPART( w,GETDATE( ))
SELECT
CASE @ dt
    WHEN 1 THEN    '星期天'
    WHEN 2 THEN    '星期一'
    WHEN 3 THEN    '星期二'
    WHEN 4 THEN    '星期三'
```

```
            WHEN 5 THEN    '星期四'
            WHEN 6 THEN    '星期五'
            WHEN 7 THEN    '星期六'
END
```

（2）搜索 CASE 语句语法形式

```
CASE
WHEN Boolean_expression THEN result_expression
［…n］
［ELSE else_result_expression］
END
```

搜索 CASE 表达式的执行流程为：

测试每个 WHEN 子句中的布尔表达式，如果结果为 TRUE，便将此子句后指定的结果表达式的值返回。如果没有任何一个 WHEN 子句的布尔表达式的值为 TURE，则返回 ELSE 子句之后的结果表达式；如果没有 ELSE 子句，则返回 NULL 值。

注意：在一个搜索 CASE 表达式中，一次只能有一个 WHEN 子句指定的结果返回。如果有多个 WHEN 子句的布尔表达式为 TURE，则只返回第一个为 TURE 的 WHEN 子句指定的结果表达式。

【例 8.37】 使用搜索 CASE 语句将指定的百分制分数转换成其对应的成绩等级（优秀、良好、中等、及格和不及格）输出。

```
declare @ score int , @ score_level char( 10)
set @ score = 92
set @ score_level = case
when @ score>= 90 then '优秀'
when @ score>= 80 and @ score<= 90 then '良好'
when @ score>= 70 and @ score<= 80 then '中等'
when @ score>= 60 and @ score<= 70 then '及格'
when @ score<60    then '不及格'
end
print @ score_level
```

运行结果：优秀

【例 8.38】 使用搜索 CASE 语句输出现在时间段。

```
DECLARE @ sj DATETIME
SET @ sj = DATEPART( hh , GETDATE( ) )
SELECT
CASE
```

```
WHEN @ sj>=20  THEN    '晚上'
WHEN @ sj>=14  THEN    '下午'
WHEN @ sj>=12  THEN    '中午'
WHEN @ sj>=8   THEN    '上午'
WHEN @ sj>=6   THEN    '早晨'
WHEN @ sj>=0   THEN    '凌晨'
END
```

### 8.5.3 循环语句

在实际问题中,用户经常要求程序在一个给定的条件为真时去重复执行一组相同的命令序列,而顺序结构和分支结构所组成的命令序列,每个语句最多执行一次。为了解决这类需要重复执行某组命令序列的问题,SQL Server 提供了 WHILE…CONTINUE…BREAK 循环结构语句。

循环结构是一种重复结构,程序的执行发生了自上而下的往复,某一程序段将重复执行若干次,可以预先指定要循环的次数;也可以预先不指定要循环的次数,只要某个条件成立,就可以循环下去,直到该条件不成立。循环结构可分为单向循环结构和多循环结构,循环还可以嵌套。一般一个循环结构应包含下列几个条件:

①循环的初始条件。经常设置一个称为"循环控制变量"的变量,并赋予初值。

②循环头。循环语句的起始,设置、判断循环条件,如各循环语句的开始句。

③循环尾。循环语句的结尾,如各循环语句的结束句,它具有无条件转向功能,转向循环头,去再次测试循环条件。

④循环体。位于循环头和循环尾之间,即需重复执行的语句行序列,它可以由任何语句组成。

WHILE…CONTINUE…BREAK 语句用于设置重复执行 SQL 语句或语句块的条件,只要指定的条件为真,就重复执行语句。其中,CONTINUE 语句可以使程序跳过 CONTINUE 后面的语句,回到 WHILE 循环的第一行命令;BREAK 语句则使程序完全跳出循环,结束 WHILE 语句的执行。WHILE 语句用来实现循环结构,语法格式:

```
WHILE< Boolean_expression >
BEGIN
< sql_statement ｜ statement_block >
[ BREAK ]
[ CONTINUE ]
[ sql_statement ｜ statement_block ]
END
```

参数说明:

①Boolean _expression：返回 Ture 或 False 的表达式。

②sql_statement ┃statement_block：T-SQL 语句或语句块。

③BREAK 子句：结束本层循环 。

④CONTINUE 子句：使程序跳过 CONTINUE 关键字后面的任何语句，继续执行下一次循环。

表 8.18 分别介绍了 WHILE 循环语句、BREAK 和 CONTINUE 的使用情况。

表 8.18　WHILE 循环语句及 BREAK 和 CONTINUE 的使用

| ／＊ WHILE 语句用法 ＊／ | ／＊ BREAK 语句用法 ＊／ | ／＊ CONTINUE 语句用法 ＊／ |
|---|---|---|
| DECLARE @ i AS INT＝1 | DECLARE @ i AS INT＝1 | DECLARE @ i AS INT＝0 |
| WHILE @ i＜＝6 | WHILE @ i＜＝6 | WHILE @ i＜＝6 |
| BEGIN | BEGIN | BEGIN |
| PRINT @ i | IF @ i＝3 BREAK | SET @ i＝@ i+1 |
| SET @ i＝@ i+1 | PRINT @ i | IF @ i＝3 Continue |
| END | SET @ i＝@ i+1 | PRINT @ i |
| GO | END | END |
| | GO | GO |
| 示例（a） | 示例（b） | 示例（c） |
| 循环执行结果： | | |
| 1 | 1 | 1 |
| 2 | 2 | 2 |
| 3 | | 4 |
| 4 | | 5 |
| 5 | | 6 |
| 6 | | 7 |

【例 8.39】　利用 WHILE 语句求 1+2+3+…+100 的和。

```
declare @ i int , @ s int
set @ i＝1
set @ s＝0
while @ i＜＝100
    begin
        set @ s＝@ s+@ i
```

```
        set @i =@i+1
    end
 select @i,@s
```
运行结果:101    5050

【例8.40】 利用 WHILE…CONTINUE…BREAK 语句求 1~10 的偶数的和,要求当和的值大于 10 时,循环结束。

```
declare @i int,@s int
set @i=1
set @s=0
while @i<10
begin
set @i=@i+1
if @i%2=0
set @s=@s+@i
else
continue
print @i
if @s>10
        break
end
print '偶数和为:'
print @s
```
运行结果:2
          4
             6
偶数和为:
             12

## 8.5.4 其他语句

1)返回语句:RETURN 语句

RETURN 语句用于结束当前程序的执行,无条件地从查询或过程中退出,返回到上一个调用它的程序或其他程序,位于 RETURN 之后的语句不会被执行。

RETURN 语句的语法:

$$RETURN[\,integer\_expression\,]$$

参数说明:integer_expression:返回的整型值。

返回语句的返回值及描述见表8.19。

表 8.19  返回语句

| 返回值 | 描述 | 返回值 | 描述 |
|---|---|---|---|
| 0 | 过程已成功返回 | −7 | 资源出错,如没有空间 |
| −1 | 对象丢失 | −8 | 遇到非致命内部问题 |
| −2 | 数据类型出错 | −9 | 达到系统界限 |
| −3 | 选定过程出现死锁 | −10 | 出现致命内部矛盾 |
| −4 | 许可权限出错 | −11 | 出现致命内部矛盾 |
| −5 | 语法出错 | −12 | 表或索引损坏 |
| −6 | 各种用户出错 | −14 | 硬件出错 |

2)等待语句:WAITFOR 语句

等待语句的功能是在达到指定时间或时间间隔之前,或者指定语句至少修改或返回一行之前,阻止批处理、存储过程或事务的执行。

WAITFOR 语句还可以用来暂时停止程序的执行,直到所设定的时间已到或指定的时间间隔已过才继续往下执行。WAITFOR 语句的语法:

WAITFOR DELAY '<等待时间长度>' |TIME '<执行时间>' |[ TIMEOUT timeout ]

说明:

①DELAY 指明 SQL Server 等候的时间长度,最长为 24h。TIME 指明 SQL Server 需要等待的时刻。DELAY 与 TIME 使用的时间格式都是:hh∶mm∶ss。

②实际的时间延迟可能与命令中指定的等待时间长度或执行时间不同,它依赖于服务器的活动级别。时间计数器在计划完成与 WAITFOR 语句关联的线程后启动。如果服务器忙碌,则可能不会立即计划线程;因此,时间延迟可能比指定的时间要长。

③WAITFOR 不更改查询的语义。如果查询不能返回任何行,WAITFOR 将一直等待,或等到满足 TIMEOUT 条件(如果已指定),TIMEOUT timeout 指定消息到达队列前等待的时间(以毫秒为单位)。

【例 8.41】  等待 5 秒之后输出系统当前日期和时间。

waitfor delay '00∶00∶05'

select getdate()

【例 8.42】  等到 11 点 15 分后输出系统当前日期和时间。

waitfor time '11∶15∶00'

select getdate()

3)转移语句:GOTO 语句

GOTO 语句用来改变程序执行的流程,使程序跳转到标有标识符的指定的程序行再继续往下执行。GOTO 语句的语法格式如下:

### GOTO 标识符

作为跳转目标的标识符可以为数字与字符的组合,但必须以":"结尾。在 GOTO 语句行,标识符后不必跟":"。

说明:

①用于将程序执行流程更改到标识符。即程序执行到 GOTO 语句时,跳过其后面的 T-SQL 语句,并从相应标签位置继续执行。

②标识符表示程序转到的相应标签处(起点)。标签的命名必须符合标识符规则,其定义格式为:Label:<程序行>

③GOTO 语句可嵌套使用。

【例 8.43】 使用 GOTO 语句求 1+2+3+…+100 的和。

```
DECLARE @i int, @sum int
SET @i=1
SET @sum=0
Label1:                                        /* 跳转到此处 */
SET @sum=@sum+@i
SET @i=@i+1
IF @i<=100
GOTO Label1                                    /* 跳转到 label1 处 */
PRINT '累加和为:'+STR(@sum)
```

运行结果:

累加和为: 5050

【例 8.44】 输入以下语句,求"5 的阶乘为:"。

```
DECLARE @result integer, @i integer
SELECT @result=1, @i=5
label1:
SET @result=@result*@i
SET @i=@i-1
IF @i>1
GOTO Label1
ELSE
BEGIN
PRINT '5 的阶乘为:'
PRINT @Result
END
```

运行结果:5 的阶乘为:

120

## 8.6　程序中的批处理

### 8.6.1　批处理

1) 批处理概念

批处理(Batches)是指一个或多个 T-SQL 语句的集合,由客户端应用程序一次性发送到 SQL Server 服务器以完成执行,它表示用户提交给数据库引擎的工作单元。批处理是作为一个单元进行分析和执行的,它要经历的处理阶段有:分析(语法检查)、解析(检查引用的对象和列是否存在、是否具有访问权限)、优化(作为一个执行单元)。

SQL Server 将批处理语句编译为单个可执行的单元,称为执行计划,执行计划中的语句每次执行一条,这种批处理方式这有助于节省执行时间。

批处理是使用 GO 语句将多条 SQL 语句进行分隔,其中每两个 GO 之间的 SQL 语句就是一个批处理单元。如果在编译过程中出现语法错误,那么批处理中所有语句均无法正常执行。如果在运行阶段出现错误,一般都会中断当前以及其后语句的执行,只有在少数情况下,如违反约束时,仅中断当前出错的语句而继续执行其他语句。

2) 批处理的规则

下面的规则适用于批处理的使用:

①创建默认、函数、过程、规则、模式、触发器、视图的语句不能在批处理中与其他语句组合使用。

②批处理必须以 CREATE 语句开始,所有跟在该批处理后的其他语句将被解释为第一个 CREATE 语句定义的一部分。

③不能在同一个批处理中更改表结构(修改字段名、新增字段,新增或更改约束等),然后引用新列。因为 SQL Server 可能还不知道架构定义发生了变化,导致出现解析错误。

④不能在同一个批处理中删除一个对象后,再次引用该对象。

⑤不可将规则和默认值绑定到表字段或自定义字段上之后,立即在同一个批处理中使用。

⑥使用 SET 语句设置的某些 SET 选项不能应用于同一个批处理中的查询。

⑦如果批处理中的第一个语句是执行某个存储过程的 EXECUTE 语句,则 EXECUTE 关键字可以省略。如果 EXECUTE 语句不是批处理中第一条语句,则必须保留。

3) 指定批处理的方法

指定批处理的方法有以下 4 种:

①应用程序作为一个执行单元发出的所有 SQL 语句构成一个批处理,并生成单个执行计划。

②存储过程或触发器内的所有语句构成一个批处理,每个存储过程或者触发器都编

译为一个执行计划。

③由 EXECUTE 语句执行的字符串是一个批处理,并编译为一个执行计划。

④由 sp_executesql 存储过程执行的字符串是一个批处理,并编译为一个执行计划。

需要注意以下几点:

①若应用程序发出的批处理过程中含有 EXECUTE 语句,则已执行字符串或存储过程的执行计划将和包含 EXECUTE 语句的执行计划分开执行。

②若 sp_executesql 存储过程所执行的字符串生成的执行计划与 sp_executesql 调用的批处理执行计划分开执行。

③若批处理中的语句激活了触发器,则触发器的执行将和原始的批处理分开执行。

4)批处理的结束与退出

①执行批处理语句。用 EXECUTE 语句执行标量值的用户自定义函数、系统过程、用户自定义存储过程或扩展存储过程。同时支持 T-SQL 批处理内的字符串的执行。

②批处理结束语句。在 SSMS、sqlcmd 实用工具和 osql 实用工具中都使用 GO 命令作为批处理语句的结束标记,即当编译器执行到 GO 时会把之前的所有语句当作一个批处理来执行。但是 GO 并不是一个 T-SQL 语句,它只是供客户端工具识别的一个命令。

GO 命令和 T-SQL 命令不能在同一行,否则无法识别。但在 GO 命令行中可包含注释。用户必须遵照使用批处理的规则。

SQL Server 对 GO 命令这个客户端工具进行了增强,让它可以支持一个正整数参数,表示 GO 之前的批处理将执行指定的次数。当需要重复执行批处理时,就可以使用这个增强后的命令。该命令使用的语法具体格式为:

$$GO\ [\ count\ ]$$

其中,count 为一个正整数,指定批处理将执行的次数。

【例 8.45】 利用集成管理器的查询窗口执行两个批处理,用来显示系部表中的信息及记录个数。

代码如下:

```
USE jxgl
GO
PRINT '系部表包含如下信息:'
SELECT * FROM Department
PRINT '系部表记录个数为:'
SELECT COUNT( * ) FROM Department
GO
```

例中包含两个批处理,前者仅包含一个语句,后者包含 4 个语句,其中,PRINT 语句用于在消息页中显示 char、varchar 类型,或可自动转换为字符串类型的数据。运行结果如图 8.19 所示。

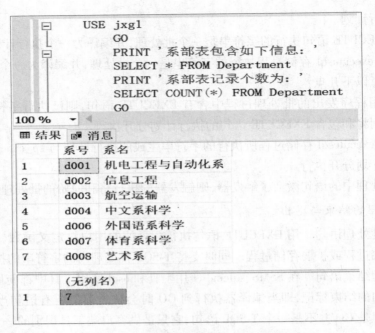

图 8.19　在查询分析器中执行批处理

③批处理退出语句。批处理退出语句的基本语法格式为：

RETURN［整型表达式］

该语句可无条件终止查询、存储过程或批处理的执行。存储过程或批处理不执行 RETURN 之后的语句。当存储过程使用该语句时，RETURN 语句不能返回空值。可用该语句指定返回调用应用程序、批处理或过程的整数值。

【例 8.46】　RETURN 语句的使用。

```
USE JXGL
GO
CREATE PROCEDURE checkstate @ param char (10)
AS
IF( SELECT  职称  FROM Teacher where 教师编号 = @ param) = '教授'
RETURN 1
ELSE
RETURN 2
```

以上语句创建了过程 checkstate 检查教师的职称状态。如果该教师职称是"教授"，将返回状态码 1；其他情况下，返回状态码 2。

再通过下面语句显示通过过程 checkstate 检查工号为"120353"的教师职称状态，并返回执行结果。

```
DECLARE   @ return_status   int
EXEC @ return_status = checkstate ' 120353 '
```

```
SELECT '返回值' =  @ return_status
GO
```

执行该批处理语句后,结果窗口显示返回值为1,表示工号为"120353"的教师职称是教授。

### 8.6.2　脚本

脚本(Script)是存储在文件中的一系列 SQL 语句,脚本文件保存时的扩展名为.sql,该文件是一个纯文本文件。脚本文件中可包含一个或多个批处理,GO 作为批处理结束语句,若脚本中无 GO 语句,则作为单个批处理。

脚本可以通过集成管理器建立查询窗口来执行,这也是建立、编辑和使用脚本的首选环境。在查询窗口中,不仅可以新建、保存、打开、编辑脚本文件,还可以通过执行脚本来查看脚本的运行结果,从而检验脚本内容是否正确。

使用脚本可以将创建和维护数据库时进行的操作保存在磁盘文件中,方便以后重复使用该段代码,还可以将此代码复制到其他计算机上执行。因此,对于经常操作的数据库,保存相应的脚本文件是一个良好的使用习惯。

### 8.6.3　注释

注释是指程序中用来说明程序内容的文字,它不能执行且不参与程序的编译。注释用于语句代码的说明,或部分语句的暂时禁用。为程序加上注释不仅能增强程序的可读性,而且有助于日后的管理和维护。在程序中使用注释是一个程序员良好的编程习惯。

在 T-SQL 中可以使用注释符对语句进行注释,为程序添加说明提高程序的可读性。在程序执行时,被注释的内容不会被执行。SQL Server 支持两种形式的注释语句:

1)行内注释

如果整行都是注释而并非所要执行的程序行,则该行可用行内注释。语法格式为:

                         --注释语句

"--"(双减号)用来创建单行文本注释语句。这种注释形式用来在一行内加以注释,可以与要执行的代码处在同一行,也可以另起一行。从双连字符(--)开始到行尾均为注释。

例如,SELECT ＊ FROM student --显示表 student 的所有记录

2)块注释

如果所加的注释内容较长,则可使用块注释。语法格式为:

                         /＊注释语句＊/

这种注释形式用来对多行加以注释,可以与要执行的代码处在同一行,也可以另起一行,甚至可以放在可执行代码内。对于多行注释,必须使用开始注释字符"/＊"开始注释,使用结束注释字符"＊/"结束注释,"/＊"和"＊/"之间的全部内容都是注释部分。注意:整个注释必须包含在一个批处理中,多行注释不能跨越批处理。

【例 8.47】 注释语句举例。

```
/* 注释语句应用示例 块注释 */
USE 学生管理数据库
GO
SELECT * FROM Student
--行注释:检索所有学生的情况
GO
```

### 8.6.4 事务

事务(Transaction)的概念主要是为了保持数据的一致性而提出的。例如,在一次银行交易中,需要将账户 A 中的 1 万元转账至账户 B 中,操作序列应该两步来完成。第一步从账户 A 中减去 1 万元,第二步向账户 B 中加入 1 万元。可以设想,如果第一步完成后,比如突然断电等故障导致第二个动作没来得及完成。故障恢复后,会发现账户 A 中金额少了 1 万,但是账户 B 中并没有增加 1 万,总金额发生错误,造成数据不一致现象。这就需要用到事务的概念。

1) 事务的定义

事务是用户定义的数据操作序列,这些操作可作为一个完成的不可分割的工作单元,一个事务内的操作要么全部执行,要么全部不执行。事务的开始和结束可以由用户显式控制,在 SQL 中常用的定义事务的语句为 3 条:

```
BEGIN TRANSACTION;
COMMIT;
ROLLBACK;
```

其中,BEGIN TRANSACTION 表示事务的开始,以 COMMIT 或 ROLLBACK 结束事务。COMMIT 表示事务的提交,即将所有对数据库的更新写入到磁盘上的物理数据库中,正常结束该事务。ROLLBACK 表示事务的回滚,用于事务执行过程中发生了某种故障,事务不能继续执行,系统将该事务中对数据库的所有已完成更新操作全部撤销,回滚到事务开始时的状态。

上述银行转账示例中,如果把整个过程当作一个事务,那么两步操作要么都执行,要么都不执行。也就是说,当发生故障造成事务中断时,系统会自动撤销已完成的第一个动作,这样当系统恢复时,账户 A 和账户 B 的金额还是正确的。

事务不同于程序:一般情况下,一个程序中包含多个事务;一个事务则可以是一条 SQL 语句、一组 SQL 语句或整个程序。

事务不同于批处理:事务是工作的原子工作单位,而一个批处理可以包含多个事务,一个事务也可以在多个批处理多种的某些部分提交。当事务在执行中途被取消或回滚时,SQL Server 会撤销自事务开始以来进行的部分活动,而不考虑批处理是从哪里开始的。

2）事务的特征

事务定义了一个或多个数据库操作的序列，但是并非任意数据库操作序列都能成为事务，为了保护数据的完整性，事务有4个原则，统称 ACID 原则。

①原子性：事务是原子的，要么完成事务中的所有操作，要么退出所有操作。如果某语句失败，则所有作为事务一部分的语句都不会运行。

②一致性：在事务完成或失败时，要求数据库处于一致状态。由事务引发的从一种状态到另一种状态的变化是一致的。

③隔离性：事务是独立的，它不与数据库的其他事务交互或冲突。

④持久性：事务成功完成后，其对数据库中数据的改变是永久的，它无须考虑对数据库进行过的任何操作。如果系统突然掉电或数据库服务器崩溃，事务保证在服务器重启后仍是完整的。

3）事务的类型

任何对数据的修改都是在事务环境中进行的。SQL Server 使用3类事务模式来管理数据的修改。

①显式事务。事务中存在显式的 BEGIN TRASACTION 语句开始，以 COMMIT 或 ROLLBACK 语句显式结束。

②隐式事务。在前一个事务完成时新事务就隐式启动，但是每个事务仍然以 COMMIT 或 ROLLBACK 语句显式结束。

③自动提交事务。如果数据修改语句是在没有显式或者隐式事务的数据库中执行的，就称为自动提交事务。简言之，它一次仅执行一个操作，每条单独的语句都可看作一个事务。

④批处理级事务。只能应用于多个活动结果集（MARS），在 MARS 会话启动的 T-SQL 显式或隐式事务变为批处理级事务。当批处理完成时没有提交或回滚的批处理级事务自动由 SQL Server 进行回滚。

例如，执行如下的创建表语句：

```
CREATE TABLE test
(l1 char(6),
 l2 char(8),
 l3 varchar(20))
```

这条语句本身就构成了一个事务，它要么执行成功，建立起包含有三列的表结构；要么执行失败，没有建立 test 表（比如第二列的定义误写为 l2 chars(8)），对数据库没有产生任何影响。绝不会建立起只包含一列或两列的表结构。

# 8.7 存储过程

存储过程和触发器实际上都是使用 T-SQL 语言编写的程序。存储过程和函数需要显式调用才能执行,而触发器则在满足指定条件时自动执行。了解它们的工作原理是编写存储过程、函数和触发器的前提。

存储过程类似于 C 语言中的函数,用来执行管理任务或应用复杂的业务规则,存储过程可以带参数,也可以返回结果。存储过程可以包含数据操纵语句、变量、逻辑控制语句等。

## 8.7.1 存储过程的概述

存储过程(Stored Procedure)是在数据库服务器执行的一组 T-SQL 语句集合,经编译后存放在数据库服务器端,是在数据库中运用十分广泛的一种数据库对象。存储过程作为一个单元进行处理并以一个名称来标识。它能够向用户返回数据,向数据库中写入或修改数据,还可以执行系统函数和管理操作,用户在编程中只需要给出存储过程的名称和必需的参数,就可以方便地调用它们。存储过程与其他编程语言中的过程有些类似。

1)存储过程的优点

存储过程与存储在本地客户端计算机的 T-SQL 语句相比,具有以下优点。

(1)执行速度快、效率高

因为 SQL Server 会事先将存储过程编译成二进制可执行代码。在运行存储过程时不需要再对存储过程进行编译,从而加快执行的速度。

(2)模块化编程

存储过程在创建完毕之后,可以在程序中被多次调用,而不必重新编写该 T-SQL 语句。也可以对其进行修改,而且修改之后,所有调用的结果都会改变,提高了程序的可移植性。

(3)减少网络流量

由于存储过程是保存在数据库服务器上的一组 T-SQL 代码,在客户端调用时,只需要使用存储过程名及参数即可,从而减少网络流量。

(4)安全性高

存储过程可以作为一种安全机制来使用,当用户要访问一个或多个数据表,但没有存取权限时,可以设计一个存储过程来存取这些数据表中的数据。当一个数据表没有设置权限,而对该数据表的操作又需要进行权限控制时,也可以使用存储过程来作为一个存取通道,对不同权限的用户使用不同的存储过程。同时,参数化存储过程有助于保护应用程序不受 SQL Injection 攻击。

说明：SQL Injection 是一种攻击方法，它可以将恶意代码插入传递给 SQL Server 供分析和执行的字符串中。

2）存储过程的分类

在 SQL Server 中，提供了以下 3 种类型的存储过程。

（1）系统存储过程

从物理意义上讲，系统存储过程（System Stored Procedures）存储在源数据库（Resource）中，并且带有"sp_"前缀。从逻辑意义上讲，系统存储过程出现在每个系统定义数据库和用户定义数据库的 sys 构架中。用户自创建的存储过程最好不要以"sp_"开头，因为当用户存储过程与系统存储过程重名时，会调用系统存储过程。

（2）扩展存储过程

扩展存储过程（Extended Stored Procedures）通常是以"xp_"为前缀。扩展存储过程允许使用其他编辑语言（如 C#等）创建自己的外部存储过程，其内容并不存储在 SQL Server 2019 中，而是以 DLL 形式单独存在。不过该功能在以后的 SQL Server 版本中可能会被删除，所以尽量不要使用。

（3）用户存储过程

用户存储过程（User-defined Stored Procedures）是由用户自行创建的存储过程，可以输入参数、向客户端返回表格或结果、消息等，也可以返回输出参数。在 SQL Server 2019 中，用户存储过程又分为 T-SQL 存储过程和 CLR 存储过程两种。

T-SQL 存储过程保存 T-SQL 语句的集合，可以接受和返回用户提供的参数。CLR 存储过程是针对 Microsoft 的.NET Framework 公共语言运行时（CLR）方法的引用，可以接受和返回用户提供的参数。CLR 存储过程在.NET Framework 程序中是作为公共静态方法实现的。

## 8.7.2　创建存储过程

可以使用 SSMS 工具和语句创建和执行存储过程，这里只介绍使用语句实现相关操作。

1）创建用户存储过程

在 SQL Server 2019 中，可以用 SSMS 工具和 CREATE PROCEDURE 语句创建存储过程。使用 SSMS 创建存储过程，归根结底与直接使用 CREATE PROCEDURE 语言来创建存储过程是一样的，只是有些参数可以用模板来添加而已。

创建存储过程用 CREATE PROCEDURE 语句，语法格式如下：

```
CREATE PROCEDURE|PROC procedure_name [ ; number ]
    [ { @ parameter data_type }
```

〔VARYING〕〔 = default 〕〔OUTPUT〕

〕〔 ,…n 〕

〔WITH｛RECOMPILE｜ENCRYPTION｜RECOMPILE，ENCRYPTION｝〕

〔FOR REPLICATION〕

AS sql_statement〔 …n 〕

【例 8.48】 使用 CREATE PROCEDURE 语句创建一个存储过程,用来根据学号查询学生信息。具体代码如下:

```
Create Procedure Proc_stu1
@ Proc_Sno char( 10)
AS
Select ＊ from Student where 学号 = @ Proc_Sno
```

运行结果如图 8.20 所示。

```
Create Procedure Proc_stu1
@Proc_Sno char(10)
AS
Select * from Student where 学号=@Proc_Sno
```

100 %

消息
命令已成功完成。

完成时间: 2021-04-03T13:09:59.7756578+08:00

图 8.20 CREATE PROCEDURE 语句创建存储过程

- 学生管理数据库
  - 数据库关系图
  - 表
  - 视图
  - 外部资源
  - 同义词
  - 可编程性
    - 存储过程
      - 系统存储过程
    - 函数
    - 数据库触发器

图 8.21 SSMS 中存储过程
选项

2)在 SSMS 中创建存储过程

【例 8.49】 在"学生管理数据库"中,创建存储过程实现对学生成绩进行查询。要求在查询时提供需要查询的学生姓名和课程名称,存储过程根据用户提供的信息对数据进行查询,并显示成绩信息。

按照下述步骤用 SSMS 创建一个能够解决这一问题的存储过程:

①启动 SSMS,登录服务器,在"对象资源管理器"窗格中,选择本地数据库实例→"数据库"→"学生管理数据库"→"可编程性"→"存储过程"选项。

②右击"存储过程"选项,在弹出的快捷菜单中选择"存储过程"选项,如图 8.21 所示。

③出现图 8.22 所示的创建存储过程的查询编辑器窗格，其中已经加入了创建存储过程的代码。

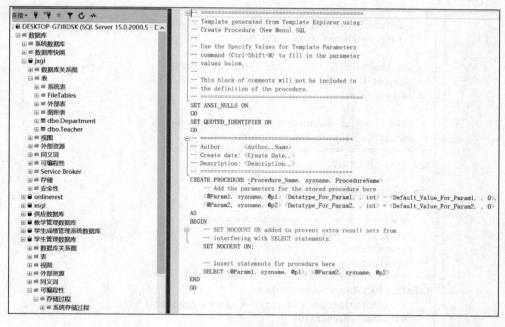

图 8.22 创建存储过程

④单击菜单栏上的"查询"→"指定模板参数的值"选项，弹出图 8.23 所示的对话框，其中 Author（作者）、Create Date（创建时间）、Description（说明）为可选项，内容可以为空。设置结果如图 8.23 所示。

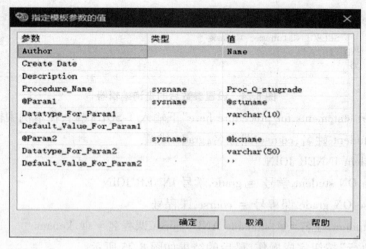

图 8.23 指定模板参数设置对话框

⑤设置完毕,单击"确定"按钮,返回到创建存储过程的查询编辑器窗格,如图 8.24 所示,此时代码已经改变。

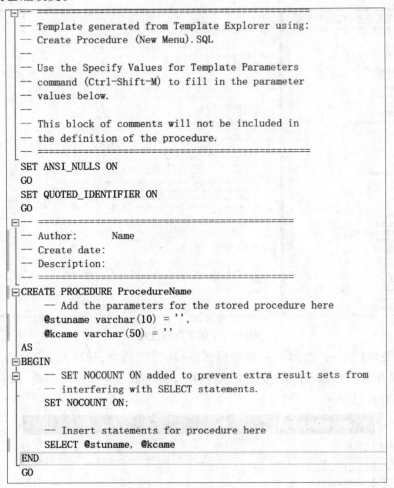

```
   -- ========================================================
   -- Template generated from Template Explorer using:
   -- Create Procedure (New Menu).SQL
   --
   -- Use the Specify Values for Template Parameters
   -- command (Ctrl-Shift-M) to fill in the parameter
   -- values below.
   --
   -- This block of comments will not be included in
   -- the definition of the procedure.
   -- ========================================================
   SET ANSI_NULLS ON
   GO
   SET QUOTED_IDENTIFIER ON
   GO
   -- ========================================================
   -- Author:        Name
   -- Create date:
   -- Description:
   -- ========================================================
CREATE PROCEDURE ProcedureName
       -- Add the parameters for the stored procedure here
       @stuname varchar(10) = '',
       @kcame varchar(50) = ''
   AS
BEGIN
       -- SET NOCOUNT ON added to prevent extra result sets from
       -- interfering with SELECT statements.
       SET NOCOUNT ON;

       -- Insert statements for procedure here
       SELECT @stuname, @kcame
   END
   GO
```

**图 8.24　设置参数后的查询编辑器**

⑥在"Insert statements for procedure here"下输入 T-SQL 代码,在本例中输入:

SELECT student.姓名,course.课程名,grade.成绩

FROM student INNER JOIN

　　　grade ON student.学号 = grade.学号 INNER JOIN

　　　course ON grade.课程号 = course.课程号

WHERE student.姓名=@ stuname AND course.课程名= @ kcname

⑦单击"执行"按钮完成操作,最后的结果如图 8.25 所示。

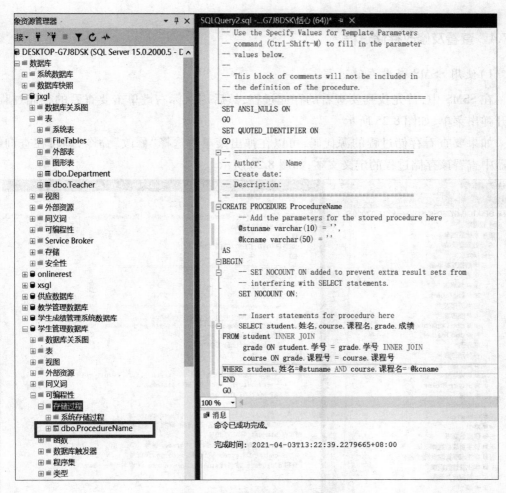

图 8.25 设计完成的存储过程

### 8.7.3 创建参数化存储过程

存储过程提供了一些过程式的能力,它也提升了性能,但是如果存储过程没有接受一些数据,告诉其完成的任务,则在大多数情况下,存储过程不会有太多的帮助。

在存储过程的外部,可以通过位置或者引用传递参数。在存储过程的内部,由于它们使用同样的方式声明,不用关心参数传递的方式。如果存储过程需要带参数,在编写时,直接在 CREATE PROCEDURE 语句后附加参数,不同于函数,存储过程的参数不需要用括号括起。

### 8.7.4 查看及修改存储过程

1）使用 SSMS 查看存储过程

在 SSMS 中,首先找到要查看的存储过程,然后用鼠标右键单击要查看的存储过程,打开弹出菜单,如图 8.25 所示。

如果要查看存储过程的源代码,可以在弹出菜单中选择"修改"命令,即可在查询编辑器中查看该存储过程的定义文本,如图 8.26 所示。

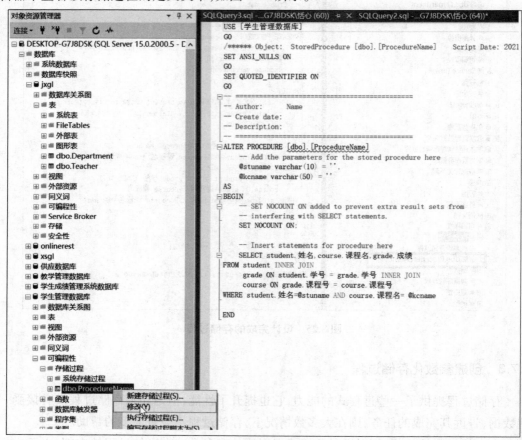

**图 8.26 查看存储过程定义文本**

如果要查看存储过程的相关性,在弹出菜单中选择"查看依赖关系"命令即可。如果要查看存储过程的其他内容,可在弹出菜单中选择"属性"命令,打开如图 8.27 所示的属性窗口。

图 8.27　存储过程属性

2）使用系统存储过程查看存储过程定义

使用系统存储过程 sp_helptext，可以查看未加密的存储过程的文本。其语法格式如下：

sp_helptext［@ objename =］'name'［, ［@ columnname =］'computed_column_name'］

各参数说明如下：

［@ objename =］'name'：存储过程的名称，将显示该存储过程的定义文本。该存储过程必须在当前数据库中。

［@ columnname =］'computed_column_name'：要显示其定义信息的计算列的名称。必须将包含列的表指定为 name。column_name 的数据类型为 sysname，无默认值。

【例 8.50】　使用存储过程显示存储过程"ProcedureName"的定义文本。

EXEC sp_helptext 'ProcedureName'

查询结果如图 8.28 所示。

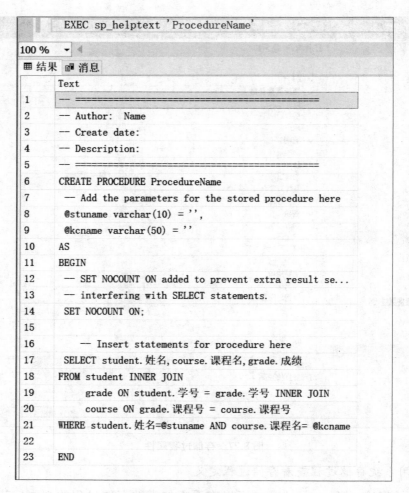

图 8.28　例 8.49 执行结果

3) 修改存储过程

在 SQL Server 2019 中,可以使用 ALTER PROCEDURE 语句修改已经存在的存储过程,即直接将创建中的 CREATE 关键字替换为 ALTER 即可。虽然可以删除并重新创建该存储过程来达到修改存储过程的目的,但是将丢失与该存储过程相关联的所有权限。

(1) ALTER PROCEDURE 语句

ALTER PROCEDURE 语句用来修改通过执行 CREATE PROCEDURE 语句创建的过程。该语句修改存储过程时不会更改权限,也不影响相关的存储过程或触发器。

ALTER PROCEDURE 语句的语法如下:

ALTER {PROC | PROCEDURE} procedure_name [;number]

[{@ parameter data_type} [VARYING] [=default] [OUTPUT]] [,...n]

[WITH {RECOMPILE|ENCRYPTION|RECOMPILE, ENCRYPTION}]

［FOR REPLICATION］

AS

sql_statement    ［…n］

通过对 ALTER PROCEDURE 语句语法的分析,可以看出,与 CREATE PROCEDURE 语句的语法构成完全一致,各参数的说明,请参考 CREATE PROCEDURE 语句的语法说明。

【例8.51】 出于对安全性的考虑,对前面创建的存储过程 Proc_stu1 进行加密处理。

USE 学生管理数据库

GO

ALTER PROC Proc_stu1

@ Proc_Sno char(10)

WITH encryption

AS

Select ＊ from Student where 学号=@ Proc_Sno

GO

查询结果如图 8.29 所示。

**图 8.29　对创建的存储过程进行加密处理**

(2)使用 SSMS 修改存储过程

在 SSMS 中,选择要修改的存储过程,然后右击所要修改的存储过程,在弹出菜单中选择"修改"命令,在修改存储过程的查询编辑器窗口中对存储过程代码进行修改。

### 8.7.5　重命名或删除存储过程

1) 重命名存储过程

(1) 使用 SSMS 重命名

在 SSMS 中，首先找到要修改的存储过程，然后右击要重命名的存储过程，在弹出的快捷菜单中选择"重命名"命令，就可以重新命名该存储过程，如图 8.30 所示。

图 8.30　重命名存储过程

(2) 使用系统存储过程 sp_rename 进行重命名

使用系统存储过程 sp_rename 可以重命名存储过程。其语法格式如下：

sp_rename［@ objname =］' object_name ',

［@ newname =］' new_name '

［,［@ objtype =］' object_type '］

各参数说明如下：

［@ objname =］' object_name '：存储过程或触发器的当前名称。

［@ newname =］' new_name '：要执行存储过程或触发器的新名称。

［,［@ objtype =］' object_type '］：要重命名的对象的类型。对象类型为存储过程或触发器时，其值为 OBJECT。

【例 8.52】　使用存储过程将创建的存储过程 Proc_Stu1 重新命名为"Proc_Stu_Info"。在查询窗口中执行下列 T-SQL 语句：

EXEC sp_rename ' Proc_Stu1 ' , ' Proc_Stu_Info '

执行结果如图 8.31 所示。

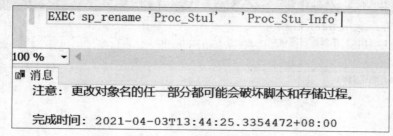

```
EXEC sp_rename 'Proc_Stu1' , 'Proc_Stu_Info'
```

100 %

消息

注意：更改对象名的任一部分都可能会破坏脚本和存储过程。

完成时间: 2021-04-03T13:44:25.3354472+08:00

**图 8.31　存储过程重命名**

2) 删除存储过程

(1) 使用 SSMS 删除存储过程

①右击待删除的存储过程,在弹出快捷菜单中选择"删除"命令,或单击要删除的存储过程,按下"Delete"键,弹出如图 8.32 所示的"删除对象"对话框。

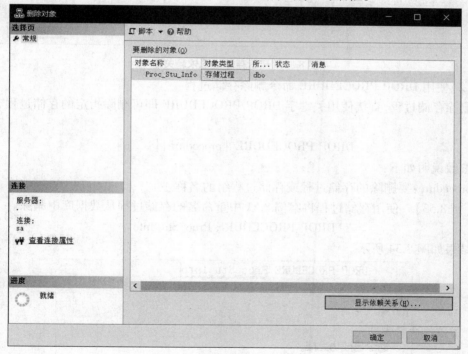

**图 8.32　删除存储过程**

②单击"显示依赖关系"按钮,查看当前存储过程与其他对象的依赖关系,如图 8.33 所示。

③确定无误后,单击"确定"按钮,完成删除存储过程。

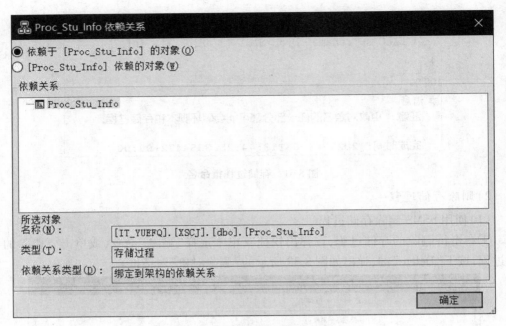

图 8.33　显示存储过程依赖关系

（2）使用 DROP PROCEDURE 命令删除存储过程

删除存储过程，直接使用关键字 DROP PROCEDURE 即可删除指定的存储过程，语法如下：

$$\text{DROP PROCEDURE } \{\text{procedure}\}[\,,\dots n]$$

参数说明如下：

procedure：要删除的存储过程或存储过程组的名称。

【例 8.53】　使用存储过程将案例 8.51 中重命名的存储过程从数据库中删除。

$$\text{DROP PROCEDURE Proc\_Stu\_Info}$$

结果如图 8.34 所示。

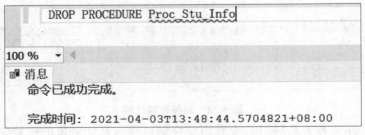

图 8.34　删除存储过程

# 8.8 触发器

因触动而激发起某种反应是为触发。触发器是一种特殊类型的存储过程,它是在执行某些特定的 T-SQL 语句时自动执行的一种存储过程。

在 SQL Server 中,触发器分为当用户进行对某表的数据增加、修改、删除时,或者当用户对数据库或者其内部对象进行结构创建、更改、删除时触发的系统存储过程分别称为 DML 触发器和 DDL 触发器。它们帮助数据的自动更新和维护,或者帮助维护数据库结构不被随便变动。另外除了 SQL Server 本身提供的触发器定义功能以外,还有.NET 平台提供的触发器类。

本章主要介绍对数据表进行增删改操作时触发的触发器类型,它们可被看作为数据表的高级 CHECK 约束。

## 8.8.1 触发器的概述

触发器是由系统自动触发的特殊的存储过程,是实现用户高级自定义完整性约束的手段。

1)触发器优势

触发器作为一种非程序调用的存储过程,在应用过程中有下列优势:

①预编译、已优化、效率较高,避免了 SQL 语句在网络传输后再解释的低效率。

②可以重复使用,减少开发人员的工作量。

③业务逻辑封装性好,数据库中很多问题都是可以在程序代码中去实现的,但是将其分离出来在数据库中处理,这样逻辑上更加清晰,对后期维护和二次开发的作用比较明显。

④安全。不会有 SQL 语句注入问题。

2)触发器的工作方式

触发器通常由 3 个部分组成:

(1)事件

事件是指对数据库的插入、删除和修改等操作,触发器在这些事件发生时,将开始工作。

(2)条件

触发器将测试条件是否成立。如果条件成立,就执行相应的动作,否则什么也不做。

(3)动作

如果触发器测试满足预设的条件,那么就由 DBMS 执行对数据库的操作。这些动作既可以是一系列对数据库的操作,甚至可以是与触发事件本身无关的其他操作。

3)触发器分类

在 SQL Server 2019 中,包括 3 种常见类型的触发器:DML 触发器、DDL 触发器和登录触发器。

（1）DML触发器

当数据库服务器中发生数据操作语言（Data Manipulation Language）事件时，将调用DML触发器。DML事件包括在指定表或视图中修改数据的INSERT语句、UPDATE语句或DELETE语句。DML触发器有助于在表或视图中修改数据时，强制业务规则，扩展数据的完整性。

DML触发器的作用如下：

①DML触发器可通过数据库中的相关表实现级联修改。

②DML触发器可以防止恶意或错误的INSERT、UPDATE以及DELETE操作，并强制执行比CHECK约束定义的限制更为复杂的其他限制。

③DML触发器可以评估数据修改前后表的状态，并根据该差异采取措施。一个表中的多个同类DML触发器（INSERT、UPDATE或DELETE）可以采取多个不同的操作来响应同一个修改语句。

SQL Server的DML触发器分为两类：

①AFTER触发器：这类触发器是在记录已经改变之后，才会被激活执行，它主要用于记录变更后的处理或检查，一旦发现错误，也可以用ROLLBACK TRANSACTION语句来回滚本次操作。

② INSTEAD OF 触发器：一般用于取代原本的操作，在记录变更之前发生，它并不执行原来SQL语句的操作（INSERT、UPDATE和DELETE），而执行触发器本身所定义的操作。

（2）DDL触发器

DDL触发器是SQL Server 2005开始新增的一个触发器类型，是一种特殊的触发器，在响应数据定义语言（DDL）语句时触发，一般在数据库中执行管理任务。

与DML触发器一样，DDL触发器也是通过事件来激活，并执行其中的SQL语句。但这两种触发器不同，DML触发器是响应INSERT、UPDATE或DELETE语句而激活的，DDL触发器是响应CREATE、ALTER或DROP开头的语句而激活的。一般来说，在以下几种情况下可以使用DDL触发器。

①数据库里的库架构或数据表架构很重要，不允许修改。

②防止数据库或数据表被误删除。

③在修改某个数据表结构的同时，修改另一个数据表的相应结构。

④要记录对数据库结构操作的事件。

⑤仅在运行触发DDL触发器的DDL语句后，DDL触发器才会被激活。DDL触发器无法作为INSTEAD OF触发器使用。

（3）登录触发器

登录触发器将为响应LOGON事件而激发存储过程。与SQL Server实例建立用户会话时将引发此事件。登录触发器将在登录的身份验证阶段完成之后且用户会话实际建立之前激发。可以使用登录触发器来审核和控制服务器会话，如通过跟踪登录活动，限制

SQL Server 的登录名或限制特定登录名的会话数。

本节将重点介绍 DML 触发器,而 DDL 触发器和登录触发器只作简单介绍。

### 8.8.2 DML 触发器与约束

DML 触发器和约束在不同情况下各有优点。DML 触发器的主要优点在于可以包含使用 T-SQL 代码的复杂处理逻辑。DML 触发器可以支持约束的所有功能,但 DML 触发器对于给定的功能并不总是最恰当的方法。当约束支持的功能无法满足应用程序的功能要求时,DML 触发器非常有用。例如:

除非 REFERENCES 子句定义了级联引用操作,否则 FOREIGN KEY 约束只能用与另一列中的值完全匹配的值来验证列值。DML 触发器可以将更改通过级联方式传递给数据库中的相关表,不过通过级联引用,完整性约束可以更有效地执行这些更改。

约束只能通过标准化的系统错误信息来传递错误信息。如果应用程序需要使用自定义消息和较为复杂的错误处理机制,则必须用触发器。

DML 触发器可以禁止或回滚违反引用完整性的更改,从而取消所尝试的数据修改。当更改外键且新值与其主键不匹配时,这样的触发器将生效。但是,FOREIGN KEY 约束通常用于此目的。

### 8.8.3 内存临时表

在使用 DML 触发器的过程中,SQL Server 提供了两张特殊的临时表,分别是 INSERTED 表和 DELETED 表,它们与创建触发器的表具有相同的结构。它们是只读的,不允许修改,当触发器执行完成后,会被自动删除。

①INSERTED 表:临时保存了插入或更新后的记录行。

②DELETED 表:临时保存了删除或更新前的记录行。

用户可以使用这两张表来检测某些修改操作所产生的影响。无论是后触发还是替代触发,触发器被激活时,系统自动为它们创建这两张临时表。触发器一旦执行完成,这两张表将被自动删除,所以只能在触发器运行期间使用 SELECT 语句查询到这两张表,但不允许进行修改。

对具有 DML 触发器的表进行 INSERT、DELETE 和 UPDATE 操作时,过程分别如下:

①INSERT 操作:系统在原表插入记录的同时,自动把记录插入 INSERTED 临时表中。

②DELETE 操作:系统在原表删除记录的同时,自动把删除的记录添加到 DELETCD 临时表中。

③UPDATE 操作:这一事务由两部分组成,首先将旧的数据行从基本表中转移到 DELETED 表中,然后将新的数据行同时插入基本表和 INSERTED 临时表中。

### 8.8.4 创建 DML 触发器

触发器的作用域取决于事件。例如,每当数据库中或服务器实例上发生 CREATE_

TABLE 事件时,都会激发为响应 CREATE_TABLE 事件创建的 DDL 触发器。仅当服务器上发生 CREATE_LOGON 事件时,才能激发为响应 CREATE_LOGON 事件创建的 DDL 触发器。

在 SQL Server 中,可以用 SSMS 工具和 CREATE TRIGGER 语句创建触发器。使用 SSMS 工具创建触发器只是系统根据触发器模板自动生成一个代码框架,需要用户进一步填写代码,其本质与使用 CREATE TRIGGER 语句一样。在这里只介绍 CREATE TRIGGER 语句的使用,其语法格式如下:

```
CREATE TRIGGER trigger_name
ON table_name
[WITH ENCRYPTION]
    FOR [DELETE, INSERT, UPDATE]
AS
    T-SQL 语句
GO
```

其中,WITH ENCRYPTION 表示加密触发器定义的 SQL 文本,DELETE、INSERT、UPDATE 指定触发器的类型。

1)INSERT 触发器

INSERT 触发器的工作原理:

①执行 insert 插入语句,在表中插入数据行。

②触发 insert 触发器,向系统临时表 inserted 表中插入新行的备份(副本)。

③触发器检查 inserted 表中插入的新行数据,确定是否需要回滚或执行其他操作。

【例 8.54】 为 Student 表创建触发器,当向该表中插入数据时给出提示信息。

操作步骤如下:

打开 SSMS,并连接到 SQL Server 2019 中的数据库。单击工具栏中"新建查询"按钮,新建查询编辑器,输入如下 SQL 语句代码:

```
CREATE TRIGGER Trig_stuDML
ON Student
AFTER INSERT
AS
RAISERROR ('正在向表中插入数据', 16 , 10);
```

单击"执行"按钮,即可执行上述 SQL 代码,创建名称为 Trig_stuDML 触发器。

2)DELETE 触发器

DELETE 触发器的工作原理:

①执行 delete 删除语句,删除表中的数据行。

②触发 delete 删除触发器,向系统临时表的 deleted 表中插入被删除的副本。

③触发器检查 deleted 表中被删除的数据,确定是否需要回滚或执行其他操作。

DELETE 删除触发器的典型应用就是银行系统中的数据备份。当交易记录过多时，为了不影响数据访问的速度，交易信息表需要定期删除部分数据。当删除数据时，一般需要自动备份，以便将来的客户查询、数据恢复或年终统计等。如何实现呢？

　　【例 8.55】　举个简单的例子，表 A( ANo, AName) 和表 B( BNo, BName, BDate)，当记录从 A 中被删除时，自动转存入表 B。

```
Create Trigger trig_delete_A
On A
For Delete
AS
Declare @ aNo varchar( 8) ,@ aName varchar( 10)
Select @ aNo = ANo,@ aName = AName from deleted
Insert into to B values( @ aNo,@ aName,getdate( ))
go
```

3) UPDATE 触发器

UPDATE 触发器的工作原理：

①向 deleted 表中插入被修改前的记录。

②向 inserted 表中插入被添加的副本。

③执行更新操作。

UPDATE 更新触发器主要用于跟踪数据的变化。典型的应用就是银行系统中，为了安全起见，一般要进求每次交易金额不能超过一定的数额。这也是触发器作为高级 CHECK 约束的体现。

## 8.8.5　修改与管理触发器

1) 使用 ALTER TRIGGER 语句修改触发器

```
ALTER TRIGGER trigger_name
ON { table | view }    [ WITH ENCRYPTION ] {
{ FOR  |   AFTER |   INSTEAD OF } { [ INSERT ] [ , ] [ UPDATE ] }
      [ WITH APPEND ]    [ NOT FOR REPLICATION ]
      AS
      [ { IF UPDATE ( column )     [ { AND |  OR } UPDATE ( column ) ]  [ …n ]
       |  IF ( COLUMNS_UPDATED ( ) { bitwise_operator } updated_bitmask )
                  { comparison_operator } column_bitmask [ …n ]
      } ]
      sql_statement [ …n ]
      }
```

其中各个参数与关键字的含义请参见创建触发器的内容。

2）使用 sp_rename 命令重命名触发器

可以使用存储过程 sp_name 重命名触发器，其语法格式为：

$$sp\_rename\ oldname,\ newname$$

参数说明和用例请参考重命名存储过程的说明，在此不再赘述。

3）查看触发器

查看已创建的触发器，通常有两种方法：

①使用系统存储过程 sp_helptrigger 查看触发器信息。

可以使用系统存储过程 sp_helptrigger 返回基本表中指定类型的触发器信息。其语法格式如下：

sp_helptrigger［@ tablename =］' table '［,［@ triggertype =］' type '］

参数说明：

［@ tablename =］' table '：当前数据库中表的名称，将返回该表的触发器信息。

［@ triggertype =］' type '：触发器的类型，将返回此类型触发器的信息。如果不指定触发器类型，将列出所有的触发器。

【例8.56】 查看"学生管理数据库"中的 student 表的触发器类型。要实现这个操作，可以在查询分析器中执行下列 T-SQL 语句。

USE 学生管理数据库

GO

EXEC sp_helptrigger ' student '

EXEC sp_helptrigger ' student ', ' INSERT '

代码的执行结果如图 8.35 所示。当每次对 student 表的数据进行添加时，都会显示如图 8.35 所示的消息内容。

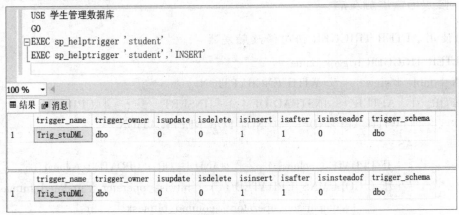

图 8.35 查看 student 表的触发器类型

②使用系统存储过程 sp_helptext 查看触发器代码。

可以使用系统存储过程 sp_helptext 查看触发器的代码，其语法格式如下：

$$sp\_helptext\ '\ trigger\_name\ '$$

【例 8.57】 查看触发器 Trig_stuDML 的所有者和创建日期。

USE 学生管理数据库

GO

EXEC sp_helptext 'Trig_stuDML '

代码的执行结果如图 8.36 所示。

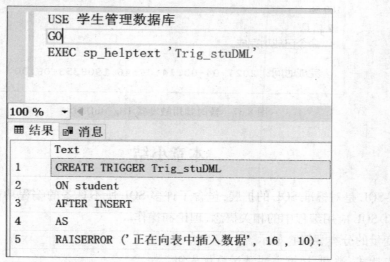

图 8.36 使用系统存储过程 sp_helptext 查看触发器代码

4）禁用或启用触发器

使用 T-SQL 语句中的 ALTER TABLE 命令实现禁用或启用触发器,其语法格式如下:

ALTER TABLE 触发器所属表名称

{ENABLE|DISABLE} TRIGGER {ALL|触发器名称[,...n]}

参数说明如下:

{ENABLE|DISABLE} TRIGGER:指定启用或禁用 trigger_name。当一个触发器被禁用时,它对表的定义仍然存在;但是,当在表上执行 INSERT、UPDATE 或 DELETE 语句时,触发器中的操作将不执行,除非重新启用该触发器。

ALL:不指定触发器名称的话,指定 ALL 则启用或禁用触发器表中的所有触发器。

【例 8.58】 暂时禁用触发器 Trig_stuDML 的使用。要实现这一任务,可以在查询分析器中执行下列 T-SQL 语句:

USE 学生管理数据库

GO

ALTER TABLE student

DISABLE TRIGGER Trig_stuDML

代码执行结果如图 8.37 所示。

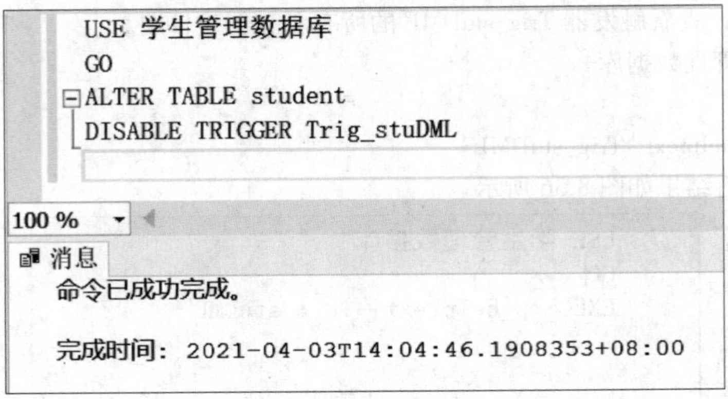

```
USE 学生管理数据库
GO
ALTER TABLE student
DISABLE TRIGGER Trig_stuDML
```

100 %

消息
命令已成功完成。

完成时间: 2021-04-03T14:04:46.1908353+08:00

**图 8.37　暂时禁用触发器 Trig_stuDML**

# 本章小结

1.T-SQL 是对标准 SQL 的扩展,包含了许多 SQL 所不具备的编程功能。本章系统地介绍了 T-SQL 应用编程中的相关概念、理论和操作。

2.变量的分类、赋值、显示。

3.表达式:类型、运算方法及运算优先级。

4.常用函数:数值计算函数、字符处理函数、日期及日期时间函数、类型转换函数等。

5.T-SQL 中顺序、选择、循环等程序结构的流程控制。

6.程序中的批处理、脚本、注释、事务。

7.存储过程的创建、修改、管理、重命名与删除。

8.触发器类型、创建、修改与管理触发器。

# 习题 8

## 一、选择题

1.T-SQL 提供了一些字符串函数,以下说法错误的是(　　　　)。

A.select substring('hello',1,3)返回值为:hel

B.select replace('hello','e','o')返回值为:hollo

C.select len('hello')返回值为:5

D.select stuff('abcd',2,3,'ef')返回值为:aefd

2.现有书目表 book,包含字段:价格 price(float),类别 type(char);现在查询各个类别的平均价格、类别名称,以下语句正确的是(　　　　)。

A.select avg(price),type from book group by type

B.select count(price),type from book group by price

C.select avg( price) ,type from book group by price

D.select count（price）,type from book group by type

3.以下（　　）语句的返回值不是22。

A.Select abs（-22） 　　　　　　　　　　B.Select round( 21.9 ,0)

C.Select ceiling（22.1） 　　　　　　　　D.Select floor( 22.9)

4.SQL Server 提供的单行注释语句是使用(　　)开始的一行内容。

A."/ ＊"　　　　　　　B."--"　　　　　　　C."{"　　　　　　　D."/"

5.表达式 LEN('电子学院') + DATALENGTH( GETDATE( ))的值为(　　)。

A.8　　　　　　　B.10　　　　　　　C.12　　　　　　　D.16

## 二、填空题

1.SQL server 中的变量分为两种,全局变量和局部变量。其中全局变量的名称以_____字符开始,有系统定义和维护。局部变量以_____字符开始,由用户自己定义和赋值。

2.触发器有 3 种类型,即 INSERT 类型、_____和_____。

3.SQL 语言中行注释的符号为_____;块注释的符号为_____。

## 三、程序分析题

1.阅读下面的程序段,然后简述该程序段所完成的功能。

Begin

　　　Waitfor time ' 15:43 '

　　　Create View my_view

　　　As Select order_date,book_number,book_id From orderform

　　　Where book_number ! < 25

End

该程序段的功能是:_____。

2.下面程序段的功能是:在数据库中判断是否存在名为 my_proc 的存储过程,若存在,则删除之,然后创建同名的存储过程,该存储过程的功能是向 book 表的 book_id、book_name、price 和 publisher 字段插入数据。阅读并回答以下问题:

Use bookdb

Go

If Exists( Select name From _____①_____

　　　Where name = ' my_proc ' And Type = '_____②_____'.

　　　Drop Proc my_proc

Go

Create Proc my_proc

　　　@ a int, @ b char( 50) ,@ c float ,@ d publisher

　　　　③_____

　　　　Insert Into student( book_id,book_name,price,publisher.

　　　　Values( @ a,@ b,@ c,@ d)

Go

问题:(1)填写该程序段中空白处的内容:①_____;②_____;③_____。

(2)任写一条调用该存储过程的语句:_____。

3.有一个"学生-课程"数据库,数据库中包括3个表:

①"学生"表 Student 由学号( Sno)、姓名( Sname)、性别( Ssex)、年龄( Sage)、所在系 ( Sdept)5 个属性组成,可记为: Student( Sno,Sname,Ssex,Sage,Sdept) Sno 为关键字。

②"课程"表 Course 由课程号( Cno)、课程名( Cname)、选修课号( Cpno)、学分 ( Ccredit)4 个属性组成,可记为: Course( Cno,Cname,Cpno,Ccredit) Cno 为关键字。

③"学生选课"表 SC 由学号( Sno)、课程号( Cno)、成绩( Grade)3 个属性组成,可记 为: SC( Sno,Cno,Grade)( Sno, Cno) 为关键字。

完成下列操作:

①请把其中建立"学生"表 Student 的语句写下来,其中学号属性不能为空,并且其值 是唯一的。

②在 Student 表中查询 Sdept 是"计算机"的学生的所有信息,并按 Sno 降序排列。

③在以上 3 个表中查询 Ccredit 为 5 并且 Grade 大于 60 的学生的学号、姓名和性别。

④为 Course 表创建一个名称为 my_trig 的触发器,当用户成功删除该表中的一条或多 条记录时,触发器自动删除 SC 表中与之有关的记录。( 注:在创建触发器之前要判断是 否有同名的触发器存在,若存在则删除。)

4.根据下面某教学管理数据库的表结构,完成下面的程序填空题。

教师(职工号,姓名,学历,职称)

课程(课程号,课程名称,课程类别)

任课(职工号,课程号,周课时)

补填下面的存储过程的定义,使其被调用时,能根据调用程序提供的教师姓名使用输 出参数返回该教师任课的课程数。

CREATE PROCEDURE 按教师姓名查询任课课程数

@ 姓名 VARCHAR( 10) , @ 课程数 INT _____

AS

SELECT _____

FROM 教师 JOIN 任课 ON 教师.职工号 = 任课.职工号

WHERE _____

5.完成下面的触发器的定义,当向任课表中插入记录时,触发器能判断若插入的记录 使该教师的任课周课时总计超过 20,则回滚插入操作。

```
CREATE TRIGGER 添加教学任务
ON 任课
AFTER INSERT
AS
DECLARE @总课时 INT
SELECT @总课时 = SUM(任课.周课时)
FROM 任课 JOIN _____
IF @总课时 > 20
_____
```

6.编程:编写一个函数,输入 $n$,输出 $1+2+\cdots+n$ 之和。

# 第9章　数据库应用系统开发与设计

习近平同志指出:"当前,我国科技领域仍然存在一些亟待解决的突出问题,特别是同党的十九大提出的新任务新要求相比,我国科技在视野格局、创新能力、资源配置、体制政策等方面存在诸多不适应的地方。我国基础科学研究短板依然突出,企业对基础研究重视不够,重大原创性成果缺乏,底层基础技术、基础工艺能力不足,工业母机、高端芯片、基础软硬件、开发平台、基本算法、基础元器件、基础材料等瓶颈仍然突出,关键核心技术受制于人的局面没有得到根本性改变。我国技术研发聚焦产业发展瓶颈和需求不够,以全球视野谋划科技开放合作还不够,科技成果转化能力不强。我国人才发展体制机制还不完善,激发人才创新创造活力的激励机制还不健全,顶尖人才和团队比较缺乏。我国科技管理体制还不能完全适应建设世界科技强国的需要,科技体制改革许多重大决策落实还没有形成合力,科技创新政策与经济、产业政策的统筹衔接还不够,全社会鼓励创新、包容创新的机制和环境有待优化。"[①]

数据访问技术是提供给开发语言的高效访问数据库的技术。一方面它使数据的独立、安全、持久、大量存储成为可能。另一方面,为了尽量高效安全访问数据库,数据访问技术也在不断发展进步。到 SQL Server 2012 时,相应的.NET 平台甚至提供了固化的访问数据库的通道,隐去烦琐的步骤,在开发网站等程序时,可以方便地访问数据库。而到 SQL Server 2019,不仅可以开发常规项目和数据库,而且还可以开发 Python 等程序。

目前可以利用 C#、Java 和 PHP 为前台开发技术,SQL Server 为后台数据库的典型案例的设计与开发。本章以大学教学信息管理数据库应用系统的主要设计实现过程为例,主要介绍数据库应用系统的应用程序设计与编程方法。

## 9.1　软件平台

Microsoft Visual Studio(简称 VS)是美国微软公司的开发工具包系列产品。VS 是一个基本完整的开发工具集,它包括了整个软件生命周期中所需要的大部分工具,如 UML 工具、代码管控工具、集成开发环境(IDE)等。所写的目标代码适用于微软支持的所有平台,包括 Microsoft Windows、Windows Mobile、Windows CE、.NET Framework、.NET Compact Framework 和 Microsoft Silverlight 及 Windows Phone。

Visual Studio 是最流行的 Windows 平台应用程序的集成开发环境。Visual Studio 2019

---

[①]　2018 年 5 月 28 日,中国科学院第十九次院士大会、中国工程院第十四次院士大会在北京人民大会堂隆重开幕。中共中央总书记、国家主席、中央军委主席习近平出席会议并发表重要讲话。

版本是基于.NET Framework 4.8。Visual Studio 2019 默认安装 Live Share 代码协作服务，帮助用户快速编写代码的新欢迎窗口、改进搜索功能、总体性能改进；Visual Studio IntelliCode AI 帮助；更好的 Python 虚拟和 Conda 支持；以及对包括 WinForms 和 WPF 在内的.NET Core 3.0 项目支持等。

本章大学教学信息管理系统开发的软件环境及相关事宜。

①软件平台工具为 SQL Server 2019。

②Visual Studio 2010 编程环境。

③Visual Basic.NET 可视化面向对象程序语言。

④ADO.NET 数据库访问对象模型/接口。

# 9.2　数据库设计

"创新之道，唯在得人。得人之要，必广其途以储之。要营造良好创新环境，加快形成有利于人才成长的培养机制、有利于人尽其才的使用机制、有利于竞相成长各展其能的激励机制、有利于各类人才脱颖而出的竞争机制，培植好人才成长的沃土，让人才根系更加发达，一茬接一茬茁壮成长。要尊重人才成长规律，解决人才队伍结构性矛盾，构建完备的人才梯次结构，培养造就一大批具有国际水平的战略科技人才、科技领军人才、青年科技人才和创新团队。要加强人才投入，优化人才政策，营造有利于创新创业的政策环境，构建有效的引才用才机制，形成天下英才聚神州、万类霜天竞自由的创新局面！①"数据库设计的工作量大且比较复杂，涉及的内容很广泛，设计一个性能良好的数据库并不容易，数据库设计的质量与设计者的知识、经验和水平有密切关系。在进行数据库设计时，必须确定系统的目标，确保开发工作进展顺利，保证数据库模型的准确和完整。数据库设计的最终目标是数据库必须能够满足用户对数据的存储和处理需求。

数据库设计分为如下 6 个阶段：

①需求分析阶段：主要是收集信息和处理要求，并进行分析和整理，为后续的各个阶段提供充足的信息。

②概念结构设计：对需求分析的结果进行综合、归纳，形成一个独立于具体 DBMS 的概念模型。

③逻辑结构设计：将概念结构设计的成果转换为某个具体的 DBMS 所支持的数据模型，并对其进行优化。

④物理结构设计：为逻辑结构设计的结果选取一个最适合应用环境的数据库物理结构。

⑤数据库实施：运用 DBMS 提供的数据语言以及数据库开发工具，建立数据库，编制

---

① 习近平总书记 2018 年 5 月 28 日在中国科学院第十九次院士大会、中国工程院第十四次院士大会上讲话。

应用程序,组织数据入库并进行试运行。

⑥数据库运行和维护:将已经试运行的数据库应用系统投入正式使用,在数据库应用系统的使用过程中不断对其进行调整、修改和完善。

数据库应用系统的生命周期如图9.1所示。

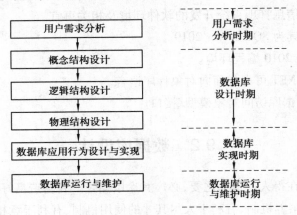

图9.1 数据库应用系统的生命周期

### 9.2.1 需求分析

需求分析就是分析用户的需求,其主要任务是对现实世界要处理的对象进行详细调查,在了解现行系统的概况、确定新系统功能的过程中,收集支持系统目标的基础数据及其业务处理需求。

1)需求分析任务

需求分析首先要调查清楚用户的实际需求,与用户达成共识,然后再分析和表达这些需求。用户调查的重点是"数据"和"处理"。通过调查获得:

①信息需求。定义所设计数据库系统需要用到的所有信息,明确用户要向数据库中输入的数据以及要从数据库中获取哪些信息。

②处理需求。定义数据库系统数据处理的操作功能,操作的执行频率和场合,操作与数据间的联系,以及系统对各种数据精度的要求,对吞吐量的要求,对未来功能、性能及应用范围扩展的要求等。

③安全性与完整性要求。安全性要求描述系统中不同用户对数据库的使用和操作情况,完整性要求描述数据之间的一致性以及数据的正确性。

2)教学信息管理数据库功能

大学教学信息管理数据库系统是一个典型的数据库应用系统,通过需求分析,明确其系统功能主要包括系统管理、学生管理、课程管理、成绩管理等功能模块。其系统(简化)功能模块结构如图9.2所示。

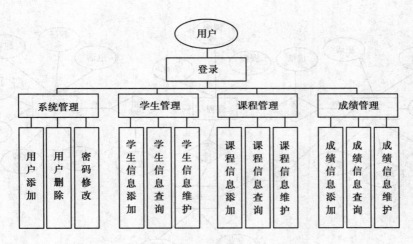

图 9.2 JXGL 系统功能模块结构

## 9.2.2 概念结构设计

概念结构设计是将需求分析得到的用户需求抽象为概念层数据模型,其独立于逻辑结构设计和数据库管理系统,是整个数据库系统设计的关键。

设计数据库概念结构的最著名、最常用的方法是 E-R 方法,即使用 E-R 模型来表示概念模型。E-R 模型(E-R 图)又称为"实体-联系"模型,实体、属性、联系是构成 E-R 模型的三要素。

①实体:客观存在的事物,如商品、客户等。实体在 E-R 图中用矩形框表示。

②属性:实体所具有的特性,如"商品"实体具有商品编号、商品条码、商品名称、产地等属性。属性在 E-R 图中用椭圆形表示。

③联系:实体和实体之间存在的关系,实体间的联系有 $1:1$(一对一)、$1:m$(一对多)、$m:n$(多对多)3 种,如"商品"和"客户"两个实体之间的联系就是 $m:n$(多对多),即一种商品可以被多个客户购买,一个客户可以购买多种商品。联系在 E-R 图中用菱形框表示。

采用 E-R 方法的数据库概念结构设计可分为以下 3 步:

①设计局部 E-R 模型:确定局部 E-R 模型的范围,定义实体、联系以及它们的属性。

②设计全局 E-R 模型:将所有局部 E-R 图集成为一个全局 E-R 图,即全局 E-R 模型。

③优化全局 E-R 模型。

在大学教学信息管理数据库系统中,存在学生、课程、教师、专业等实体,它们各自属性以及联系如图 9.3 所示。

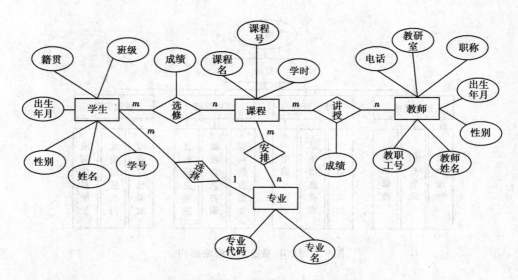

图 9.3　大学教学管理信息系统 E-R 模型

### 9.2.3　逻辑结构设计

逻辑结构设计是把概念结构设计的 E-R 模型转换为具体的数据库管理系统所支持的组织层数据模型(即特定的 DBMS 可以处理的数据库逻辑结构,在功能、性能、完整性和一致性约束方面满足应用要求)。

SQL Server 2019 是关系数据库管理系统,因此,本章仅谈论将 E-R 图转换为关系模型。

E-R 模型向关系模型转换的规则如下:

①一个实体转换为一个关系模式。实体的属性就是关系的属性,实体的码就是关系的主码。

②一个 1∶1 联系可以转换为一个独立的关系模式,也可以与任意一端所对应的关系模式合并。

③一个 1∶$n$ 联系可以转换为一个独立的关系模式,也可以与 $n$ 端所对应的关系模式合并。

④一个 m∶$n$ 联系必须转换为一个独立的模式。

⑤三个或三个以上实体间的一个多元联系可以转换为一个关系模式。

⑥具有相同主码的关系模式可以合并。

在大学教学信息管理数据库系统中,将上述 E-R 图转换成关系模型。

学生 S(学号,姓名,性别,出生年月,籍贯,班级,选择,专业代码)

选修 SC(学号,课程号,成绩)

课程 C(课程名,课程号,学时)

讲授 TEACH(课程号,教师工号,成绩)

教师 T(教师工号,教师姓名,性别,出生年月,职称,教研室,电话)

专业 SS(专业名,专业代码)

安排 CS(专业代码,课程号)

逻辑结构设计的结果并不是唯一的,为了提高数据库应用系统的性能,还应根据应用的需要对逻辑数据模型进行适当的修改和调整。

### 9.2.4 物理结构设计

数据库的物理结构设计是利用数据库管理系统提供的方法和技术,针对数据库的逻辑结构,确定数据的存储结构、设计数据的存取路径、确定合理的数据存储位置以及系统配置,设计一个高效的、存储空间利用率高、可实现的物理数据库结构。

在设计数据库时不但要对经常用到的查询和对数据进行更新的事务进行详细的分析,获得数据库物理结构设计所需要的各种参数;而且还要充分了解所使用的 DBMS 的特征,特别是系统提供的存取方法和存储结构。

在数据库的物理结构设计中,创建索引能够提高数据库中数据的查询效率。在教学管理系统中,选用 SQL Server 2019 作为数据库管理系统平台,对于经常查询的学号、姓名、课程号、专业号、教师工号、专业代码等属性可考虑建立索引。

### 9.2.5 数据库实施、运行和维护

数据库实施包括以下 3 个方面的内容:

1)建立数据库结构

根据物理结构的设计结果,选定相应的 DBMS。然后在该 DBMS 系统中利用其提供的 DDL 语言建立数据库结构。

例如,在 SQL Server 中,可用下列的 SQL 语句来分别创建数据库和数据表:

CREATE DATABASE database_name

CREATE TABLE table_name

在数据库结构定义以后,通过 DBMS 提供的编译处理程序编译后即可形成了实际可运行的数据库。但这时的数据库还仅仅是一个框架,内容是空的。要真正发挥它的作用,还需要编写相应的应用程序,将数据保存在其中,形成一个"有血有肉"的动态系统。

2)装载测试数据,编写调试应用程序

应用程序设计与数据库设计可以同时进行,应用程序的代码编写和调试则在数据库结构创建以后进行的。应用程序的编写和调试是一个反复进行的过程,其中需要对数据库进行测试性访问。这时应该在数据库中装载一些测试数据。这些数据可以随机产生,也可以用实际数据作为测试数据(但这些实际数据要留有副本)。

3)试运行

在应用程序调试以后,给数据库加载一些实际数据并运行应用程序,但还没有正式投入使用,而只是想查看数据库应用系统各方面的功能,那么这种运行就称为试运行,试运

行也称联合调试。

试运行与调试的区别：两者目的基本一样，但侧重点有所不同。调试主要是为了发现系统中可能存在的错误，以便及时纠正；试运行虽然也需要发现错误，但它更注重于系统性能的检测和评价。

试运行的主要工作包括：

①系统性能检测。包括测试系统的稳定性、安全性和效率等方面的指标，查看是否符合设计时设定的目标。

②系统功能检测。运行系统，按各个功能模块逐项检测，检查系统的各个功能模块是否能够完成既定的功能。

③如果检测结果不符合设计目标，则返回相应的设计阶段，重新修改程序代码或数据库结构，直到满足要求为止。

接下来，重点介绍以 SQL Server 2019 为后台管理数据库，借助 Visual Studio 进行应用程序设计与开发。

## 9.3 数据库与数据表创建

### 9.3.1 新建数据库

JXGL 数据库创建的步骤和方法前面章节已经详细阐述，这里将省略步骤，图 9.4 是创建过程中的关键步骤的图示。

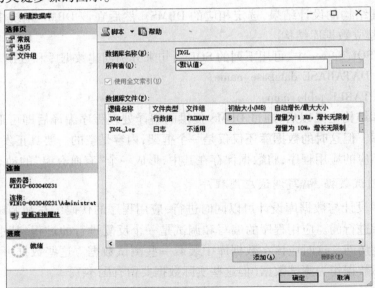

图 9.4　JXGL 数据库创建

### 9.3.2　数据库表结构

大学教学信息管理数据库中有如下几个表(字段名、数据类型、完整性约束等),以及它们之间的相互关系见表9.1—表9.8。

表9.1　学生关系表(S)

| 字段 | 类型 | 主键 | 允许 Null 值 | 备注 |
|---|---|---|---|---|
| S# | Char(9) | YES | NO | 学号 |
| SNAME | Varchar(16) |  | NO | 姓名 |
| SSEX | Char(2) |  | NO | 性别 |
| SBIRTHIN | datetime |  | NO | 出生年月 |
| PLACEOFB | Varchar(16) |  | YES | 籍贯 |
| SCODE# | Char(5) |  | YES | 专业代码 |
| CLASS | Char(6) |  | YES | 班级 |

表9.2　课程关系表(C)

| 字段 | 类型 | 主键 | 允许 Null 值 | 备注 |
|---|---|---|---|---|
| C# | Char(7) | YES | NO | 课程号 |
| CNAME | Varchar(20) |  | NO | 课程名 |
| CLASSH | smallint |  | YES | 学时 |

表9.3　学习关系表(SC)

| 字段 | 类型 | 主键 | 允许 Null 值 | 备注 |
|---|---|---|---|---|
| S# | Char(9) | YES | NO | 学号 |
| C# | Char(7) | YES | NO | 课程号 |
| GRADE | smallint |  | NO | 成绩 |

表9.4　专业关系表(SS)

| 字段 | 类型 | 主键 | 允许 Null 值 | 备注 |
|---|---|---|---|---|
| SCODE# | Char(5) | YES | NO | 专业代码 |
| SSNAME | Varchar(30) |  | NO | 专业名 |

表9.5　设置关系表(CS)

| 字段 | 类型 | 主键 | 允许 Null 值 | 备注 |
|---|---|---|---|---|
| SCODE# | Char(5) | YES | NO | 专业代码 |
| C# | Char(7) | YES | NO | 课程号 |

表 9.6　教师关系表(T)

| 字段 | 类型 | 主键 | 允许 Null 值 | 备注 |
|---|---|---|---|---|
| T# | Char（8） | YES | NO | 教职工号 |
| TNAME | Varchar（16） | | NO | 教师姓名 |
| TSEX | Char（2） | | NO | 性别 |
| TBIRTHIN | datetime | | NO | 出生年月 |
| TITLE | Varchar（10） | | YES | 职称 |
| TRSECTION | Varchar（12） | | YES | 教研室 |
| TEL | Char（11） | | YES | 电话 |

表 9.7　讲授关系表(TEACH)

| 字段 | 类型 | 主键 | 允许 Null 值 | 备注 |
|---|---|---|---|---|
| T# | Char(8) | YES | NO | 教职工号 |
| C# | Char(7) | YES | NO | 课程号 |

表 9.8　用户表(USERS)

| 字段 | 类型 | 主键 | 允许 Null 值 | 备注 |
|---|---|---|---|---|
| USER# | Varchar(10) | YES | NO | 用户名 |
| PASSWORD# | Varchar(20) | | NO | 密码 |

### 9.3.3　创建数据库表

方法 1：利用使用 SSMS 工具中的表设计器创建数据库表；

方法 2：利用使用 SQL 语言中的创建表语句(CREATE TABLE)逐个地创建表；

方法 3：基于 SSMS 查询编辑器的批处理创建数据库表方法。

①利用记事本编写批处理创建数据库表的脚本程序。

```
USE JXGL
GO
CREATE TABLE S
(S#      CHAR(9) PRIMARY KEY,
SNAME   CHAR(16) NOT NULL,
```

```
SSEX      CHAR(2) CHECK(SSEX IN ('男','女')),
SBIRTHIN DATETIME NOT NULL,
PLACEOFB CHAR(16),
SCODE#    CHAR(5),
CLASS     CHAR(6));

CREATE TABLE C
(C#      CHAR(7) PRIMARY KEY,
CNAME CHAR(20) NOT NULL,
CLASSH SMALLINT NOT NULL);

CREATE TABLE SC
(S# CHAR(9) NOT NULL,
C# CHAR(7) NOT NULL,
GRADE SMALLINT NOT NULL,
PRIMARY KEY (S#,C#));

CREATE TABLE USERS
(USER# CHAR(10),
PASSWORD# CHAR(20),
PRIMARY KEY (USER#,PASSWORD#));
GO
```

②将记事本中的文本形式的上述脚本程序拷贝到 SSMS 工具中的查询编辑器,单击
"执行"即可完成各数据库表的创建。

③要给创建好的数据库表插入数据,为程序的调试和验证准备好表中的数据。

```
USE JXGL
GO
INSERT INTO S VALUES('201401001 ','张华', '男','1996-12-14 ',
        '北京',   'S0401 ', '201401 ');
INSERT INTO S VALUES('201401002 ', '李建平', '男', '1996-08-20 ',
        '上海', 'S0401 ', '201401 ');
INSERT INTO S VALUES('201401003 ', '王丽丽', '女', '1997-02-02 ',
        '上海', 'S0401 ', '201401 ');
INSERT INTO C VALUES(' C401001 ', '数据结构',70);
```

INSERT INTO C VALUES('C401002','操作系统',60);
INSERT INTO C VALUES('C402001','指挥信息系统',60);
INSERT INTO SC VALUES('201401001','C402001',90);
INSERT INTO SC VALUES('201401001','C402002',90);
INSERT INTO SC VALUES('201401001','C403001',85);
INSERT INTO USERS VALUES('ljs','123');
GO

### 9.3.4 新建项目

1）为应用系统新建项目

打开 Visual Studio 2010,单击"文件"菜单,选择"新建项目"选项,打开"新建项目"对话框。在左边的"已安装的模板"中,选择"Visual Basic"下的"Windows"选项,再选择"Windows 窗体应用程序"。将项目名称中的默认名称"WindowsApplication1",修改为新项目名称:JXGLApplication,如图 9.5 所示。

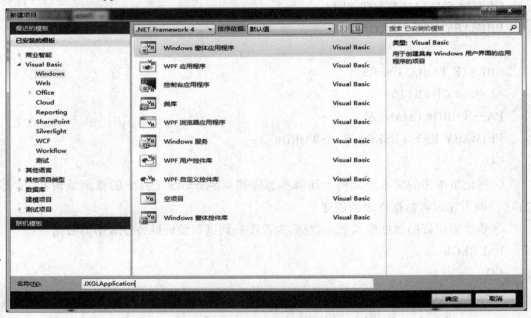

图 9.5 新建项目

单击（前一个界面底部的）"确定",进入新建项目的设计界面,如图 9.6 所示。

此时,表示该新建的"JXGLApplication"项目已经创建成功,可选择 Visual Studio 系统窗体左上角的"文件"菜单中的"全部保存"选项保存该项目。

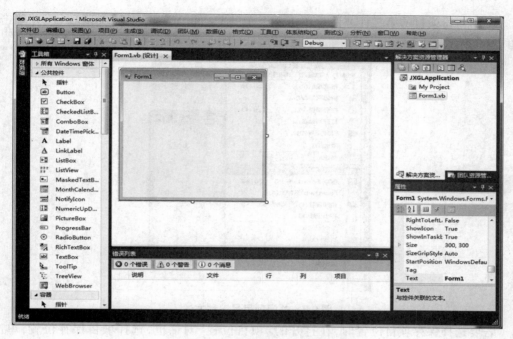

**图 9.6 新建项目设计界面**

　　解决方案资源管理器下的默认项目名称是 WindowsApplication, 当需要关闭项目时, 单击 Visual Studio 右上角的关闭 ; 如果之前没有保存该项目, 系统在弹出的"关闭项目"对话框中提示"是否保存或放弃对当前项目的更改?", 如图 9.7 所示, 单击"保存"按钮, 弹出图 9.8 所示的"保存项目"对话框, 此时也可修改项目名称, 并选择项目保存位置。

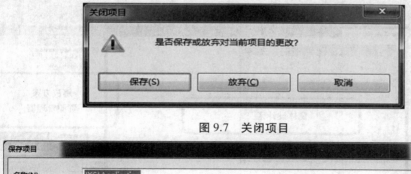

**图 9.7 关闭项目**

**图 9.8 保存项目**

关闭新建项目的第二种方法是单击左上角的"文件"菜单,选择"关闭项目"并单击,如图9.9所示。

图9.9　关闭项目另一种方法

若要选择保存项目位置时,在打开的"项目位置"对话框,选择项目保存位置,单击"选择文件夹"按钮后,返回"保存项目"对话框,单击"保存"按钮后,该项目即被保存到选择的文件夹中。

2)项目及窗体设计界面布局及功能

新建项目时打开的项目/窗体设计界面如图9.10所示。

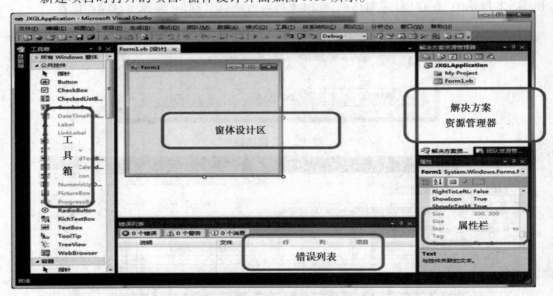

图9.10　项目/窗体设计界面

# 9.4 应用系统设计与实现

大学教学信息管理数据库应用系统的功能模块:登录、主界面、学生信息管理、课程信息管理、成绩信息管理等功能。功能模块的实现涉及:登录窗体、主界面窗体、学生信息添加窗体、学生信息查询窗体、课程信息添加窗体、成绩信息查询窗体、成绩信息维护窗体等的设计与实现。

## 9.4.1 登录模块

1)功能描述

用户登录模块用于验证登录者的身份和权限,并在用户成功登录后根据登录者身份的不同,分别进入相应的操作界面,完成相应的功能及界面初始化。

用户名和密码保存在 JXGL 数据库的 USERS 表中,登录模块要通过访问数据库,读取USERS 表中的内容,通过与登录者输入的用户名和密码数据是否一致地判定,完成用户身份验证和密码验证。

2)界面布局和对象及属性设置

①3 个 Label 控件(文字标签):大学教学信息管理系统;用户名;密码。

②1 个 ComboBox:用户名文本选择框。

③1 个 Textbox:密码文本输入框。

④2 个 Button 按钮:确定命令按钮、取消命令按钮。

界面布局如图 9.11 所示。

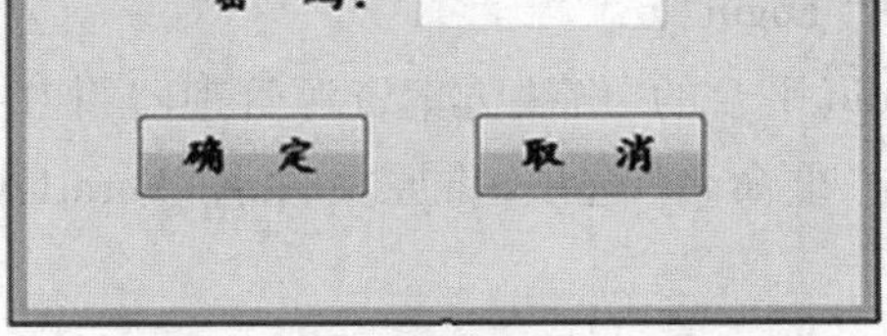

![登录界面截图，标题为"大学教学管理系统登录界面"，界面中包含"大学教学信息管理系统"标题、"用户名:"输入框、"密 码:"输入框，以及"确定"和"取消"两个按钮]

**图 9.11 登录界面**

在登录界面中,各对象的属性值设置见表 9.9。

表 9.9  "登录"窗体界面中对象的属性值设置

| 对象名 | 属性 | 属性值 | 备注 |
|---|---|---|---|
| Login | Text | 大学教学管理系统登录界面 | 标题栏显示文字 |
| | StartPosition | CenterScreen | 指定窗体在屏幕中心出现 |
| Label1 | Text | 大学教学信息管理系统 | 标签显示文字 |
| | AutoSize | True | 自动调整大小 |
| | Font | 隶书、粗体、二号 | 文字 |
| | ForeColor | Blue | 标签文字的颜色 |
| Label2 | Text | 用户名： | 标签显示文字 |
| | Font | 楷体、粗体、四号 | 字体（下面 1 行的字体相同） |
| Label3 | Text | 密码： | 标签显示文字 |
| Textbox1 | MaxLength | 10 | 用户名最大允许输入长度 |
| | Font | 宋体、常规、四号 | 字体（下面 1 行的字体相同） |
| Textbox2 | MaxLength | 20 | 用户名最大允许输入长度 |
| | PasswordChar | * | 输入密码时显示为 * |
| Button1 | Text | 确定 | 按钮表面显示文字 |
| | Font | 楷体、粗体、小三号 | 字体（下面 1 行的字体相同） |
| Button2 | Text | 取消 | 按钮显示文字 |

（1）Login 文件及窗体命名

新建项目后，在"窗体设计区"弹出的 Form1.vb［设计］即可作为登录模块的 Login 窗体，接下来需将其重命名为"Login"。

方法是：在 Visual Studio 平台的"解决方案资源管理器"栏中右击"Form1.vb"，在弹出的快捷菜单中选择并单击"重命名"选项，将原文件名"Form1.vb"改为"Login.vb"，如图 9.12 所示。

（2）控件及属性设计

在登录界面中，包含以下控件：

✓ 窗体 Login；

✓ 标签 Label1（大学教学信息管理系统）、标签 Label2（用户名）、标签 Label3（密码）；

✓ 文本框 Textbox1（输入用户名）、文本框 Textbox2（输入密码）；按钮 Button1（确定）、

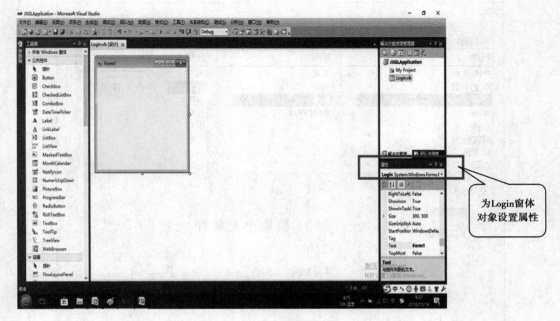

**图9.12 窗体命名**

按钮 Button2(取消)。

①给登录模块的 Login 窗体重命名。

方法是:单击 Form1 窗体的任意空白处,Visual Studio 平台右下方的"属性栏"显示"Login",表示是对 Login 窗体对象设置属性。找到 Text 属性,将其值设置为"大学教学管理系统登录界面";找到 StartPosition 属性,将其值设置为"CenterScreen"(含义是在运行时要求该窗体位于屏幕正中间)。

②设计登录模块的 Login 窗体的 3 个 Label 控件。

方法是:从 Visual Studio 平台左边的"工具箱"中选中并单击 Label 控件,然后在 Login 窗体上的合适位置用鼠标拖拉得到"Label1",在右下方的"属性栏"找到 Text 属性,将其值设置为"大学教学管理信息系统";找到 Autosize 属性,将其值设置为"True"(含义是该标签会随文字自动调整大小);找到并单击 Font 属性右侧的"设置"按钮,在打开的"字体"对话框中设置 Label1 的字体、字形和大小为"楷体、粗体、二号";设置 ForeColor 属性为"Blue"(含义是 Label1 的文字颜色为蓝色)。以同样方法,可为标签 Label2(对应用户名)和标签 Label3(对应密码)设置雷同的属性值,只是其字体、字形和大小应设置为"楷体、粗体、四号",如图 9.13 所示。

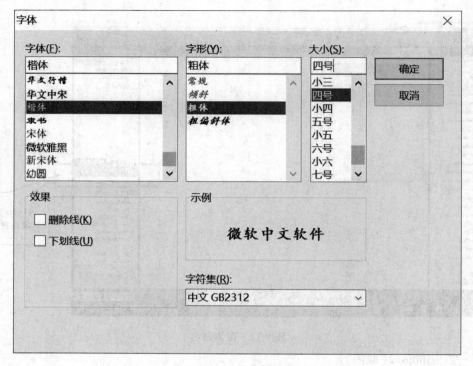

**图 9.13　Label 控件设置**

③设计登录模块的 Login 窗体的 2 个 Textbox 控件。

方法是：从 Visual Studio 平台左边的"工具箱"中选中并单击 TextBox 控件，然后在 Login 窗体上的合适位置用鼠标拖拉得到"TextBox1"，在右下方的"属性栏"找到 Text 属性，将其值设置为"用户名："；找到并单击 Font 属性右侧的"设置"按钮，在打开的"字体"对话框中设置 TextBox1 的字体、字形和大小为"宋体、常规、四号"。以同样方法，可为 TextBox2（对应密码）设置相同的 Text 属性值和 Font 属性值；接着找到 MaxLength 属性，将其值设置为 20（含义是用户输入密码最大长度为 20 个字符）；由于要隐藏密码文本框中的每个实际密码值而用符号"＊"代替，所以还要找到 PasswordChar 属性，将其值设置为"＊"。

④设计登录模块的 Login 窗体的 2 个 Button 按钮。

方法是：从 Visual Studio 平台左边的"工具箱"中选中并单击 Button 控件，然后在 Login 窗体上的合适位置用鼠标拖拉得到"Button1"，在右下方的"属性栏"找到 Text 属性，将其值设置为"确定"；找到并单击 Font 属性右侧的"设置"按钮，在打开的"字体"对话框中设置 Button1 的字体、字形和大小为"楷体、粗体、四号"。以同样方法，可为按钮 Button2（对应取消）设置相同的属性值，如图 9.14 所示。

图 9.14 JXGL 系统的登录窗体界面

3) 程序代码设计

根据前面的功能描述,应该为 Button1 和 Button2 的鼠标单击事件编写代码。双击 Button1 控件,进入代码编写页,如图 9.15 所示。

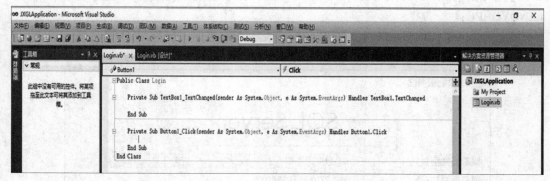

图 9.15 Button1 代码

(1) 添加 SqlClient 命名空间

访问 SQL Server 数据库需要.NET 数据提供程序的命名空间 System.Data.SqlClient 的支持。引用命名空间语句为:

Imports System.Data.SqlClient

SqlClient 命名空间如图 9.16 所示。

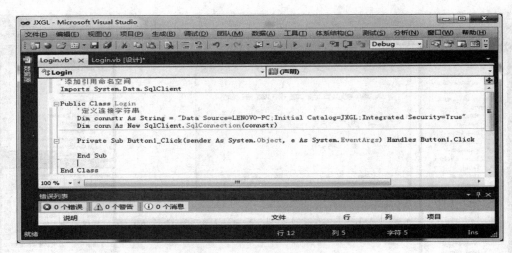

图 9.16  SqlClient 命名空间代码

（2）定义数据库连接

接下来在 Login 窗体类中定义数据库的连接信息：

Dim connstr As String ＝ "Data Source＝LENOVO－PC；Initial Catalog＝JXGL；Integrated Security＝True"

Dim conn As New SqlClient.SqlConnection( connstr)

其中，数据源"Data Source＝LENOVO－PC"表示当前 SQL Server 的服务器名称为 LENOVO－PC；

"Initial Catalog＝JXGL"中的"JXGL"表示当前数据库名称为 JXGL。

SQL Server 服务器名称可通过打开 SQL Server 登录界面获取，如图 9.17 所示。

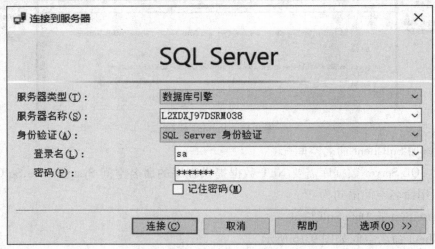

图 9.17  SQL Server 登录界面

（3）编写"确定"按钮单击事件代码

编写"确定"按钮的单击事件 Button1_Click( )，登录按钮的代码是完成用户名和密码的验证功能。在双击窗体设计界面上的 Button1 控件后,在弹出的代码设计页中,可对 Button1_Click 事件编写以下的程序代码,如图 9.18 所示。

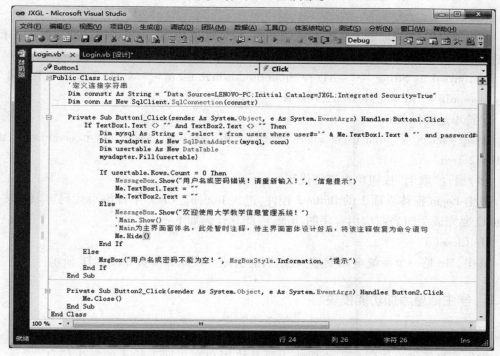

图 9.18 登录窗体的代码页

If TextBox1.Text <> " " And TextBox2.Text <> " " Then

Dim mysql As String = " select ∗ from users where user#='" & Me.TextBox1.Text & "' and password#='" & Me.TextBox2.Text & "'"

Dim myadapter As New SqlDataAdapter(mysql, conn)

Dim usertable As New DataTable

myadapter.Fill(usertable)

If    usertable.Rows.Count = 0 Then

MessageBox.Show("用户名或密码错误!请重新输入!", "信息提示")

Me.TextBox1.Text = " "

Me.TextBox2.Text = " "

Else

MessageBox.Show("欢迎使用大学教学信息管理系统!")

' Main.Show( )

'Main 为主界面窗体名,此处暂时注释,待主界面窗体设计好后,将该注释恢复为 命令语句

Me.Hide( )

End If

Else

    MsgBox("用户名或密码不能为空!",MsgBoxStyle.Information,"提示")

End If

其中,Fill( ):在 DataSet 中添加或刷新行,以匹配使用 DataSet 名称的数据源中的行,并创建一个 DataTable。

Dim mysql As String = "select * from users where user#='" & Me.TextBox1.Text & "' and password#='" & Me.TextBox2.Text & "'"

字符串运算结果:

Mysql = select * from users where user# = ' Me.TextBox1.Text ' and password# = ' Me.TextBox2.Text '

(4)编写"取消"按钮单击事件代码

双击 Login 窗体界面上的 Button2 控件,进入 Button2_Click 事件编写代码。取消按钮 Button2 要完成关闭当前应用程序的功能,因此其代码如下:

Me.Close( )

其中,Me 是一个系统全局变量,表示当前窗体。代码编写页如图 9.18 所示。

### 9.4.2　学生信息添加功能模块

1)功能描述

学生信息添加窗体要完成的功能主要是将用户在界面上输入的学生信息:学号、姓名、性别、出生日期、籍贯、专业代码、班级,将其添加进 JXGL 数据库的学生表 S 中。在添加之前,需要检查新添的学号在数据库中是否已存在,若存在,则不允许添加。

2)界面布局和对象及属性设置

在"学生信息添加"界面布局对话框中,如图 9.19 所示。各对象及其属性设置见表 9.10。

图 9.19　界面布局和对象

表 9.10 "学生信息添加"窗体界面中对象的属性值设置

| 对象名 | 属性 | 属性值 | 备注 |
|---|---|---|---|
| Add_S | Text | 学生信息添加 | 标题栏显示文字 |
| | StartPosition | CenterScreen | 指定窗体在屏幕中心出现 |
| Label1 | Text | 学号 | 标签显示文字 |
| Label2 | Text | 姓名 | 标签显示文字 |
| Label3 | Text | 性别 | 标签显示文字 |
| Label4 | Text | 出生日期 | 标签显示文字 |
| Label5 | Text | 籍贯 | 标签显示文字 |
| Label6 | Text | 专业代码 | 标签显示文字 |
| Label7 | Text | 班级 | 标签显示文字 |
| TextBox1 | MaxLength | 9 | 学号最大允许输入长度 |
| TextBox2 | MaxLength | 16 | 姓名最大允许输入长度 |
| TextBox3 | MaxLength | 16 | 籍贯最大允许输入长度 |
| TextBox4 | MaxLength | 5 | 专业代码最大允许输入长度 |
| TextBox5 | MaxLength | 6 | 班级最大允许输入长度 |
| ComboBox1 | Items | 男、女 | 组合框中可选的性别值 |
| DateTimePicker1 | Value | 1995/1/1 | 出生日期可选择的默认日期 |
| | MaxDate | 2025/12/30 | 学生出生日期最大值 |
| | MinDate | 1900/1/1 | 学生出生日期最小值 |
| Button1 | Text | 添加 | 按钮表面显示文字 |
| Button2 | Text | 取消 | 按钮表面显示文字 |

（1）添加 Add_S 窗体

①打开 JXGLApplication 项目,在"解决方案资源管理器"的 JXGLApplication 项目上右击,在弹出的快捷菜单中选择"添加"选项,再选择"Windows 窗体"选项并单击。

②在系统弹出"添加新项"对话框中,将位于其底部的缺省窗体名"Forma1.vb"修改为"Add_S.vb",单击"添加"按钮,如图 9.20 所示,即可完成学生信息添加窗体的添加。

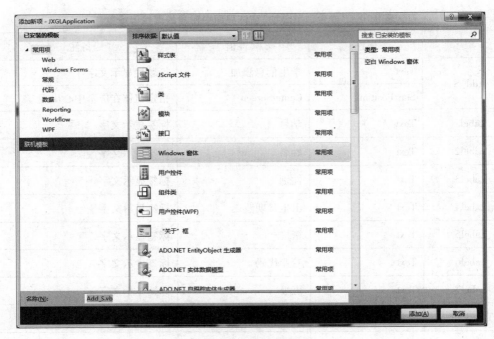

图 9.20　添加新项窗口

（2）控件及属性设计

在 Add_S 窗体上添加学生信息添加所需的控件，窗体布局如图 9.21 所示。首先可用鼠标拖拉的方式调整窗体界面的大小。该窗体需要：

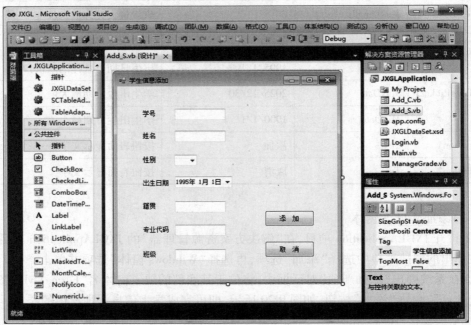

图 9.21　"学生信息添加"界面控件设计

✓ 7个 Label 控件(文字显示标签:学号、姓名、性别、出生日期、籍贯、专业代码、班级);

✓ 5个 Textbox 控件(文本输入框:学号、姓名、籍贯、专业代码、班级);

✓ 1个 ComboBox 控件:用于选择性别;

✓ 1个 DateTimePicker 控件:用于选择出生日期;

✓ 2个 Button 按钮:对应于添加、取消2个命令按钮。

①给学生信息添加模块的 Add_S 窗体重命名。

方法是:单击窗体 Add_S 的空白处,Visual Studio 平台右下方的"属性栏"显示"Add_S",表示是对 Add_S 窗体对象设置属性。找到 Text 属性,将其值设置为"学生信息添加";找到 StartPosition 属性,将其值设置为"CenterScreen"。

②依次设计学生信息添加模块的 Add_S 窗体的7个 Label 控件。

分别是:Label1(学号)、Label2(姓名)、Label3(性别)、Label4(出生日期)、Label5(籍贯)、Label6(专业代码)、标签 Label7(班级)。分别在其 Font 属性的"字体"对话框中将其字体、字形和字大小设置为"楷体、粗体、四号"。

③依次设计学生信息添加模块的 Add_S 窗体的5个 TextBox 控件。

将 TextBox1 控件(对应学号输入框)的 MaxLength 属性值设置为9;将 TextBox2 和 TextBox3 控件(分别对应姓名和籍贯输入框)的 MaxLength 属性值设置为16;将 TextBox4 控件(对应专业代码输入框)的 MaxLength 属性值设置为5;将 TextBox5 控件(对应班级输入框)的 MaxLength 属性值设置为6;将5个 TextBox 控件的 Font 属性值设置为"宋体、常规、四号"。

④设计为选择学生性别的组合框 ComboBox 控件。

方法是:从 Visual Studio 平台左边的"工具箱"中选中并单击 ComboBox 控件,然后在 Add_S 窗体上的合适位置用鼠标拖拉得到"ComboBox1",在"属性栏"中将其 Font 属性的字体、字形和字大小设置为"宋体、常规、四号";找到 Items 属性,单击其右侧的按钮,弹出"字符串集合编辑器,在其中输入属性值"男""女",如图9.22所示。

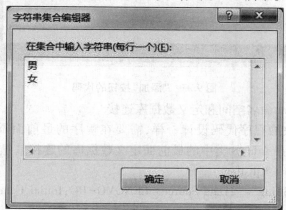

图9.22 学生性别的组合框 ComboBox 控件

⑤设计为选择出生日期的 DateTimePicker 控件。

方法是：在 Add_S 窗体上的合适位置用鼠标拖拉得到"DateTimePicker1"。在"属性栏"中将 Value 属性值设置为"1995/1/1"（即将出生日期的默认值设置在大多数学生的出生时间）；将 MaxDate 属性值设置为"2025/12/30"；将 MinDate 属性值设置为"1900/1/1"；将 Font 属性值设置为"宋体、常规、四号"。

⑥设计学生信息添加模块的 Add_S 窗体的 2 个 Button 按钮。

将其 Text 属性值分别设置为"添加"和"取消"；将其 Font 属性值设置为"楷体、加粗、四号"。

3）学生信息添加功能模块——程序代码设计

双击图 9.23 中的 Button1 控件，进入"添加"按钮的代码编写页。

图 9.23 "添加"按钮的代码

（1）添加 SqlClient 命名空间和定义数据库连接

为了与登录模块的程序代码设计一样，需要在程序的最前面添加 SqlClient 的引用命名空间语句；接着在 Add_S 类中的最前面定义数据库的连接信息，如图 9.24 所示。

Imprts System.Data.SqlClient

Dim connstr As String = "Data Source＝LENOVO－PC；Initial Catalog＝JXGL；Integrated Security＝True"

Dim conn As New SqlClient.SqlConnection(connstr)

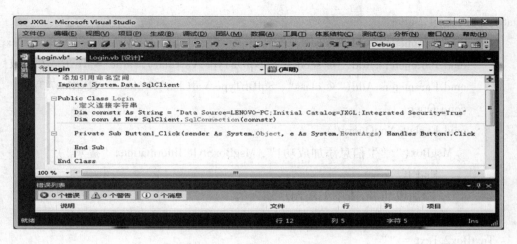

**图 9.24 SqlClient 命名空间代码**

（2）编写"添加"按钮单击事件代码

"添加"按钮的单击事件 Button1_Click( )中的代码,完成将用户在窗体上输入和选择的数据值添加到 JXGL 数据库的 S 表中。

要编写的程序代码位于 Button1 单击事件子过程开始语句"Private Sub Button1_Click"和结束语句"End Sub"之间。

Button1_Click 事件代码如下:

Dim insertsql As String = " insert into S( s#,sname,ssex,sbirthin,placeofb,scode#,class) values ( @ s#,@ sname,@ ssex,@ sbirthin,@ placeofb,@ scode#,@ class)"

Dim cmd As New SqlClient.SqlCommand( insertsql, conn)

'检查添加的学号是否已存在

Dim sqlstring As String = " select ∗ from S where s#='" & TextBox1.Text & "'"

conn.Open( )

Dim com2 As New SqlClient.SqlCommand( sqlstring, conn)

Dim read1 As SqlDataReader = com2.ExecuteReader

If read1.Read( ) Then

MsgBox( "该学号已经存在!", MsgBoxStyle.Information, "提示")

Else

'添加新学生的信息

conn.Close( )

cmd.Parameters.Add( "@ s#", SqlDbType.VarChar).Value = TextBox1.Text

cmd.Parameters.Add( "@ sname", SqlDbType.VarChar).Value = TextBox2.Text

cmd.Parameters.Add( "@ ssex", SqlDbType.VarChar).Value = ComboBox1.Text

cmd.Parameters.Add( "@ sbirthin", SqlDbType.DateTime).Value =

DateTimePicker1.Value

        cmd.Parameters.Add("@placeofb", SqlDbType.VarChar).Value = TextBox5.Text

        cmd.Parameters.Add("@scode#", SqlDbType.VarChar).Value = TextBox6.Text

        cmd.Parameters.Add("@class", SqlDbType.VarChar).Value = TextBox7.Text

        conn.Open()

        cmd.ExecuteNonQuery()

         MsgBox("学生信息添加成功!", MsgBoxStyle.Information, "提示")

           End If

           '添加成功后,清空上次用户输入值

TextBox1.Text = ""

TextBox2.Text = ""

ComboBox1.Text = ""

DateTimePicker1.Value = "1995/1/1"

TextBox5.Text = ""

TextBox6.Text = ""

TextBox7.Text = ""

conn.Close()

分析说明:

        MsgBox("该学号已经存在!", MsgBoxStyle.Information, "提示")

        VB.NET 语言的语句格式:

             MsgBox(消息文本 [,显示按钮][,标题])

其中:

①消息文本:在对话框中作为消息显示的字符串,用于提示信息。

②标题:在对话框标题栏中显示的标题,默认时为空白。

③显示按钮:是一个枚举类型的 MsgBoxStyle 值,用来控制在对话框内显示的按钮、图标的种类和数量。

(3)编写"取消"按钮单击事件代码

双击 Add_S 窗体界面上的 Button2 控件;进入 Button2_Click 事件编写代码。取消按钮 Button2 要完成关闭当前应用程序的功能,代码如下:

Me.Close()

代码编写页如图 9.25 所示。

图 9.25 "取消"按钮单击事件代码

### 9.4.3 学生信息查询功能模块

1）功能描述

根据用户输入的学生学号和/或姓名，查询出 JXGL 数据库中学生表 S 的信息，并显示被查询出的人数。该查询要能支持模糊查询，如查询姓"李"的同学。

2）界面布局和对象及属性设置

其中，"学生信息查询"窗体界面中对象的属性值设置如图 9.26 和表 9.11 所示。

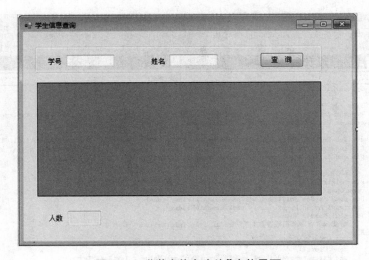

**图 9.26　"学生信息查询"窗体界面**

**表 9.11　"学生信息查询"窗体界面中对象的属性值设置**

| 对象名 | 属性 | 属性值 | 备注 |
|---|---|---|---|
| Qry_S | Text | 学生信息查询 | 标题栏显示文字 |
| | StartPosition | CenterScreen | 指定窗体在屏幕中心出现 |
| Label1 | Text | 学号 | 标签显示文字 |
| | Font | 楷体、粗体、四号 | 字体(下面 2 行的字体相同) |
| Label2 | Text | 姓名 | 标签显示文字 |
| Label3 | Text | 人数 | 标签显示文字 |
| TextBox1 | MaxLength | 9 | 学号最大允许输入长度 |
| | Font | 宋体、常规、四号 | 字体(下面 1 行的字体相同) |
| TextBox2 | MaxLength | 16 | 姓名最大允许输入长度 |
| TextBox3 | ReadOnly | True | 文本框为只读 |
| | Font | 宋体、粗体、四号 | 字体 |
| | ForeColor | Red | 字体颜色 |
| | TextAlign | Center | 字体对齐方式:居中 |
| ComboBox1 | Text | 空 | 组框线上显示的文字 |
| Button1 | Text | 查询 | 按钮表面显示文字 |
| | Font | 楷体、粗体、四号 | |

（1）添加 Qry_S 窗体

在"解决方案资源管理器"的 JXGLApplication 项目上右击，在弹出的快捷菜单中选择"添加"选项，再选择"Windows 窗体"选项并单击，在系统弹出"添加新项"对话窗体中，将位于其底部的窗体名"Forma1.vb"修改为"Qry_S.vb"，单击"添加"按钮，即可，完成学生信息查询窗体的添加，如图 9.27 所示。

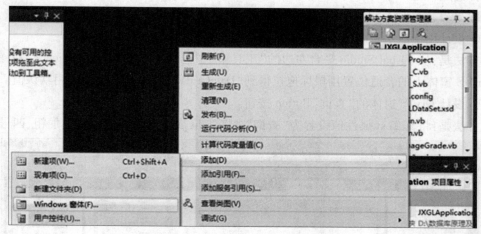

**图 9.27　添加 Qry_S 窗体**

（2）控件及属性设计

在 Qry_S 窗体上添加学生信息查询所需的控件。根据窗体布局（图 9.28），添加学生信息查询窗体的对象：

✓ 3 个 Label 控件（文字显示标签）：学号、姓名、人数；

✓ 3 个 Textbox 控件（文本输入框）：学号、姓名、人数；

✓ 1 个 DataGridView 控件，用于显示查询结果；

✓ 1 个 GroupBox 控件，用于组合查询选项的框架；

✓ 1 个 Button 按钮，对应于查询命令按钮。

①给学生信息查询模块的 Qry_S 窗体重命名，原来窗体"属性栏"的上方显示的是"Qry_S"，点击窗体 Qry_S 的空白处，将 Qry_S 窗体的 Text 属性值设置为"学生信息查询"。将 StartPosition 属性值设置为"CenterScreen"，表示在运行时，该窗体位于屏幕正中间。

②依次设计学生信息查询模块的 Qry_S 窗体的 3 个 Label 控件，分别为：Label1（学号）、Label2（姓名）、Label3（人数）。分别将其 Font 属性值设置为"楷体、粗体、四号"。

③依次设计学生信息查询模块的 Qry_S 窗体的 3 个 TextBox 控件。

方法是：将 TextBox1 控件（对应学号输入框）的 MaxLength 属性值设置为 9；将 TextBox2 控件（对应姓名输入框）的 MaxLength 属性值设置为 16。将 TextBox1 和 TextBox2 的 Font 属性值均设置为"宋体、常规、四号"。TextBox3 控件用于显示查询到的学生的人数,将其 ReadOnly 属性值设置为 True;将 Font 属性值设置为"宋体、粗体、四号";将 ForeColor 属性值设置为"Red";将 TextAlign 属性值设置为"Center"(含义是对齐方式为居中)。

④设计 GroupBox1 控件。

方法是:单击 GroupBox1 控件的边缘,在"属性栏"中将其 Text 属性值设置为""(含义是删除 Text 属性值)。GroupBox1 控件用于将查询选项组合在一起,起到美观作用。

⑤设计用于显示查询的学生记录结果的 DataGridView 控件。

方法是:从 Visual Studio 平台左边的"工具箱"中选中并单击 DataGridView 控件,然后在 Qry_S 窗体上的合适位置用鼠标拖拉得到"DataGridView1",其属性均采用默认值。

⑥设计 Qry_S 窗体的"查询"Button 按钮。

方法是:将其 Text 属性值设置为"查询";将 Font 属性值设置为"楷体、加粗、四号"。

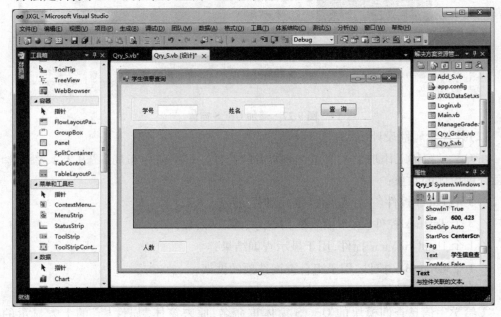

图 9.28 学生信息查询窗体界面

信息查询模块的功能是:当输入学生的学号和/或姓名,并单击"查询"按钮后,系统从数据库中查询相关信息。所以,需要双击图中的 Button1 控件,进入"查询"按钮的代码编写页。

3)学生信息查询功能模块——程序代码设计

(1)添加 SqlClient 命名空间和定义数据库连接

需要在程序的最前面添加 SqlClient 的引用命名空间语句;接着在 Qry_S 类中的最前面定义数据库的连接信息。

Imports System.Data.SqlClient

Dim connstr As String = "Data Source = LENOVO − PC;Initial Catalog = JXGL;Integrated Security = True"

Dim conn As New SqlClient.SqlConnection(connstr)

（2）编写"查询"按钮单击事件代码

"查询"按钮的单击事件为 Button1_Click( )，完成将用户在文本框中输入的学号或姓名作为查询项，在数据库中将满足条件的数据查询出来，并将其作为 DataGridView 控件的数据源以显示给用户。

为显示查询出来的人数，需要统计人数，用 TextBox3 显示。所以，需要编写的程序代码位于 Button1 单击事件子过程开始语句"Private Sub Button1_Click"和结束语句"End Sub"之间。Button1_Click 事件代码如下：

Dim sqlstr As String = "select ∗ from S where s# like '" & TextBox1.Text & "%'" & " and sname like '" & TextBox2.Text & "%'"

Dim adapter1 As New SqlDataAdapter(sqlstr, conn)

Dim dt1 As New DataSet

dt1.Clear( )

Try

adapter1.Fill(dt1,"学生")　　'将查询结果填充到数据集对象，并用一个表的别名"学生"为标记

Catch ex As Exception

MessageBox.Show(ex.Message)

Exit Sub

End Try

'指定 GridView 的数据源，GridView 是以表格方式显示数据的控件

DataGridView1.DataSource = dt1.Tables("学生")

'求人数

Dim countstr As String = "select count( ∗ ) from S where s# like '" & TextBox1.Text & "%'" & " and sname like '" & TextBox2.Text & "%'"

Dim cmd As New SqlCommand(countstr, conn)

conn.Open( )

TextBox3.Text = cmd.ExecuteScalar

conn.Close( )

语句说明分析：

语句 1:Dim sqlstr As String = "select ∗ from S where s# like '" & TextBox1.Text & "%'" & "and sname like '" & TextBox2.Text & "%'"

拼接成的字符串形式为：

　　　　select ＊ from S where s# like '学号%'　 and sname like '姓名%'

语句 2：Dim adapter1 As New SqlDataAdapter( sqlstr, conn)

其中，SqlDataAdapter 用来访问 SQL Server 数据库。DataAdapter 是 DataSet 对象与数据源之间的桥梁，负责从数据源中检索数据，并把检索到的数据填充到 DataSet 对象中的表。SqlDataAdapter 对象的常用属性和方法见表 9.12。

表 9.12　SqlDataAdapter 对象的常用属性和方法

| 属性(方法)名称 | 功能说明 |
|---|---|
| SelectCommand | 对应于 SELECT 语句，用于在数据源中查询数据记录 |
| DeleteCommand | 对应于 DELETE 语句，用于从数据集中删除数据记录 |
| InsertCommand | 对应于 INSERT 语句，用于向数据源中插入新数据记录 |
| UpdateCommand | 对应于 UPDATE 语句，用于更新数据源中的数据记录 |
| Fill( ) | 在 DataSet 中添加或刷新行，以匹配使用 DataSet 名称的数据源中的行，并创建一个 DataTable |
| Update( ) | 为指定 DataSet 中每个已插入、已更新、已删除的行调用相应的 INSERT、UPDATE、DELETE 语句 |

语句 3：Try

　　　　　　adapter1.Fill( dt1 , "学生")　　　 '可以是其他执行语句

　　　　　　Catch ex As Exception

　　　　　　MessageBox.Show( ex.Message)

　　　　　　 Exit Sub

　　End Try

这是 VB.NET 程序的一个典型且比较简单的异常处理程序。

语句 4：Dim countstr As String = "select count( ＊ ) from S where s# like '" & TextBox1.Text & "%'" & "and sname like '" & TextBox2.Text & "%'"

拼接成的字符串形式为：

　　select count( ＊ )　 from S where s# like '学号%' and sname like '姓名'

学生信息查询功能模块代码如图 9.29 所示。

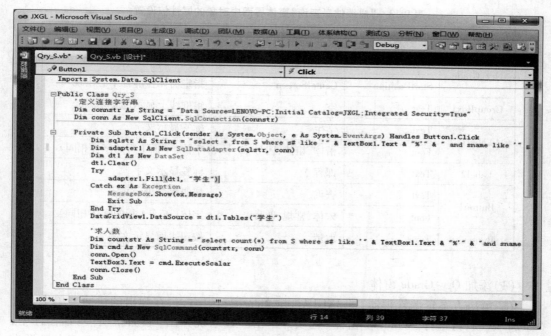

图 9.29 学生信息查询功能模块代码

### 9.4.4 成绩信息查询功能模块

1）功能描述

根据用户在下拉组合框中选择的学生信息和/或课程信息，查询某个/些学生学习了某一/些门课程的成绩，并将查询的结果（记录）依次显示在下方的列表中。

2）界面布局和对象及属性设置

窗体中有两个下拉组合框，分别用于显示学生信息和课程信息，因此在窗体加载时，就要从数据库中读取学生信息和课程信息，分别添加到这两个下拉组合框中，以便用户在查询时选择。

界面布局如图 9.30 所示，窗体中的对象属性设置见表 9.13。

图 9.30 成绩信息查询功能模块

表 9.13　"成绩信息查询"窗体界面中对象的属性值设置

| 对象名 | 属性 | 属性值 | 备注 |
|---|---|---|---|
| Qry_Grade | Text | 成绩信息查询 | 标题栏显示文字 |
| | StartPosition | CenterScreen | 指定窗体在屏幕中心出现 |
| GroupBox1 | Text | 空 | 组框线上显示的文字 |
| Label1 | Text | 学生 | 标签显示文字 |
| | Font | 楷体、粗体、四号 | 字体(下面 1 行的字体相同) |
| Label2 | Text | 课程 | 标签显示文字 |
| Button1 | Text | 查询 | 按钮表面显示文字 |
| | Font | 宋体、常规、四号 | 字体(下面 1 行的字体相同) |
| Button2 | Text | 取消 | 按钮表面显示文字 |

(1)添加 Qry_Grade 窗体

在"解决方案资源管理器"的 JXGLApplication 项目上右击,在弹出的快捷菜单中选择"添加"选项,再选择"Windows 窗体"选项并单击。在系统弹出"添加新项"对话窗体中,将位于其底部的窗体名 Forma1.vb 修改为 Qry_Grade.vb,单击"添加"按钮,即可完成学生成绩信息查询窗体的添加。

(2)控件及属性设计

Qry_Grade 窗体(图 9.31)进行成绩查询所需对象:

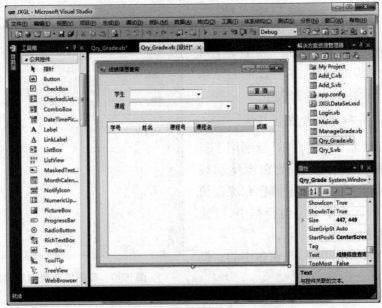

图 9.31　成绩信息查询控件

✓ 1 个 GroupBox 控件(用于组合查询选项的框架);

✓ 2 个 Label 控件(分别对应于学生、课程 2 个文字显示标签);

✓ 2 个 ComboBox 控件(用于下拉组合学生、课程信息);

✓ 2 个 Button 按钮(对应查询、取消 2 个命令按钮);

✓ 1 个 ListView 控件(用于显示查询结果)。

①给 Qry_Grade 窗体重命名。

方法是:将 Qry_Grade 窗体的 Text 属性值设置为"成绩信息查询"。将 StartPosition 属性值设置为"CenterScreen"。

②依次设计学生成绩信息查询模块的 Qry_Grade 窗体的 2 个 Label 控件。

2 个 Label 控件:Label1(学生)、Label2(课程)。分别将其 Font 属性值设置为"楷体、粗体、四号"。

③设计 GroupBox1 控件。

方法是:单击 GroupBox1 控件的边缘,在"属性栏"中将其 Text 属性值设置为" "(含义是删除 Text 属性值)。GroupBox1 控件用于将查询选项组合在一起,起到美观作用。

④依次设计学生成绩信息查询模块的 Qry_Grade 窗体的 2 个 ComboBox 控件。

ComboBox1 控件是选择学生信息的组合框,通过程序代码读取 JXGL 数据库中的学生表 S 的学号和姓名信息作为其值,然后添加到 Items 上,所有属性采用默认值。ComboBox2 控件是选择课程信息的组合框,也是通过程序代码读取 JXGL 数据库中的课程表 C 的课程号和课程名信息作为其值,然后添加到 Items 上,所有属性采用默认值。将 ComboBox1 和 ComboBox2 控件的 Font 属性值设置为"宋体、常规、四号"。

⑤设计学生成绩信息查询模块的 Qry_Grade 窗体的 2 个 Button 按钮。

将其 Text 属性值分别设置为"查询"和"取消"。将 Font 属性值分别设置为"楷体、加粗、四号"。

⑥设计 Qry_Grade 窗体的 ListView1 控件。

由于 ListView1 控件的值是程序代码根据学生和课程信息查询得到的,所以属性值均为默认值。

成绩信息查询窗体界面如图 9.32 所示。

3)程序代码设计

成绩信息查询模块的功能是:系统在加载窗体 Qry_Grade 时,就要同时从 JXGL 数据库的学生表 S 和课程表 C 中读取信息,并分别添加到学生和课程两个下拉组合框中。

所以,程序代码设计的第一步就是:双击"成绩信息查询"窗体对象的任意空白处,弹出代码设计页如图 9.33 所示。

(1)添加 SqlClient 命名空间和定义数据库连接

与登录模块的程序代码设计一样,需要在程序的最前面添加 SqlClient 的引用命名空间语句;在 Qry_Grade 类中的最前面定义数据库的连接信息,命名空间代码如图 9.34 所示。

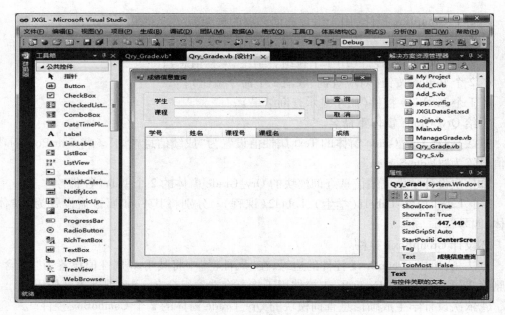

图 9.32　学生成绩信息查询窗体界面

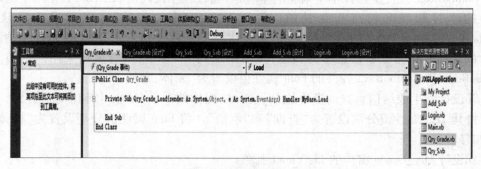

图 9.33　学生成绩信息查询模块代码

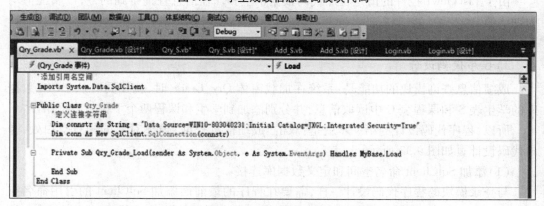

图 9.34　学生成绩信息查询模块中添加 SqlClient 命名空间代码

（2）编写"窗体加载"事件代码

在进行成绩查询时，输入项为学生和课程信息。为方便操作，将用户输入改为让用户选择学生和课程信息，故窗体中设置了2个ComboBox控件，方便用户选择或输入查询项。由于学号或课程号不够直观，程序设计时将2个下拉组合框中分别添加上"学号+姓名"和"课程号+课程名"的信息。在"成绩信息查询"窗体刚开始加载运行时，程序就要为学生和课程这2个下拉组合框准备好可选的数据，故这些程序应该在"成绩信息查询"窗体加载事件时运行。

根据 Button1 工作逻辑，要编写的程序代码应位于 Qry_Grade 窗体加载事件子过程开始语句"Private Sub Qry_Grade_Load"和结束语句"End Sub"之间。

Qry_Grade_Load 事件代码如下：

```
'为学生查询组合框添加项
Dim sel As String = "select * from S"
Dim com As New SqlCommand(sel, conn)
conn.Open()
Dim sreader As SqlDataReader = com.ExecuteReader
Do While sreader.Read
    ComboBox1.Items.Add(sreader.GetString(0) & "   " & sreader.GetString(1))
Loop
conn.Close()


'为课程查询组合框添加项
Dim sel1 As String = "select * from c"
Dim com1 As New SqlCommand(sel1, conn)
conn.Open()
Dim sreader1 As SqlDataReader = com1.ExecuteReader
Do While sreader1.Read
    ComboBox2.Items.Add(sreader1.GetString(0) & "   " & sreader1.GetString(1))
Loop
conn.Close()
```

Qry_Grade_Load 事件的"窗体加载"如图 9.35 所示。

其中，GetString 方法：以 String 类型返回指定列中的值。

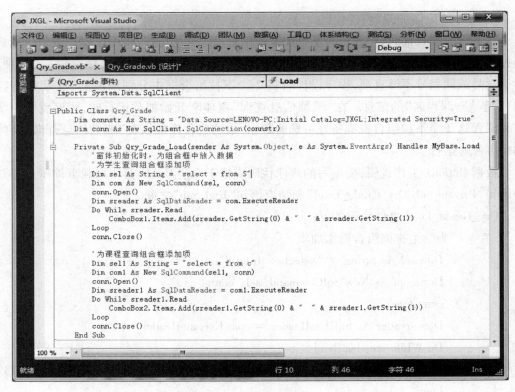

图9.35 "窗体加载"事件代码

（3）编写"查询"按钮单击事件代码

"查询"按钮的单击事件 Button1_Click( ) 中的代码，完成将用户在窗体上输入和选择的学号或课程号代入数据库中进行查询，并将查询所得结果用列表 ListView 显示出来。

在查询时，需要先判断用户对学号和课程号的输入选择是否有一项为空，或均为空，从而修改查询的 SQL 语句。

ListView 控件的数据是通过将查询结果中逐行为每个字段值插入其子项所得。

双击 Qry_Grade 窗体设计界面上的 Button1 控件后，在弹出的代码设计页中，针对 Button1_Click 事件编写以下代码：

```vb
Dim snum As String = Strings.Left(ComboBox1.Text, 9)        '学号为9位,查询
时取组合框前9位
Dim cnum As String = Strings.Left(ComboBox2.Text, 7)        '课程号为7位,查
询时取组合框前7位
Dim sqlstring As String = ""
ListView1.Items.Clear()
If snum <> "" Then          '判断用户是否选择了学号或课程号中的任意一项
    If cnum <> "" Then
```

```
                    sqlstring = "select s.s#,s.sname,c.c#,c.cname,sc.grade from S,SC,C
where sc.s#='" & snum & "' and sc.c#='" & cnum & "' and S.s#=SC.s# and SC.c#=C.c#"
            Else
                    sqlstring = "select s.s#,s.sname,c.c#,c.cname,sc.grade from S,SC,C
where sc.s#='" & snum & "' and S.s#=SC.s# and SC.c#=C.c#"
            End If
        Else
            If cnum <> "" Then
                    sqlstring = "select s.s#,s.sname,c.c#,c.cname,sc.grade from S,SC,C
where   sc.c#='" & cnum & "' and S.s#=SC.s# and SC.c#=C.c#"
            Else
                    MsgBox("至少有一项不能为空!", MsgBoxStyle.Information, "提示")
            End If
        End If
        conn.Open()            '开始进行查询
        Dim com As New SqlCommand(sqlstring, conn)
        Dim read1 As SqlDataReader = com.ExecuteReader()
        Do While read1.Read()            '将查询出来的数据添加入 ListView 的子项中
以显示出来
            Dim item As ListViewItem
            Dim subitem1, subitem2, subitem3, subitem4 As ListViewItem.ListViewSubItem
            item = New ListViewItem(read1(0).ToString)
            subitem1 = New ListViewItem.ListViewSubItem(item, read1(1))
            item.SubItems.Add(subitem1)
            subitem2 = New ListViewItem.ListViewSubItem(item, read1(2))
            item.SubItems.Add(subitem2)
            subitem3 = New ListViewItem.ListViewSubItem(item, read1(3))
            item.SubItems.Add(subitem3)
            subitem4 = New ListViewItem.ListViewSubItem(item, read1(4))
            item.SubItems.Add(subitem4)
            ListView1.Items.Add(item)
    Loop
        read1.Close()
        conn.Close()
```

（4）编写"取消"按钮单击事件代码

双击 Qry_Grade 窗体界面上的 Button2 控件，进入 Button2_Click 事件编写代码。取消按钮 Button2 要完成关闭当前应用程序的功能，代码如下：

代码编写页如图 9.36 所示。

Me.Close( )

图 9.36　"取消"按钮单击事件代码

### 9.4.5  成绩信息维护功能模块

1）功能描述

成绩信息维护窗体要完成数据更新和删除的功能。

①系统加载时，就可以通过 DataGridView 控件查看到学习表 SC 中的数据，双击 DataGridView 控件中要更新成绩的一行，该行数据就在下方用 3 个文本框显示出来，此时可直接修改文本框中的成绩，点击"更新"按钮后，该成绩即写入数据库，从而完成成绩更新，如图 9.37 所示。

**图 9.37  成绩信息维护功能模块**

②在 DataGridView 控件中，设置一个"标记"列，当用户选中任意多个"标记"，点击下方的"删除"按钮，则可删除这些被标记的数据行。在删除之前，需要给出是否删除的提示框。用户双击 DataGridView 中任意一行时，"标记"也同时被选中，如图 9.38 所示。

成绩信息维护窗体中共涉及 4 个事件：

①窗体加载事件。

②DataGridView 控件的单元格双击事件。

③"更新"按钮单击事件。

④"删除"按钮单击事件。

为展示程序设计的多种方法，此处窗体加载事件采用可视化操作方式为 DataGridView 控件绑定数据源。

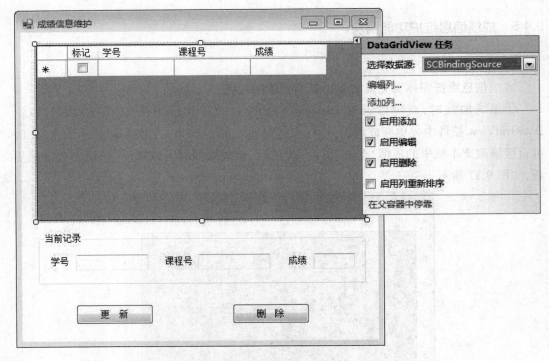

图 9.38　标记

2) 界面布局和对象及属性设置

成绩信息维护功能模块界面布局如图 9.39 所示。

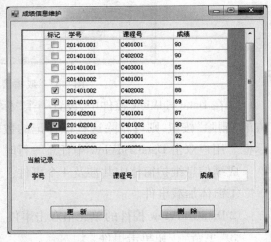

图 9.39　成绩信息维护功能模块界面布局

表 9.14 为成绩信息维护功能模块界面布局和对象及属性设置具体参数。

表9.14　"成绩信息维护"窗体界面中对象的属性值设置

| 对象名 | 属性 | 属性值 | 备注 |
|---|---|---|---|
| ManageGrade | Text | 成绩信息维护 | 标题栏显示文字 |
| | StartPosition | CenterScreen | 指定窗体在屏幕中心出现 |
| DataGridView1 | CellDoubleClick 事件 | DataGridView1_CellDoubleClick( ) | 用户双击单元格的任意位置时发生该事件 |
| GroupBox1 | Text | 当前记录 | 组框线上显示的文字 |
| | Font | 楷体、粗体、小四号 | 字体(下面3的行字体相同) |
| Label1 | Text | 学号 | 标签显示文字 |
| Label2 | Text | 课程号 | 标签显示文字 |
| Label3 | Text | 成绩 | 标签显示文字 |
| TextBox1 | ReadOnly | True | 文本框的值为只读 |
| | Font | 宋体、常规、小四号 | 字体(下面2行的字体相同) |
| TextBox2 | ReadOnly | True | 文本框的值为只读 |
| TextBox3 | MaxLength | 3 | 文本框的最大长度为3 |
| Button1 | Text | 更新 | 按钮表面显示文字 |
| | Font | 楷体、粗体、小四号 | 字体(下面1行的字体相同) |
| Button2 | Text | 删除 | 按钮表面显示文字 |

（1）添加 ManageGrade 窗体

在"解决方案资源管理器"的 JXGLApplication 项目上右击,在弹出的快捷菜单中选择"添加"选项,再选择"Windows 窗体"选项并单击。在系统弹出的"添加新项"对话框中,将位于其底部的窗体名"Form1.vb"修改为"ManageGrade.vb",单击"添加"按钮,即可完成成绩信息维护窗体的添加。

（2）控件及属性设计

ManageGrade 窗体的对象有:

✓ 1 个 DataGridView 控件(用于显示要维护的学习表数据);

✓ 1 个 GroupBox 控件(用于组合查询选项的框架);

✓ 3 个 Label 控件(分别对应于学号、课程号、成绩 3 个文字显示标签);

✓ 3 个 TextBox 控件(用于显示学号、课程号和成绩信息);

✓ 2 个 Button 按钮(对应更新、删除 2 个命令按钮)。

①给 ManageGrade 窗体重命名。

将 ManageGrade 窗体的 Text 属性值设置为"成绩信息维护"。将 StartPosition 属性值设置为"CenterScreen"。

②设计用于显示学习表 SC 的数据的 DataGridView1 控件。

方法是:将 DataGridView1 控件的属性均设置为默认值。该控件添加数据源的方式在(3)中详述。添加双击单元格事件将在程序代码设计部分详述。

③设计 GroupBox1 控件。

方法是:单击 GroupBox1 控件的边缘,在"属性栏"中将其 Text 属性值设置为"当前记录"。GroupBox1 控件将查询选项组合在一起,起到美观作用。

④为 Label 控件设置属性。

方法是:将 Label1 控件的 Text 属性值设置为"学号"。将 Label2 的 Text 属性值设置为"课程号"。将 Label3 的 Text 属性值设置为"成绩"。将它们的 Font 属性值均设置为"楷体、加粗、四号"。

⑤设计 3 个 TextBox 空间的属性。

TextBox1 和 TextBox2 控件用于显示学号和课程号,由于学号和课程号不可更改,所以将 TextBox1 和 TextBox2 的 ReadOnly 属性值设置为 True,并将其 MaxLength 属性的值分别设置为 9 和 20。TextBox3 控件用于显示成绩信息,成绩信息可以更改,其属性均采用默认值。Font 属性值均设置为"宋体、常规、四号"。

⑥设置 Button 控件的属性。

将 Button1 和 Button2 控件的 Text 属性分别设置为"更新"和"删除"。将它们的 Font 属性值均设置为"楷体、加粗、四号"。

成绩信息维护窗体界面如图 9.40 所示。

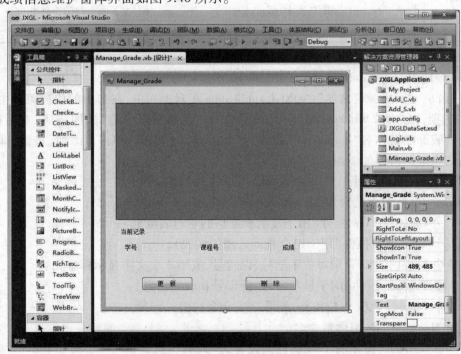

图 9.40　成绩信息维护窗体界面

（3）为 DataGridView 控件添加数据源

DataGridView 控件用于在窗体加载时显示数据库中的学习表 SC 的数据。在本例窗体中 DataGridView 控件共有 4 列，分别是"标记""学号""课程号"和"成绩"。后 3 列通过数据源配置向导的可视化操作方式添加数据源。添加操作完成后，SC 表中的 S#、C#、GRADE 列的中文名称可通过"DataGridView 任务"下方的"编辑列"项分别修改为"学号""课程号"和"成绩"。

（4）为 DataGridView 控件添加"标记"列

①"标记"列不来自数据源中，因此需要为 DataGridView 控件单独添加 1 个选项列。

单击 DataGridView 控件右上方的三角按钮，在弹出的"DataGridView 任务"窗口中选择并单击"添加列…"选项，如图 9.41 所示。

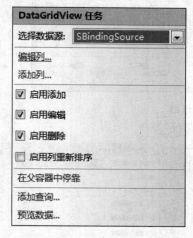

图 9.41　添加"标记"列

图 9.42　"添加列"对话框

在打开的如图 9.42 所示的"添加列"对话框中，选择"未绑定列"，在"类型"中选择"DataGridViewCheckBoxColumn"，并在页眉文本中输入"标记"，单击"添加"按钮。

②调整"标记"列的位置。用向上的箭头或向下的箭头调整"标记"列的位置。这里将"标记"调整到 DataGridView 控件的第一项，如图 9.43 所示。为适应用户对"标记"列的宽度要求，设置"标记"列的 Width 属性值为 40。

添加完成后，成绩信息维护窗体的控件设置完成，如图 9.44 所示。

3）程序代码

（1）生成"窗体加载"事件代码

在成绩信息维护窗体界面加载时，就要同时完成从 JXGL 数据库的学习表 SC 查询数据的功能。而这一功能是前面介绍的用操作方式为 DataGridView 控件添加数据源完成的，与此同时也在代码页自动生成了"窗体加载"事件代码，无须编程。

"成绩信息维护"窗体加载事件，实质上是要完成由 DataGridView 控件显示学习表 SC 的数据，而这一功能是由前面的 DataGridView 控件添加数据源完成的。因此，只要在代码页则自动生成"窗体加载"事件代码，无须编程。

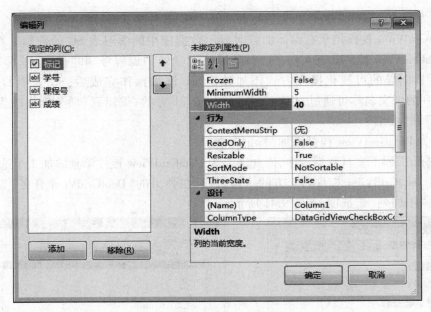

图 9.43 "编辑列"对话框

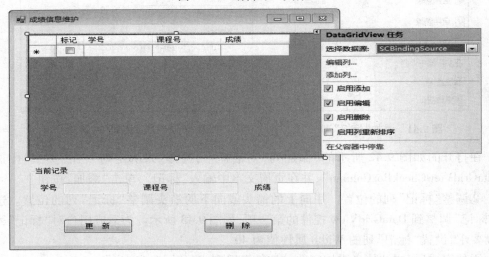

图 9.44 成绩信息维护窗体的控件设置完成

（2）添加 SqlClient 命名空间和定义数据库连接

同理，需要在程序的最前面添加上 SqlClient 的引用命名空间语句；在 ManageGrade 类（Public Class ManageGrade）中的最前面定义数据库的连接信息。

Imports System.Data.SqlClient

Dim connstr As String = " Data Source = LENOVO－PC; Initial Catalog = JXGL; Integrated Security = True"

Dim conn As New SqlClient.SqlConnection( connstr)

经过前面的自动生成和添加代码过程，形成如下程序代码：

ImportsSystem.Data.Sqlclient

Public Class Manage Grade
     Private str As String = " Data Source = LENOVO − PC ; Initial Catalog = JXGL ; Integrated Security = True"
     Private conn As New SqlConnection( str )
     Private num As Integer = 0

     Private Sub ManageGrade_Load( sender As System.Object, e As System.EventArgs) Handles MyBase.Load
       ' TODO:这行代码将数据加载到表"JXGLDataSet.SC"中。您可以根据需要移动或删除它。
       Me.SCTableAdapter.Fill( Me.JXGLDataSet.SC )
     End Sub
End Class

（3）双击 DataGridView 控件单元格事件代码

在"成绩信息维护"窗体设置界面,选中 DataGridView 控件,单击"属性栏"中"事件"项,即单击闪电图标 。在下方找到 CellDoubleClick 事件,双击该事件的值,就会在代码页添加一个名为"DataGridView1_CellDoubleClick"的事件,如图 9.45 所示。

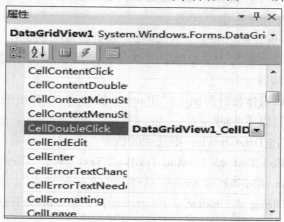

**图 9.45　DataGridView 控件单元格事件代码**

在 DataGridView1_CellDoubleClick( )事件中,添加以下代码,完成向 3 个文本框中写入当前被双击行的数值。代码文本如下:

'双击 DataGridView 选中需要进行更新或删除的数据
  TextBox1.Text = DataGridView1.Rows( e.RowIndex ).Cells( 1 ).Value.ToString
  TextBox2.Text = DataGridView1.Rows( e.RowIndex ).Cells( 2 ).Value.ToString
  TextBox3.Text = DataGridView1.Rows( e.RowIndex ).Cells( 3 ).Value.ToString

DataGridView1.Rows(e.RowIndex).Cells(0).Value = True

完成前三步的程序代码设计后的代码页如图 9.46 所示。

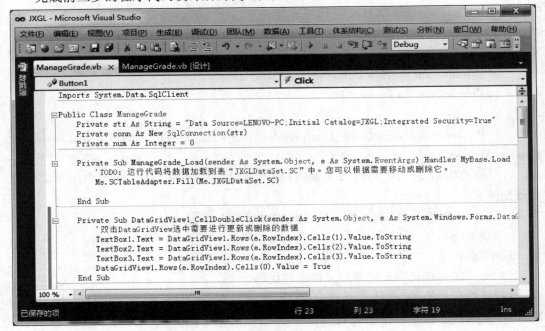

图 9.46　前三步的程序代码设计代码

(4)编写"更新"按钮单击事件代码

单击"更新"事件 Button1_Click()的代码,完成更新成绩的工作。更新数据项的条件是双击 DataGridView 单元格写入文本框中的学号和课程号,在窗体上修改 TextBox3 的成绩后即为更新后的成绩值。

双击 ManageGrade 窗体设计界面上的 Button1 控件后,在弹出的代码设计页中,针对 Button1_Click 事件编写以下代码。

'更新双击 DataGridView 中选中的数据

If TextBox1.Text <> "" And TextBox2.Text <> "" Then

Dim sqlstring As String

sqlstring = "update sc set grade ='" & TextBox3.Text & " ' where s#='" &
TextBox1.Text & "' and c#='" & TextBox2.Text & "'"

Dim cmd As New SqlCommand(sqlstring, conn)

conn.Open()

cmd.ExecuteNonQuery()

MsgBox("数据更新成功!")

conn.Close()

Call ManageGrade_Load(Nothing, Nothing)

TextBox1.Text = ""

> TextBox2.Text = " "
>
> TextBox3.Text = " "

Else

> MsgBox("请双击数据表中要更新的行!")

End If

"更新"按钮单击事件代码如图 9.47 所示。

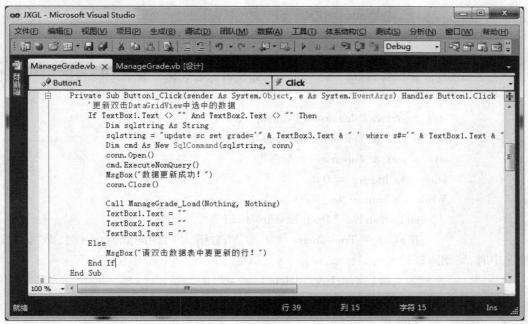

**图 9.47 "更新"按钮单击事件代码**

（5）编写"删除"按钮单击事件代码

双击 ManageGrade 窗体界面上的 Button2 控件，进入 Button2_Click 删除事件编写代码。完成的功能是删除在 DataGridView 控件中"标记"项被选中的数据行，代码如下：

```
'删除选中的数据行
Dim cellvalue As Object = False          '定义 checkbox 选中事项,并初始化
Dim i, j As Integer
Dim num As Integer                        '定义保存 SC 表中总行数的变量
num = Me.DataGridView1.RowCount           '从 DataGridView 中计算数据总行
数,并赋给 num
Dim a(num) As Boolean                     '定义数组 a(num)保存"标记"列
选中行的位置数
For i = 0 To num - 1       '初始化数组 a(num)
    a(i) = False
Next
```

```
        For j = 0 To num - 2                    ' DataGridView 最后一行为空,从 0 开
始循环,至 num-2 结束
            cellvalue = Me.DataGridView1.Rows(j).Cells(0).Value
            If cellvalue = True Then              '如果"标记"中当前行被选中,则将
其记入数据 a(j)中
                a(j) = True
                cellvalue = False
            End If
        Next
        Dim str1 As String                    '定义游标 cc1,用于删除选中"标记"行的元组
        str1 = ""
        str1 = str1 & "declare cc1 cursor" & " "
        str1 = str1 & "for select * from sc" & " "
        str1 = str1 & "open cc1" & " "
        Dim x As Integer = 0
        While x < num - 1
            str1 = str1 & "fetch next from cc1 "
            If a(x) = True Then              '当数组 a(x)中的值为 true 时,即"标记"
被选中时,则删除该行
                str1 = str1 & "delete from sc" & " "
                str1 = str1 & "where current of cc1" & " "
            End If
            x = x + 1
        End While
        Select Case MsgBox("您确定要删除标记的数据吗?", MsgBoxStyle.OkCancel)
            Case MsgBoxResult.Ok
                Dim sqlcmd As New SqlCommand(str1, conn)
                conn.Open()
                sqlcmd.ExecuteNonQuery()                '执行删除
                conn.Close()
                Call ManageGrade_Load(Nothing, Nothing)      '调用窗体加载事
件,即刷新数据
                TextBox1.Text = ""
                TextBox2.Text = ""
                TextBox3.Text = ""
        End Select
```

    "删除"按钮单击事件代码如图 9.48 所示。

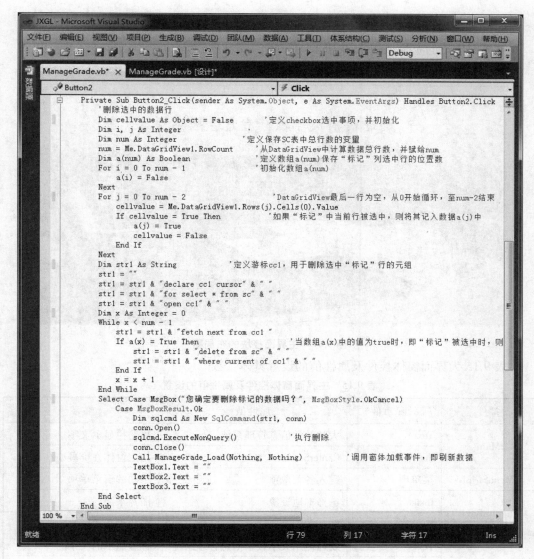

图9.48 "删除"按钮单击事件代码

## 9.4.6 主界面模块

1) 功能描述

主界面模块的功能是将已经设计的学生信息添加、学生信息查询、成绩信息查询、成绩信息维护等功能模块整合起来,形成一个界面直观、操作方便、实用性强的软件系统。整个系统的运行逻辑是用户通过登录模块登录进入系统主界面窗体,在主界面上通过两级菜单连接到各个功能模块窗体。

2) 界面布局和对象及属性设置

主界面模块的布局如图 9.49 所示。

**图 9.49　主界面模块的布局图**

表 9.15 为界面窗体控件及属性值的设置具体参数。

**表 9.15　主界面窗体控件及属性值的设置**

| 控件 | 属性(事件) | 属性值 | 备注 |
|---|---|---|---|
| Main | Text | 大学教学信息管理系统 | 标题栏显示文字 |
| | StartPosition | CenterScreen | 指定窗体在屏幕中心出现 |
| MenuStripl | 菜单项 | 键入各菜单项 | 手动编辑菜单项 |
| PictureBox1 | Image | 选择本地资源 | 图片来源 |
| | SizeMode | StretchImage | 图片大小模式 |
| Label1 | Text | 欢迎使用大学教学信息管理系统 | 标签显示的文本 |
| | Font | 方正舒体、半紧缩粗体、二号 | 标签文本的字体 |
| | BackColor | Transparent | 背景色为透明色 |

（1）添加 Main 窗体

在"解决方案资源管理器"的 JXGLApplication 项目上右击,在弹出的快捷菜单中选择"添加"选项,再选择"Windows 窗体"选项,为项目添加一个主界面窗体,并将窗体名修改为"Main.vb"。

（2）控件及属性设计

窗体中包含的对象有:窗体 Main、MenuStrip 菜单控件(连接各功能窗体)、Picture 图片控件(展示主界面的图形)、Label 标签控件(显示"欢迎使用大学教学信息管理系统")。

（3）控件及属性设计

①给主界面模块的 Main 窗体重命名。

方法是：单击窗体 Main 的空白处，在"属性栏"中找到 Text 属性，将 Text 属性值改成"大学教学信息管理系统"。在 StartPosition 属性值选择菜单中，选择值"CenterScreen"。

②在控件上添加一级菜单和二级菜单名。

设置菜单的方法是：当用鼠标单击菜单控件上的某项时，菜单控件上就会显示出针对各级菜单的灰色文本框，并有"请在此处键入"提示，直接在该文本框中键入文字，即成为相应级别的菜单项，如图 9.50 所示。

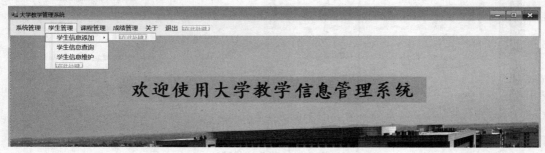

**图 9.50　主界面模块菜单**

③为主界面添加背景图片。

方法是：在 Visual Studio 平台左边的控件"工具箱"中找到"Picture"图片控件选项并单击，在主界面窗体上用鼠标拖拉形成添加背景图片的框体；鼠标在拟放置背景图片的框体内右击，在弹出的快捷菜单中选择"选择图像"并单击。

或在其"属性栏"找到 Image 属性，单击右侧的…；在弹出的"选择资源"窗体中选择"本地资源"，选择并单击"导入（M）"按钮，这时可通过选择本地硬盘上的文件路径，从本地硬盘上导入一幅提前准备好的合适图片。进而可继续设置 PictureBox1 的 SizeMode 属性值为"StretchImage"，表示伸展图片以适应主界面窗体的大小。

④为 Label 控件设置属性。

方法是：将 Label1 控件的 Text 属性值设置为"欢迎使用大学教学信息管理系统"。将 Font 属性值设置为"方正舒体、半紧缩粗体、二号"。将 BackColor 属性值选择为"Transparent"透明色。

3）程序代码设计

双击需要链接的菜单项，进入代码页。

（1）菜单项代码

双击"学生信息添加"二级菜单项，系统打开"学生信息添加 ToolStripMenuItem_Click（）"事件的代码框架，在其中输入以下代码，表示打开"学生信息添加"窗体 Add_S。

Add_S.Show（）

可以根据上面相同的方法完成其余二级菜单项的程序代码编写，如图 9.51 所示。"关于"一级菜单项编写了系统名、开发者、时间等信息。"退出"一级菜单项编写了关闭本窗体的代码。

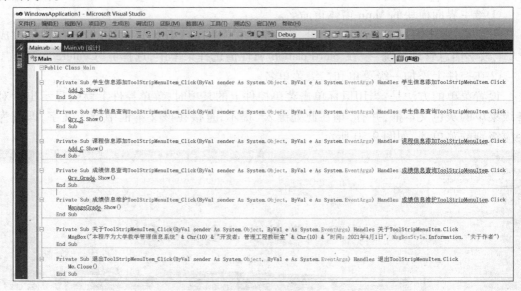

图9.51　菜单项代码

（2）修改登录窗体代码

在编写"登录"窗体时，当验证用户名和密码成功后，将要打开主界面窗体 Main，代码为：

Main.Show( )

# 9.5　系统调试运行

## 1）启动调试

点击 Visual Studio 菜单中的"调试"项下的"启动调试"菜单项，如图9.52 所示。

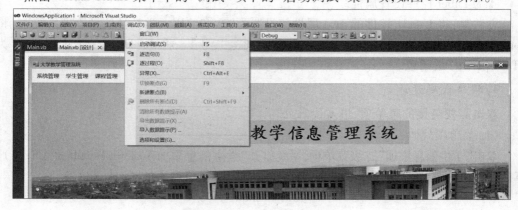

图9.52　"启动调试"菜单项

2）调试出错的处理

若系统提示出错，则在错误列表中将会显示出相应的错误、警告和消息。双击错误提示的具体条目，将会打开程序代码的相应位置，在此位置即可直接修改程序代码。

若不能直接修改，可通过点击"调试"菜单中的"停止调试"菜单项，就可在程序代码页修改了，修改后记得及时保存，如图9.53所示。

图9.53 调试出错

3）调试成果的情况

如果调试成功，系统将会弹出默认的启动窗体Login的运行界面。在登录窗体的用户名和密码文本框中，输入正确的用户名和密码后，系统提示"欢迎使用大学教学信息管理系统！"，并打开主界面。若输入的用户名或密码与数据库中USERS表保存的不相符，则会弹出"用户名或密码出错！请重新输入！"的提示框，如图9.54所示。

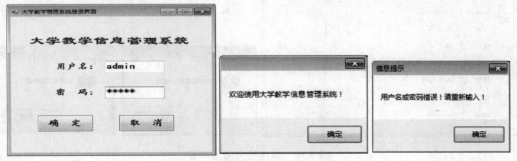

图9.54 调试成功情况

4）登陆成功界面

登录成功后打开系统主界面，如图9.55所示。

图9.55　登录成功界面

5）学生信息添加

点击主界面中的"学生管理"菜单下的"学生信息添加"菜单项，打开"学生信息添加"窗体界面。

在每项文本框中输入相应的文本值，在"性别"下拉框中选取"男"或"女"，在"出生日期"中选取日期后，单击"添加"按钮即完成学生信息的添加，如图9.56所示。若输入的学号在数据库中已存在，表明已有该学生，系统提示"该学号已经存在！"，同时不向数据库中添加。

图9.56　学生信息添加界面

6）学生信息查询

点击主界面中的"学生管理"菜单下的"学生信息查询"菜单项，打开"学生信息查询"界面，如图 9.57 所示。用户可通过输入"学号"或"姓名"查询学生信息，查询结果显示在界面下方的表格中，学生人数显示在左下角的文本框中。

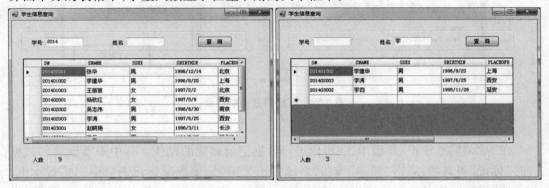

图 9.57　学生信息查询界面

7）成绩信息查询

点击主界面菜单中的"成绩管理"菜单下的"成绩信息查询"菜单项，打开"成绩信息查询"界面。

从两个下拉列表框中选择要查询的学生信息或课程信息，点击"查询"按钮，查询结果将显示在下面的表格中。查询结果如图 9.58 所示。

图 9.58　成绩信息查询界面

8）成绩信息维护

单击主界面中的"成绩管理"菜单下的"成绩信息维护"菜单项，打开"成绩信息维护"界面，此时在列表中显示出所有学生学习课程的情况。

双击列表需要进行更新的行，此时当前记录值显示在下方的文本框中，修改成绩值后，单击"更新"按钮，系统给出"更新成功"的提示。更新过程如图 9.59 所示。

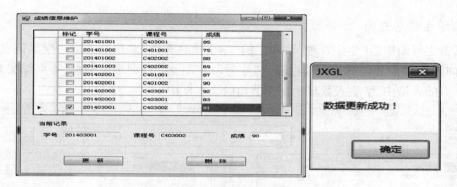

图 9.59　成绩信息维护界面

9）数据记录删除

在"成绩信息维护"界面中，还可以进行数据记录删除的操作。选中需要删除的数据行的"标记"可选项，点击"删除"按钮，系统弹出"您确定要删除标记的数据吗?"提示框，若选择"确定"，则从数据库中将这些数据记录删除；若选择"取消"，则不删除。可同时进行多条记录的删除，删除操作如图 9.60 所示。

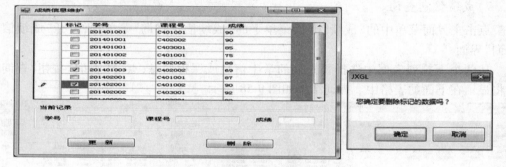

图 9.60　数据记录删除界面

10）关于和退出

点击主界面的"关于"菜单项，系统弹出有关信息，如图 9.61 所示。点击主界面的"退出"菜单项，系统退出。

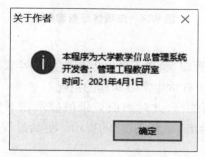

图 9.61　"关于作者"信息界面

# 本章小结

本章以大学教学信息管理数据库应用系统的主要设计实现过程为例,主要介绍数据库应用系统的应用程序设计与编程方法。从系统功能分析、数据库结构创建、系统环境与功能模块设计及应用程序设计等方面,利用 Visual Studio 为开发工具,以 SQL Server 2019 为数据库开发大学教学管理系统。

# 参考文献

［1］姜桂洪. SQL Server 2016 数据库应用与开发［M］.北京:清华大学出版社,2019.

［2］叶霞,罗蓉,李俊山.数据库原理及应用(SQL Server)实验教程［M］.北京:清华大学出版社,2016.

［3］李俊山,叶霞,罗蓉,等.数据库原理及应用(SQL Server)［M］.3 版.北京:清华大学出版社,2017.

［4］郑阿奇.SQL Server 实用教程:SQL Server 2014 版［M］.北京:电子工业出版社,2015.

［5］王珊,萨师煊.数据库系统概论［M］.5 版.北京:高等教育出版社,2014.

［6］贾铁军,徐方勤.数据库原理及应用 SQL Server 2016［M］.北京:机械工业出版社,2018.

［7］王珊,张俊.数据库系统概论习题解析与实验指导［M］.5 版.北京:高等教育出版社,2015.

［8］苗雪兰,刘瑞新,宋歌.数据库系统原理及应用教程［M］.5 版.北京:机械工业出版社,2020.

［9］何玉洁.数据库原理与应用教程［M］.4 版.北京:机械工业出版社,2016.

［10］卫琳,刘炜,李英豪,等.SQL Server 2014 数据库应用与开发教程［M］.4 版.北京:清华大学出版社,2019.

［11］周爱武,肖云,琚川徽,等.数据库实验教程［M］.北京:清华大学出版社,2019.

［12］李春葆.数据库原理与技术——基于 SQL Server 2012［M］.北京:清华大学出版社,2015.

［13］贾铁军,曹锐.数据库原理及应用 SQL Server 2019［M］.2 版.北京:机械工业出版社,2020.

［14］沙有闯.数据库技术与应用 SQL Server 2019［M］.北京:中国水利水电出版社,2020.

［15］胡艳菊.SQL Server 2019 数据库原理及应用［M］.北京:清华大学出版社,2020.

［16］杨晓春.SQL Server 2017 数据库从入门到实践［M］.北京:清华大学出版社,2020.